상상

스토리로 이해하는

통합과학

상상아카데미

통합과학은

통합과학 교과서는 크게 물질과 규칙성, 시스템과 상호 작용, 변화와 다양성 및 환경과 에너지의 4개 영역을 중심으로 자연현상의 핵심 개념을 이해함으로써 자연계를 이해할 수 있게 구성되어 있습니다.

핵심 질문	영역	핵심 개념
	물질과 규칙성	• 물질의 규칙성과 결합 • 자연의 구성 물질
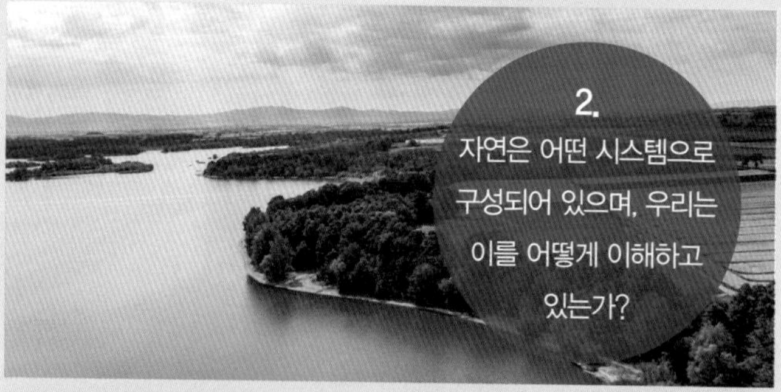	시스템과 상호 작용	• 역학적 시스템 • 지구 시스템 • 생명 시스템
	변화와 다양성	• 화학 변화 • 생물 다양성과 유지
	환경과 에너지	• 생태계와 환경 • 발전과 신재생 에너지

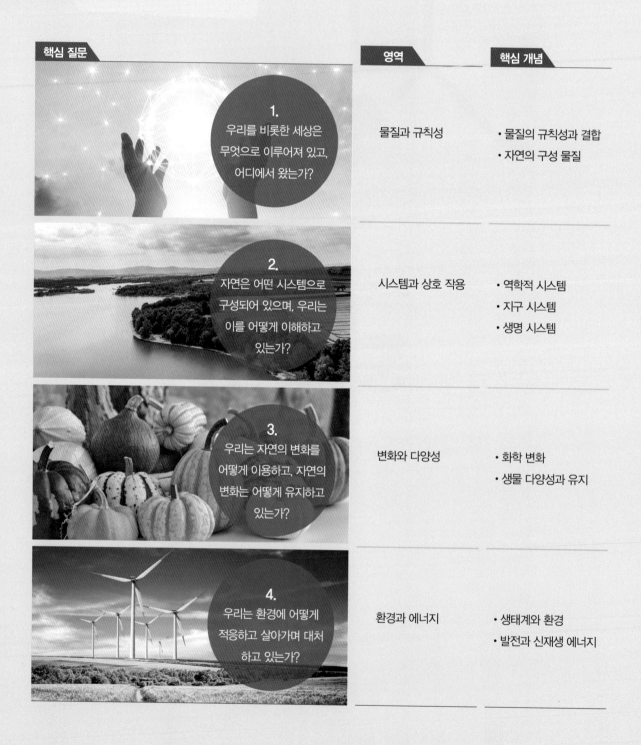

이 책은

Introduction

❶ 스토리가 있는 교과서 위의 교과서

공부의 가장 기본은 개념의 완벽한 이해입니다. 단편적인 지식은 쉽게 흩어져 쌓이지 않습니다. 본 교재는 통합과학의 큰 흐름을 스토리로 전달합니다. 반복해서 읽다 보면 교과서로도 알지 못한 통합과학의 큰 흐름을 자연스럽게 이해할 수 있습니다.

❷ 자기 주도 학습이 가능한 교과서 위의 교과서

핵심 개념을 파악하고 스스로 밑줄을 그으며 공부하는 새로운 형식의 스토리텔링 교과서입니다. 과학의 큰 흐름을 이해하면 과학의 많은 원리들이 서로 연결되어 있다는 것을 알 수 있습니다. 누구의 도움 없이, 책 한 권으로 그것을 깨우칠 수 있습니다.

❸ 친절하고 재미있는 교과서 위의 교과서

선생님이 바로 옆에서 일러주듯이 보충이 필요한 내용과 개념 등을 제시하였습니다.

❹ 읽는 것만으로 학습이 되는 교과서 위의 교과서

요약 정리된 내용은 단순한 암기 수준의 학습으로만 끝납니다. 따라서 내용의 이해가 우선될 수 있도록 한 호흡으로 읽을 수 있도록 구성하였습니다. 이제 읽는 것만으로도 충분합니다.

구성과 특징

Composition
& Features

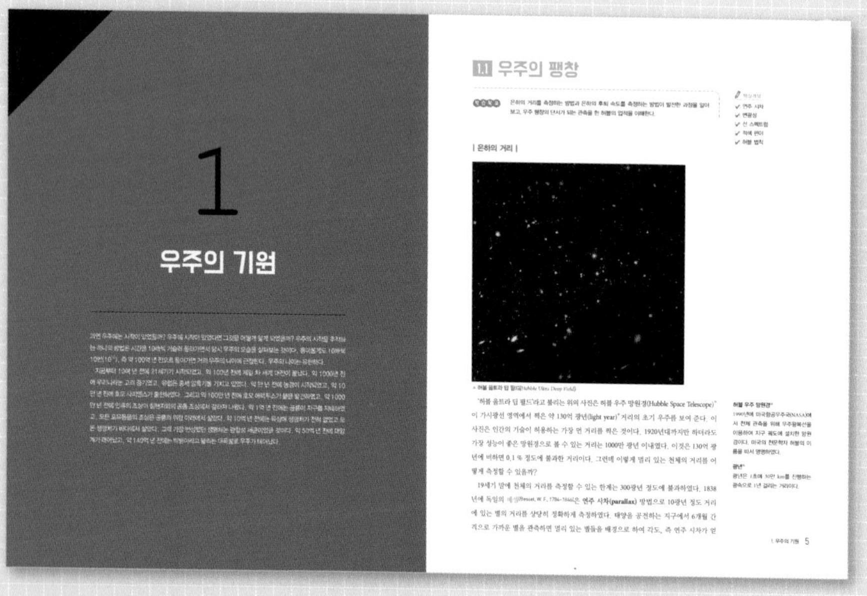
1
우주의 기원
1.1 우주의 팽창
| 은하의 거리 |

STEP 1 이야기가 있는 도입

학습의 흥미와 호기심을 갖고 생각을 키울 수 있는 내용으로 구성하였습니다.

» 학습 목표 / 핵심 개념

소단원의 학습 목표와 핵심 개념을 제시함으로써 어떤 것을 알아야 하는지 익히게 하였습니다.

STEP 2 콕콕 짚어 주는 본문

재미있게 읽으면서도 핵심이 무엇인지, 중요한 것, 알아야 할 것이 무엇인지 밑줄로 표시하여 이해를 도와줍니다.

» 확인하기

각 주제 내의 소제목별로 배운 내용을 곧바로 확인할 수 있도록 간단한 확인 문제를 제시하였습니다.

» 보충 내용

학습에 도움이 되는 개념, 과학자, 그림 등 다양한 내용을 추가하였습니다.

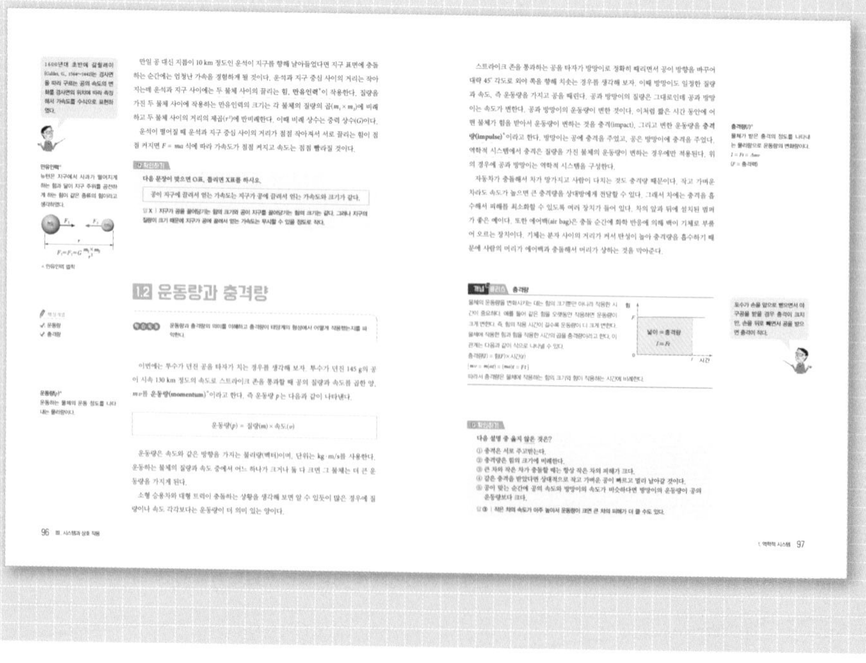
1.2 운동량과 충격량

STEP 3 깊이 있는 개념 & 탐구

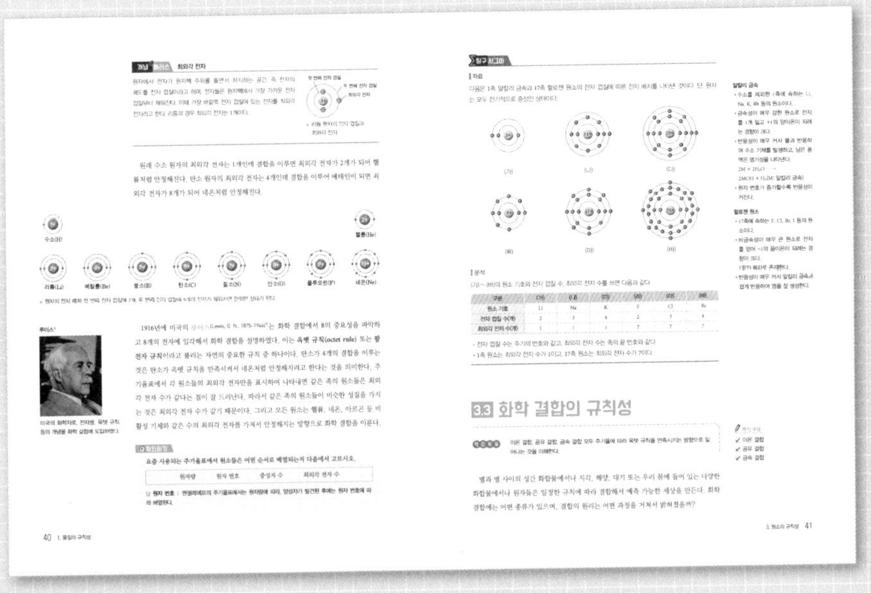

» 개념 플러스

보충 또는 심화 내용을 개념 플러스로 제시하여 자신의 난이도에 맞추어 학습을 진행해 나갈 수 있습니다.

» 탐구 시그마

중요한 실험이나 그림 등의 자료를 분석함으로써 과학적 사고와 핵심 역량을 키울 수 있습니다다.

STEP 4 완벽 마무리 자기 점검

스토리를 통해 이해한 과학 개념과 내용을 점검하고 마무리할 수 있도록 문제와 자세한 해설을 제시하였습니다.

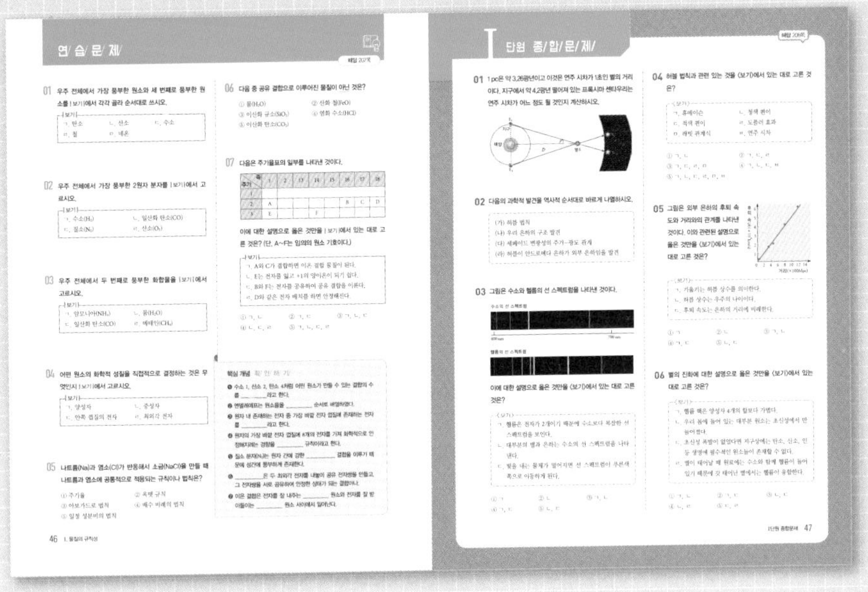

» 연습문제

중단원이 끝난 후, 학습한 내용을 스스로 정리해 볼 수 있게 문제를 제시하고, 핵심 개념 확인하기를 통해 핵심 개념을 완벽하게 이해하게 하였습니다.

» 단원 종합문제

대단원 마지막에 개념 및 응용, 융합 등 다양한 관점의 문제를 제시하여 자신의 실력을 점검해 보게 하였습니다.

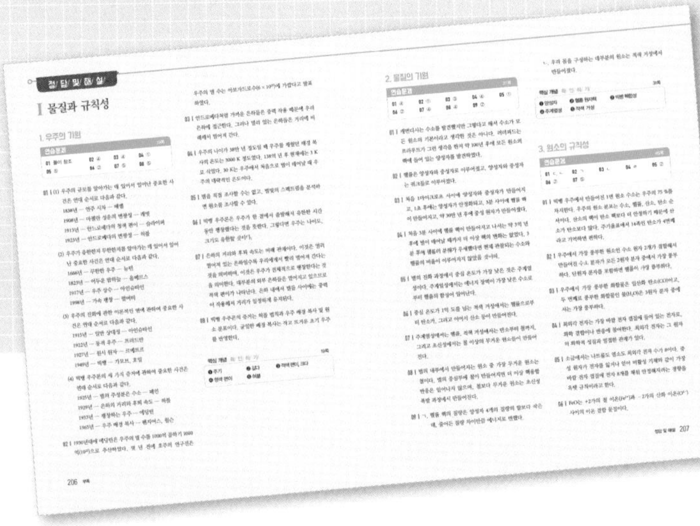

» 자세한 해설

쉽고 자세한 해설로 스스로 학습이 가능하게 하였습니다.

이 책의 차례

Contents

Ⅱ. 우리 주위의 물질

Ⅲ. 시스템과 상호 작용

이 책의 차례

Contents

Ⅳ. 변화와 다양성

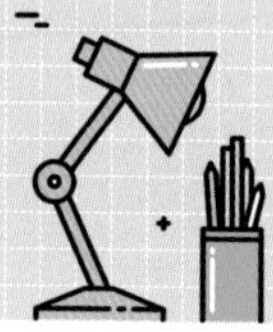

V. 환경과 에너지

big bang
입자의 진화
별의 진화
화학적 진화
생물학적 진화
인류의 진화

들어가기 전에

우주의 역사는 (1) 빅뱅 이후 초기 우주에서 일어난 입자의 진화, (2) 수소로부터 무거운 원소들을 만들어 내는 무대로서의 별의 진화, (3) 태초의 지구에서 간단한 분자들로부터 생명에 필수적인 화합물들이 만들어지는 화학적 진화, (4) 최초의 단세포 생물로부터 복잡한 구조와 기능을 갖춘 동물로의 생물학적 진화, 마지막으로 (5) 인류의 조상으로부터 호모 사피엔스로의 진화의 여러 단계의 진화를 거친 빅 히스토리이다. 그리고 우주의 진화에는 놀라운 원리와 규칙성이 자리 잡고 있다. 이제부터 지난 100년 사이에 과학이 어떻게 이러한 원리와 규칙성을 찾아냈는지 알아보자.

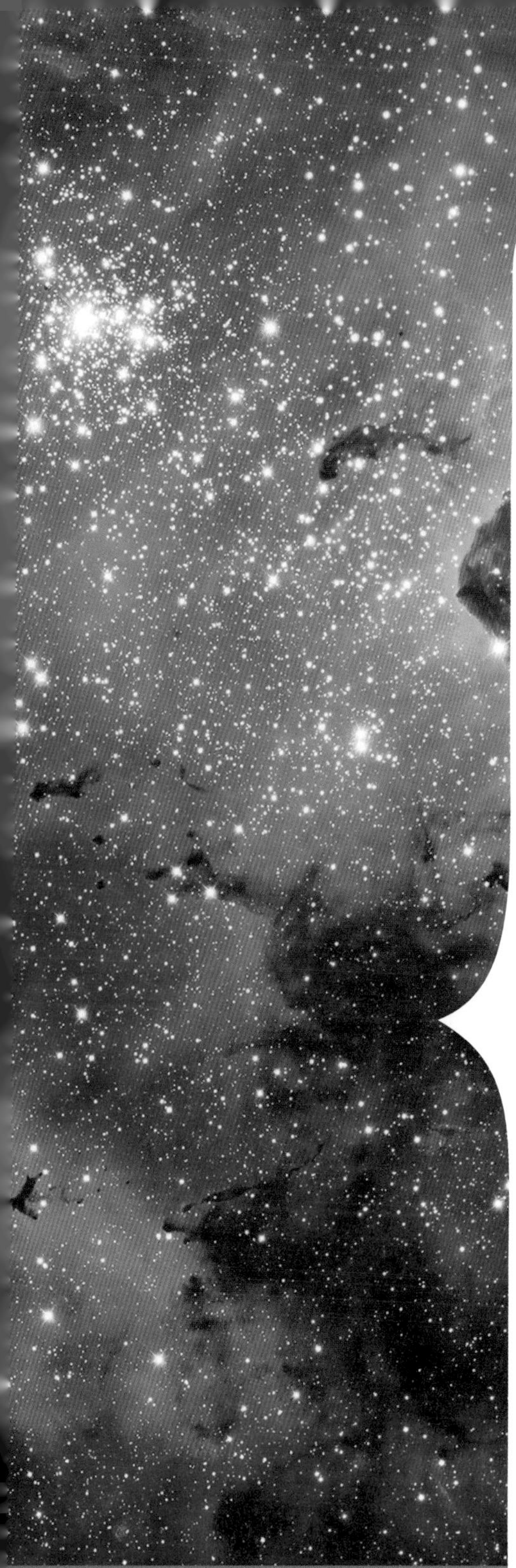

I 물질과 규칙성

과학이 다루는 대상은 물질세계이다. 우리의 몸과 우리가 발을 디디고 사는 대지도 물질이다. 오대양의 물과 공기도 물질이고, 하늘의 해와 달과 별, 그리고 우주의 천억 개 은하도 물질이다. 과거에는 물질과 대비되는 것으로 정신을 꼽았으나 이제는 정신도 약 천억 개의 신경 세포로 이루어진 뇌의 작용으로 파악되고 있다. 신경 세포도, 신경 작용을 가능하게 하는 신경 전달 물질도 물질인 것이다.

과학의 궁극적 목표는 물질세계의 규칙성을 찾는 것이라고 할 수 있다. 물질세계의 규칙성을 찾아 자연의 원리를 파악하는 즐거움을 느끼고, 나아가 합리적으로 생각하는 훈련과 응용을 통해 과학 기술을 더욱 발전시킬 수 있다. 특히 자연의 규칙성은 입자들이 결합하는 방식에서 잘 드러난다. 이제 빅뱅에서부터 우주의 역사를 따라가며 물질세계의 기본 원리와 규칙성을 찾아보자.

1

우주의 기원

과연 우주에는 시작이 있었을까? 우주에 시작이 있었다면 그것을 어떻게 알게 되었을까? 우주의 시작을 추적하는 하나의 방법은 시간을 10배씩 거슬러 올라가면서 당시 우주의 모습을 살펴보는 것이다. 흥미롭게도 10배씩 10번(10^{10}), 즉 약 100억 년 전으로 돌아가면 거의 우주의 나이에 근접한다. 우주의 나이는 유한하다.

지금부터 10여 년 전에 21세기가 시작되었고, 약 100년 전에 제일 차 세계 대전이 끝났다. 약 1000년 전에 우리나라는 고려 중기였고, 유럽은 중세 암흑기를 거치고 있었다. 약 만 년 전에 농경이 시작되었고, 약 10만 년 전에 호모 사피엔스가 출현하였다. 그리고 약 100만 년 전에 호모 에렉투스가 불을 발견하였고, 약 1000만 년 전에 인류의 조상이 침팬지와의 공통 조상에서 갈라져 나왔다. 약 1억 년 전에는 공룡이 지구를 지배하였고, 모든 포유동물의 조상은 공룡의 위협 아래에서 살았다. 약 10억 년 전에는 육상에 생명체가 전혀 없었고 모든 생명체가 바다에서 살았다. 그때 가장 번성했던 생명체는 광합성 세균이었을 것이다. 약 50억 년 전에 태양계가 태어났고, 약 140억 년 전에는 빅뱅이라고 불리는 대폭발로 우주가 태어났다.

1.1 우주의 팽창

학습목표 은하의 거리를 측정하는 방법과 은하의 후퇴 속도를 측정하는 방법이 발전한 과정을 알아보고, 우주 팽창의 단서가 되는 관측을 한 허블의 업적을 이해한다.

핵심개념

- ✓ 연주 시차
- ✓ 변광성
- ✓ 선 스펙트럼
- ✓ 적색 편이
- ✓ 허블 법칙

| 은하의 거리 |

▲ 허블 울트라 딥 필드(Hubble Ultra Deep Field)

'허블 울트라 딥 필드'라고 불리는 위의 사진은 허블 우주 망원경(Hubble Space Telescope)* 이 가시광선 영역에서 찍은 약 130억 광년(light year)* 거리의 초기 우주를 보여 준다. 이 사진은 인간의 기술이 허용하는 가장 먼 거리를 찍은 것이다. 1920년대까지만 하더라도 가장 성능이 좋은 망원경으로 볼 수 있는 거리는 1000만 광년 이내였다. 이것은 130억 광년에 비하면 0.1 % 정도에 불과한 거리이다. 그런데 이렇게 멀리 있는 천체의 거리를 어떻게 측정할 수 있을까?

19세기 말에 천체의 거리를 측정할 수 있는 한계는 300광년 정도에 불과하였다. 1838년에 독일의 베셀(Bessel, W. F., 1784~1846)은 **연주 시차(parallax)** 방법으로 10광년 정도 거리에 있는 별의 거리를 상당히 정확하게 측정하였다. 태양을 공전하는 지구에서 6개월 간격으로 가까운 별을 관측하면 멀리 있는 별들을 배경으로 하여 각도, 즉 연주 시차가 얻

허블 우주 망원경*
1990년에 미국항공우주국(NASA)에서 천체 관측을 위해 우주왕복선을 이용하여 지구 궤도에 설치한 망원경이다. 미국의 천문학자 허블의 이름을 따서 명명하였다.

광년*
광년은 1초에 30만 km를 진행하는 광속으로 1년 걸리는 거리이다.

어진다. 그러면 지구와 태양 사이의 거리와 연주 시차로부터 그 별까지의 거리를 계산할 수 있다.

pc(파섹)
파섹(pc)은 연주 시차가 1초(1″)인 별까지의 거리이다. 1초는 1도(1°)를 3600등분한 값에 해당하는 매우 작은 각이다. 1 pc은 3.26광년에 해당한다.

개념 플러스 연주 시차로 별의 거리 구하기

그림의 지구 E_1에서 별 S를 보면, 별은 천구상의 S_1에서 관측되고 6개월 후인 E_2에서 같은 별 S를 보면 천구상의 S_2에서 관측된다. 이처럼 별을 처음 관측했을 때와 6개월 후에 관측했을 때 별의 위치가 다르게 보이는 것을 각도로 표현한 것이 시차이다. 연주 시차는 시차의 1/2이다.

연주 시차는 별의 거리에 반비례하므로 연주 시차를 측정하여 별의 거리를 구한다. 연주 시차를 이용한 별의 거리 단위는 pc(파섹)이다.

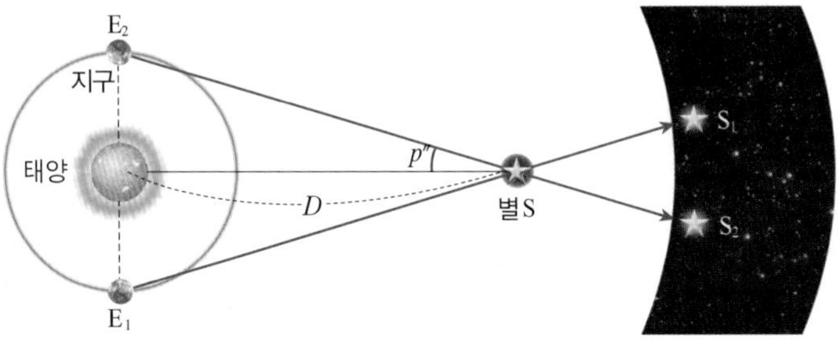

지구 대기에 의한 별빛의 흔들림 때문에 실제 연주 시차로 측정할 수 있는 한계는 100광년 정도이다.

그런데 300광년 이상의 거리에서는 각도가 너무 작아서 연주 시차를 측정할 수 없다. 연주 시차로 구할 수 있는 별의 거리는 약 100 pc 이내이다.

만일 어떤 별이 얼마나 빛을 내는지 절대 밝기(absolute luminosity)*를 알 수 있다면 지구에서 보이는 겉보기 밝기(apparent luminosity)*로부터 거리를 계산할 수 있을 것이다. 19세기 말에 미국의 하버드 천문대에서 단순 계산원이라는 뜻의 컴퓨터로 근무하던 레빗(Leavitt, H., 1868~1921)*은 세페이드 변광성(Cepheid variable)이라는 주기적으로 밝기가 변하는 특별한 별을 찾는 일을 시작하였다. 그런데 레빗이 조사한 세페이드 변광성들은 우리 은하에서 20만 광년 정도 거리에 있는 마젤란 성운(Magellanic Cloud)에 속해 있기 때문에 지구의 관측자로부터 모두 같은 거리에 있다고 볼 수 있다. 1908년에 레빗은 10년 정도에 걸쳐 발견한 1777개 변광성을 정리하여 논문으로 발표하고, 그 논문의 말미에 "변광

겉보기 밝기와 절대 밝기*
지구에서 보는 별의 밝기를 겉보기 밝기라고 하고, 별이 실제로 내는 빛을 절대 밝기라고 한다.

레빗*

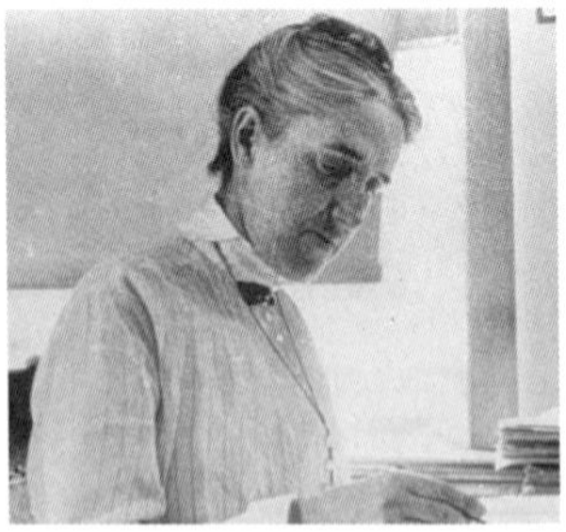

하버드 천문대에서 일하던 미국의 여성 천문학자로, 세페이드 변광성의 주기-광도 관계를 밝혔다.

개념 플러스 별의 밝기와 거리

별의 밝기를 최초로 측정한 사람은 기원 전 2세기경 그리스의 천문학자 히파르코스(Hipparchus, B.C.,190~120경)이다. 그는 밤하늘에서 빛나는 가장 밝은 별을 1등성, 가장 어두운 별을 6등성으로 구분하였다. 이후 18세기에 영국의 허셜(Frederick W. F., 1738~1822)은 별빛의 양을 측정하여 1등성과 6등성은 약 100배의 밝기 차이가 난다는 것을 알아냈다. 태양의 겉보기 등급은 약 −27등급이지만, 절대 등급은 약 4.8등급에 불과하다.

연주 시차로 측정할 수 없는 먼 별의 거리는 다음과 같이 겉보기 밝기와 별의 실제 밝기를 비교하여 구한다.

- 겉보기 밝기가 절대 밝기보다 밝은 별은 10 pc보다 가까이 있다.
- 겉보기 밝기가 절대 밝기보다 어두운 별은 10 pc보다 멀리 있다.
- 겉보기 밝기와 절대 밝기가 같은 별은 10 pc에 있다.

성이 밝을수록 주기가 길다"라고 적었다. 이들 변광성과 관측자와의 거리가 같기 때문에 관찰한 겉보기 밝기는 절대 밝기에 비례할 것이다. 따라서 변광성의 주기를 재어서 절대 밝기를 알 수 있는, 그리고 별까지의 거리를 계산할 수 있는 길이 열렸다.

레빗이 1912년에 발표한 겉보기 밝기와 주기 사이의 비례 관계식은 후에 다른 천문학자들이 우리 은하에 있는 세페이드 변광성의 거리를 구하여, 절대 밝기와 변광 주기 관계로 변환되었다. 이 관계식을 **세페이드 변광성의 주기-광도 관계**라고 한다. 그 후 이를 천체의 거리 측정에 사용하였다. 이와 같이 레빗의 관계식은 연주 시차로 측정할 수 없는 멀리 있는 별까지의 거리를 구하는 단서를 제공하여 우주의 크기에 대한 이해를 높이는 데 큰 역할을 하였다.

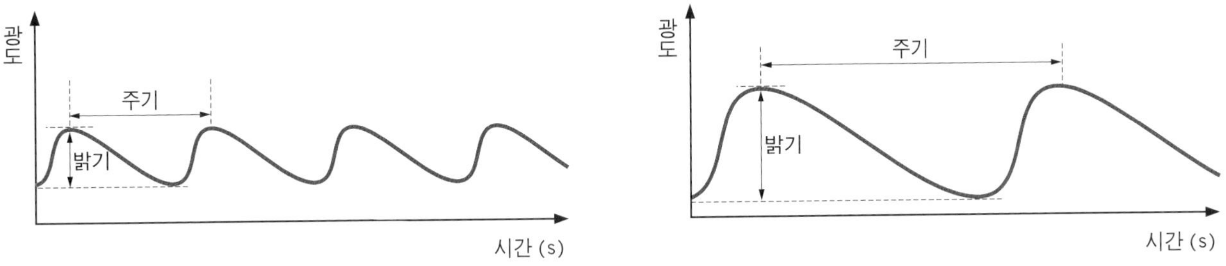

▲ 변광성의 주기와 절대 밝기의 관계

레빗은 자신의 연구가 우주 기원의 발견으로 이어질지 모른 채 1921년에 병으로 세상을 떠났다. 이어 2년이 지난 1923년 말에 미국 윌슨산 천문대에서 일하던 허블(Hubble, E. P., 1889~1953)*은 안드로메다 성운(Andromeda nebula)에서 세페이드 변광성을 발견하였는데 이 변광성은 주기가 31일로 상당히 길고 겉보기 밝기는 아주 낮았다. 이 결과로부터 안드로메다의 거리를 계산하였더니 약 100만 광년으로, 당시 알려져 있던 어느 천체보다도 멀었고, 우리 은하 밖에 있는 것이 확실하였다. 그 후 1920년대에 허블은 수십 개 은하의 거리를 측정하였다. 그중 가장 멀리 있는 은하의 거리는 약 1000만 광년으로 추정되었다. 레빗의 연구를 통해 측정할 수 있는 천체의 거리가 300광년에서 1000만 광년으로 확장된 것이다.

허블*

허블은 안드로메다 성운이 외부 은하인 것을 알아냈다.

Q 확인하기

허블이 멀리 있는 은하에서 발견한 세페이드 변광성의 주기와 겉보기 밝기는 어떠하였을까?

① 주기는 짧고, 겉보기 밝기는 낮았다.
② 주기는 짧고, 겉보기 밝기는 높았다.
③ 주기는 길고, 겉보기 밝기는 낮았다.
④ 주기는 길고, 겉보기 밝기는 높았다.
⑤ 주기와는 관계없고, 겉보기 밝기는 높았다.

답 ③ | 주기가 길어서 절대 밝기가 높은 것을 알 수 있었다. 그러나 겉보기 밝기는 낮았다. 그로부터 세페이드 변광성의 거리가 먼 것을 알 수 있었다. 따라서 세페이드 변광성이 들어 있는 은하의 거리도 먼 것을 알 수 있다.

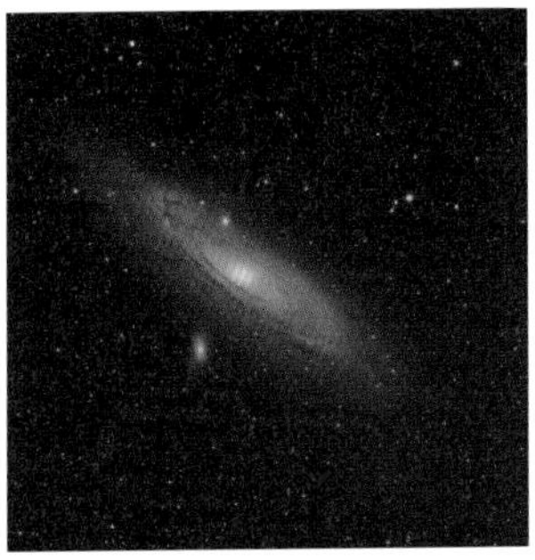

▲ M31로 알려진 250만 광년 거리의 안드로메다 은하

| 은하의 속도 |

원소*
수소, 헬륨처럼 우리 주위의 환경에서는 서로 바뀌지 않는 기본 물질이다. 빅뱅 우주나 별의 내부처럼 온도가 아주 높은 상황에서는 가벼운 원소가 뭉쳐서 무거운 원소로 바뀔 수 있다.

1859년에 독일의 분젠(Bunsen, R. W. E., 1811~1899)과 키르히호프(Kirchhoff, G. R., 1824~1887)는 프리즘을 사용해서 빛을 파장별로 분리하고 스펙트럼을 관찰하는 분광기(spectroscope)를 발명하였다. 그리고 원소(element)*들이 불꽃 반응에서 내는 빛의 스펙트럼에는 그 원소의 고유한 선들이 들어 있는 것을 발견하였다. 이렇게 특정한 선으로 나타나는 것을 **선 스펙트럼(line spectrum)**이라고 한다. 선 스펙트럼에는 **방출 스펙트럼(emission spectrum)**과 **흡수 스펙트럼(absorption spectrum)**이 있다. 나트륨, 칼륨, 칼슘 등을 가열하면 특정한 색을 내는데, 이때 나오는 빛을 파장별로 분리하면 불연속적으로 선들이 나타나는 선 스펙트럼이 얻어진다. 이를 방출 스펙트럼이라고 한다.

1868년에 영국의 천문학자 허긴스(Huggins, W., 1824~1910)가 밤하늘에서 가장 밝은 별인 시리우스의 스펙트럼을 조사하다가 스펙트럼이 나타내는 선들의 파장이 약간 길어진 것을 관찰하였다. 별 주위에는 그 별을 구성하는 원소들의 대기가 있어 별빛이 이 대기를 지날 때 각각의 원소들이 특정한 파장의 빛을 흡수하기 때문에 흡수 스펙트럼은 어두운 선으로 나타난다. 이 흡수선들의 파장을 자세히 조사하면 별의 운동을 알 수 있다. 한편 햇빛이나 백열전구의 스펙트럼은 모든 색의 빛이 연속적으로 나타나는 **연속 스펙트럼(continuous spectrum)**이다.

한 원소는 몇 가지 일정한 파장의 빛만을 내므로, 선 스펙트럼을 조사하면 이 빛이 어떤 원소에서 나온 빛인지 알 수 있다.

빛의 스펙트럼
빛은 빨간색에서 보라색으로 갈수록 파장이 짧아진다.

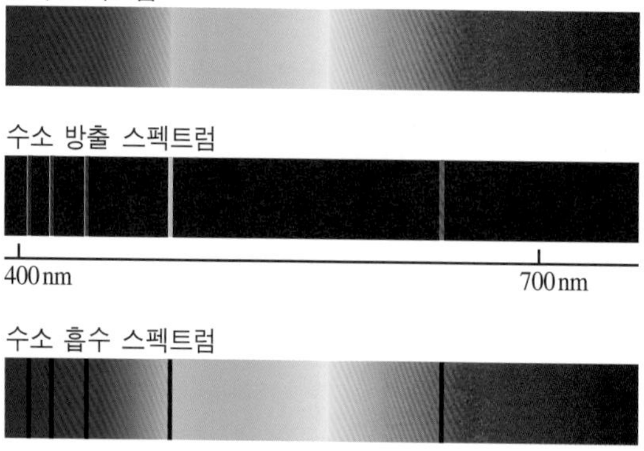

▲ 스펙트럼의 종류

도플러 효과*
1842년에 도플러(Doppler, C., 1803~1853)가 발견한 현상으로, 어떤 파동의 파동원과 관찰자의 상대적 위치가 변함에 따라 진동수와 파장이 바뀌는 현상을 말한다. 예를 들어 구급차가 멀리서 사이렌을 울리며 빠른 속력으로 지나갈 때, 멀리서 다가올 때는 사이렌 소리가 원래 소리보다 높게 들리다가 멀어지면 소리가 낮게 들린다.

당시에 허긴스는 스펙트럼 선의 파장이 약간 길어진 것을 **도플러 효과(Doppler effect)***로 설명하고 시리우스 별이 초속 47 km의 속도로 지구로부터 멀어져 간다고 보고하였다. 이것은 스펙트럼을 통해 천체의 운동을 처음 측정한 경우로 알려졌다.

1913년에 미국 로웰 천문대의 슬라이퍼(Slipher, V. M., 1875~1969)는 안드로메다 성운의 스펙트럼이 짧은 파장 쪽으로 치우쳐 나타나는 청색 편이(blue shift)를 발표하였다. 1000억 개 이상의 별로 이루어진 안드로메다 성운이 초속 300 km의 엄청난 속도로 우리 은하에 접근한다는 것은 놀라운 발견이었다. 그 후 슬라이퍼는 여러 성운이 대부분 파장이 긴 붉은색 쪽으로 치우쳐 나타나는 **적색 편이(red shift)**를 나타내는 것을 발견하였다. 즉, 우리 은하로부터 멀어져 간다는 사실을 관찰한 것이다. 그리고 아주 어두워서 멀리 있다고 추측되는 성운일수록 적색 편이가 크다는 것도 알아냈다. 그러나 당시에 슬라이퍼는 성운의 거리를 제대로 측정하지는 못하였다.

허블 울트라 딥 필드 사진에서 매우 멀리 있는 은하들이 붉게 보이는 것도 은하에서 나오는 빛의 적색 편이를 보여 주는 것이다.

탐구 시그마 별빛의 스펙트럼 변화

자료

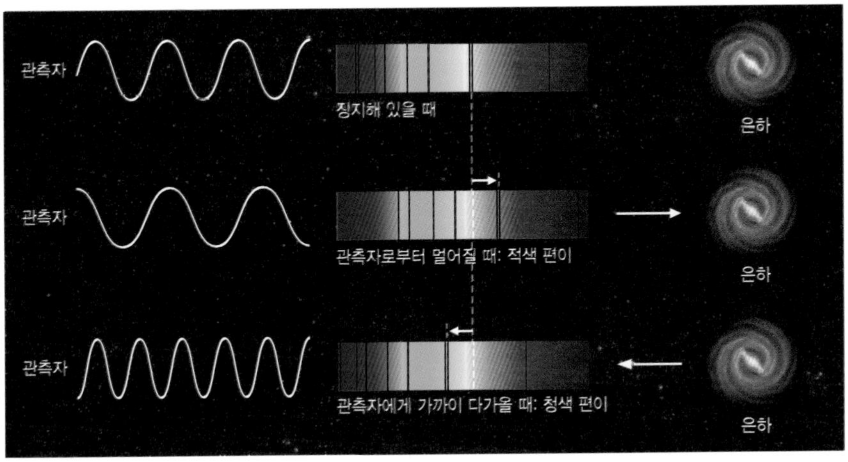

분석

- 적색 편이: 지구로부터 멀어지는 은하의 별빛 스펙트럼이 도플러 효과에 따라 파장이 긴 붉은색 쪽으로 치우쳐 나타나는 현상으로, 적색 편이가 클수록 그 은하는 빠르게 멀어진다.
- 청색 편이: 지구에 가까워지는 은하의 별빛 스펙트럼이 파장이 짧은 푸른색 쪽으로 치우쳐 나타난다.

Q 확인하기

안드로메다 성운에 관한 슬라이퍼의 업적으로 옳은 것은?

① 적색 편이를 관찰하고 거리를 측정하였다.
② 청색 편이를 관찰하고 거리를 측정하였다.
③ 적색 편이를 관찰하였지만 거리는 측정하지 못하였다.
④ 청색 편이를 관찰하였지만 거리는 측정하지 못하였다.
⑤ 청색 편이와 적색 편이를 관찰하고 거리를 측정하였다.

답 ④ | 안드로메다 성운의 스펙트럼은 청색 편이를 나타냈다. 그러나 슬라이퍼는 거리를 측정하지 못했기 때문에 안드로메다가 은하인 것을 알지 못하였다.

| 허블 법칙 |

레빗과 슬라이퍼의 다음 세대 천문학자였던 허블은 안드로메다의 거리를 측정하는 데 그치지 않고 수십 개 은하의 거리와 속도를 조사하였다. 그 결과 대부분 은하들은 적색 편이를 나타내며, 멀리 있을수록 빨리 멀어져 간다는 것을 알아냈다. 1929년에 허블은 이 결과를 정리하여 은하의 거리와 후퇴 속도(recession velocity)* 사이의 관계를 발표하였는데, 이를 **허블 법칙(Hubble's law)**이라고 한다.

후퇴 속도*
외부 은하가 지구에서 멀어지는 속도를 의미하며, 은하에서 방출되는 스펙트럼의 적색 편이를 관측하여 구할 수 있다.

만일 우주 밖에 빈 공간이 있다면, 그것도 우주에 포함시켜야 한다. 허블 법칙은 우주 자체가 팽창하는 것을 의미한다.

은하들이 멀어져 가는 것을 알 수 있었던 것은 은하를 구성하는 별들이 내는 빛을 통해서였다. 빛이 아니었다면 은하의 거리를 잴 수도, 은하의 속도를 잴 수도 없었을 것이다.

허블 법칙이 발표된 지 4년 후인 1933년에 영국의 천문학자 에딩턴(Eddington, A., 1882~1944)은 '팽창하는 우주(The Expanding Universe)'라는 책을 통해 멀리 있는 은하일수록 빨리 멀어져 간다는 것은 우주 자체가 팽창한다는 것을 뜻한다고 설명하였다. 이것은 표면에 점을 찍은 풍선을 팽창시켰을 때 풍선 위의 점들이 서로 멀어지는 것과 같다. 따라서 어떤 점을 기준으로 해도 같은 현상이 일어나므로 우주에서는 어느 곳에서 관측하든 멀어져 가는 은하들을 볼 수 있다. 따라서 팽창하는 우주에는 특별한 중심이 없다.

우주가 팽창한다면, 우주 역사 초기에는 모든 은하들이 가까이 몰려 있었을 것이고, 아주 초기에는 우주의 모든 물질과 에너지가 한 점에 몰려 있었을 것이다. 그리고 그 점이 폭발하면서 팽창이 시작되었을 것이다. 따라서 우주의 팽창은 우리가 우주의 기원을 알게 된 첫 번째 단서라고 볼 수 있다.

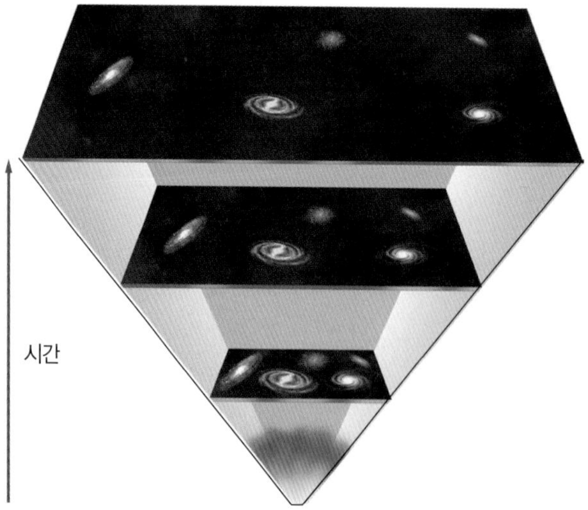

▲ **우주 팽창 모식도** 우주가 팽창할 때 은하의 크기는 그대로이며, 우주 자체가 팽창해서 은하와 은하 사이의 공간이 늘어나는 것이다.

우주에서의 거리 측정
- 300광년 이내: 연주 시차
- 1억 광년 이내: 변광성의 주기와 밝기
- 130억 광년까지: 허블 법칙

허블 법칙은 천체의 거리를 잴 수 있는 세 번째 방법을 제공한다. 세페이드 변광성은 하나의 별이기 때문에 1억 광년 이상의 거리에서는 밝기의 변화를 측정할 수 없다. 그래서 아주 먼 은하의 경우에는 은하 전체가 내는 빛의 스펙트럼을 관찰하고, 그 적색 편이로부터 은하의 후퇴 속도를 구한 다음에 후퇴 속도를 허블 법칙에 대입해서 거리를 계산한다. '허블 울트라 딥 필드'의 130억 광년 거리도 그렇게 측정한 값이다.

은하의 후퇴 속도(v)와 우리 은하로부터 어떤 은하까지의 거리(D) 사이에 비례 관계가 성립한다. 은하의 후퇴 속도와 거리의 관계를 나타내는 비례 상수를 **허블 상수(Hubble constant)**라고 한다. 허블 상수는 우주 공간의 팽창률을 의미한다.

$$은하의\ 후퇴\ 속도(v) = 허블\ 상수(H) \times 은하까지의\ 거리(D)$$

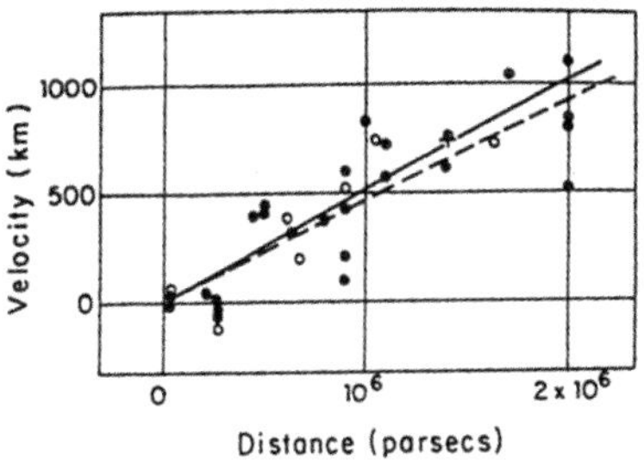

▲ 1929년에 발표된 허블의 그래프
가장 먼 은하의 거리는 200만 pc, 가장 큰 후퇴 속도는 초속 1000 km인 것을 볼 수 있다.

허블 법칙 그래프를 잘 보면 우주의 나이에 대한 정보가 들어 있는 것을 알 수 있다. 이 그래프에서 점들, 즉 은하들을 대략적으로 연결한 직선의 기울기는 허블 상수이며, 허블 상수의 역수는 우주의 나이가 된다. 이것을 식으로 정리하면 다음과 같다.

$$우주의\ 나이 = \frac{은하까지의\ 거리(D)}{은하의\ 후퇴\ 속도(v)} = \frac{1}{허블\ 상수(H)}$$

예를 들면 그래프의 중간 정도에 위치한 은하는 거리가 100만 pc, 즉 326만 광년이고 후퇴 속도는 초속 500 km이다. 326만 광년 거리를 초속 500 km로 나누면, 즉 x축 값을 y축 값으로 나누면 20억 년이라는 시간이 나온다. 이 은하가 초속 500 km의 속도로 326만 광년 거리에 도달하는 데 걸리는 시간이 20억 년이므로 우주의 나이가 20억 년인 셈이다. 은하 사이의 공간을 채우고 있는 먼지 등 때문에 은하의 밝기 측정에 상당한 오차가 있고, 그래서 지금 알고 있는 138억 년과는 7배 정도 차이가 나는 것을 알 수 있다. 우주의 크기에 대한 관심 때문에 천체의 거리를 측정하다가 우주의 나이를 알게 된 것이다.

처음에 구한 우주의 팽창 속도는 비교적 가까운 은하들을 관찰해서 얻었다. 그런데 1990년대에 수십 억 광년 거리의 은하들을 조사한 결과, 수십 억 년 전 우주의 나이가 지금 나이의 절반 정도이었을 때는 지금보다 팽창 속도가 약간 느린 것으로 나타났다. 우주의 팽창이 가속화되고 있다는 사실은 1998년에 발표되었고, 이러한 놀라운 발견을 한 펄머터(Perlmutter, S., 1959~), 슈미트(Schmidt, B., 1967~), 리스(Riess, A., 1969~)는 2011년에 노벨 물리학상을 수상하였다. 우주의 팽창에 관하여 처음 노벨상이 수여된 것이다.

Q 확인하기

우주 팽창에 관한 풍선 모델을 설명한 것으로 옳지 않은 것은?

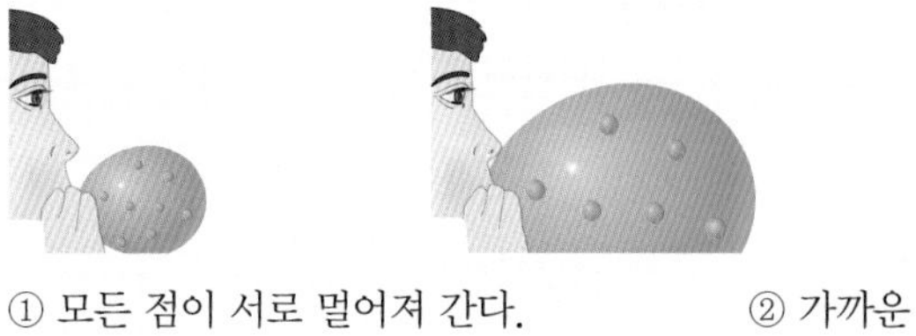

① 모든 점이 서로 멀어져 간다. ② 가까운 점이 빨리 멀어져 간다.
③ 풍선 자체가 팽창한다.
④ 팽창하는 우주에는 특별한 중심이 없다는 것을 알 수 있다.
⑤ 풍선의 바람이 빠져서 수축하는 것은 과거로 돌아가는 방향이다.

답 ② | 풍선 자체가 팽창하면서 같은 시간 동안에 멀리 있는 점은 더 멀어진다. 이로부터 멀리 있는 점이 더 빨리 멀어지는 것을 알 수 있다.

1.2 빅뱅

✎ 핵심개념
- ☑ 뉴턴의 우주
- ☑ 빅뱅 우주론
- ☑ 정상 우주론

학습목표 우주 팽창에 관한 허블 법칙이 아인슈타인의 일반 상대성과 합쳐져서 우주가 대폭발로 시작되었다는 빅뱅 우주론이 출발하게 된 과정을 알아보고, 그와 관련된 논란을 이해한다.

'빅뱅(big bang)'이라는 단어는 요즘 일반인에게도 익숙하다. 또한 많은 사람들이 빅뱅을 우주의 폭발적 시작으로 이해하고 있다. 우주에 시작이 있었다면 우주의 나이가 유한하다는 뜻이고, 그렇다면 우주의 크기도 유한하다고 생각된다. 그러나 17세기 후반에 만유인력 법칙을 발견한 뉴턴(Newton, A., 1642~1727)은 우주를 무한하다고 보았다. 그는 우주의 크기가 유한하다면 모든 천체가 서로 끌어당겨서 언젠가는 한 점으로 붕괴한다고 생각하였다. 그런데 그런 일은 일어날 수 없으므로, 즉 중력 붕괴를 피하려면 우주가 무한해야 하였다. 약 160년이 지난 1828년에 독일의 올베르스(Olbers, W., 1758~1840)는 우주가 무한하다면 어느 방향으로 보아도 무한한 개수의 별이 있어야 하기 때문에 밤하늘이 어두울 수 없다고 주장하였다. 이를 올베르스의 역설이라고 한다. 올베르스 이후에는 대부분의 과학자들이 우주가 유한하다고 받아들이고 있다.

1915년에 아인슈타인(Einstein, A., 1879~1955)*은 일반 상대성 이론을 발전시키고 질량을 가진 천체들이 시공간을 휘게 한다는 이론을 우주 전체에 적용해 보았다. 그러자 우주가 정적이 아니고 동적이라는 해를 얻었다. 뉴턴이 생각했던 대로 우주가 한 점으로 중력 붕괴할 가능성이 되살아난 것이다. 그러자 아인슈타인은 자신의 에너지와 질량 관계식에 우주 상수라는 항을 도입함으로써 중력과 반대 방향으로 천체들을 밀어주는 효과를 주어 정적 우주를 유지하려고 하였다.

아인슈타인*

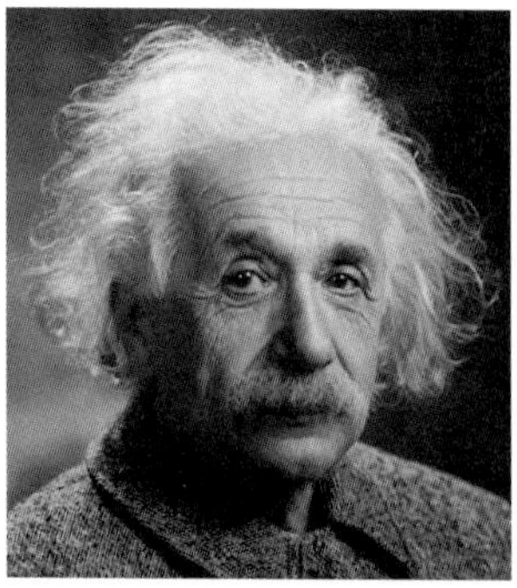

독일 출생의 이론 물리학자. 특수 상대성 이론과 일반 상대성 이론을 발표하고, 시간, 공간, 광속, 질량, 에너지 사이의 관계를 정립하였다.

1922년에 러시아의 수학자 프리드만(Friedmann, A., 1888~1925)도 아인슈타인의 식을 풀어서 동적 우주의 해를 얻었다. 프리드만의 해에는 우주가 한 점으로 중력 붕괴할 가능성과 함께 우주가 팽창할 가능성도 있었다.

1927년에 벨기에의 신부이자 천문학자였던 르메트르(Lemaitre, G., 1894~1966)는 우주가 팽창한다면 초기 우주는 아주 작고 온도는 매우 높은 한 점의 우주로 생각하였고, 이 초기 우주를 원시 원자(primeval atom)라고 불렀다. 2년 후 1929년에 허블 법칙이 발표되자 1931년에 아인슈타인은 허블을 찾아와서 우주의 팽창에 관한 허블의 관측 자료들을 직접 보고 우주가 팽창한다면 우주 상수(cosmological constant)가 불필요하다는 것을 인정하였다. 그리고 우주 상수를 도입한 것을 자신의 최대 과오였다고 인정하였다.

아인슈타인까지 우주의 팽창을 인정하였지만 이후에도 거의 20년 동안 많은 과학자들은 우주가 팽창한다고 해도 우주에 시작이 있을 것이라고 쉽게 받아들이지 않았다.

▌자료

17세기 뉴턴
우주가 유한하다면 하늘의 별들이 만유인력에 의해 서로 끌어당겨서 한 점으로 수축해야 하는데, 그런 일은 있을 수 없으므로 우주는 무한하다.

18세기 칸트
망망대해에 섬이 여기저기 있듯이 각각의 은하도 독립적인 섬 우주라고 볼 수 있지 않을까?

19세기 올베르스
우주가 무한하다면 밤하늘의 어느 방향을 보아도, 별이 있어야 하고, 그 별빛은 지구에 도달해야 하므로 밤하늘은 어두울 수 없다. 그런데 밤하늘은 왜 어두울까?

1920년 새플리, 커티스
새플리: 우리 은하의 크기가 10만 광년이나 된다. 그렇다면 우리 은하는 우주 전체일 것이다.
커티스: 우리 은하 밖에 또 다른 은하가 있는 것은 아닐까?

▌분석

- **1666년 뉴턴:** 뉴턴은 중력을 가지고 있는 물체는 모두 서로 끌어당긴다는 만유인력 법칙을 발견하였다. 그는 우주가 유한하다면 모든 별들은 서로 중력에 의해 이끌려 한 점으로 수축해야 한다고 생각하였다. 그러나 그런 일이 일어나지 않기 때문에 우주가 무한하다고 생각하였다. 하지만 빅뱅으로 인한 우주의 팽창은 알지 못하였으며, 그 팽창으로 우주가 확장되는 효과는 천체들이 서로 중력에 의해 이끌리는 효과보다 크기 때문에 우주가 유한하더라도 한 점으로 수축하지 않을 수 있다는 것을 알지 못하였다.

- **1760년 칸트:** 칸트는 망원경을 통해 여러 가지 성운들을 관찰하면서 이 성운들이 우리와 마찬가지로 하나의 우주, 지금으로 말하면 은하를 이루고 있을지도 모른다고 생각하였다. 이처럼 바다에 섬들이 여기저기 떨어져 있듯이 떨어져 있는 여러 개의 은하들이 모여 전체 우주를 만든다는 생각을 섬 우주 이론이라고 한다. 그러나 그 당시에는 어떤 성운이 우리의 외부 은하라는 증거가 없었다.

- **1830년 올베르스:** 우주가 무한하다면 하늘의 어느 방향을 보아도 별이 있어야 하고, 그 별빛이 지구에 도달해야 한다. 그렇다면 밤하늘이 어두울 수 없다. 이를 올베르스의 역설이라고 한다. 밤하늘이 어두운 것은 우주가 유한하다는 확실한 증거이다.

- **1920년 커티스:** 커티스는 작게 보이는 나선 성운에서 신성을 발견하였는데, 이 신성은 우리 은하의 신성보다 10등급이 어두웠다. 커티스는 이 결과로부터 우리 은하나 외부 은하나 밝기가 비슷할 것이라고 가정하면, 이 신성이 들어 있는 성운은 우리 은하 밖의 외부 은하일 것이라고 생각하였다. 한편 새플리는 변광성을 조사해서 구상 성단의 거리를 측정하여 우리 은하의 대략적인 크기를 알아내었는데, 우리 은하가 우주의 전부라고 주장하였다. 그리고 후에 허블이 안드로메다 은하를 발견하면서 커티스의 생각이 맞는 것으로 확인되었다.

빅뱅 우주론과 정상 우주론*
빅뱅 우주론은 우주는 점과 같은 상태에서 출발하여 대폭발이 일어나 팽창하고 있다는 이론이고, 정상 우주론은 우주는 늘 같은 상태를 유지하며 변화하지 않는다는 이론이다.

가모브*

러시아 출신의 미국 물리학자. 초기 우주에서 원소가 형성되는 과정을 우주 팽창과 관련하여 설명하였으며, 빅뱅 우주론을 주장하였다.

많은 과학자들이 우주의 시작을 받아들이지 않은 이유 중 하나는 앞에서 보았듯이 우주의 나이가 실제보다 상당히 젊게 나왔는데 아주 오래된 별의 나이가 당시 계산되었던 우주의 나이보다 더 많다는 모순된 결과를 얻었기 때문이다. 우주의 시작이 있다는 **빅뱅 우주론(big bang cosmology)***의 엄청난 주장을 쉽게 받아들이기는 어려웠을 것이다.

한편, 1949년에 미국의 조지워싱턴대학 물리학 교수였던 가모브(Gamow, G. 1904~1968)*와 영국 케임브리지대학의 천문학자 호일(Hoyle, F., 1915~2001)이 방송을 통해 대결하는 일이 있었다. 프리드만의 제자였던 가모브는 르메트르 식의 초기 우주를 받아들이는 입장이었고, 호일은 우주의 시작을 믿지 않고 우주가 팽창하면서 생기는 새로운 공간에 물질이 계속 생겨나면서 일정한 상태를 유지한다는 정상 우주론(steady−state cosmology)*을 믿는 입장이었다. 그때 호일이 가모브를 공격하면서 "가모브는 우주가 빅뱅으로 시작되었다는 터무니없는 주장을 한다"라는 말을 하였는데, 그 이후 빅뱅이라는 표현이 굳어져 사용되기 시작하였다. 빅뱅을 부정하기 위해 사용되었던 말이 그 어떤 단어보다도 직관적으로 우주의 시작을 잘 나타내는 말이 된 것이다.

우주는 138억 년 전에 빅뱅이라고 하는 대폭발로 시작되었다. 그래서 우주는 시간적으로 유한하다. 한 점에서 출발한 우주가 유한한 시간 동안 팽창하였다면 우주는 공간적으로도 유한할 수밖에 없는 것이다.

Q 확인하기

빅뱅이라는 말을 처음 사용한 과학자는?

① 아인슈타인 ② 르메트르 ③ 가모브 ④ 호일 ⑤ 프리드만

답 ④ | 흥미롭게도 빅뱅을 반대한 호일이 빅뱅이라는 말을 처음 사용하였다.

1.3 우주 배경 복사

핵심개념
- ☑ 우주 배경 복사
- ☑ 마이크로파
- ☑ 흑체 복사 스펙트럼
- ☑ 비등방성

학습목표 작고 온도가 매우 높은 초기 우주가 팽창하면서 현재 우주에 남아 있을 것으로 예측되는 낮은 온도의 우주 배경 복사를 검출함으로써 빅뱅 우주론이 폭넓게 받아들여지게 된 과정을 이해한다.

빅뱅이라는 말이 나왔다고 해서 누구나 빅뱅을 받아들인 것은 아니다. 빅뱅이 확실하게 되려면 빅뱅 이론은 어떤 예상을 할 수 있어야 하고, 그 예상이 관측을 통해 확인되어야 한다. 그 예상이 바로 **우주 배경 복사(cosmic background radiation)**라고 불리는 우주 전체에 깔려 있는 낮은 에너지의 전자기파이다.

'허블 울트라 딥 필드'는 멀리 있는 은하들뿐만 아니라 은하와 은하 사이의 어두운 공간도 보여 준다. 이 공간을 우주 배경 복사가 채우고 있는 것이다. 그런데 이 우주 배경 복사는 어디에서 온 빛일까?

우주의 모든 에너지가 작은 공간에 몰려 있었던 빅뱅 우주는 온도가 매우 높았을 것이다. 빅뱅 우주에서는 양전하(positive charge)를 가진 수소(hydrogen)와 헬륨(helium)의 핵(nucleus)이 만들어졌다. 그러나 음전하(negative charge)를 가졌지만 운동 에너지가 높은 전자(electron)는 수소 핵이나 헬륨 핵과 결합하지 못하고 자유롭게 우주 공간을 돌아다니고 있었다. 한편 광자(photon)*, 즉 빛 입자들도 우주 공간을 채우고 있었다. 그런데 광자는 전자와 밀접하게 상호 작용하는 성질이 있어서 수없이 전자와 충돌하여 먼 거리를 직진하지 못하였다. 이 상황을 두고 우주가 불투명하였다고 말한다.

우주의 나이가 38만 년이 되어서 온도가 3000 K* 정도로 떨어지면 운동 에너지를 잃은 전자가 수소나 헬륨의 핵과 결합하여 각각 중성(neutral)인 수소 원자(atom)와 헬륨 원자가 된다. 결과적으로 빛이 전자로부터 자유로워져서 아무런 방해를 받지 않고 직진할 수 있게 되면서 비로소 투명한 우주가 되었다. 이때 3000 K에 해당하는 에너지가 빛으로 우주 공간을 채우게 된다. 그 후 우주가 138억 년 동안 팽창하였다면 광자의 에너지가 떨어져서 10 K 이하의 낮은 에너지, 마이크로파(microwave)로 우주 전체에 깔려 있을 것으로 예측된다. 이 에너지를 찾아낸다면, 초기 우주의 화석을 발견하는 셈이다.

광자*
빛은 파동과 입자의 성질을 모두 가지고 있다. 입자적인 관점에서 빛은 광자라는 이름으로 불린다.

절대 온도*
절대 온도는 물질의 특이성에 의존하지 않는 절대적인 온도를 가리킨다. 영하 273.15 ℃를 기준으로 하며, 단위는 K(켈빈)이다.

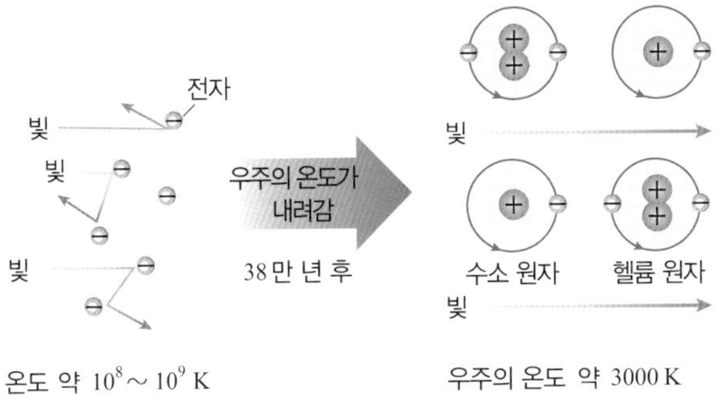

▲ 원자의 탄생

우주의 온도가 3000 K 이하가 되면 원자핵이 전자들과 결합하여 원자가 된다. 이때 생성되는 원자들은 수소와 헬륨이 대부분이다.

1948년에 가모브와 허먼(Herman, R., 1914~1997)은 10 K 정도의 우주 배경 복사를 예측하였지만 당시의 마이크로파 기술로는 검출할 가능성이 없어서 실험적 측정은 시도조차 하지 않았다. 그러다가 1965년에 미국의 천체 물리학자 펜지어스(Penzias, A. A., 1933~)와 윌슨(Wilson, R. W., 1936~)은 뉴저지주 벨연구소의 대형 마이크로파 안테나를 사용해서 우연히 우주의 모든 방향에서 일정하게 3 K에 해당하는 잡음이 들어오는 것을 발견하였다. 나중에 이 미세한 잡음이 바로 가모브가 예측한 우주를 가득 채우는 3 K의 마이크로파, 즉 우주 배경 복사라는 것이 밝혀졌다. 펜지어스와 윌슨은 우주 배경 복사의 발견으로 1978년에 노벨 물리학상을 수상하였다.

원래 펜지어스와 윌슨은 우주 배경 복사에 관심도 없었다. 그들은 단지 이 안테나를 사용해서 전파천문학을 연구하려고 준비 중이었는데 계속된 잡음 덕분에 빅뱅 우주론이 자리 잡는 데 가장 중요한 역할을 한 우주 배경 복사를 발견한 영예를 누리게 된 것이다. 처음에 펜지어스와 윌슨이 잡아낸 우주 배경 복사는 7 cm 정도의 단일 파장에서 검출되었고, 또 우주의 모든 방향에서 사시사철 균일하게 관찰되었다.

나중에 매더(Mather, J., 1946~)와 스무트(Smoot III, G. F., 1945~)는 미국항공우주국(NASA)의 지원을 받아 우주 배경 복사 탐사선(COBE) 프로젝트를 진행하였다. 그리고 2년에 걸친 관측을 통하여 우주 배경 복사를 정밀하게 측정하였다.

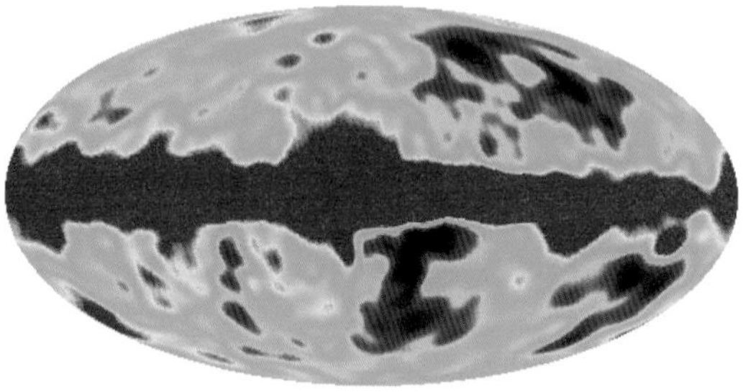

◀ **우주 배경 복사 탐사선(COBE)으로 찍은 우주 배경 복사** 우주 배경 복사의 절대 온도는 2.725 K이다. 색은 온도 차이를 나타내며, 적색과 청색의 차이는 10만 분의 4도에 불과하다. 이 지도는 138억 년 전의 빛이 최초로 분리되었을 때의 우주 모습을 보여 준다.

매더는 마이크로파 영역의 전 파장에서 우주 배경 복사를 측정하여 우주 배경 복사가 2.725 K에 해당하는 물체가 나타내는 파장에 따른 에너지 분포, 즉 **흑체 복사* 스펙트럼(blackbody spectrum)**을 정확히 나타내는 것을 확인하였고, 스무트는 우주 배경 복사가 우주의 방향에 따라 10만 분의 1 정도의 미세한 차이를 나타내는 것을 관찰하였다. 이를 우주 배경 복사의 **비등방성(anisotropy)**이라고 한다. 매더와 스무트는 이 업적으로 2006년에 노벨 물리학상을 수상하였다.

흑체 복사*
일정한 온도를 가지는 모든 물체는 선 스펙트럼과 달리 넓은 파장 범위에서 빛을 발산하게 되는데, 이를 흑체 복사라고 한다. 우주 배경 복사와 별빛은 대표적인 흑체 복사이다.

현재 우주에는 은하들이 몰려 있는 은하단과 은하단 사이의 엄청난 빈 공간도 있다. 이러한 우주의 구조는 초기 우주의 비등방성에서 출발한 것이다. 그 후 윌킨슨 마이크로파 비등방 탐사선(WMAP)과 플랑크 위성(Planck satellite)으로 정밀한 관측이 이루어졌다.

'허블 울트라 딥 필드'가 보여 주는 은하의 빛과 달리 우주 배경 복사는 파장이 밀리미터 내지 센티미터 단위로 상당히 긴 마이크로파의 빛이다. 우주는 파장이 짧은 가시광선을 통해서 우주의 팽창을 전해주고, 파장이 긴 마이크로파를 통해서 빅뱅의 화석을 보여 주는 것이다. 우주의 팽창이 빅뱅의 첫 번째 단서라면 우주 배경 복사는 두 번째 단서이다.

Q 확인하기

다음 중 우주 배경 복사를 처음 검출한 과학자는?

① 가모브 ② 윌슨 ③ 매더 ④ 스무트 ⑤ 허블

답 ② | 윌슨은 펜지어스와 함께 우주 배경 복사를 처음으로 검출하였다. 가모브는 우주 배경 복사를 예측하였고, 매더와 스무트는 우주 배경 복사를 보다 정밀하게 측정하였다.

개념#플러스 우주 배경 복사의 등방성과 비등방성

▲ 윌킨슨 마이크로파 비등방 탐사선(WMAP)으로 찍은 우주 배경 복사 지도

▲ 플랑크 위성의 데이터를 바탕으로 작성된 우주 배경 복사(CMB) 지도(출처/ ESA, Planck Collaboration)

우주 배경 복사에서는 등방성과 비등방성이 모두 중요하다. 우주 배경 복사는 방향에 관계없이 전체적으로 매우 균일하지만(등방성), 부분적으로 약간의 비등방성이 존재한다. 이 비등방성이 존재하는 것은 불확정성 원리 때문이다. 초기 우주는 작기 때문에 미시 세계에서 작동하는 불확정성 원리가 적용되어 에너지의 요동이 생긴다. 초기 우주에서 모든 부분의 에너지가 완전히 같다면 불확정성 원리를 어기는 것이 되는 것이다.

불확정성 원리는 위치와 운동량, 시간과 에너지와 같이 서로 짝을 이루는 한 쌍의 물리량을 동시에 정확하게 알 수 없다는 원리이다.

1.4 우주의 원소 분포

학습목표 빅뱅 우주론이 예측하는 수소와 헬륨의 비율, 그리고 무거운 원소의 낮은 분포가 관찰되어 빅뱅 우주론이 확립된 과정을 이해한다.

핵심개념
- ✓ 수소와 헬륨 질량비
- ✓ 원소 분포

'허블 울트라 딥 필드' 사진에는 빅뱅의 세 번째 단서도 들어 있다. 만일 우주가 실제로 빅뱅에서 시작되었다면 가벼운 원소인 수소와 헬륨이 풍부하고, 탄소, 산소, 철 등 무거운 원소는 상대적으로 그 양이 적을 것으로 예상된다. 초기 우주는 팽창하면서 온도가 급격히 떨어지기 때문에 무거운 원소의 합성이 일어날 수 없었다. 수소로부터 헬륨이 만들어진 것만도 다행이다.

우주의 나이가 수억 년이 되었을 때 별들이 태어나고 별이 진화하면서 무거운 원소들이 만들어지며, 이들 원소가 우주 공간으로 퍼져 다음 세대의 별을 만드는 재료가 된다. 따라서 초기 우주의 별과 은하에는 무거운 원소의 비율이 아주 낮고, 현재 우주에 가까워질수록 무거운 원소의 비율이 높을 것이다. 실제로 초기 은하의 빛은 수소와 헬륨만을 나타낸다. 반면에 태양계에는 수소와 헬륨을 비롯하여 탄소와 산소, 철부터 우라늄까지 무거운 원소들이 모두 들어 있다. 우주의 팽창이 빅뱅의 첫 번째 단서이고 우주 배경 복사가 두 번째 단서라면 우주의 **원소 분포(elemental abundance)**는 세 번째 단서이다.

우주의 원소 분포를 알 수 있는 것은 선 스펙트럼을 통해 어떤 원소가 얼마나 들어 있는지를 알려주는 별빛 덕분이다. 별빛은 별을 구성하는 원소들에 해당하는 흡수 스펙트럼을 나타낸다. 이러한 흡수선들의 세기를 조사하면 원소들의 상대적인 양을 알 수 있다.

개념 플러스 프라운호퍼선

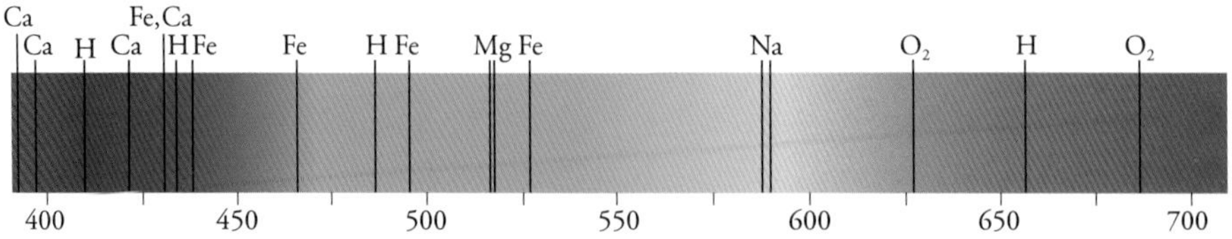

▲ 프라운호퍼선

1814년에 독일의 유리 기술자였던 프라운호퍼(Fraunhofer, J. von., 1787~1826)는 자신이 만든 프리즘으로 햇빛을 파장 별로 분리하여 무지개 스펙트럼을 얻고, 다시 이 스펙트럼을 확대해서 약 500개의 어두운 선들이 나타나는 것을 관찰하였다. 프라운호퍼는 이 선들의 의미를 몰랐지만 나중에 분광학이 발전하면서 이 선들은 수소, 산소, 나트륨, 철, 마그네슘, 칼슘 등의 원소들이 나타내는 것임이 알려졌다. 태양과 별, 그리고 은하 모두 지구상에서 볼 수 있는 것과 같은 원소들로 이루어진 것이다.

고대 그리스의 철학자 아리스토텔레스는 지상의 세계는 물, 불, 공기, 흙의 4가지 원소로 이루어졌고, 천상의 세계는 에테르라는 전혀 다른 원소로 이루어졌다고 생각했다. 지상의 세계나 천상의 세계나 공통적인 원소로 이루어졌다는 첫 번째 단서는 약 200년 전에 얻어졌다.

영국 출신으로 하버드 천문대의 여학생이었던 페인(Payne, C. 1900~1979)은 오랜 시간 동안 별의 스펙트럼을 모아 조사한 결과, 온도가 높은 별에서는 수소의 선 스펙트럼이 강하게 나타나는 것을 알게 되었다. 그리고 이러한 관찰로부터 별이 대부분 수소와 헬륨으로 이루어졌으며, 그 밖의 원소는 아주 조금만 들어 있다는 것을 알게 되었다. 그녀는 1925년에 박사학위 논문에서 별의 주성분, 따라서 우주의 주성분은 수소라는 것을 밝혔다.

빅뱅 우주에서 처음 3분 사이에 결정된 수소와 헬륨의 3:1 질량 비율은 이론적으로도 예상이 되고, 가까운 은하에서부터 멀리에서 볼 수 있는 초기 우주의 은하에서까지 우주 전체적으로 관찰된다. 이 비율은 빅뱅 우주론을 지지하는 또 하나의 중요한 기둥이다. 초기 은하에서는 수소와 헬륨만 나타나고, 나중에 생긴 은하에서는 나트륨, 철 등 무거운 원소들도 관찰된다.

빅뱅 우주론의 세 가지 증거는 우주의 팽창, 우주 배경 복사, 우주의 원소 분포이다.

Q 확인하기

우주의 원소 분포에 관한 설명으로 옳지 않은 것은?

① 우주 전체적으로 모든 은하의 주성분은 수소와 헬륨이다.
② 아주 큰 적색 편이를 나타내는 은하에는 철 등 무거운 원소의 비율이 태양계에 비해 상대적으로 낮다.
③ 별의 성분은 별빛에 들어 있는 선 스펙트럼을 조사해서 알 수 있다.
④ 별의 성분을 조사하려면 우주선을 보내서 시료를 가져와서 분석해야 한다.
⑤ 초기 우주는 팽창하면서 온도가 급격히 떨어지기 때문에 무거운 원소의 합성이 일어날 수 없었다.

답 ④ | 별빛에는 별에 어떤 원소들이 있는지에 관한 정보가 있다. 시료를 가져올 필요 없이 별빛의 스펙트럼을 분석하면 된다.

연/ 습/ 문/ 제/

해답 206쪽

01 관계있는 것끼리 연결하시오.

(1) 1838년• •마젤란 성운의 변광성 • •슬라이퍼
1908년• •안드로메다의 청색 편이• •베셀
1913년• •연주 시차 • •허블
1923년• •안드로메다의 변광성 • •레빗

(2) 1666년• •어두운 밤하늘• •아인슈타인
1823년• •우주 상수 • •올베르스
1917년• •무한한 우주 • •펄머터
1998년• •가속 팽창 • •뉴턴

(3) 1915년• •빅뱅 • •르메트르
1922년• •원시 원자 • •가모브, 호일
1927년• •일반 상대성• •프리드만
1949년• •동적 우주 • •아인슈타인

(4) 1925년• •우주 배경 복사 • •허블
1929년• •팽창하는 우주 • •페인
1933년• •별의 주성분은 수소• •펜지어스, 윌슨
1965년• •은하의 거리와 후퇴 속도 • •에딩턴

02 대략적으로 우주에는 (　　) 개 정도의 별이 들어 있는 은하가 (　　) 개 정도 있다. (　　) 안에 들어갈 알맞은 말은?

① 1억, 1억　② 10억, 10억
③ 100억, 100억　④ 1000억, 1000억
⑤ 10000억, 100000억

03 우주 팽창과 관련된 설명으로 옳은 것은?

① 은하들 사이의 거리는 일정하다.
② 은하들 사이의 거리는 똑같이 멀어져 간다.
③ 가까운 은하들은 더 빨리 멀어져 간다.
④ 멀리 있는 은하들은 더 빨리 멀어져 간다.
⑤ 은하들 사이의 거리와 멀어져 가는 속도는 관계가 없다.

04 현재 우주의 배경 복사 온도는?

① 3 K　② 30 K　③ 300 K　④ 3000 K　⑤ 30000 K

05 별에 들어 있는 원소를 조사하는 방법은?

① 온도 측정　② 질량 측정　③ 화학적 원소 분석
④ 밀도 측정　⑤ 선 스펙트럼 분석

06 우주의 나이와 관련된 설명으로 옳은 것은?

① 우주의 나이와 크기는 무한하다.
② 우주의 나이와 크기는 유한하다.
③ 우주의 나이는 유한하고, 크기는 무한하다.
④ 우주의 나이는 무한하고, 크기는 유한하다.
⑤ 우주의 나이는 무한히고, 크기는 아직 알 수 없다.

07 우주에 대한 설명으로 옳지 <u>않은</u> 것은?

① 우주는 팽창하고 있다.
② 우주에는 특별한 중심이 없다.
③ 먼 은하일수록 후퇴 속도가 크다.
④ 일부 가까운 은하는 청색 편이를 나타낸다.
⑤ 은하 내에서 별들 사이의 거리도 멀어진다.

08 빅뱅 우주론을 지지하는 증거와 관련이 있는 것을 | 보기 |에서 있는 대로 고른 것은?

| 보기 |
ㄱ. 우주 배경 복사의 세기가 우주의 전 방향에서 비교적 균일하다.
ㄴ. 지구에서 멀리 있는 은하일수록 후퇴 속도가 더 빠르다.
ㄷ. 우주에 존재하는 수소와 헬륨의 질량비가 3:1이다.

① ㄴ　② ㄱ, ㄴ　③ ㄱ, ㄷ
④ ㄴ, ㄷ　⑤ ㄱ, ㄴ, ㄷ

핵심 개념 확/ 인/ 하/ 기/

❶ 별의 절대 밝기는 세페이드 변광성의 변광 ________로부터 구한다.
❷ 세페이드 변광성은 밝을수록 변광 주기가 ________.
❸ 별빛의 파장이 길어지는 현상을 ________라고 하며, 은하의 거리가 멀수록 후퇴 속도는 (작다, 크다).
❹ 가까워지는 별빛의 스펙트럼은 ________ 현상을 나타낸다.
❺ 아주 멀리 있는 외부 은하의 거리는 ________ 법칙으로부터 구한다.

2

물질의 기원

우리 주위의 모든 물질은 궁극적으로 초기 우주에서 왔다. 우리 몸무게의 3분의 2를 차지하는 물만 보아도 알 수 있다. 물은 수소 원자 2개와 산소 원자 1개가 결합한 분자(H_2O)이다. 물의 수소는 138억 년 전 초기 우주에서 만들어졌고, 산소는 수억 년 후에 어느 별의 내부에서 만들어졌다. 그런데 산소는 수소로부터 만들어진 것이다. 산소뿐만 아니라 우리 몸을 이루는 탄소, 질소, 인, 황, 칼슘, 철 등 모든 원소도 궁극적으로 수소로부터 만들어졌다. 결국 우리는 초기 우주에서 온 셈이다.

2.1 빅뱅 핵합성

학습목표 빅뱅 우주에서 쿼크로부터 양성자와 중성자, 그리고 양성자와 중성자로부터 중수소를 거쳐 헬륨이 만들어진 과정을 통해 물질의 기원과 초기 우주에서 일어난 입자의 진화를 파악한다.

핵심개념

- ☑ 쿼크
- ☑ 양성자
- ☑ 중성자
- ☑ 빅뱅 핵합성
- ☑ 수소
- ☑ 헬륨
- ☑ 질량수
- ☑ 동위 원소

| 수소의 생성 |

빅뱅 우주에서 에너지(energy)는 빛(light)과 물질(matter)이라는 두 가지 다른 모습으로 나타난다. 빛과 물질은 모두 에너지이지만, 빛은 질량(mass)이 없고 물질은 질량이 있다.

빅뱅 우주에서는 빛이 물질로 바뀌고, 물질은 다시 빛으로 바뀌는 현상이 반복하여 일어났다. 물론 이때도 에너지 총량은 보존된다. 여기에서 빛이 물질로 바뀐다는 것은 물질과 반물질로 바뀐다는 것을 말한다. 반물질(antimatter)*이란 질량 등의 모든 성질은 물질과 같지만, 전하가 물질과 반대인 입자이다. 그런데 빅뱅 우주에서 물질과 반물질이 생길 때 물질이 반물질보다 10억 분의 1 정도 많이 생겼다. 10억에 해당하는 물질과 반물질이 만나 상쇄되어 빛으로 바뀌고, 남은 약간의 물질이 현재의 물질세계를 이루고 있다.

138억 년 전 우주의 나이가 1초일 때 우주의 온도는 100억 도 정도였다. 그 이전에 우주에 +1의 전하를 가진 **양성자(proton)**와 전하가 0인 **중성자(neutron)**가 등장하였다. 그런데 중성자는 양성자보다 질량이 약간 커서 불안정하다. 그래서 높은 온도에서는 중성자는 양성자로, 양성자는 중성자로 바뀌는 열평형이 일어나다가 우주의 나이가 1초 정도 되었을 때는 불안정한 중성자 1개당 안정한 양성자 7개 정도의 비율이 결정되었다. 양성자는 수소의 원자핵이다. 따라서 우주의 나이가 1초 정도일 때 수소가 태어났다고 말할 수 있다.

나중에 양성자들이 뭉쳐서 무거운 원소의 핵을 만들고, 핵에 들어 있는 양성자 수를 **원자 번호(atomic number)**라고 부르게 된다. 자연은 수소를 만든 다음에 수소를 합쳐서 원자 번호가 6인 탄소, 8인 산소, 26인 철, 92인 우라늄 등 다양한 원소들을 만든 것이다.

우리 몸을 비롯하여 공기, 지구, 물 분자, 수소 원자, 전자 등 질량을 가진 모든 것은 물질이다.

반물질*
반물질의 예로 반전자가 있다. 반전자는 전자와 질량이 같지만 전자는 음전하를 가진 데 반해 반전자는 양전하를 가졌다. 그래서 반전자는 양전자라고도 불린다.

약한 상호 작용
약한 상호 작용은 중성자가 양성자로 될 때, 또는 반대로 양성자가 중성자로 바뀔 때 작용하는 힘이며, 자연에서 중력 다음으로 약하다.

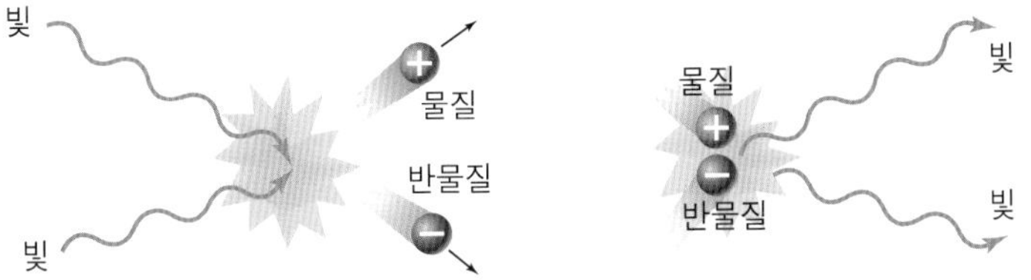

▲ 우리 주위에서는 빛이 물질과 반물질로 바뀌는 일은 일어나지 않는다. 가장 가벼운 입자의 하나인 전자만 해도 그 질량을 $E = mc^2$(E: 에너지, m: 질량, c: 빛의 속도)에 대입하면 엄청나게 큰 에너지가 된다. 빛 입자, 즉 광자가 그렇게 큰 에너지를 가지려면 우주의 온도가 100억 도 정도 되어야 한다. 우주의 나이가 1초일 때는 우주의 온도가 100억 도 정도로 높았다.

러더퍼드*

뉴질랜드 출생의 영국 물리학자로, 원자핵과 양성자를 발견하였으며, 원소 변환에 대한 연구로 1908년에 노벨 화학상을 수상하였다.

쿼크*
성질에 따라 위, 아래, 맵시, 야릇한, 꼭대기, 바닥으로 구분한다. 위 쿼크와 아래 쿼크를 제외한 다른 쿼크들은 빅뱅의 순간에 만들어지고 금방 사라졌다고 한다.

경입자*
가벼운 입자라는 뜻이다.

중성자의 발견
1932년에 영국의 물리학자 채드윅(Chadwick, J., 1891～1974)이 베릴륨 원자핵에 알파 입자를 충돌시켰을 때 튀어나오는 중성 입자의 질량을 측정하였다. 이 입자가 중성자이다.

가장 가벼운 원소인 수소는 1766년에 영국의 캐번디시(Cavendish, H., 1731~1810)가 발견하였다. 그 후 화학자이자 의사이며 자연신학자였던 영국의 프라우트(Prout, W., 1785~1850)가 처음으로 모든 원소는 수소로부터 만들어진 것이 아닌가라는 생각을 하였다. 원자설, 분자설이 나오고 몇 년 안 되었던 1815년에 그는 당시 알려진 기체들의 밀도가 수소 밀도의 정수배라는 관찰에 근거해서 수소가 모든 원소의 기본 단위라는 가설을 제안한 것이다. 프라우트의 가설은 100년 간 잊힌 상태로 있다가 20세기에 들어서 러더퍼드(Rutherford, E., 1871~1937)*가 원자핵과 양성자를 발견하고 원자 번호라는 개념이 생기면서 맞는 것으로 판명되었다. 프라우트의 수소는 사실은 양성자였던 것이다.

20세기 후반에는 양성자와 중성자를 구성하는 보다 기본적인 입자들이 발견되었다. 빅뱅의 순간에 6종류의 **쿼크(quark)***와 6종류의 경입자(lepton)*가 만들어졌는데 그 중에서 우리 몸을 포함해서 우리 주위의 물질세계를 구성하는 것은 위 쿼크(up quark), 아래 쿼크(down quark), 그리고 경입자의 일종인 전자뿐이다. 전자는 1897년에 영국의 톰슨(Thomson, J. J., 1856~1940)*이 발견하였고, 미국의 겔만(Gell-Mann, M., 1929~)은 1963년에 쿼크 모델을 제안하고 쿼크라는 말을 도입하였다. 그런데 위 쿼크는 $+\frac{2}{3}$, 아래 쿼크는 $-\frac{1}{3}$의 전하를 가지고 생겨났다. 그리고 우주의 나이가 1초가 되기 전에 위 쿼크 2개와 아래 쿼크 1개가 조합을 이루어 +1의 전하를 띤 양성자가 되었고, 위 쿼크 1개와 아래 쿼크 2개가 조합을 이루어 전하가 0인 중성자가 되었다.

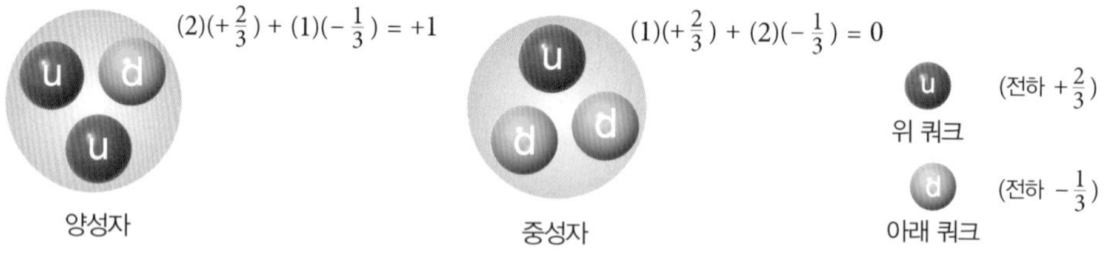

▲ 양성자와 중성자

전하가 +1인 양성자의 존재 이유는 짐작이 된다. 쿼크와 경입자가 만들어질 당시에 만들어진 전자의 전하는 −1이다. 그러고 보니 양성자와 전자가 결합하면 중성인 수소 원자가 만들어질 듯하다.

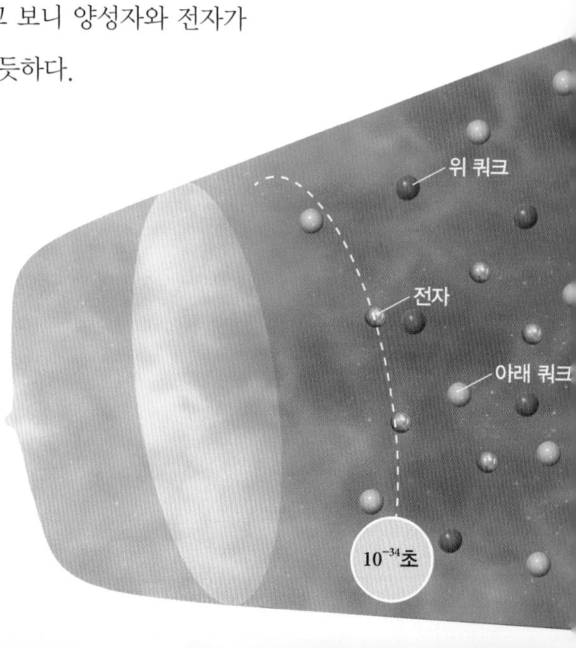

▶ 빅뱅 후 3분 동안의 우주의 모습
우주 초기에 수소와 헬륨이 생성되었다.

나중에 만들어질 모든 무거운 원소에서도 양성자 수와 같은 수의 전자가 결합해서 중성 원자들이 만들어지고, 중성 원자들이 모여서 우리 몸을 포함해서 물질세계를 이루게 된다. 그런데 이때까지도 중성자의 존재 이유는 알 수 없다.

Q 확인하기

각 입자에 해당하는 전하를 연결하시오.

위 쿼크 •	• 0
아래 쿼크 •	• −1
양성자 •	• $+\frac{2}{3}$
중성자 •	• $-\frac{1}{3}$
전자 •	• +1

답 위 쿼크 $+\frac{2}{3}$, 아래 쿼크 $-\frac{1}{3}$, 양성자 +1, 중성자 0, 전자 −1

쿨롱 법칙*

프랑스의 물리학자 쿨롱(Coulomb, C. A. de., 1736~1806)이 발견한 것으로, 전하를 띤 두 물체 사이에 작용하는 힘의 크기는 두 전하의 곱에 비례하고, 거리의 제곱에 반비례한다. 같은 전하는 척력이, 다른 전하는 인력이 작용한다.

$F = k\frac{Q_1Q_2}{r^1}$ (Q_1, Q_2는 전하, r는 거리)

여기서 힘 F의 단위는 뉴턴(N), 거리의 단위는 m, 전하 Q_1, Q_2의 단위는 쿨롬(C)이다.

| 헬륨의 생성 |

빅뱅 우주에서 양성자를 뭉쳐서 두 번째 원소인 헬륨을 만드는 과정에서 중성자의 존재 이유가 드러난다. 양성자 2개가 서로 충돌하려면 +1의 양전하 사이의 쿨롱 반발력(Coulomb repulsion)*이 작용하기 때문에 양성자 2개가 융합해서 원자 번호 2인 헬륨이 만들어지지 않는다.

그런데 중성자는 전하가 0이기 때문에 양성자와 중성자가 충돌하면 반발력이 작용하지 않고 쿼크 사이에 작용하는 힘인 강한 상호 작용(강한 핵력, strong nuclear force)으로 뭉쳐서 **중수소(deuterium)**가 된다.

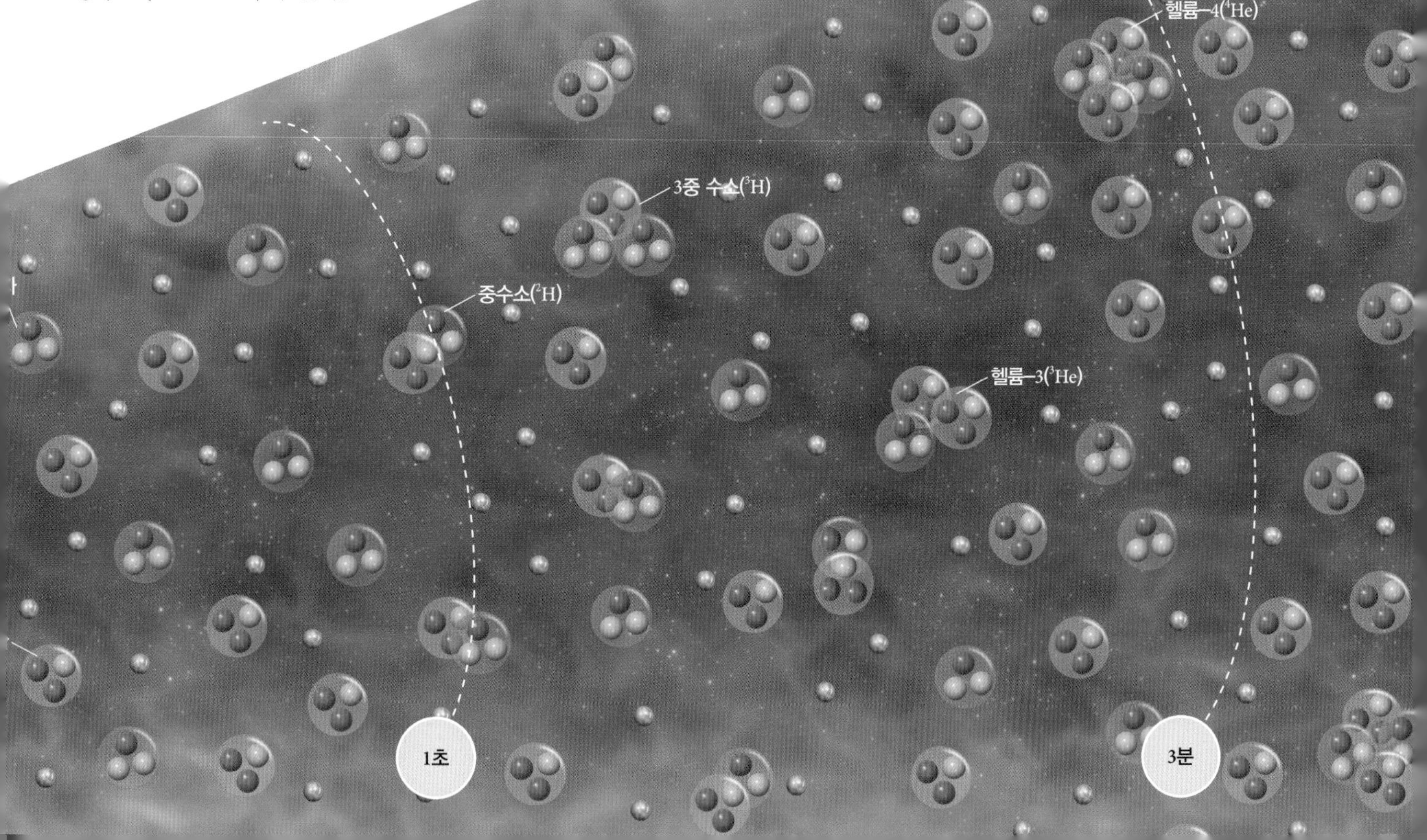

오늘날 자연에 존재하는 탄소, 질소, 산소, 철 등 양성자 수가 많은 무거운 원소들이 만들어지는 근본적인 이유도 헬륨이 만들어지는 원리와 같다. 즉 쿼크끼리 결합하는 강한 상호 작용이 전자기력보다 훨씬 강하기 때문이다.

중수소는 양성자가 1개이기 때문에 원자 번호가 1인 수소이지만 중성자가 있어서 질량은 양성자 1개뿐인 보통 수소의 2배가 된다. 그래서 중수소는 **질량수(mass number)***가 2라고 말한다. 그리고 보통 수소와 중수소처럼 원자 번호는 같고 질량수가 다른 경우를 **동위 원소(isotope)**라고 한다. 중수소에 중성자가 1개 더 합해지면 3중 수소(tritium)가 되고, 3중 수소에 양성자가 1개 더 합해지면 원자 번호가 2인 헬륨이 된다. 중수소에 양성자가 1개 더 합해지면 질량수가 3인 헬륨의 동위 원소 헬륨-3(He-3)이 되고, 헬륨-3에 중성자가 1개 더 합해지면 헬륨-4(He-4)가 된다.

질량수*
질량수 = 양성자 수 + 중성자 수

핵의 종류를 나타낼 때 첨자를 사용하기도 한다. 원소 기호의 왼쪽 아래에는 양성자 수, 즉 원자 번호를, 위에는 질량수를 적는다. 예컨대 $^{2}_{1}H$은 중수소를, $^{3}_{2}He$은 헬륨-3을 나타낸다.

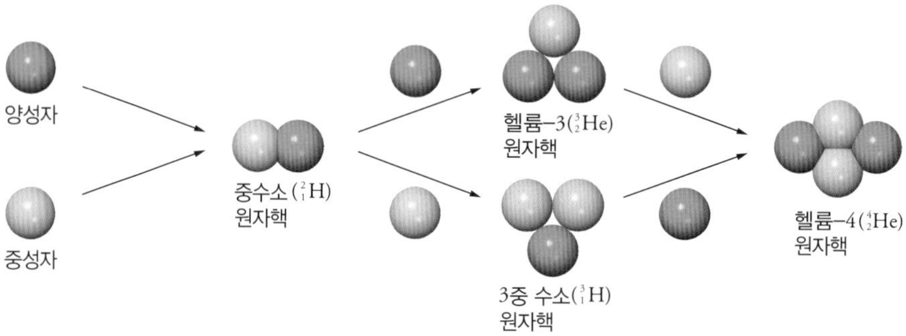

▲ **헬륨 원자핵의 생성** 양성자와 중성자의 핵융합 반응에 의해 헬륨 원자핵이 만들어진다.

원자핵의 생성과 중성자
양성자 사이에는 전기적인 반발력이 커서 양성자만으로는 원자핵이 형성되지 않는다. 중성자는 전기적 반발력이 없으면서 인접한 양성자, 중성자와 강한 핵력이 작용하기 때문에 중성자를 매개로 무거운 원소의 원자핵이 만들어진다.

개념# 플러스 양성자의 쿼크와 중성자의 쿼크 사이에 작용하는 힘

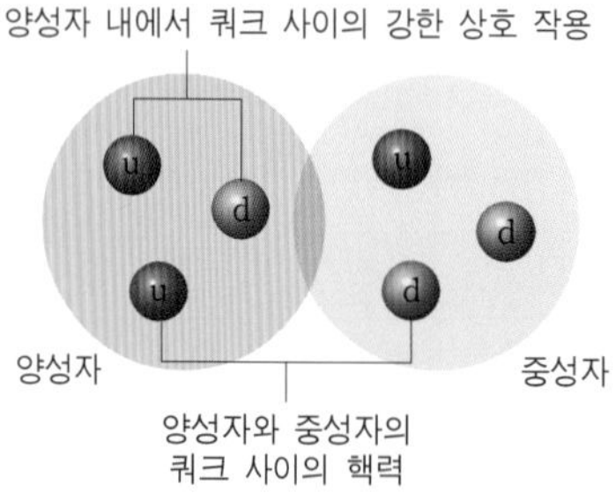

중수소에서 양성자의 쿼크와 중성자의 쿼크 사이에 작용하는 힘은 양성자나 중성자 내부에서 3개의 쿼크 사이에 작용하는 강한 힘보다는 약하지만 전기적 힘보다는 강하다.

Q 확인하기

빅뱅 우주에서 수소에서 질량수가 4인 헬륨이 만들어지는 데 필수적인 징검다리 역할을 한 입자는?

① 중성자 ② 중수소 ③ 3중 수소 ④ 헬륨-3 ⑤ 전자

답 ② | 양성자와 중성자에서 중수소는 반드시 거쳐 가야 하지만, 3중 수소 대신 헬륨-3을 거쳐 갈 수도 있고, 헬륨-3 대신 3중 수소를 거쳐 갈 수도 있다.

양성자 + 중성자 ⟶ 중수소
중수소 + 양성자 ⟶ 헬륨-3　　헬륨-3 + 중성자 ⟶ 헬륨-4
중수소 + 중성자 ⟶ 3중 수소　　3중 수소 + 양성자 ⟶ 헬륨-4

양성자에서 헬륨이 만들어지는 과정을 **빅뱅 핵합성(big bang nucleosynthesis)**이라고 한다. 빅뱅 핵합성은 우주의 나이가 1초, 온도가 100억 도 정도일 때 시작되어 3분, 10억 도 정도일 때 끝났다. 온도가 떨어지면 입자들의 운동 에너지도 떨어져서 충돌이 어려워지기 때문이다. 우주가 팽창하면서 입자들 사이의 거리가 멀어진 것도 헬륨 이상의 무거운 핵합성을 불가능하게 하였다. 게다가 3분이 지나면서 핵에 붙잡히지 않은 자유로운 중성자는 모두 양성자로 붕괴해서 우주 무대에서 사라졌다. 결과적으로 처음 3분 사이에 헬륨이 만들어진 것은 우주 역사에서 대단히 중요한 사건이었고, 그 과정에서 중수소가 중요한 역할을 한 것과 중성자의 존재 이유를 잊지 말아야 한다.

헬륨이 중요한 것은 나중에 별에서 탄소, 산소 등 생명에 필수적인 원소들이 만들어질 때 헬륨이 재료 역할을 하기 때문이다. 양성자 2개와 중성자 2개가 뭉친 헬륨-4 입자는 **알파 입자(alpha particle)***라고도 한다. 19세기 말에 방사능(radioactivity)을 조사하는 과정에서 러더퍼드는 우라늄, 라듐 등 방사능 물질로부터 양전하를 가진 입자가 높은 속도로 튀어나오는 것을 관찰하고 알파 입자라고 불렀는데, 이것은 바로 헬륨 원자핵이었다. 빅뱅 핵합성에서는 세 번째 원소인 리튬도 미량 만들어진다.

알파 입자(He^{2+})*
헬륨(He)의 원자핵으로 방사성 물질에서 방출된다. 전자 2개를 얻으면 중성의 헬륨 원자가 된다.

1908년 노벨 화학상을 수상한 러더퍼드는 수상 강연에서 알파 입자가 헬륨인 것을 밝힌 과정을 설명하고 결론 부분에서 탄소, 산소 등 짝수 번호의 원소가 자연에 풍부한 것을 보면 알파 입자가 원소의 생성에서 중요한 역할을 하는 것이 아닌가라는 가설을 제시하였다.

2.2 별의 핵합성

학습목표 주계열성에서 수소가 헬륨으로 융합되고, 적색 거성에서 헬륨이 탄소부터 철까지 무거운 원소들로 융합되고, 초신성 폭발을 통해 철보다 무거운 원소들이 만들어진 과정을 통해 별에서 일어나는 원소의 진화를 이해한다.

핵심개념
- ✓ 핵융합
- ✓ 주계열성
- ✓ 적색 거성
- ✓ 초신성 폭발

| 주계열성 |

우주의 나이가 3~4억 년 정도 되었을 때 처음으로 별이 태어났다. 빅뱅 우주에서 만들어진 수소와 헬륨을 재료로 하여 중력 작용에 의해 태어난 별을 **주계열성(main sequence star)**이라고 하는데, 중심 온도가 1000만 도 정도에 이르면 수소가 헬륨으로 융합되는 **핵융합 반응(nuclear fusion reaction)**이 일어나면서 주계열성이 된다. 이때 질량이 일부 에너지로 바뀐다. 이를 **수소 연소(hydrogen burning)**라고 한다.

모든 별은 일생의 대부분을 주계열성으로 보낸다. 주계열성은 질량이 클수록 수명이 더 짧은데, 이것은 질량이 클수록 핵융합 반응이 더 빨리 진행되기 때문이다. 태양은 보통 크기의 주계열성으로, 현재 태양계에서 일어나는 유일한 핵합성은 태양의 중심에서 일어나는 헬륨의 생성이다. 약 50억 년 전에 태어난 태양의 중심 온도는 현재 1500만 도 정도인데 앞으로 50억 년 정도 더 융합할 수소를 가지고 있다고 한다.

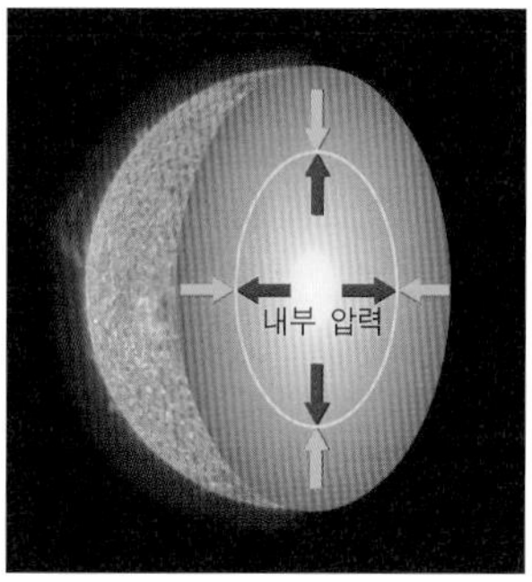

▲ **별의 역학적 평형** 중력 수축에 의해 내부의 온도가 올라가면 내부에서 핵융합 반응이 일어나고 이때의 열적 압력은 중력에 의해 수축하는 힘과 균형을 이루게 되므로 별의 크기는 일정하게 유지된다.

별이 태어날 때는 자유 중성자가 없기 때문에 수소, 즉 양성자로부터 중성자를 만들면서 헬륨의 합성이 일어난다. 그런데 양성자가 중성자로 바뀌는 과정은 에너지 면에서 불리하기 때문에 느리다. 그래서 주계열성은 오래 지속된다. 한편 2개의 양성자와 2개의 중성자가 융합해서 만들어진 헬륨 핵의 질량은 양성자 4개 질량의 합보다 작다. 이 차이를 질량 결손(mass defect)이라고 한다. 질량 결손만큼 헬륨이 수소보다 안정한 것이다.

개념#플러스 핵융합 반응으로 방출되는 에너지

핵융합 반응이 일어나면 반응 전보다 반응 후에 질량이 감소한다. 이 감소된 질량은 아인슈타인의 에너지 질량 관계식 $E = mc^2$에 의해 에너지로 전환된다. 따라서 질량(m)의 감소량이 매우 적다고 하여도 빛의 속도(c)의 제곱을 곱한 만큼의 막대한 에너지(E)가 방출된다.

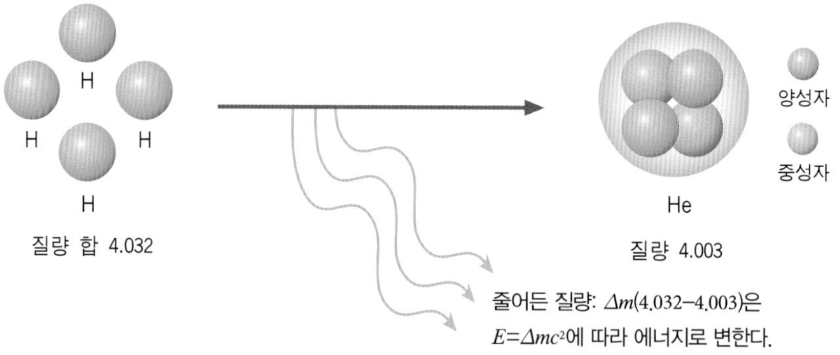

▲ 수소가 헬륨으로 융합되는 핵융합 반응

Q 확인하기

다음 과학자 중 핵융합 과정에서 질량의 일부가 에너지로 나오는 원리에 관한 식을 만든 사람은?

뉴턴	켈빈	러더퍼드	아인슈타인

답 **아인슈타인** | 아인슈타인의 $E = mc^2$은 과학에서 가장 유명한 식으로 질량과 에너지의 관계를 보여준다.

| 적색 거성 |

생명이 태어나기 위해서는 헬륨으로부터 탄소가 만들어져야 하는데, 주계열성이 태어날 때 원료에는 수소와 함께 빅뱅 우주에서 만들어진 헬륨이 들어 있었다. 그렇다면 주계열성에서 다시 수소로부터 헬륨을 만드는 대신 이미 들어 있는 헬륨으로부터 탄소를 만들면 좋겠다고 생각할 수 있다. 문제는 +2의 전하를 가진 헬륨 핵을 충돌시켜서 융합하려면 +1의 전하를 가진 수소 핵을 융합하는 것보다 훨씬 높은 온도가 필요하다는 것이다. 그런데 중력 수축에 의해 중심 온도가 서서히 올라가면서 별이 태어나기 때문에 헬륨을 탄소로 융합하는 데 필요한 온도보다는 수소를 헬륨으로 융합하는 데 필요한 온도에 먼저 도달하게 되고, 그래서 주계열성에서는 수소의 융합이 일어나는 것이다.

그렇다면 탄소를 만드는 데 필요한 온도에는 어떻게 도달할 수 있을지 태양을 예로 들어 생각해 보자. 중심에서 수소의 융합이 일어나는 동안에는 융합에서 나오는 에너지가 외부로 미치는 압력과 별 전체의 질량이 중력에 의해 중심으로 미치는 압력이 균형을 이루어 별의 크기가 일정하게 유지된다. 그런데 약 50억 년 후에 태양의 중심에서 수소가 다 헬륨으로 바뀌어 고갈되면 수소의 융합에 따르는 에너지 발생이 중단되고 외부 쪽으로의 압력이 사라진다. 그러면 중력 작용이 우세해져서 중심의 밀도와 온도가 서서히 올라가게 된다. 그러다가 중심 온도가 탄소의 합성에 필요한 1억 도에 도달하기 전에 중심에서 상당히 벗어난 부분에서 온도는 수소가 융합할 정도로 충분히 높고, 한편 수소가 남아있는 상황이 이루어진다. 그래서 수소의 융합이 중심보다 바깥쪽에 일어나게 된다. 그러면 융합에 의한 압력은 양쪽으로 작용하게 된다. 바깥을 향한 압력에 의해 태양은 부풀고 표면 온도는 떨어져서 태양은 **적색 거성(red giant)**이 된다.

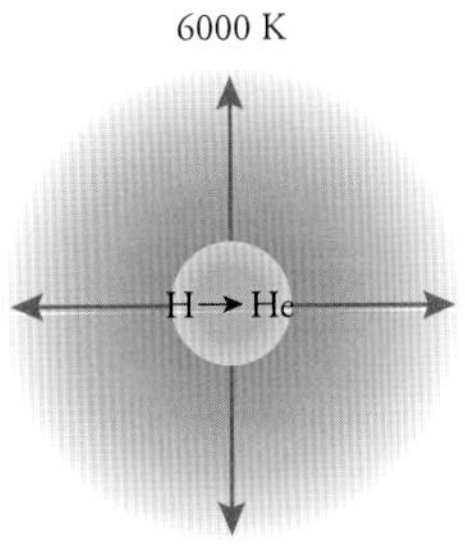

▲ 주계열성

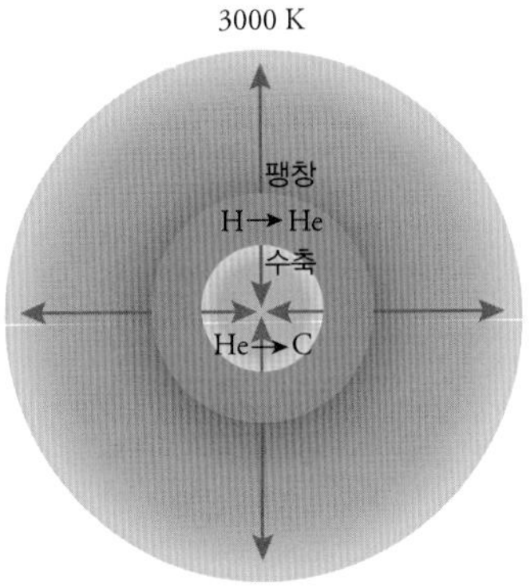

▲ 적색 거성

주계열성의 중심에서 수소가 고갈되면 중력 수축으로 헬륨 핵의 온도가 올라가고 중심 바깥에서 수소 연소가 일어난다. 결과적으로 별의 외부는 팽창하고, 내부는 온도가 올라가서 헬륨 연소가 일어난다.

한편, 중심 방향으로 미치는 압력은 적색 거성의 중심 온도를 급격히 상승시키는 효과를 나타낸다. 중심 온도가 1억 도에 이르면 헬륨 핵 3개가 융합해서 양성자 6개와 중성자 6개로 이루어진, 전하가 +6인 탄소의 핵이 만들어진다. 이를 **헬륨 연소(helium burning)***라고 한다.

헬륨 연소*
헬륨 연소는 수소 연소에 비해 빠르게 진행된다. 이미 헬륨 핵에 들어 있는 중성자를 사용해서 융합이 일어나기 때문이다.

▲ 헬륨 연소

구분	중심 핵융합 반응	중심 온도(K)	표면 온도(K)
주계열성	수소 → 헬륨	1000만	6000
적색 거성	헬륨 → 탄소	1억	3000

▲ 주계열성과 적색 거성에서의 핵융합 반응

태양은 질량이 불충분해서 탄소 이상의 융합은 일어날 수 없다. 핵이 무거워질수록 양전하 사이의 반발이 커지기 때문이다. 태양계에서 일어날 수 있는 원소 생성의 종착점은 탄소인 것이다. 태양보다 상당히 무거운 별의 중심에서는 탄소와 헬륨이 융합해서 산소가 만들어지고, 이어서 네온, 마그네슘, 규소 등이 만들어진다. 아주 무거운 적색 거성에서는 가장 안정한 핵인 철까지 융합이 진행된다.

빅뱅 핵합성과 달리 별의 내부에서 일어나는 핵합성을 별의 핵합성(stellar nucleosynthesis)이라고 한다.

Q 확인하기

수소의 핵, 즉 양성자가 헬륨으로 융합하는 데 극복해야 하는 쿨롱 반발력은 (+1)(+1)로 나타낼 수 있다. 헬륨 핵이 탄소 핵으로 융합하는 데 극복해야 하는 쿨롱 반발력은?

① (+1)(+1) ② (+2)(+2) ③ (+1)(+1)(+1)

④ (+2)(+2)(+2) ⑤ (+1)(+2)(+2)

답 ④ | 쿨롱의 힘은 전하의 곱에 비례한다. 헬륨이 탄소로 융합할 때 +2 전하를 가진 헬륨 핵 3개가 동시에 충돌해야 한다. 따라서 쿨롱 반발력은 수소의 융합에 비해 (+2)(+2)(+2) = 8배가 된다.

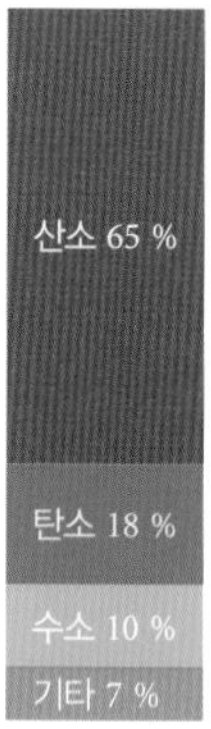

▲ 우리 몸을 이루는 원소들의 질량비

한편, 우리 몸을 이루고 있는 거의 모든 원소는 수소에서 철까지의 원소들이므로, 체중의 10 %를 차지하는 수소를 빼면 나머지 90 %는 적색 거성에서 왔다고 볼 수 있다.

Q 확인하기

우리 몸을 이루고 있는 거의 모든 원소가 만들어진 별의 진화 단계는 무엇인가?

답 **적색 거성** | 우리 몸을 구성하는 대부분의 원소는 적색 거성에서 만들어졌다.

탐구 시그마 적색 거성의 핵융합 반응과 생성 원소

자료

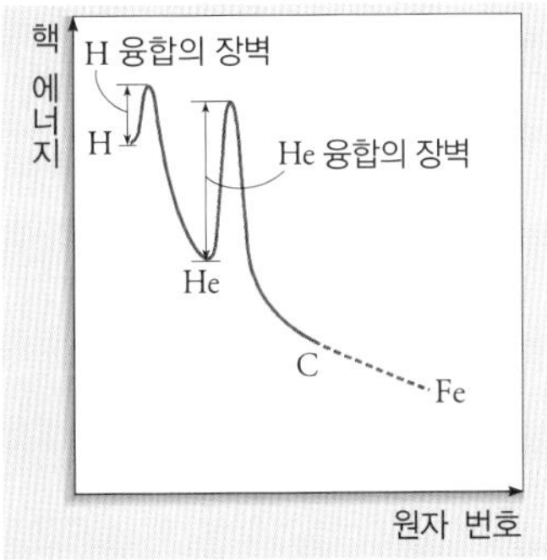

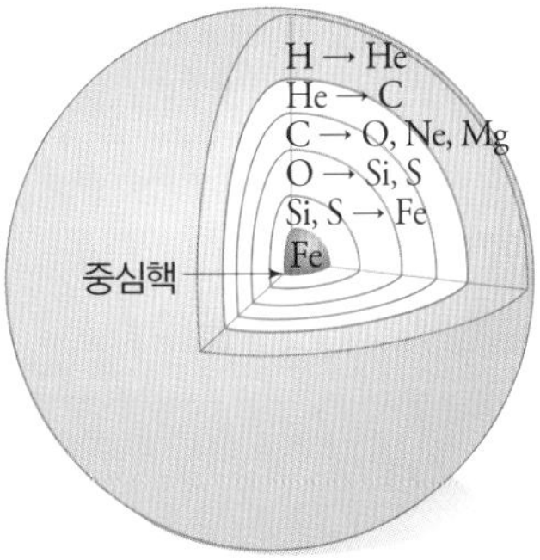

분석

- 헬륨보다 무거운 핵을 융합하려면 갈수록 에너지 장벽이 높아지기 때문에 보다 높은 온도가 필요해진다.
- 어느 정도까지 온도가 올라갈 수 있는지는 별의 질량에 달려 있다.
- 태양의 질량보다 상당히 큰 별의 중심에서는 탄소 이상 산소, 네온 등도 만들어진다.
- 매우 무거운 별에서는 융합이 단계적으로 진행되어 가장 안정한 핵인 철까지 만들어진다.

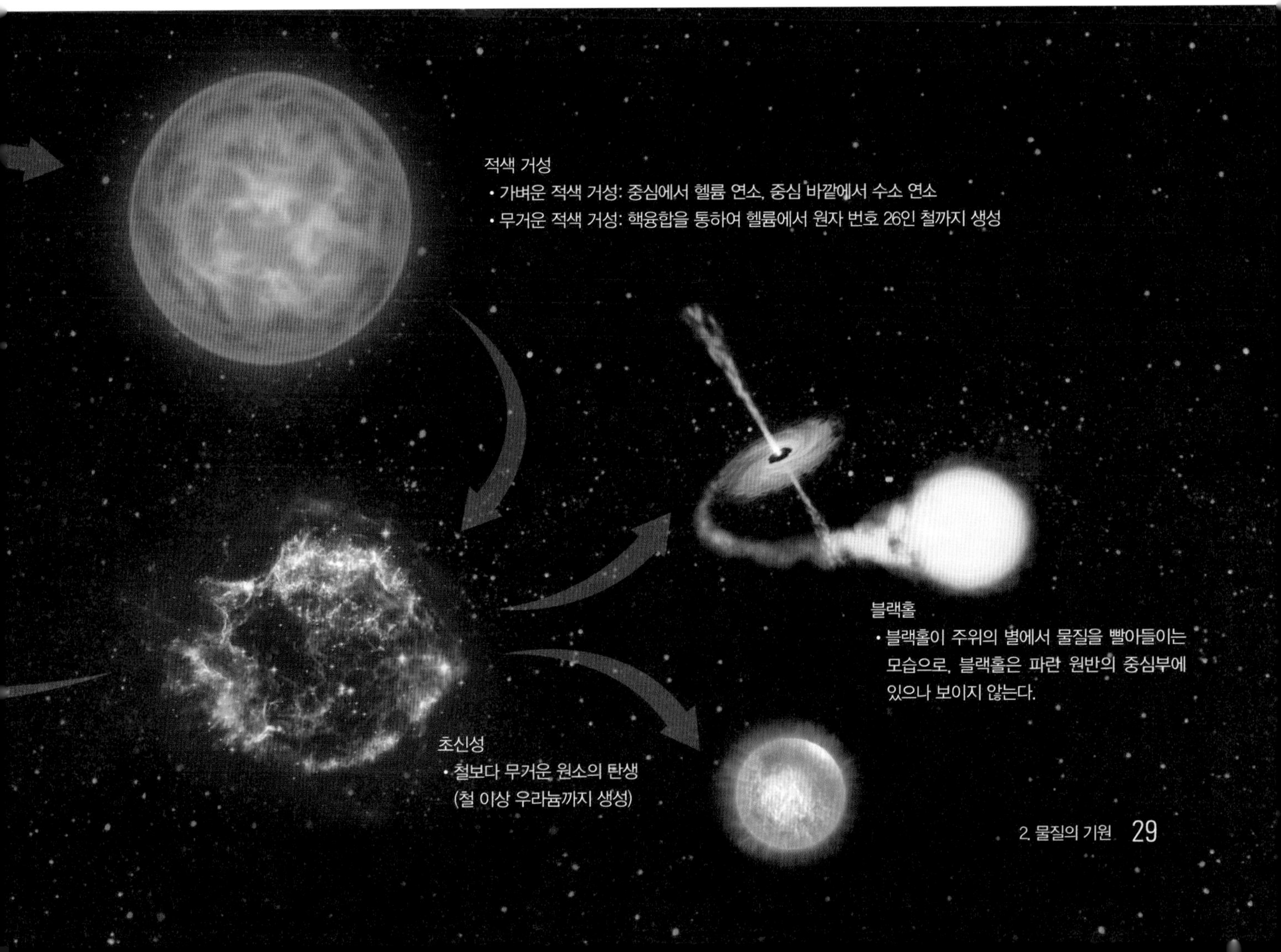

적색 거성
• 가벼운 적색 거성: 중심에서 헬륨 연소, 중심 바깥에서 수소 연소
• 무거운 적색 거성: 핵융합을 통하여 헬륨에서 원자 번호 26인 철까지 생성
블랙홀
• 블랙홀이 주위의 별에서 물질을 빨아들이는 모습으로, 블랙홀은 파란 원반의 중심부에 있으나 보이지 않는다.
초신성
• 철보다 무거운 원소의 탄생 (철 이상 우라늄까지 생성)

| 초신성 |

적색 거성의 중심부 물질이 가장 안정한 핵인 철로 모두 전환되면 핵융합 반응이 더 이상 일어날 수 없어 중력 작용으로 중심 온도가 치솟으면서 별 전체가 폭발하게 된다. 이것을 **초신성 폭발(supernova explosion)**이라고 한다. 빅뱅 이후 처음 보는 대폭발이다.

초신성 폭발의 순간에 높은 에너지를 가진 감마선이 나오는데 철 같은 무거운 핵이 감마선에 의해 두 조각으로 갈라지면 중성자가 튀어나온다. 이 중성자가 다른 철 핵과 충돌하면 중성자 포획(neutron capture)이 일어나는데, 과량의 중성자를 가지게 된 핵은 중성자가 양성자와 전자로 바뀌는 베타 붕괴(beta decay)를 하게 되며 이때 생긴 양성자 때문에 원자 번호가 1 증가한다. 핵이 아주 무거워지면 알파 입자를 내보내는 알파 붕괴(alpha decay)가 일어나서 원자 번호가 2, 질량수가 4 감소한다. 알파 붕괴가 일어나면 베타 붕괴가 따라 일어나기도 한다. 이러한 과정들을 거쳐 철 이상 우라늄까지 모든 원소들과 이들의 다양한 동위 원소들이 생성된다. 알파 입자를 통해 만들어진 짝수 번호의 원소들이 둘로 갈라지면서 홀수 번호 원소들이 만들어지기도 한다.

Q 확인하기

무거운 원자핵이 알파 붕괴하고 이어서 베타 붕괴하면 원자 번호는 어떻게 달라질까?

① 1 증가 ② 1 감소 ③ 2 증가 ④ 2 감소 ⑤ 변화 없다

답 ② | 알파 붕괴가 일어나 원자 번호가 2 감소하고, 이어서 베타 붕괴하면 원자 번호가 1 증가한다. 결과적으로 원자 번호는 1 감소한다.

원소의 생성 단계

- 빅뱅 우주: 수소, 헬륨, 리튬
- 적색 거성: 탄소, 산소, 규소 등 철까지
- 초신성: 철 이상 우라늄까지

▲ **블랙홀 백조자리의 별** Cygnus X-1을 찬드라 X선 우주 망원경으로 찍은 영상으로, 이 별의 중심부에 블랙홀이 있으나 직접 보이지는 않는다. 우리가 보는 것은 그 주위에서 나오는 X선이다.

태양 정도의 질량을 가진 별은 적색 거성 마지막 단계에서 탄소로 이루어진 중심핵은 수축하고 별의 바깥쪽 물질은 크게 팽창하여 외부로 방출되는 행성상 성운(planetary nebula)을 거쳐 우주로 날아가고, 중심핵은 백색 왜성(white dwarf)이 된다. 백색 왜성은 융합이 일어나지 않기 때문에 빛이 많이 나오지는 않지만 중력 수축으로 표면 온도는 높은 별이다. 질량이 매우 큰 별은 진화 도중에 초신성으로 폭발하고, 중심핵은 중성자별(neutron star) 또는 블랙홀(black hole)이 된다. 중성자별은 중성자 내부의 압력과 별 자체의 중력이 균형을 이룬 초고밀도의 별이다. 태양의 몇 배 정도의 질량이 지름 수십 km의 구로 되어 있으며 중성자가 별을 구성하고 있다고 추정되고 있다. 블랙홀은 밀도가 중성자별보다 높고 중력이 매우 강하여 빛을 포함해서 어떤 물체든지 흡수해 버리는 별이다.

결론적으로 원소의 생성은 크게 세 단계로 나눌 수 있다.

첫째, 빅뱅 우주에서 수소와 헬륨, 그리고 약간의 리튬이 만들어진다.

둘째, 적색 거성에서는 탄소부터 철까지 약 20가지 원소가 만들어진다.

셋째, 초신성에서는 철 이상 우라늄까지 60가지 이상 원소들이 만들어진다.

이렇게 만들어진 원소들이 태양계의 재료가 되고, 지구 환경을 조성하고 생명을 가능하게 한다.

연/ 습/ 문/ 제/

해답 207쪽

01 처음으로 수소가 모든 원소의 기본이라고 생각한 사람은?

① 돌턴 ② 캐번디시 ③ 러더퍼드
④ 프라우트 ⑤ 톰슨

02 다음 중 가장 먼저 만들어진 것은?

① 쿼크 ② 양성자 ③ 중성자
④ 헬륨 ⑤ 수소

03 빅뱅 우주에서 헬륨 핵이 만들어지는 데 걸린 시간은?

① 0.000001초 ② 1초 ③ 3분
④ 10만 년 ⑤ 30만 년

04 빅뱅 우주에서 일어난 헬륨 핵합성에 관한 설명으로 옳지 않은 것은?

① 초기 우주에는 양성자와 중성자가 풍부하였다.
② 팽창하는 우주에서 3분 후에는 온도가 떨어져서 입자들의 충돌이 어려워졌다.
③ 3분 후에는 입자의 밀도가 떨어져서 입자들의 충돌이 어려워졌다.
④ 3분 후에는 헬륨의 합성보다 분해가 우세해졌다.
⑤ 우주의 팽창이 조금 빨랐다면 헬륨이 거의 만들어지지 못했을 것이다.

05 태양과 같은 주계열성에서는 ( )로/으로부터 ( )가/이 합성된다. ( ) 안에 들어갈 말을 순서대로 나열한 것은?

① 수소, 헬륨 ② 수소, 탄소
③ 헬륨, 탄소 ④ 헬륨, 철
⑤ 헬륨, 라듐

06 탄소, 산소 네온, 마그네슘 등의 원소가 만들어진 별은?

① 주계열성 ② 적색 거성
③ 중성자별 ④ 초신성
⑤ 블랙홀

07 철에서부터 우라늄까지 무거운 원소들이 만들어진 별은?

① 주계열성 ② 적색 거성
③ 중성자별 ④ 초신성
⑤ 블랙홀

08 별의 내부에서는 핵융합 반응을 통하여 여러 가지 무거운 원소가 생성된다. 이때 별의 내부에서 생성될 수 있는 가장 무거운 원소는?

① 산소 ② 네온 ③ 마그네슘
④ 철 ⑤ 우라늄

09 별의 진화에 대한 설명으로 옳은 것만을 | 보기 |에서 있는 대로 고른 것은?

| 보기 |
ㄱ. 헬륨 핵은 양성자 4개의 합보다 무겁다.
ㄴ. 우리 몸에 들어 있는 대부분 원소는 초신성에서 만들어졌다.
ㄷ. 수소 핵융합 반응이 일어나는 안정한 단계의 별을 주계열성이라고 한다.

① ㄱ ② ㄷ ③ ㄱ, ㄴ
④ ㄴ, ㄷ ⑤ ㄱ, ㄴ, ㄷ

핵심 개념 확/ 인/ 하/ 기/

❶ 위 쿼크 2개와 아래 쿼크 1개로 이루어진 입자는 ________ 이다.
❷ ________은 양성자 2개 이외에 중성자 2개가 있기 때문에 양성자와 중성자를 구성하는 쿼크 사이에 작용하는 강한 상호 작용이 양성자 사이에 작용하는 전기적 반발력을 극복할 수 있다.
❸ 양성자와 중성자가 충돌해서 헬륨이 만들어지는 과정을 ________이라고 한다.
❹ 별의 중심부에서 수소의 핵융합 반응이 일어나는 별의 진화 단계는 ________이다.
❺ ________은 헬륨의 핵융합 반응이 일어나는 단계의 별이다.

3

원소의 규칙성

빅뱅 우주에서, 그리고 별에서 만들어진 원소들은 생명체를 포함해서 만물을 만드는 데 필요한 어떤 특성을 가지고 있을 것이다. 여기에서는 태양계의 원소 분포를 통해서 우주의 원소 분포와 우주에 풍부한 화합물의 종류를 추정한다. 그리고 자연의 약 100가지 원소들 사이에서 찾아볼 수 있는 주기율이라는 규칙성에 대해 알아보고, 나아가서 주기율을 통해서 원소들이 결합하는 방식의 규칙성을 파악한다.

3.1 우주의 원소와 화합물

학습목표 우주에서 만들어진 원소들의 분포를 파악하고, 우주의 원소 분포는 태양계의 원소 분포에 그대로 반영된다는 점을 이해한다. 그리고 우주의 원소들로부터 만들어진 성간 화합물의 종류를 파악한다.

핵심개념
- ✓ 금속 원소
- ✓ 비금속 원소
- ✓ 화합물

원소들은 어느 은하를 보더라도 비슷한 분포를 나타낸다. 앞에서 살펴본 대로 이러한 원소의 분포는 별빛이 나타내는 흡수 스펙트럼을 조사하면 알 수 있다. 우리가 속한 은하 내에서 원소들의 상대적인 양을 조사하면 다음과 같은 질량비가 얻어진다.

▼ 우주의 상위 10가지 원소

원소	수소	헬륨	산소	탄소	네온	철	질소	규소	마그네슘	황
질량(%)	74	24	1.0	0.46	0.13	0.11	0.10	0.07	0.06	0.04

빅뱅 우주에서 만들어진 수소와 헬륨을 합하면 전체 원자 질량 합의 98 %에 달하고, 황까지 10종류의 원소를 합하면 99.98 %에 달한다. 나머지 원소들은 극히 미량인 것을 알 수 있다. 태양은 평균적인 별로서, 태양의 원소 분포도 우주 전체의 분포와 비슷하다. 그러나 지구는 우주의 원소 분포와 다르다.

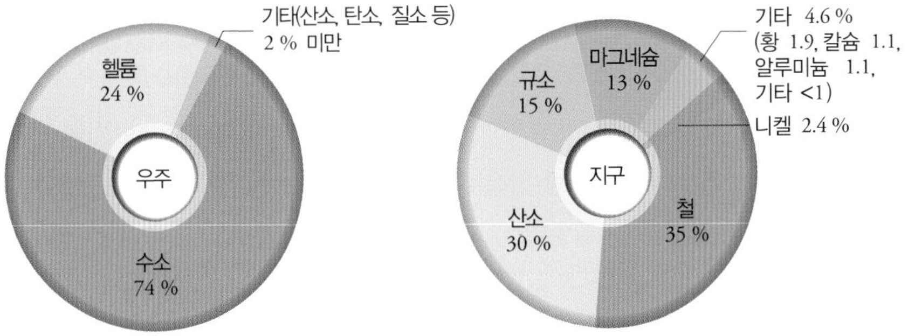

▲ 우주와 지구의 주요 원소 분포율(질량비)

Q 확인하기

수소와 헬륨의 질량비가 3:1 정도이고 헬륨 원자는 수소 원자보다 4배 무겁다. 우주에서 또 태양계에서 수소와 헬륨의 개수비는 얼마일까?

① 1:3　② 3:1　③ 1:4　④ 1:12　⑤ 12:1

답 ⑤ | 수소 원자 1개는 헬륨 원자 질량의 1/4이므로 수소 원자의 전체 질량이 헬륨의 3배가 되려면 수소 원자의 개수는 헬륨 원자의 12배가 되어야 한다. (12)(1) : (1)(4) = 3 : 1

| 금속 원소와 비금속 원소 |

일반적으로 광택이 있고 전기와 열을 잘 통하는 원소를 **금속 원소(metallic element)**라고 한다. 전자를 받기보다는 잘 내주기 때문에 그러한 성질이 나타난다. 우주의 상위 10가지 원소 중에서 철과 마그네슘은 금속이며, 주기율표에서 3분의 2 정도가 금속이다. 철, 마그네슘 다음으로 풍부한 금속에는 니켈, 칼슘, 알루미늄 등이 있다. 자연의 금속 원소 중에서 수은만 상온에서 액체(liquid)이고 나머지는 모두 고체(solid)이다.

Q 확인하기

우주의 원소에 대한 설명 중 옳은 것만을 | 보기 |에서 있는 대로 고르시오.

| 보기 |

ㄱ. 대부분의 금속 원소는 초신성에서 만들어졌다.
ㄴ. 비금속 원소는 전자를 내주기보다 받는 쪽이 유리하다.
ㄷ. 우주의 상위 10가지 원소 중에는 금속이 비금속보다 훨씬 많다.
ㄹ. 이산화 탄소에 들어 있는 산소와 탄소는 적색 거성에서 만들어졌다.

답 ㄱ, ㄴ, ㄹ | 우주의 상위 5가지 원소인 수소, 헬륨, 산소, 탄소, 네온은 모두 비금속이다. 철 이상 우라늄까지 많은 원소는 대부분 금속이고 초신성에서 만들어졌다. 탄소, 산소, 네온, 마그네슘, 규소, 황, 아르곤 등은 적색 거성에서 만들어졌다.

우주의 상위 10가지 원소들이 결합해서 만드는 분자(molecule)들의 개수 분포는 다음과 같다.

$$He > H_2 >> CO > N_2 > H_2O > HCN > CO_2 > NH_3 > CH_4$$

헬륨은 비활성 기체(inert gas)*로 결합을 하지 않는 단원자 분자이다. 여기서 He, H_2, N_2는 원소이지만 나머지는 원소들이 결합해서 만들어진 화합물(compound)이다. 우주에는 수소 원자가 헬륨 원자보다 많지만 넓은 우주 공간에서 수소 원자들이 충돌해서 수소 분자를 만들어야 하기 때문에 헬륨 원자가 수소 분자보다 풍부하다. 일산화 탄소(CO)와 질소(N_2)는 원자들이 한 번 충돌하면 만들어지는 2원자 분자인 데다가 둘 다 원자 사이에 3중 결합(triple bond)을 하므로 안정해서 한 번 만들어지면 잘 분해되지 않고 오래 살아남는다. C와 O가 N보다 많기 때문에 CO가 N_2보다 풍부하다. 헬륨을 제외하면 화학 결합을 통해 만들어진 분자 중 상위 셋은 H_2, CO, N_2의 2원자 분자이다.

3원자 분자가 되려면 2원자 분자가 먼저 만들어지고 다시 한 번 충돌을 거쳐야 하기 때문에 3원자 분자는 2원자 분자보다 양이 적다. 3원자 분자 중에서는 수소 원자가 2개 들어 있는 물(H_2O)이 가장 풍부하다. 그 다음으로 H, C, N이 1개씩인 사이안화 수소(HCN)가 풍부하고, 이산화 탄소(CO_2)는 HCN보다 양이 적다. 4원자 분자 중에서는 암모니아(NH_3)가 가장 풍부하고, 5원자 분자 중에서는 메테인(CH_4)이 가장 풍부하다.

비활성 기체*
주기율표에서 가장 오른쪽에 위치한 18족의 원소들은 대체로 화학 반응에 거의 참여하지 않는데, 이러한 원소를 비활성 기체라고 한다.

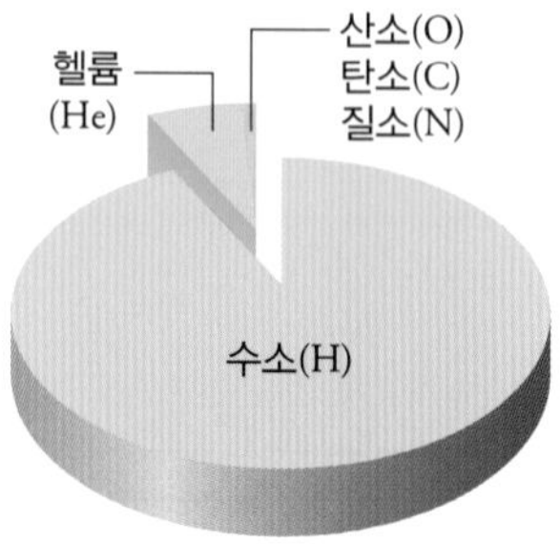

▲ 우주의 원소 분포

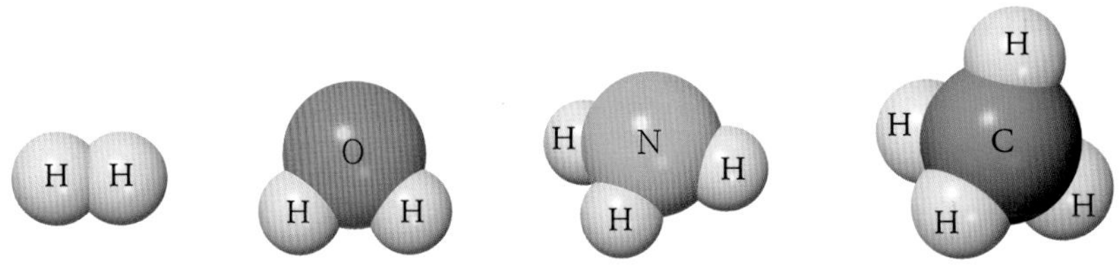

H_2 H_2O NH_3 CH_4

▲ 몇 가지 분자

우주에 가장 풍부한 원자, 분자, 화합물

- 가장 풍부한 원자: 수소(H)
- 가장 풍부한 2원자 분자: 수소 분자(H_2)
- 가장 풍부한 화합물: 일산화 탄소(CO)

Q 확인하기

우주에서 가장 풍부한 화합물은?

① H_2 ② H_2O ③ O_2 ④ CO ⑤ CH_4

답 ④ | H_2와 O_2는 화합물이 아니다. CO는 2원자 분자인데다가 3중 결합을 이루어 안정해서 풍부하다. H_2O와 CH_4는 여러 차례 충돌을 거쳐야 만들어지고, 단일 결합은 자외선에 의해 쉽게 깨어져서 불안정하다.

3.2 주기율

학습목표 수소, 물, 암모니아, 메테인 등 성간 분자에서 원자들의 결합 방식의 규칙성을 파악한다. 그리고 원자가, 주기율, 최외각 전자 등 관련 개념을 이해한다.

핵심개념

- ☑ 원자가
- ☑ 주기율
- ☑ 최외각 전자
- ☑ 옥텟 규칙

앞에서 살펴본 대로 위 쿼크와 아래 쿼크가 결합해서 양성자와 중성자를 만들 때는 2:1 또는 1:2의 단순한 규칙성을 볼 수 있었다. 이러한 규칙성은 우주의 모든 별과 은하를 구성하는 무려 10^{80}개 정도의 양성자와 중성자에 예외 없이 적용된다. 그런데 우주에 풍부한 원소들이 결합해서 분자를 만드는 경우에는 상당히 복잡한 결합 방식이 작동한다. 원자들의 결합 방식 배후에 자리 잡은 주기율은 생물과 무생물 등 모든 물질의 성질을 결정하는 중요한 자연의 규칙이다.

| 원자가 |

결합 방식에서 중요한 고려 사항은 어떤 원소가 몇 개의 결합을 이루는가 하는 점이다. 예를 들면 수소 분자, H_2를 생각해 보면 2개의 수소 원자가 각각 하나씩 손을 내밀고 결합을 하는 것과 같다. 이때 수소 원자의 결합수는 1이라고 한다. 물에서 산소 원자는 2개의 수소 원자와 결합한다. 산소의 결합수는 2인 것이다. 여기서 결합수를 원자가(valence)라고도 한다.

결합수에서 수는 개수가 아니고 악수에서처럼 손을 뜻한다.

HCN*

H − C ≡ N

암모니아를 보면 질소의 원자가는 3인 것을 알 수 있다. 메테인에서 탄소의 원자가는 4이다. 이산화 탄소에서는 원자가가 2인 산소 2개가 원자가가 4인 탄소 1개와 결합하였으므로 결합수가 맞는다. HCN*에서는 원자가가 4인 탄소가 원자가가 1인 수소 1개와 원자가가 3인 질소와 결합하고 있다.

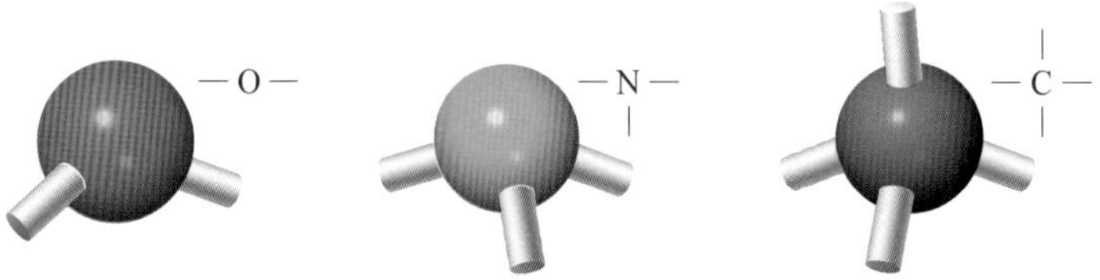

▲ 산소, 질소, 탄소의 원자가

질소 분자(N_2)에서는 질소 원자끼리 결합한다. 암모니아에서 보았듯이 질소의 원자가는 3이므로 2개의 질소 원자가 각각 3개의 손을 내밀고 3개의 결합을 이룬 셈이다. 이것을 3중 결합*이라고 한다. CO는 약간 특수한 경우이다. 원자가가 4인 탄소가 원자가가 2인 산소에게 결합수를 하나 빌려주고 3중 결합을 이룬 것이다.

3중 결합*
두 원자가 3개의 전자쌍을 서로 공유함으로써 이루어지는 결합을 말한다.

Q 확인하기

질소 원자에 대한 다음 값에서 숫자 3에 해당하는 것은 무엇인가?

원자량	원자가	원자 번호	전자 수

답 **원자가** | 질소의 원자량은 약 14, 원자가는 3, 원자 번호는 7, 전자 수는 7이다.

돌턴*

돌턴은 당시에 알려졌던 여러 가지 실험적 사실을 바탕으로 원자설을 주장하였다.

아보가드로*

이탈리아의 과학자로, 기체의 분자량을 결정하는 방법과 그 근거가 되는 가설을 제안하였다.

| 19세기의 주기율표, 원소들의 규칙성 |

원소마다 원자가가 다른 이유의 배경에는 **주기율(periodicity)**이라고 하는 자연의 놀라운 규칙성이 자리 잡고 있다. 여기서는 메테인에서 탄소 원자 1개에 수소 원자 4개가 결합하는 이유를 예로 들어 주기율이 발전한 과정을 살펴본다.

1808년에 영국의 돌턴(Dalton, J., 1766~1844)*이 원자설을, 그리고 1811년에 이탈리아의 아보가드로(Avogadro, A., 1776~1856)*가 분자설을 제안하면서 근대 화학이 시작되었다. 아보가드로의 원리에 따르면 같은 온도와 압력에서는 같은 부피 속에 같은 개수의 분자가 들어 있다. 따라서 밀도의 비는 분자량의 비가 된다. 수소 분자와 메테인의 밀도 비는 1:8로 측정된다. 수소의 원자량(atomic weight)은 1, 수소 분자의 분자량(molecular weight)은 2이므로, 메테인의 분자량은 16이다. 그런데 탄소의 원자량은 12이므로 메테인에서 탄소는 수소 원자 4개와 결합한 것을 알 수 있다. 그래서 메테인의 화학식을 CH_4라고 쓴다.

개념 # 플러스 원자량과 분자량

원자는 크기가 매우 작은 입자이기 때문에 질량도 매우 작아 원자의 실제 질량을 그대로 사용하는 것은 불편하다. 그래서 어떤 원자의 질량을 기준으로 삼은 후, 다른 원자의 질량이 그것의 몇 배인가를 나타내는 상대적 질량을 사용하게 되었다. 이렇게 하여 정해진 것이 원자량이다. 원자량은 탄소의 질량을 12로 정하고, 이를 기준으로 환산한 원자들의 상대적 질량값이다. 한편 원자들이 모여 분자를 만들 때, 분자를 이루는 원자들의 원자량을 합한 값을 분자량이라고 한다.

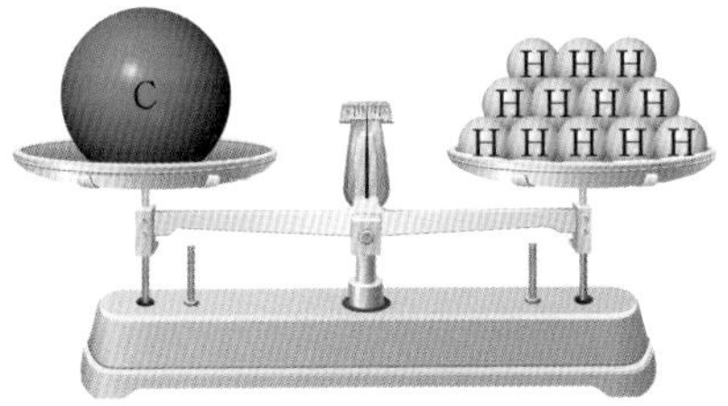

▲ 탄소 원자와 수소 원자의 질량 비교

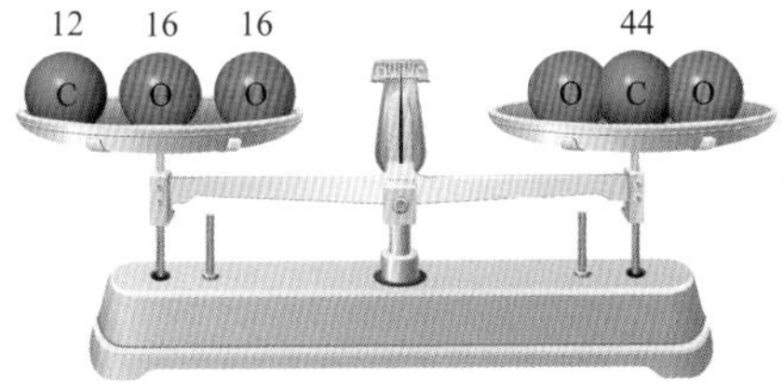

▲ 원자량을 이용한 분자량 구하기

▼ 몇 가지 원소의 원자량

원소	대략적 원자량	정확한 원자량
수소(H)	1	1.008
탄소(C)	12	12.011
질소(N)	14	14.007
산소(O)	16	15.999

CO_2의 분자량
= (C의 원자량) × 1 +
(O의 원자량) × 2
= 12 × 1 + 16 × 2 = 44

한편 1831년에는 독일의 리비히(Liebig, J. F. von., 1803~1873)가 원소 분석(elemental analysis) 방법을 고안해서 화합물에 들어 있는 탄소와 수소의 비율을 측정하였다. 예를 들면 메테인을 태우면 탄소는 이산화 탄소로, 수소는 물로 바뀐다. 이때 생성된 이산화 탄소와 물을 각각 모아 무게를 재면 일정한 양의 메테인에 들어 있는 탄소와 수소의 양을 알 수 있다. 이렇게 메테인을 분석하면 탄소 원자 1개당 4개의 수소 원자가 들어 있는 것을 확인할 수 있다. 그러나 왜 탄소 1개당 4개의 수소가 결합하는지 그 이유를 알 수 없었다.

1852년에 영국의 프랭클랜드(Frankland, E., 1825~1899)는 원자가와 화학 결합(chemical bond)*이라는 용어를 처음 사용해서 원자들이 결합하는 방식에 어떤 규칙성이 있다는 것을 암시하였다. 그리고 1869년에 러시아의 멘델레예프(Mendeleev, D. I., 1834~1907)는 당시까지 발견된 63종의 원소를 나열하여 성질이 비슷한 원소가 주기적으로 나타나는 것을 발견하였다. 멘델레예프가 발표한 주기율표(periodic table)에서 3주기까지의 원소 배열은 아래와 같다.

화학 결합*
원자와 원자가 결합하여 분자나 화합물을 만드는 것을 화학 결합이라고 하며, 화학 결합에는 이온 결합, 공유 결합, 금속 결합 등이 있다.

H=1		
	Be=9.4	Mg=24
	B=11	Al=27.4
	C=12	Si=28
	N=14	P=31
	O=16	S=32
	F=19	Cl=35.5
Li=7	Na=23	K=39

▲ 멘델레예프의 주기율표

▲ 연구에 몰두 중인 멘델레예프

나트륨(Na)은 소듐(sodium), 칼륨(K)은 포타슘(potassium)이라고 부르기도 한다.

지금과 달리 멘델레예프는 당시 알려진 원소들을 원자량에 따라 위에서 아래로 배열하였다. 당시 그는 비활성 기체인 헬륨, 네온, 아르곤을 몰랐기 때문에, 헬륨이 있어야 할 자리에 리튬을 배치하였고, 플루오린 다음에 나트륨(소듐)을, 염소 다음에 칼륨(포타슘)을 배치하였다. 이렇게 배치하였더니 수소만 혼자 떨어진 점을 제외하고는 Be–Mg, B–Al, C–Si, N–P, O–S, F–Cl, Li–Na–K 등 성질이 비슷한 원소들이 이웃에 자리 잡는 규칙성이 분명히 드러났다.

| 20세기의 주기율표 |

1894년에는 레일리(Rayleigh, L., 1842~1919)가 반응성이 전혀 없는 아르곤을 발견하였다. 1898년에는 램지(Ramsay, W., 1852~1916)가 헬륨, 네온, 크립톤, 제논 등 나머지 미량의 비활성 기체들을 발견하면서 멘델레예프의 주기율표*에 한 족(group)*이 추가되었고, 리튬, 나트륨, 칼륨 등이 수소와 같은 족에 배치되었다. 그런데 흥미롭게도 아르곤은 칼륨보다 원자량이 크다. 여기서 멘델레예프와 같이 원자량 순서로 원소들을 배치하면 맞지 않는 부분이 나타난다는 것을 알 수 있다.

주기율표*
멘델레예프가 63종의 원소 카드를 원자량과 성질에 따라 나열하면서 최초의 주기율표를 만들었다. 이후 모즐리(Moseley, H. G. J., 1887~1915)가 원소를 양성자 수(원자 번호)의 순서로 나열하여 수정함으로써 현재의 주기율표에 이르렀다.

족*
주기율표의 세로줄로 1~18족으로 구성되며, 같은 족 원소들은 최외각 전자 수가 같아 화학적 성질이 비슷하다.

H=1	Li=7	Na=23	K=39
	Be=9.4	Mg=24	
	B=11	Al=27.4	
	C=12	Si=28	
	N=14	P=31	
	O=16	S=32	
	F=19	Cl=35.5	
He=4	Ne=20	Ar=40	

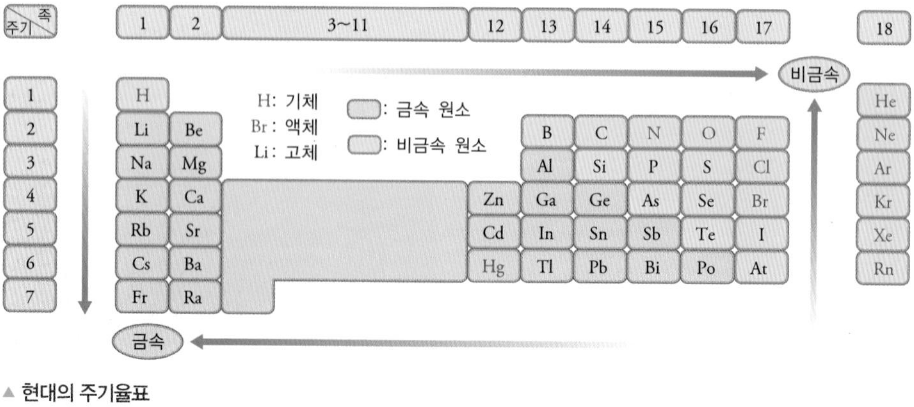

▲ 현대의 주기율표

20세기의 주기율표에서는 핵에 들어 있는 양성자 수, 즉 원자 번호 순서에 따라 왼쪽에서 오른쪽으로 원소들을 나열한다. 그러면 Li–Na, Be–Mg, B–Al, C–Si, N–P, O–S, F–Cl, Ne–Ar처럼 성질이 비슷한 원소들이 위아래로 나열된다. Li, Be, B, C, N, O, F, Ne처럼 왼쪽에서 오른쪽으로 그룹을 이루는 원소들의 집단을 **주기(period)***라고 한다. 그런데 그 당시에는 왜 이러한 규칙성이 나타나는지 설명하지는 못하였다.

주기*
주기율표의 가로줄로 1~7주기로 구성되며, 같은 주기의 원소들은 전자 껍질 수가 같다.

| 최외각 전자와 옥텟 규칙 |

1897년에 영국의 톰슨이 전자를 발견하고, 1911년에 영국의 러더퍼드가 원자핵을 발견하면서 모든 원소에서 전자가 핵 주위를 돌고 있다는 생각이 새롭게 등장하였다.

수소의 핵 주위에는 전자 1개가, 탄소의 핵 주위에는 전자 6개가 돌고 있는 것이다. 그런데 두 번째 원소인 헬륨을 보면 전자가 2개 있으면 반응성이 없어지고, 네온의 경우를 보면 헬륨에 이어서 다시 8개의 전자가 있으면 반응성이 없어지는 듯하다. 아르곤도 마찬가지이다.

이제 전자를 통해서 메테인(CH_4)에서 수소와 탄소의 원자가를 설명할 수 있을지 생각해 보자. 수소는 전자가 1개인데, 전자가 2개인 헬륨은 반응성이 없고 아주 안정하다. 이것을 보면 메테인에서 4개의 수소 원자도 각각 전자를 1개씩 얻으면 헬륨처럼 안정해질 수 있을 것이고 원자가는 1이라고 할 수 있다. 탄소는 전자가 6개인데 4개의 결합을 하는 것을 보면 6개의 전자 중에서 2개는 헬륨에서처럼 이미 안정한 상태에 있고, 바깥 껍질에 있는 나머지 4개의 전자가 결합에 참여해서 원자가가 4가 됨을 알 수 있다. 이처럼 화학 결합에서는 가장 바깥쪽에 위치한 전자의 수가 중요하다. 어떤 원자에서 가장 바깥 쪽에 있는 전자를 **최외각 전자** 또는 **원자가 전자(valence electron)**라고 한다.

▲ 보어

그런데 원자 내에서 전자가 안쪽 또는 바깥쪽에 위치한다는 생각은 어떻게 등장하였을까? 1913년에 덴마크의 보어(Bohr, N. H. D., 1885~1962)는 원자 내의 전자가 연속적인 값을 가지지 못하고 양자화(quantized)된, 즉 불연속적 값만을 가진다는 것을 밝혔다. **전자 껍질(electron shell)***이라는 개념을 도입하면 이것을 쉽게 이해할 수 있다. 원자핵 주위에는 전자가 들어갈 수 있는 전자 껍질이 여러 개 있는데 핵에서 가장 가까운 첫 번째 껍질은 에너지가 가장 낮고 전자가 2개까지 들어갈 수 있다. 그러면 안정한 헬륨의 구조가 된다.

전자 껍질*
원자핵 주위의 전자는 무질서하게 운동하는 것이 아니라, 특정한 에너지를 갖는 원형 궤도를 따라 원운동을 한다. 이 궤도를 전자 껍질이라고 한다.

핵에서 멀어질수록 전자의 에너지가 높아진다. 탄소 원자에서 6개의 전자 중 2개는 가장 에너지가 낮은 바닥상태에 들어간다. 나머지 4개의 전자는 두 번째 껍질에 들어가는데, 네온에서 보듯이 두 번째 껍질에는 8개의 전자가 들어가야 안정해진다. 따라서 탄소의 두 번째 껍질에는 전자가 4개 부족하고 탄소는 4개의 수소 원자와 결합하면서 4개의 부족한 전자를 채우게 된다. 결과적으로 탄소는 첫 번째 껍질에는 헬륨처럼 전자가 2개, 두 번째 껍질에는 네온처럼 8개의 전자를 가져야 안정해진다.

전자가 같은 전자 껍질을 돌고 있을 때는 에너지를 흡수하거나 방출하지 않으나, 에너지 준위가 다른 전자 껍질로 이동할 때는 두 전자 껍질의 에너지 준위의 차이만큼 에너지를 흡수하거나 방출한다.

개념 # 플러스 최외각 전자

원자에서 전자가 원자핵 주위를 돌면서 차지하는 공간, 즉 전자의 궤도를 전자 껍질이라고 하며, 전자들은 원자핵에서 가장 가까운 전자 껍질부터 채워진다. 이때 가장 바깥쪽 전자 껍질에 있는 전자를 최외각 전자라고 한다. 리튬의 경우 최외각 전자는 1개이다.

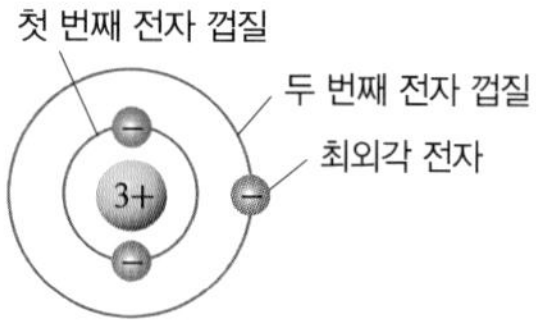

▲ 리튬 원자의 전자 껍질과 최외각 전자

원래 수소 원자의 최외각 전자는 1개인데 결합을 이루면 최외각 전자가 2개가 되어 헬륨처럼 안정해진다. 탄소 원자의 최외각 전자는 4개인데 결합을 이루어 메테인이 되면 최외각 전자가 8개가 되어 네온처럼 안정해진다.

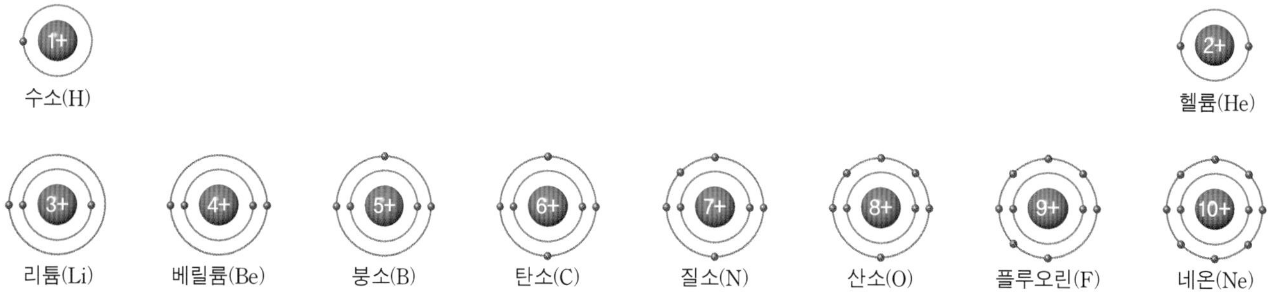

▲ **원자의 전자 배치** 첫 번째 전자 껍질에 2개, 두 번째 전자 껍질에 8개의 전자가 채워지면 안정한 상태가 된다.

루이스*

미국의 화학자로, 전자쌍, 옥텟 규칙 등의 개념을 화학 결합에 도입하였다.

1916년에 미국의 루이스(Lewis, G. N., 1875~1946)*는 화학 결합에서 8의 중요성을 파악하고 8개의 전자에 입각해서 화학 결합을 설명하였다. 이는 **옥텟 규칙(octet rule)** 또는 **팔전자 규칙**이라고 불리는 자연의 중요한 규칙 중 하나이다. 탄소가 4개의 결합을 이루는 것은 탄소가 옥텟 규칙을 만족시켜서 네온처럼 안정해지려고 한다는 것을 의미한다. 주기율표에서 각 원소들의 최외각 전자만을 표시하여 나타내면 같은 족의 원소들은 최외각 전자 수가 같다는 점이 잘 드러난다. 따라서 같은 족의 원소들이 비슷한 성질을 가지는 것은 최외각 전자 수가 같기 때문이다. 그리고 모든 원소는 헬륨, 네온, 아르곤 등 비활성 기체와 같은 수의 최외각 전자를 가져서 안정해지는 방향으로 화학 결합을 이룬다.

Q 확인하기

요즘 사용되는 주기율표에서 원소들은 어떤 순서로 배열되는지 다음에서 고르시오.

원자량	원자 번호	중성자 수	최외각 전자 수

답 **원자 번호** | 멘델레예프의 주기율표에서는 원자량에 따라, 양성자가 발견된 후에는 원자 번호에 따라 배열된다.

탐구 시그마

자료

다음은 1족 알칼리 금속과 17족 할로젠 원소의 전자 껍질에 따른 전자 배치를 나타낸 것이다. 단, 원자는 모두 전기적으로 중성인 상태이다.

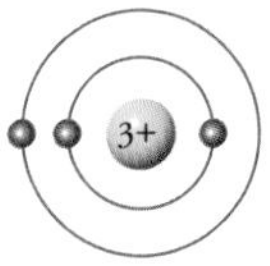

(가)

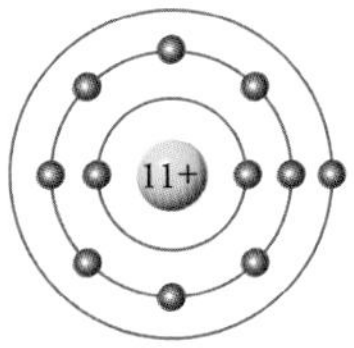

(나)

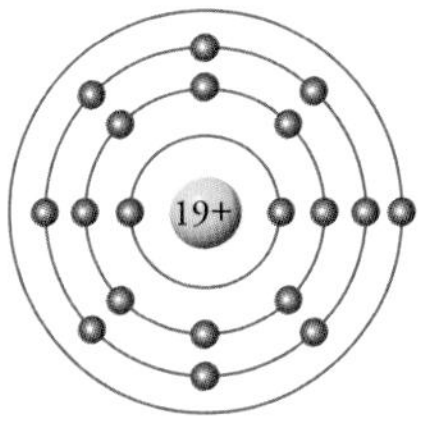

(다)

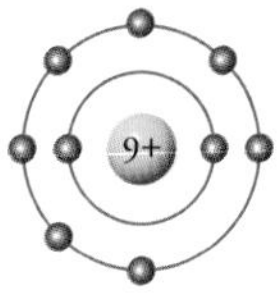

(라)

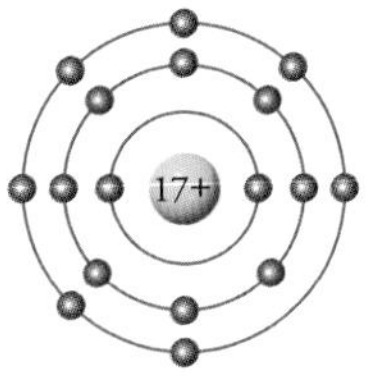

(마)

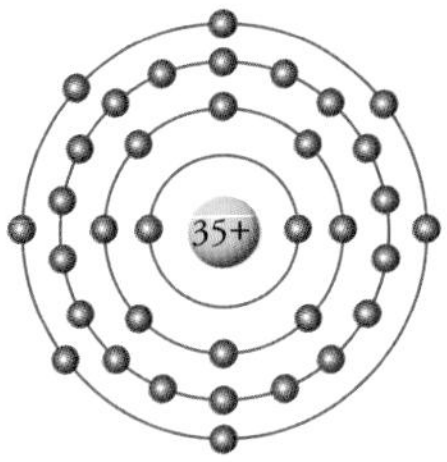

(바)

분석

(가)～(바)의 원소 기호와 전자 껍질 수, 최외각 전자 수를 쓰면 다음과 같다.

구분	(가)	(나)	(다)	(라)	(마)	(바)
원소 기호	Li	Na	K	F	Cl	Br
전자 껍질 수(개)	2	3	4	2	3	4
최외각 전자 수(개)	1	1	1	7	7	7

- 전자 껍질 수는 주기의 번호와 같고, 최외각 전자 수는 족의 끝 번호와 같다.
- 1족 원소는 최외각 전자 수가 1이고, 17족 원소는 최외각 전자 수가 7이다.

알칼리 금속

- 수소를 제외한 1족에 속하는 Li, Na, K, Rb 등의 원소이다.
- 금속성이 매우 강한 원소로 전자를 1개 잃고 +1의 양이온이 되려는 경향이 크다.
- 반응성이 매우 커서 물과 반응하여 수소 기체를 발생하고, 남은 용액은 염기성을 나타낸다.
  $2M + 2H_2O \longrightarrow$
  $2MOH + H_2$(M: 알칼리 금속)
- 원자 번호가 증가할수록 반응성이 커진다.

할로젠 원소

- 17족에 속하는 F, Cl, Br, I 등의 원소이다.
- 비금속성이 매우 큰 원소로 전자를 얻어 −1의 음이온이 되려는 경향이 크다.
- 2원자 분자로 존재한다.
- 반응성이 매우 커서 알칼리 금속과 쉽게 반응하여 염을 잘 생성한다.

3.3 화학 결합의 규칙성

학습목표 이온 결합, 공유 결합, 금속 결합 모두 주기율에 따라 옥텟 규칙을 만족시키는 방향으로 일어나는 것을 이해한다.

핵심개념
- ☑ 이온 결합
- ☑ 공유 결합
- ☑ 금속 결합

별과 별 사이의 성간 화합물에서나 지각, 해양, 대기 또는 우리 몸에 들어 있는 다양한 화합물에서나 원자들은 일정한 규칙에 따라 결합해서 예측 가능한 세상을 만든다. 화학 결합에는 어떤 종류가 있으며, 결합의 원리는 어떤 과정을 거쳐서 밝혀졌을까?

| 이온 결합 |

그림과 같이 진공관 안에 낮은 압력의 기체를 넣고 높은 전압을 걸어 주면 (−)극에서 (+)극으로 어떤 빛을 내는 선이 흐르는데, 이를 음극선(cathode ray)이라고 한다. 영국의 톰슨은 음극선이 외부에서 가해진 전기장이나 자기장에 의해 휘어지는 사실에 기초하여, 음극선은 질량을 가지며 (−)전하를 띤 입자인 전자의 흐름이라고 생각하였다.

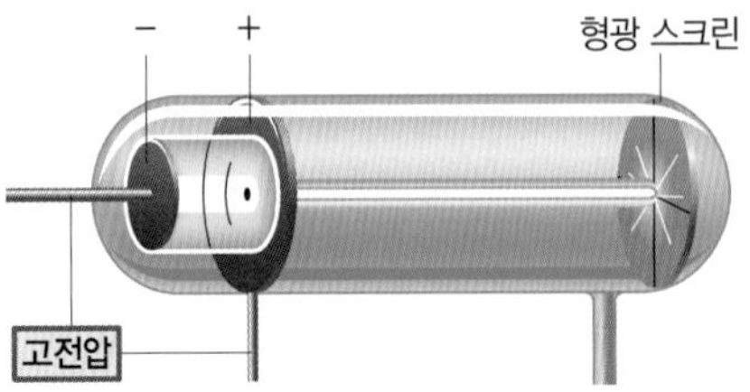

▲ (−)극에서 (+)극으로 직진하는 음극선

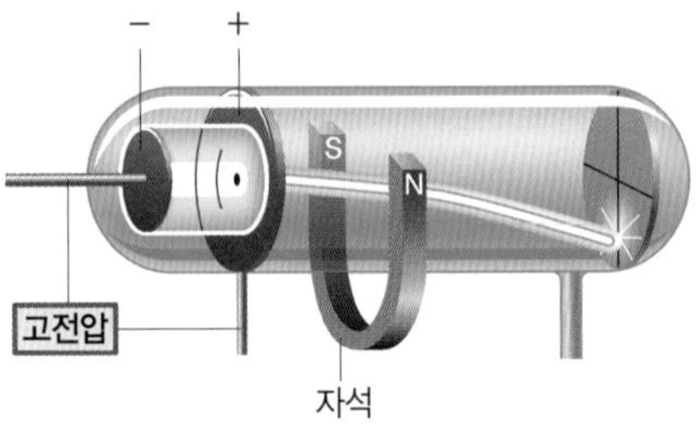

▲ 자기장에 의해 휘어지는 음극선

톰슨*

영국의 물리학자로, 전자를 발견하였으며, 원자 구조에 대한 지식을 혁명적으로 변화시킨 공로로 1906년에 노벨 물리학상을 수상하였다.

이온 결합*
양이온과 음이온 사이의 정전기적 인력에 의한 결합으로, 주기율표에서 왼쪽의 금속 원소와 비활성 기체를 제외한 오른쪽의 비금속 원소들 사이에서 잘 일어난다.

전자를 발견한 톰슨*은 1897년 전자 발견을 발표하는 논문에서 전자가 화학 결합에 관여할지도 모른다고 언급하였다. 한 원자가 다른 원자에게서 전자를 끌어가면 음전하를 띠게 되고, 전자를 내어준 원자는 양전하를 띠게 될 것이다. 그러면 두 원자 사이에 정전기적 인력이 작용해서 결합이 이루어진다. 톰슨은 이런 생각을 발전시키고 1904년에 이렇게 만들어진 결합을 극성 결합(polar bond)이라고 불렀다. 극성 결합은 나중에 **이온 결합(ionic bond)***이라고 불리게 되었다.

이온 결합을 이해하기 가장 좋은 예는 주기율표에서 비활성 기체인 네온(Ne) 바로 앞의 원소인 플루오린(F)과 네온 바로 다음 원소인 나트륨(Na) 사이의 결합이다. 플루오린은 최외각 전자가 7개이고 그래서 전자를 1개 받아들여 네온과 같이 되려는 경향이 강하다. 한편 나트륨은 최외각 전자가 1개로 전자를 7개 받아서 아르곤처럼 되는 것보다는 전자를 1개 내주고 네온처럼 되는 것이 쉽다. 그래서 플루오린과 나트륨이 만나면 나트륨에서 플루오린으로 전자가 이동한다. 전자를 1개 내준 나트륨은 Na^+이 되고, 전자를 1개 얻은 플루오린은 F^-이 된다. 그리고 Na^+과 F^- 사이에 이온 결합이 생긴다. 플루오린 대신 염소가 나트륨과 반응하면 소금(NaCl)이 된다. 이처럼 이온 결합은 전자를 잘 내주는 금속 원소와 전자를 잘 받아들이는 비금속 원소 사이에서 일어난다.

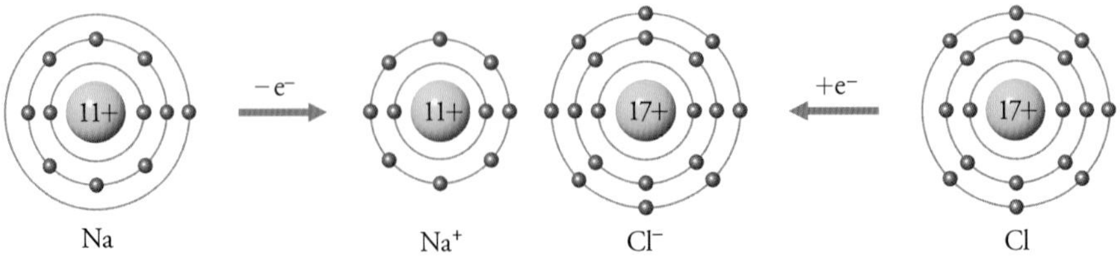

▲ 나트륨과 염소의 이온 결합 형성

지구 표면에 풍부한 산화 알루미늄(Al_2O_3), 산화 철(FeO, Fe_2O_3), 산화 칼슘(CaO), 산화 나트륨(Na_2O), 산화 마그네슘(MgO), 산화 칼륨(K_2O) 모두 이온 결합 물질이다. 이온 결합 물질은 1개의 이온쌍으로 존재하지 않고 아래의 소금에서 볼 수 있듯이 양이온(cation)과 음이온(anion)들이 교대로 자리 잡고 고체 결정을 만든다.

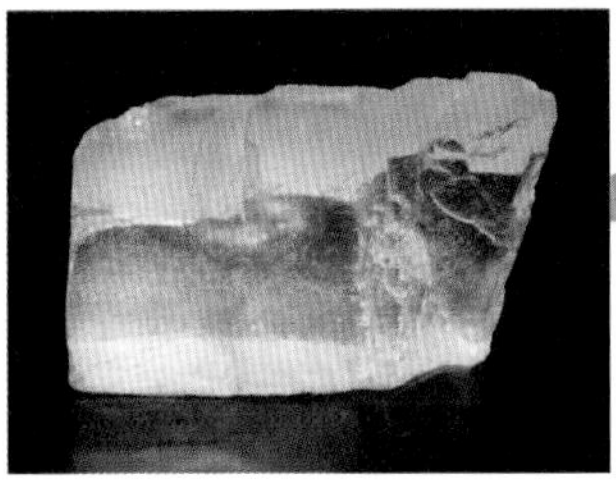

▲ 암염

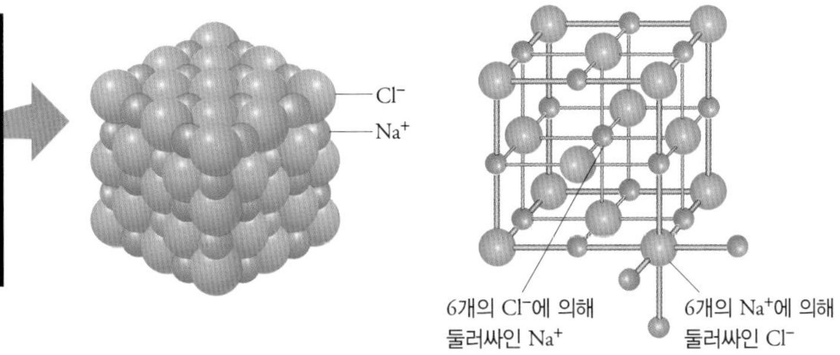

▲ 소금의 결정 구조

염화 나트륨(NaCl)과 같은 이온 결합 물질은 녹는점과 끓는점이 높으며, 고체 상태에서는 양이온과 음이온이 이동할 수 없으므로 전기가 통하지 않으나 액체나 수용액에서는 이온이 자유롭게 이동할 수 있으므로 전기가 통한다.

또한 이온 결합 물질은 단단하지만 외부에서 힘을 가하면 쉽게 부스러지며 물과 같은 극성 용매에 잘 용해된다.

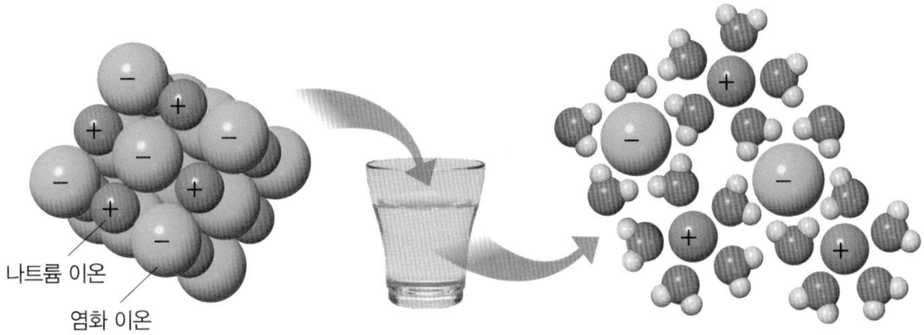

고체 염화 나트륨 염화 나트륨 수용액

▲ 염화 나트륨의 수화*

수화(hydration)*
어떤 용매가 용액 속에서 용질 분자나 이온을 둘러싼 채, 그 전체가 하나의 분자처럼 행동하는 현상을 보일 때, 용질 분자나 이온이 용매화되었다고 말하며, 용매가 물인 경우를 특별히 수화라고 한다.

| 공유 결합 |

지구 표면에서 가장 풍부한 산소와 두 번째로 풍부한 규소는 NaCl에서처럼 전자를 완전히 내주고 받고 하지 않기 때문에 이온 결합을 만들지 않는다. 즉 이산화 규소(SiO_2)에서 산소와 규소 원소 사이의 결합은 이온성이 낮다. 메테인에서 수소와 탄소의 결합도 마찬가지이다. 극단적으로 수소 분자에서처럼 같은 원소끼리 결합하는 경우에는 이온성이 전혀 없다. 톰슨은 이런 결합을 무극성 결합(nonpolar bond)이라고 불렀다.

그런데 이온성이 작거나 없는 경우에는 어떻게 결합이 일어날까? 자연의 해결책은 전자의 이동이 아니고 공유이다. **공유 결합(covalent bond)**은 비금속 원자들이 서로 전자를 내놓아 전자쌍(electron pair)을 이루고, 이 전자쌍을 서로 공유하여 이루어지는 결합으로, 이온 결합보다 나중에 이해되었다. 수소 분자를 통해 공유 결합을 알아보자.

우주에서 가장 풍부한 원자인 수소 원자 2개가 결합한 수소 분자는 우주에서 가장 풍부한 분자이고 또한 우주에서 가장 풍부한 공유 결합 물질이다. 수소 원자는 최외각 전자가 1개로 불안정하다. 헬륨과 같이 되려면 전자가 1개 더 필요한데 상대방 수소 원자도 마찬가지이다. 그래서 채택된 우주적 원리는 2개의 수소 원자가 각각 자신의 전자를 내놓고 결과적으로 마련된 2개의 전자를 양쪽의 수소 원자가 공유하는 것이다. 그러면 각각의 수소 원자는 원래대로 전자를 1개 가지고 있지만 둘 다 전자가 2개인 것처럼 안정감을 느낀다. 음전하를 가진 전자 2개, 즉 전자쌍이 양전하를 가진 양쪽의 수소 원자핵 사이에 자리 잡고 원자핵을 끌어당겨서 결합이 이루어지도록 하는 셈이다.

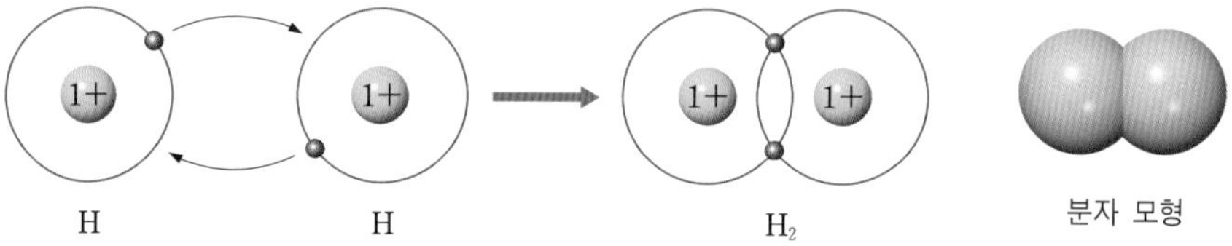

▲ 공유 결합에 의한 수소 분자의 형성

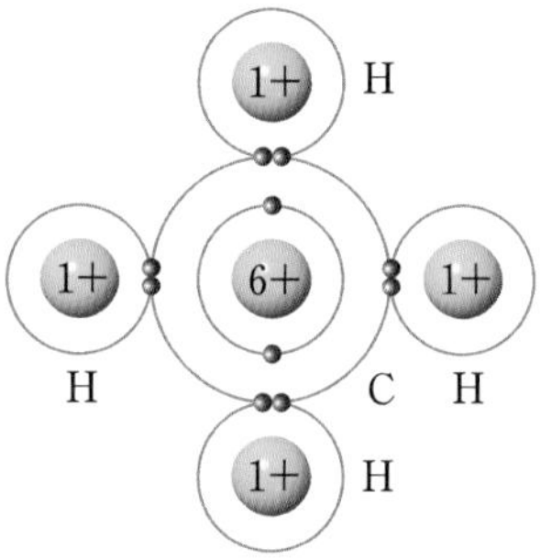

▲ 공유 결합에 의한 메테인

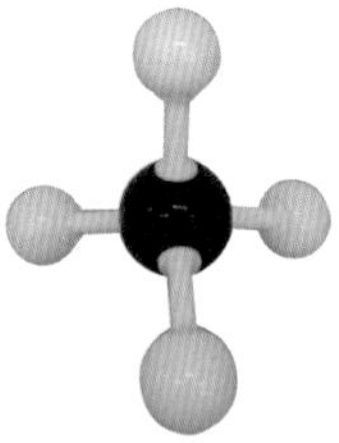
▲ 메테인의 정사면체 구조

메테인에서 탄소의 4개의 최외각 전자는 각각 4개 수소 원자의 전자와 전자쌍을 만들어서 공유 결합을 이룬다. 그런데 메테인은 정사각형의 평면 구조가 아니라 정사면체 구조(tetrahedral structure)를 이룬다. 4개의 전자쌍이 서로 반발해서 최대한 멀리 위치한 입체적 구조가 정사면체 구조이기 때문이다.

개념 플러스 공유 전자쌍

공유 전자쌍은 두 원자가 공유 결합을 할 때 각각의 전자를 내어놓아 함께 공유한 전자쌍을 말한다. 공유 전자쌍 1쌍은 공유한 2개의 전자를 의미한다. 두 수소 원자는 1쌍, 두 산소 원자는 2쌍, 두 질소 원자는 3쌍의 전자쌍을 공유하여 옥텟 규칙을 만족한다. 공유 전자쌍이 1쌍인 수소 분자는 단일 결합, 공유 전자쌍이 2쌍인 산소는 2중 결합, 공유 전자쌍이 3쌍인 질소는 3중 결합을 이룬다라고 한다.

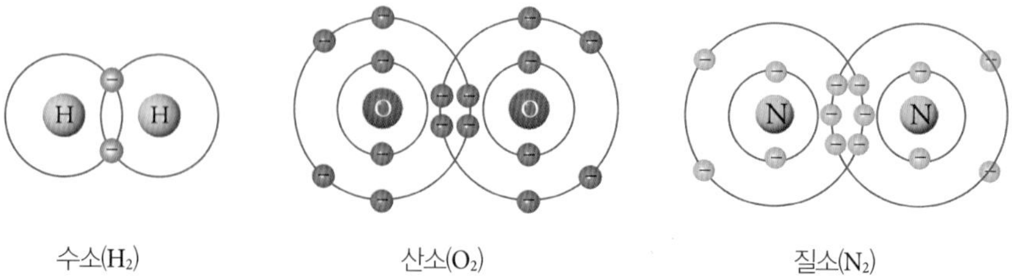

지구에서 가장 풍부한 화합물인 이산화 규소(silicon dioxide)에서도 산소와 규소 원자 사이의 결합은 공유 결합이다. 최외각 전자가 4개인 규소는 아르곤과 같이 되려면 4개의 전자가 필요하다. 반면에 4개의 전자를 내주면 네온과 같이 될 수도 있다. 그리고 최외각 전자가 6개인 산소는 2개의 전자가 필요하다. 그래서 산소 원자와 규소 원자가 만나면 2:1로 반응해서 SiO_2 식의 공유 결합 화합물을 만든다.

공유 결합 물질인 물이나 메테인, 질소, 산소 등의 분자들은 대부분 녹는점과 끓는점이 낮아 상온에서 액체나 기체 상태로 존재한다. 흑연을 제외한 대부분의 공유 결합 물질은 전하를 운반시킬 수 있는 입자가 없기 때문에 전기 전도성을 나타내지 않는다.

흑연(C)이나 다이아몬드(C)와 같이 모든 원자들이 공유 결합으로 3차원적으로 연결된 물질들은 녹는점이나 끓는점이 매우 높아 상온에서 고체 상태로 존재한다.

Q 확인하기

물과 이산화 규소에 관한 설명으로 옳은 것만을 | 보기 |에서 있는 대로 고르시오.

| 보기 |
ㄱ. 산소의 원자가는 2이다.
ㄴ. 물과 이산화 규소 모두 이온 결합 물질이다.
ㄷ. 수소, 산소, 규소 모두 옥텟 규칙을 만족한다.
ㄹ. 수소, 산소, 규소 모두 원자핵과 주위의 전자로 이루어졌다.

답 ㄱ, ㄷ, ㄹ | 물과 이산화 규소는 둘 다 공유 결합 물질이다.

| 금속 결합 |

우리는 앞에서 자연에 많은 금속 원소들이 있는 것을 보았다. 그런데 나트륨 같은 금속 원소 주위에 다른 원소가 없다면 어떤 상태로 존재할까? 나트륨은 수소와 마찬가지로 최외각 전자가 1개이다. 그래서 수소가 공유 결합을 통해 H_2 분자를 만들듯이 나트륨도 Na_2 분자를 만들지 않을까 생각된다. 그런데 3주기의 나트륨은 수소보다 최외각 전자를 내어주는 경향이 크다. 그래서 나트륨 원자가 많이 있을 때는 각각의 최외각 전자를 내놓고 나트륨 양이온으로 존재한다. 그리고 여러 개의 전자들이 나트륨 양이온들 사이로 자유롭게 돌아다니면서 반발하는 양이온들을 붙잡아준다. 이렇게 해서 이루어지는 금속 원자 사이의 결합을 **금속 결합(metallic bond)***이라고 한다.

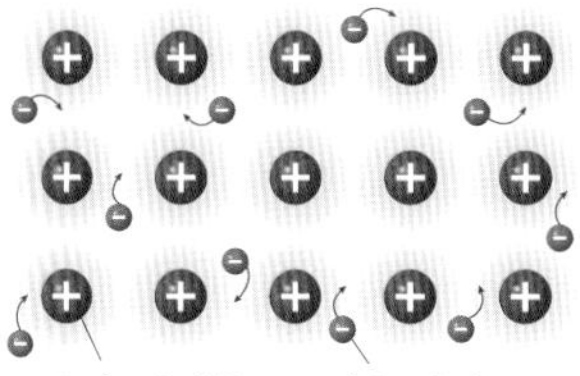
금속 양이온
자유 전자

▲ 금속 결합 모형

금속 결합*
금속 양이온과 자유 전자 사이의 정전기적 인력에 의한 결합이다.
- 자유 전자에 의해 전기 전도성과 열전도성이 크다.
- 외력이 가해져도 결합이 약해진 부분으로 자유 전자가 이동하여 결합을 유지시키므로 뽑힘성(연성)과 펴짐성(전성)이 크다.

Q 확인하기

나트륨 양이온은 어떤 비활성 기체와 전자 배치가 같은가?

답 **네온(Ne)** | 원자 번호가 11인 나트륨 원자에서 전자가 1개 떨어지면 원자 번호가 10인 네온과 같이 최외각 전자 수가 8이 된다.

이온 결합, 공유 결합, 금속 결합에서도 모든 원자는 옥텟 규칙을 만족시켜서 안정한 전자 구조를 가지려는 공통점을 나타낸다. 주기율과 옥텟 규칙은 자연에서 폭넓게 적용되는 규칙성을 보여 주는 좋은 예이다.

연/ 습/ 문/ 제/

해답 207쪽

01 우주 전체에서 가장 풍부한 원소와 세 번째로 풍부한 원소를 | 보기 |에서 각각 골라 순서대로 쓰시오.

| 보기 |
ㄱ. 탄소　　ㄴ. 산소　　ㄷ. 수소
ㄹ. 철　　ㅁ. 네온

02 우주 전체에서 가장 풍부한 2원자 분자를 | 보기 |에서 고르시오.

| 보기 |
ㄱ. 수소(H_2)　　ㄴ. 일산화 탄소(CO)
ㄷ. 질소(N_2)　　ㄹ. 산소(O_2)

03 우주 전체에서 두 번째로 풍부한 화합물을 | 보기 |에서 고르시오.

| 보기 |
ㄱ. 암모니아(NH_3)　　ㄴ. 물(H_2O)
ㄷ. 일산화 탄소(CO)　　ㄹ. 메테인(CH_4)

04 어떤 원소의 화학적 성질을 직접적으로 결정하는 것은 무엇인지 | 보기 |에서 고르시오.

| 보기 |
ㄱ. 양성자　　ㄴ. 중성자
ㄷ. 안쪽 껍질의 전자　　ㄹ. 최외각 전자

05 나트륨(Na)과 염소(Cl)가 반응해서 소금(NaCl)을 만들 때 나트륨과 염소에 공통적으로 적용되는 규칙이나 법칙은?

① 주기율　　② 옥텟 규칙
③ 아보가드로 법칙　　④ 배수 비례의 법칙
⑤ 일정 성분비의 법칙

06 다음 중 공유 결합으로 이루어진 물질이 아닌 것은?

① 물(H_2O)　　② 산화 철(FeO)
③ 이산화 규소(SiO_2)　　④ 염화 수소(HCl)
⑤ 이산화 탄소(CO_2)

07 다음은 주기율표의 일부를 나타낸 것이다.

주기 \ 족	1	2	13	14	15	16	17	18
1								
2	A					B	C	D
3	E			F				

이에 대한 설명으로 옳은 것만을 | 보기 |에서 있는 대로 고른 것은? (단, A~F는 임의의 원소 기호이다.)

| 보기 |
ㄱ. A와 C가 결합하면 이온 결합 물질이 된다.
ㄴ. E는 전자를 잃고 +1의 양이온이 되기 쉽다.
ㄷ. B와 F는 전자를 공유하여 공유 결합을 이룬다.
ㄹ. D와 같은 전자 배치를 하면 안정해진다.

① ㄱ, ㄴ　　② ㄱ, ㄷ　　③ ㄱ, ㄴ, ㄷ
④ ㄴ, ㄷ, ㄹ　　⑤ ㄱ, ㄴ, ㄷ, ㄹ

핵심 개념 확/ 인/ 하/ 기/

❶ 수소 1, 산소 2, 탄소 4처럼 어떤 원소가 만들 수 있는 결합의 수를 ________라고 한다.
❷ 멘델레예프는 원소들을 ________ 순서로 배열하였다.
❸ 원자 내 존재하는 전자 중 가장 바깥 전자 껍질에 존재하는 전자를 ________라고 한다.
❹ 원자의 가장 바깥 전자 껍질에 8개의 전자를 가져 화학적으로 안정해지려는 경향을 ________ 규칙이라고 한다.
❺ 질소 분자(N_2)는 원자 간에 강한 ________ 결합을 이루기 때문에 성간에 풍부하게 존재한다.
❻ ________은 두 최외각 전자를 내놓아 공유 전자쌍을 만들고, 그 전자쌍을 서로 공유하여 안정한 상태가 되는 결합이다.
❼ 이온 결합은 전자를 잘 내주는 ________ 원소와 전자를 잘 받아들이는 ________ 원소 사이에서 일어난다.

해답 208쪽

01 1 pc은 약 3.26광년이고 이것은 연주 시차가 1초인 별의 거리이다. 지구에서 약 4.2광년 떨어져 있는 프록시마 센타우리는 연주 시차가 어느 정도 될 것인지 계산하시오.

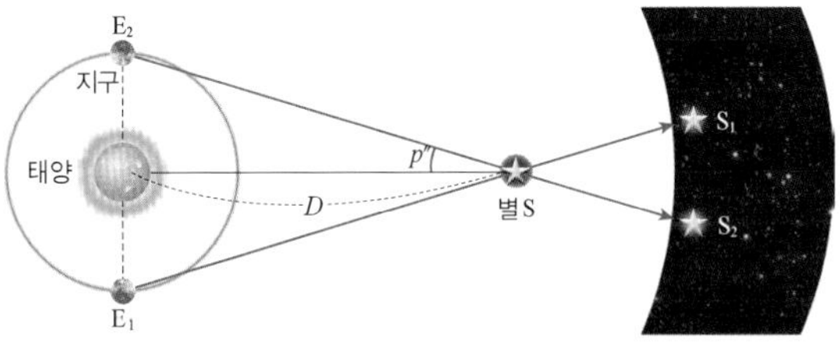

02 다음의 과학적 발견을 역사적 순서대로 바르게 나열하시오.

(가) 허블 법칙
(나) 우리 은하의 구조 발견
(다) 세페이드 변광성의 주기-광도 관계
(라) 허블이 안드로메다 은하가 외부 은하임을 발견

03 그림은 수소와 헬륨의 선 스펙트럼을 나타낸 것이다.

수소의 선 스펙트럼
400 nm
700 nm
헬륨의 선 스펙트럼

이에 대한 설명으로 옳은 것만을 〈보기〉에서 있는 대로 고른 것은?

〈보기〉
ㄱ. 헬륨은 전자가 2개이기 때문에 수소보다 복잡한 선 스펙트럼을 보인다.
ㄴ. 대부분의 별과 은하는 수소의 선 스펙트럼을 나타낸다.
ㄷ. 빛을 내는 물체가 멀어지면 선 스펙트럼이 푸른색 쪽으로 이동하게 된다.

① ㄱ ② ㄴ ③ ㄱ, ㄴ
④ ㄱ, ㄷ ⑤ ㄴ, ㄷ

04 허블 법칙과 관련 있는 것을 〈보기〉에서 있는 대로 고른 것은?

〈보기〉
ㄱ. 휴메이슨 ㄴ. 청색 편이
ㄷ. 적색 편이 ㄹ. 도플러 효과
ㅁ. 레빗 관계식 ㅂ. 연주 시차

① ㄱ, ㄴ ② ㄱ, ㄷ, ㄹ
③ ㄱ, ㄷ, ㄹ, ㅁ ④ ㄱ, ㄴ, ㄷ, ㅂ
⑤ ㄱ, ㄴ, ㄷ, ㄹ, ㅁ, ㅂ

05 그림은 외부 은하의 후퇴 속도와 거리와의 관계를 나타낸 것이다. 이와 관련된 설명으로 옳은 것만을 〈보기〉에서 있는 대로 고른 것은?

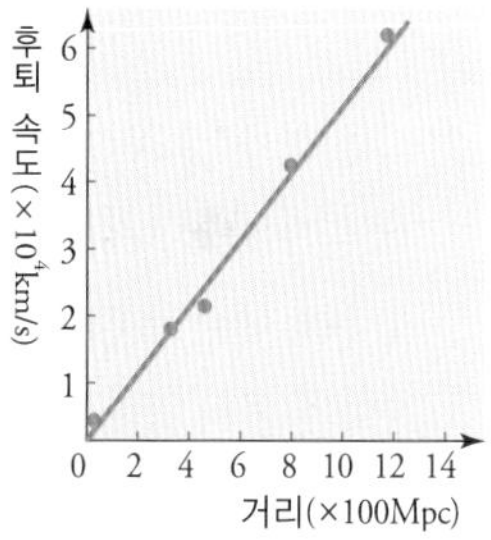

〈보기〉
ㄱ. 기울기는 허블 상수를 의미한다.
ㄴ. 허블 상수는 우주의 나이이다.
ㄷ. 후퇴 속도는 은하의 거리에 비례한다.

① ㄱ ② ㄴ ③ ㄱ, ㄴ
④ ㄱ, ㄷ ⑤ ㄴ, ㄷ

06 별의 진화에 대한 설명으로 옳은 것만을 〈보기〉에서 있는 대로 고른 것은?

〈보기〉
ㄱ. 헬륨 핵은 양성자 4개의 합보다 가볍다.
ㄴ. 우리 몸에 들어 있는 대부분 원소는 초신성에서 만들어졌다.
ㄷ. 초신성 폭발이 없었다면 지구상에는 탄소, 산소, 인 등 생명에 필수적인 원소들이 존재할 수 없다.
ㄹ. 별이 태어날 때 원료에는 수소와 함께 헬륨이 들어 있기 때문에 갓 태어난 별에서는 헬륨이 융합한다.

① ㄱ, ㄴ ② ㄱ, ㄷ ③ ㄴ, ㄷ
④ ㄴ, ㄹ ⑤ ㄷ, ㄹ

07 초기 우주에서 생성된 양성자와 중성자에 대한 설명으로 옳은 것만을 〈보기〉에서 있는 대로 고른 것은?

〈보기〉
ㄱ. 중성자는 스스로 붕괴하여 양성자로 바뀐다.
ㄴ. 빅뱅 이후 1초 이전에는 양성자와 중성자가 서로 변환되었다.
ㄷ. 우주의 온도가 100억 K 이하로 낮아지면서 양성자는 불안정한 상태가 되었다.

① ㄱ ② ㄴ ③ ㄱ, ㄴ
④ ㄱ, ㄷ ⑤ ㄴ, ㄷ

08 그림은 성간 공간에 존재하는 원자들의 비율을 나타낸 것이다. (가)와 (나)에 대한 설명으로 옳은 것만을 〈보기〉에서 있는 대로 고른 것은?

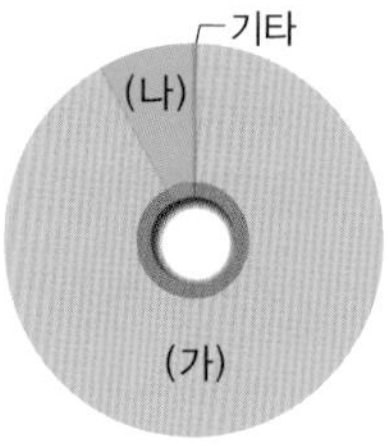

〈보기〉
ㄱ. (가)는 원자 번호 1번인 수소이다.
ㄴ. (나)는 비활성 기체로 최외각 전자 수는 8개이다.
ㄷ. (가)와 (나)는 옥텟 규칙을 만족하여 안정하다.

① ㄱ ② ㄷ ③ ㄱ, ㄴ
④ ㄱ, ㄷ ⑤ ㄴ, ㄷ

09 오른쪽 그림은 수소 원자와 질소 원자가 공유 결합하여 형성한 암모니아 분자를 나타낸 것이다. 이에 대한 설명으로 옳은 것만을 〈보기〉에서 있는 대로 고른 것은?

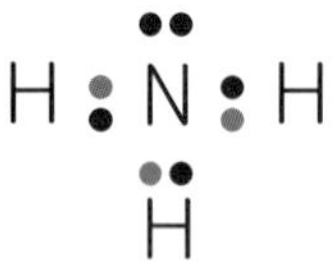

〈보기〉
ㄱ. 질소 원자는 최외각 전자가 3개이다.
ㄴ. 암모니아 분자에서 공유 전자쌍은 모두 3쌍이다.
ㄷ. 암모니아는 우주에서 가장 풍부한 화합물이다.

① ㄱ ② ㄴ ③ ㄱ, ㄴ
④ ㄴ, ㄷ ⑤ ㄱ, ㄴ, ㄷ

10 그림은 원자를 이루고 있는 입자를 모식적으로 나타낸 것이다.

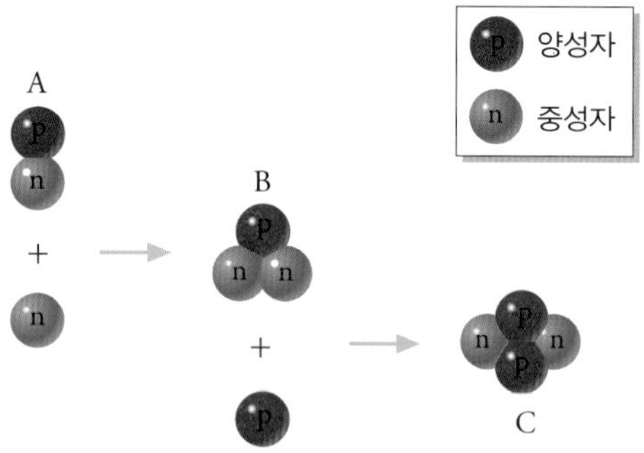

각 입자에 대한 설명으로 옳은 것만을 〈보기〉에서 있는 대로 고른 것은?

〈보기〉
ㄱ. 입자 A는 중수소이다.
ㄴ. 입자 A와 입자 B는 전하량이 같다.
ㄷ. 원자 번호는 입자 C가 입자 B보다 크다.

① ㄱ ② ㄷ ③ ㄱ, ㄴ
④ ㄱ, ㄷ ⑤ ㄱ, ㄴ, ㄷ

11 그림은 세 가지 중성 원자의 전자 배치를 나타낸 것이다.

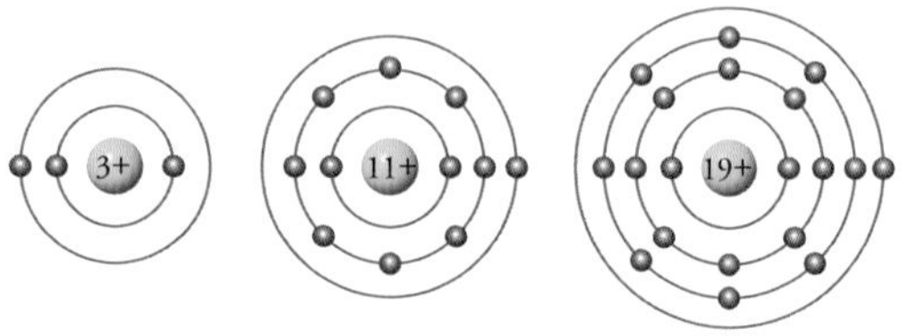

(가) (나) (다)

이에 대한 설명으로 옳은 것만을 〈보기〉에서 있는 대로 고른 것은?

〈보기〉
ㄱ. 모두 같은 주기 원소이다.
ㄴ. 원자가가 모두 1이다.
ㄷ. 이들 원자는 모두 물과 반응하여 수소 기체를 발생시킨다.

① ㄱ ② ㄴ ③ ㄷ
④ ㄱ, ㄴ ⑤ ㄴ, ㄷ

12 별 내부에서 일어나는 수소 핵융합 반응은 간단하게 다음과 같은 식으로 표현할 수 있다.

수소 ⟶ 헬륨 + Δmc^2

이에 대한 설명으로 옳은 것만을 〈보기〉에서 있는 대로 고른 것은?

〈보기〉
ㄱ. 헬륨 핵은 수소 핵보다 더 안정한 상태이다.
ㄴ. Δmc^2은 반응 과정에서 흡수되는 에너지이다.
ㄷ. 반응이 진행되는 과정에서 질량이 감소한다.
ㄹ. 반응이 일어나려면 1억 K 정도의 온도 조건이 필요하다.

① ㄱ, ㄴ ② ㄱ, ㄷ ③ ㄴ, ㄷ
④ ㄴ, ㄹ ⑤ ㄷ, ㄹ

13 물과 염화 나트륨에 대한 설명으로 옳은 것만을 〈보기〉에서 있는 대로 고른 것은?

〈보기〉
ㄱ. 염화 나트륨은 고체 상태에서 전기를 잘 통한다.
ㄴ. 물에서 수소와 산소는 각각 옥텟 규칙을 만족한다.
ㄷ. 염화 나트륨을 물에 녹이면 나트륨 이온과 염화 이온이 생성된다.

① ㄴ ② ㄷ ③ ㄱ, ㄴ
④ ㄴ, ㄷ ⑤ ㄱ, ㄴ, ㄷ

14 원소에 대한 설명으로 옳은 것만을 〈보기〉에서 있는 대로 고른 것은?

〈보기〉
ㄱ. 같은 족 원소는 화학적 성질이 비슷하다.
ㄴ. 우주의 상위 5가지 원소 중에는 금속이 비금속보다 많다.
ㄷ. 원소들은 옥텟 규칙을 만족시키며 화학 결합을 이루어 안정해진다.

① ㄱ ② ㄴ ③ ㄷ
④ ㄱ, ㄷ ⑤ ㄴ, ㄷ

15 표는 주기율표의 몇 가지 원소들의 안정한 상태의 산화물의 화학식을 나타낸 것이다.

	1족	2족	13족	14족
2주기	Li_2O	MgO	B_2O_3	CO_2
3주기	Na_2O	CaO	Al_2O_3	(가)

이에 대한 설명으로 옳은 것만을 〈보기〉에서 있는 대로 고른 것은?

〈보기〉
ㄱ. 산소의 원자가는 2이다.
ㄴ. (가)에 알맞은 화학식은 SiO_2이다.
ㄷ. 1족과 2족 산화물은 모두 공유 결합으로 이루어진 화합물이다.

① ㄱ ② ㄱ, ㄴ ③ ㄱ, ㄷ
④ ㄴ, ㄷ ⑤ ㄱ, ㄴ, ㄷ

16 그림은 주기율표를 대략적으로 나타낸 것이다.

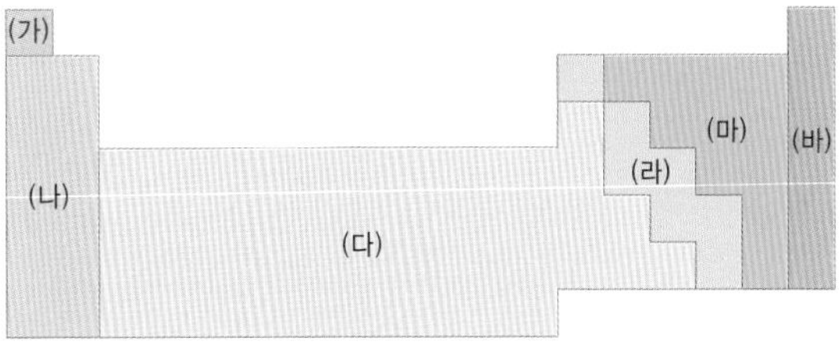

이에 대한 설명으로 옳은 것만을 〈보기〉에서 있는 대로 고른 것은?

〈보기〉
ㄱ. (나)는 전기 전도성이 좋다.
ㄴ. (마), (바)는 비금속 원소이다.
ㄷ. (가), (나), (다)는 금속 결합으로 되어 있다.

① ㄱ ② ㄴ ③ ㄱ, ㄴ
④ ㄴ, ㄷ ⑤ ㄱ, ㄴ, ㄷ

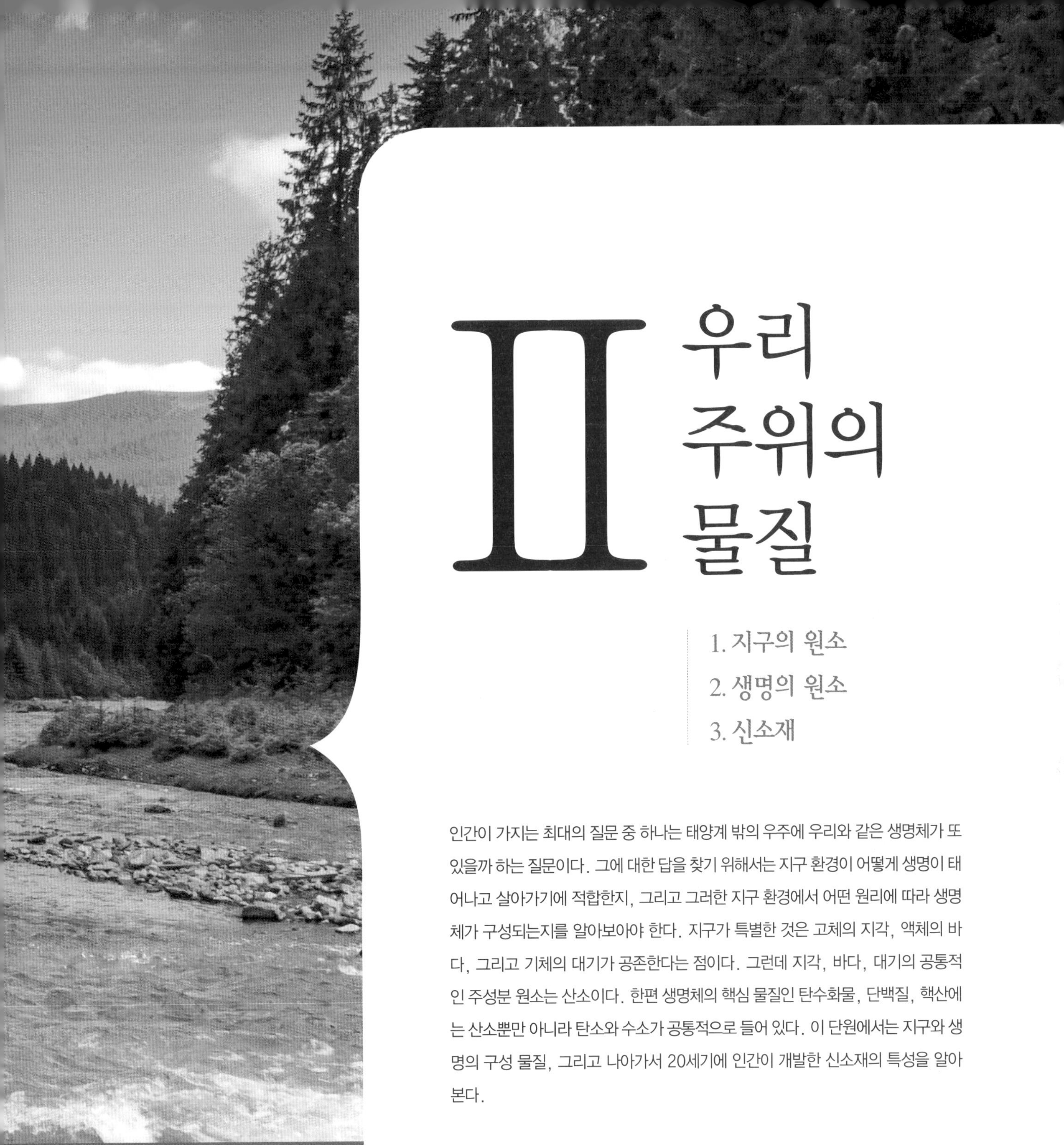

Ⅱ 우리 주위의 물질

인간이 가지는 최대의 질문 중 하나는 태양계 밖의 우주에 우리와 같은 생명체가 또 있을까 하는 질문이다. 그에 대한 답을 찾기 위해서는 지구 환경이 어떻게 생명이 태어나고 살아가기에 적합한지, 그리고 그러한 지구 환경에서 어떤 원리에 따라 생명체가 구성되는지를 알아보아야 한다. 지구가 특별한 것은 고체의 지각, 액체의 바다, 그리고 기체의 대기가 공존한다는 점이다. 그런데 지각, 바다, 대기의 공통적인 주성분 원소는 산소이다. 한편 생명체의 핵심 물질인 탄수화물, 단백질, 핵산에는 산소뿐만 아니라 탄소와 수소가 공통적으로 들어 있다. 이 단원에서는 지구와 생명의 구성 물질, 그리고 나아가서 20세기에 인간이 개발한 신소재의 특성을 알아본다.

1

지구의 원소

지금까지는 빅뱅 우주와 별에서 만들어진 원소들이 어떻게 은하와 별들에 분포되어 있는지 알아보았다. 이제는 보다 우리 가까이, 즉 지구상에서 이런 원소들이 어떻게 지각, 해양, 대기, 그리고 생명체에 분포되어 있고 또 어떻게 다양한 물질들을 만드는지 알아보자.

1.1 태양계와 지구의 형성

학습목표 태양계와 행성들의 원소 분포를 이들의 형성 과정과 연관지어 파악한다.

핵심개념
- ✓ 태양계의 원소
- ✓ 지구 형성
- ✓ 마그마
- ✓ 원시 대기

| 태양계의 형성 |

46억 년 전에 우리 은하에 존재하던 기체와 먼지 입자와 같은 성간 물질*이 모여서 태양계 성운*을 형성하였다. 이 태양계 성운이 회전하고 수축하면서 납작해져 원시 원반을 형성하였으며, 회전 원반의 중심부는 중력 수축으로 인해 고온, 고밀도의 상태가 되어 원시 태양이 되었다. 원시 태양의 질량이 증가하고 온도가 상승하여 수소 핵융합 반응을 시작하면 스스로 빛을 내는 안정한 주계열성의 태양이 된다.

한편, 태양계 원반에 있던 작은 입자들이 서로 충돌하면서 성장해 미행성체*가 되었다. 미행성체는 충돌을 거듭하여 원시 행성이 되었고 원시 행성이 점차 성장하여 오늘날의 행성(planet)이 되었다. 행성 주변의 물질들은 행성의 둘레를 돌면서 뭉쳐서 위성이 되었고, 행성이 되지 못한 작은 미행성체들은 소행성과 혜성(comet)이 되었다.

우주의 대부분 별들처럼 태양의 주성분은 수소와 헬륨인데, 태양뿐 아니라 목성, 토성 등 목성형 행성도 대부분 수소와 헬륨으로 이루어져 있다. 태양에 가까운 수성, 금성, 지구, 화성의 지구형 행성에는 수소와 헬륨이 별로 없다. 높은 온도에서 가벼운 기체인 수소와 헬륨은 태양에서 멀리 밀려났기 때문이다. 수성은 표면 온도가 매우 높아 대기가 없고, 금성은 이산화 탄소와 질소가 대기를 이루고 있다. 초기 지구의 대기는 금성과 유사하였으나 현재 이산화 탄소는 줄어들고 산소가 많이 존재하며, 화성은 비교적 무거운 분자인 이산화 탄소와 질소로 대기가 이루어져 있다.

성간 물질*
우주 공간에 분포하는 가스와 먼지들로, 주로 수소와 헬륨으로 이루어져 있다.

성운*
일반적으로 빛을 내지만 구름처럼 보이는 천체를 뜻한다. 여기서는 성간 물질이 모여 있어서 별들이 태어나는 부위를 말한다.

미행성체*
태양계 형성 초기에 만들어진 작은 덩어리이다.

행성의 대기 주요 성분
- 수성: 없음
- 금성, 화성: CO_2, N_2
- 지구: N_2, O_2
- 목성, 토성, 천왕성, 해왕성: H_2, He

개념#플러스 지구형 행성과 목성형 행성

- **지구형 행성:** 지구와 비슷한 특징을 가지고 있는 행성으로, 수성, 금성, 지구, 화성의 4개 행성이다. 목성형 행성에 비해 크기와 질량은 작고, 주로 무거운 금속과 암석으로 이루어져 있어서 밀도가 크고 자전 주기가 길다.
- **목성형 행성:** 목성과 비슷한 특징을 가지고 있는 행성으로, 목성, 토성, 천왕성, 해왕성의 4개 행성이다. 지구형 행성에 비해 크기와 질량이 크지만, 수소와 헬륨과 같은 가벼운 원소를 많이 포함하기 때문에 평균 밀도는 작다. 자전 주기는 1일 이내로 짧고 많은 위성을 가지고 있다.

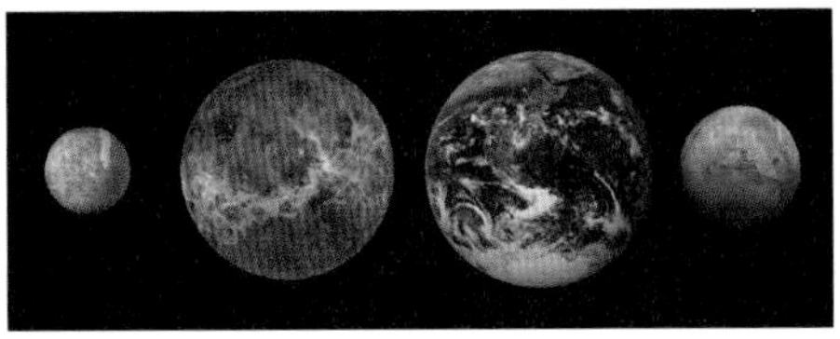

▲ 지구형 행성

▲ 목성형 행성

운석*
운석은 우주 공간에서 떠돌던 성간 물체가 다 타버리지 않고 지표로 떨어진 암석이다.

태양계(solar system)가 전체적으로 같은 재료로부터 만들어졌다는 단서는 태양과 운석(meteorite)*의 원소 분포로부터 얻어졌다. 1969년에 멕시코 아옌데(allende)에 커다란 운석이 떨어졌는데 이 운석을 분석해 보았더니 약 20가지 원소의 비율이 태양의 스펙트럼으로부터 측정한 비율과 거의 일치하였다. 따라서 태양과 태양계의 운석도, 태양과 우리 은하의 다른 별들도, 우리 은하와 우주의 1000억 개 다른 은하들도, 즉 우주 전체가 우주적으로 생성된 원소들의 분포를 반영한다.

| 지구의 형성 |

마그마의 바다*
미행성들의 충돌이 계속되면서 열이 발생하였고, 또한 이때 증발한 수증기에 의한 온실 효과로 원시 지구의 온도가 상승하면서 암석이 녹아 지표면은 마그마의 바다가 되었다.

미행성들이 서로 충돌하여 원시 행성들이 형성되었고, 이 과정에서 원시 지구도 형성되었다. 원시 지구의 표면에 수많은 미행성들이 충돌하면서 발생한 열로 지표의 온도가 높아져 **마그마(magma)**의 바다*가 형성되었다.

마그마의 바다가 형성되면서 밀도가 높은 철(Fe), 니켈(Ni)과 같은 성분은 중심부로 모여 핵을 이루었고, 밀도가 낮은 규산염(silicate) 물질은 위로 떠올라 **맨틀(mantle)**을 이루었다. 대기 중의 수증기가 응결하여 그 양이 줄어들고 화산 활동에 의해 분출된 기체가 점차 대기의 주성분을 이루었다. 미행성의 충돌이 줄어들면서 지표가 냉각되어 원시 지각이 형성되었고, 원시 대기 중의 수증기가 응결하여 내린 비로 원시 바다가 형성되었다.

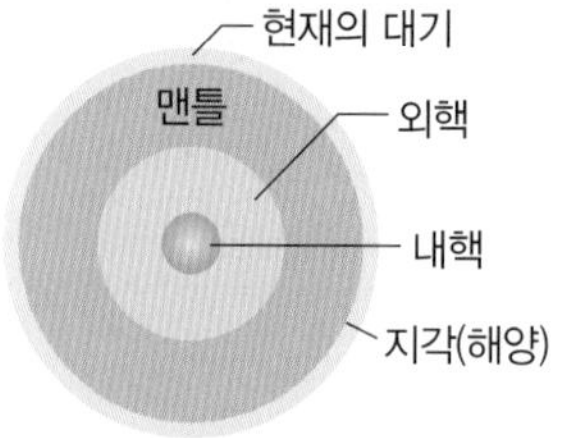

▲ **지구의 내부 구조** 지구 내부는 고체 상태인 내핵, 액체 상태인 외핵, 고체 상태인 맨틀과 지각 등이 층상 구조를 이루고 있다.

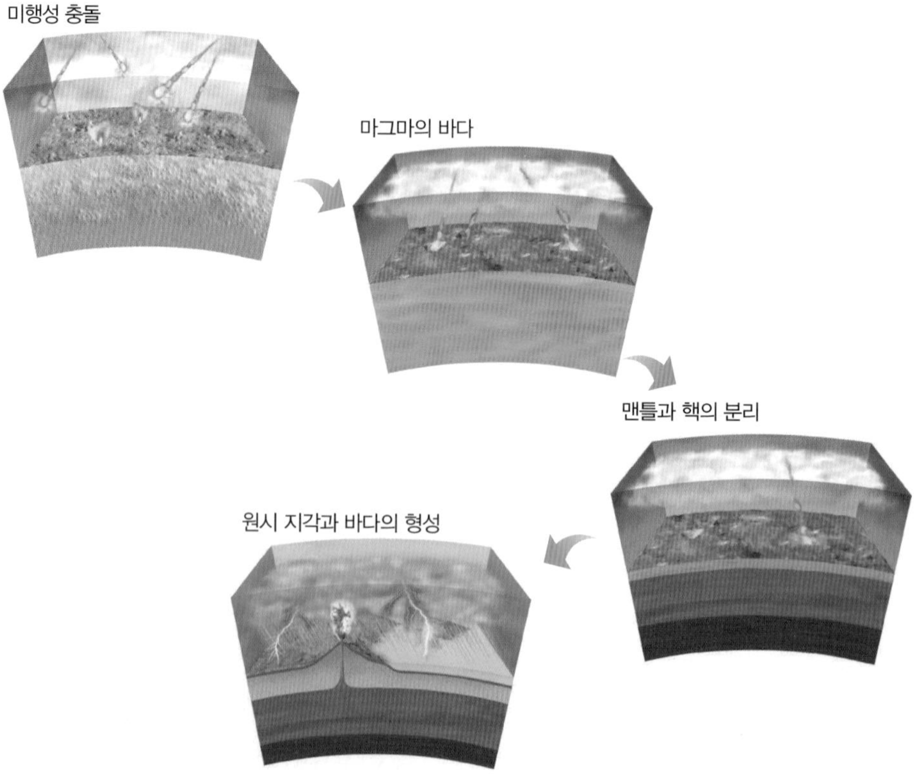

▲ **원시 지구의 진화 과정** 원시 대기와 지각이 식으면서 대기 중의 수증기가 비가 되어 바다가 형성되었다.

원시 지구와 같이 태양 가까이에 형성된 행성에는 태양 복사의 영향으로 수소와 헬륨 같은 가벼운 원소는 대부분 날아가고, 철, 규소 등의 무거운 원소가 주성분이 되었다. 철과 같은 무거운 원소는 가라앉아 핵을 형성하고 가벼운 원소는 맨틀과 지각을 형성하며 층상 구조를 이루었다. 가벼운 화강암질은 지구 표면으로 떠올라 대륙 지각을 형성하였 고, 맨틀에서 솟아오른 현무암질은 밀도 차로 인해 대륙 지각 아래에 자리 잡아 해양 지각을 형성하였다.

개념# 플러스 **원시 대기의 진화**

화산 활동에 의해 수증기(H_2O), 메테인(CH_4), 암모니아(NH_3), 이산화 탄소(CO_2) 등이 대기로 방출되었다. 수증기는 비로 내리거나 햇빛을 받아 수소(H_2)와 산소(O_2)로 분해되었으며 가벼운 수소는 지구를 이탈하였고 메테인과 암모니아, 산소로부터 질소(N_2)와 이산화 탄소가 만들어졌다.

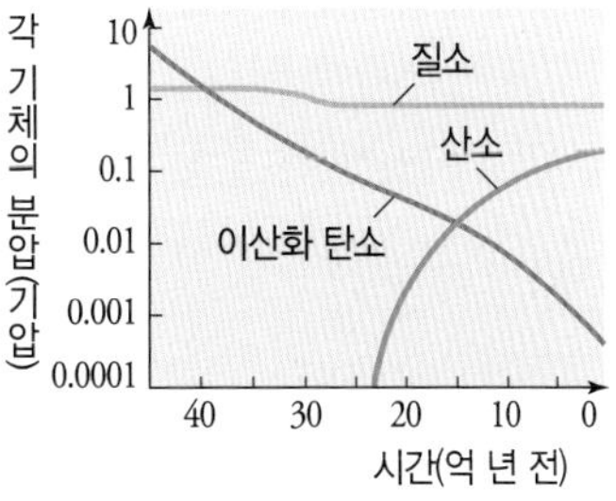

- 암모니아의 분해로 질소가 증가하였다.
- 수증기의 분해 및 원시 해양 식물의 광합성으로 산소가 생성되었다.
- 이산화 탄소는 화산 활동에 의해 생성되었고 원시 대기에서는 10기압 정도였으며, 원시 바다가 형성된 후 용해되어 석회암으로 침전되거나 광합성에 사용되면서 양이 감소하였다.

질소는 생물을 구성하는 필수 성분으로 지구에 생물체가 나타나면서 흡수되어 초기에는 약간 감소하였다.

Q 확인하기

태양계 행성에 대한 설명으로 옳지 <u>않은</u> 것은?

① 행성은 태양계 성운에서 형성되었다.
② 수성은 표면 온도가 매우 높아 대기가 거의 없다.
③ 화성의 대기는 주로 수소와 헬륨으로 되어 있다.
④ 지구의 대기에는 수소와 헬륨이 거의 존재하지 않는다.
⑤ 금성의 대기는 주로 이산화 탄소와 질소로 이루어져 있다.

답 ③ | 화성은 비교적 무거운 분자인 이산화 탄소와 질소로 대기가 이루어져 있다.

1.2 지구의 원소 분포

학습목표 지구 전체적으로 어떤 금속 원소와 비금속 원소들이 풍부한지 알아본다.

핵심개념
- ☑ 지구의 원소
- ☑ 핵
- ☑ 맨틀

태양계의 세 번째 행성인 지구는 여러모로 태양계 전체에 비해, 그러니까 우주 전체에 비해 크게 다르다. 태양의 중심 온도는 1500만 K 정도이고 표면 온도는 6000 K 정도인데, 지구는 중심 온도가 6000 K이고 표면의 평균 온도는 300 K (10 ℃ 내지 30 ℃) 정도로 생명이 태어나고 살아가기에 적합하다. 원소 면에서도 지구는 특별하다.

▼ 지구의 원소 분포

원소	질량(%)
철	32
산소	30
규소	15
마그네슘	14
황	2.9
니켈	1.8
칼슘	1.5
알루미늄	1.4

지구의 중심에는 온도가 높지만 밀도도 매우 높아서 고체 상태의 내핵이 있고, 내핵의 바깥쪽에 온도와 밀도가 약간 낮은 액체 상태의 외핵이 있다. 외핵의 바깥쪽에서 지각까지 암석이 녹아 있는 상태인 맨틀이 있다. 맨틀은 지구 내부에서 부피가 가장 크다.

우주에서 풍부하고 밀도가 높은 철은 지구 전체 질량의 3분의 1 정도로 지구에서 가장 높은 비율을 차지하는 원소이다. 대부분의 철은 원소 상태로 니켈과 함께 지구 중심의 내핵과 외핵에 들어 있다. 철을 포함해서 지구 전체의 상위권 8종 원소 중에서 5종이 금속 원소이다. 나머지 3종 원소 중에서 산소와 황은 비금속이고, 규소는 금속과 비금속의 중간 정도 성질을 나타낸다.

처음 태양계가 만들어질 때에는 지구에도 수소, 헬륨, 암모니아, 메테인 등이 태양계 전체와 비슷하게 풍부했을 것이다. 그러나 태양이 핵융합을 시작하고 온도가 올라감에 따라 태양에서 가까운 행성들은 끓는점이 낮은 물질들을 잃고 지각으로 이루어진 지구형 행성이 되었다. 반응성이 높은 산소는 규소나 금속 원소들과 산화물을 만들어서 지구에 많이 남았다. 이들 산화물은 지각과 맨틀의 주성분이다. 산소와 같은 족에 속한 황(S)도 황화물을 만든다. 지구 표면에 풍부한 물의 수소, 대기의 질소, 그리고 생명체의 탄소가 지구 전체적으로는 상당히 적은 것도 특기할 만하다.

개념 # 플러스 지구의 구성 원소

- 대기: 질소(78 %)>산소(21 %)>기타(1 %)
- 대륙 지각: 산소(46.6 %)>규소(27.7 %)>알루미늄(8.1 %) >철(5.0 %)>칼슘(3.6 %)>나트륨(2.8 %)>칼륨(2.6 %)> 마그네슘(2.1 %)>기타(1.5 %)
- 맨틀: 산소, 규소, 마그네슘이 풍부
- 핵: 철과 니켈로 구성
- 바다: 산소(88 %)와 수소(11 %)로 구성

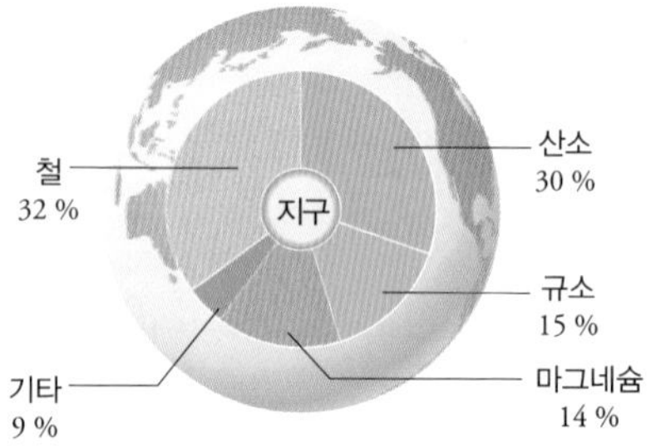

▲ 지구의 주요 원소 분포율(질량비)

Q 확인하기

철을 설명한 것으로 옳지 않은 것은?

① 철은 내핵과 외핵에 모두 들어 있다.
② 산화 철의 밀도는 철의 밀도보다 높다.
③ 지구 표면에서는 대부분 산화물로 존재한다.
④ 제철은 산화 철에서 산소를 떼어내는 과정이다.
⑤ 적색 거성의 최종 단계에서 만들어지기 때문에 우주적으로 풍부하다.

답 ② | 산화 철의 밀도는 철의 밀도보다 낮기 때문에 맨틀이나 지각에 많고, 밀도가 높은 금속 철은 지구 중심으로 몰려서 내핵과 외핵에 많다.

1.3 지각의 구성 물질

학습목표 지각에 풍부한 원소들을 알아보고, 이들이 결합해서 만드는 공유 결합 물질과 이온 결합 물질의 규칙성을 파악한다.

핵심개념
- ☑ 지각의 원소
- ☑ 이산화 규소
- ☑ 규산염

고체 **지각(crust)**의 원소 분포는 오른쪽 표와 같다. 지각의 원소 분포에서 가장 눈에 띄는 점은 핵의 주성분인 철이 지각에서는 4위로 밀려나고 산소와 규소가 1, 2위를 차지한다는 것이다. 철은 비중이 7.9로 아주 높기 때문에 중심핵으로 가라앉은 반면, 산화 철은 비중이 5.5 정도여서 맨틀과 지각에 들어 있다.

▼ 지각의 원소 분포

원소	질량(%)
산소(O)	46
규소(Si)	28
알루미늄(Al)	8.2
철(Fe)	5.6
칼슘(Ca)	4.2
나트륨(Na)	2.5
마그네슘(Mg)	2.6
칼륨(K)	2.1

산소와 규소는 지각의 4분의 3을 차지한다. 바닷물과 인체에도 산소가 질량비로 1위인 것을 생각할 때 우주가 수소의 우주라고 한다면 지구는 산소의 지구라 할 만하다.

산소와 규소가 결합한 이산화 규소(SiO_2)는 지각의 주성분으로 산소와 규소 원자들이 공유 결합을 통해서 입체적으로 네트워크를 만든 물질이다. 이산화 규소를 제외하면 산화 알루미늄, 산화 철, 산화 칼슘 등은 모두 이온 결합 물질이다. 금속과 산소가 결합하면 이온 결합을 이루는 것이다.

이산화 규소에서 모든 산소 원자는 2개의 규소 원자 사이에 위치해서 2의 원자가를 만족하는 것을 볼 수 있다. 산소는 물에서도, 이산화 규소에서도 같은 원자가를 가진다. 마찬가지로 주기율표에서 탄소 아래에 자리 잡은 규소는 탄소와 같은 4의 원자가를 가진다. 이산화 규소에서 모든 산소 원자를 제거하면, 즉 규소가 산소와 결합하기 전의 순수한 규소를 생각해보면, 모든 규소 원자는 4개의 다른 규소 원자에 둘러싸여서 4의 원자가를 만족시키면서 정사면체의 중심에 있는 것을 알 수 있다. 그래서 원소 상태의 고체 규소에서는 엄청나게 많은 규소 원자들이 3차원적으로 네트워크를 만든다. 만일 1개의 규소 원자 주위에 4개의 수소 원자가 있다면 메테인(CH_4)과 비슷한 실레인(SiH_4)이 되었을 것이다. 그러나 수소 대신 규소 원자가 자리 잡으면 그 규소 원자가 또 다른 정사면체의 중심이 되고, 이것이 무한히 계속되면 눈으로 볼 수 있는 거대한 규소 결정이 된다.

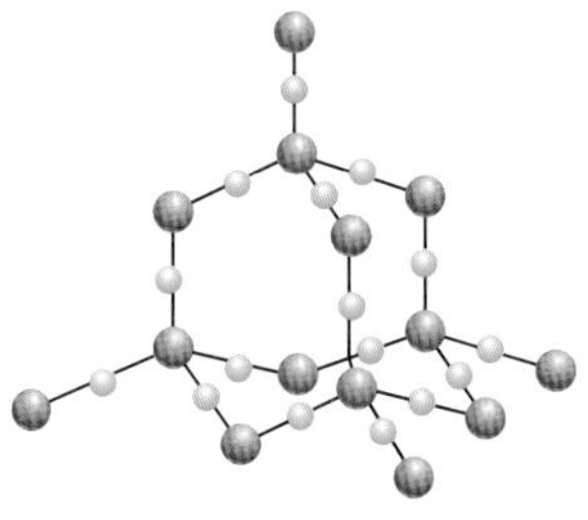
▲ 이산화 규소(SiO_2)

이산화 규소와 관련이 깊은 공유 결합 화합물에는 이산화 탄소(CO_2)가 있다. 이산화 탄소에서도 탄소의 원자가는 4이고, 산소의 원자가는 2이다. 이산화 탄소에서 크기가 비슷한 탄소와 산소는 2중 결합(double bond)을 만들어서 개개의 CO_2 분자로 존재하며, 이산화 탄소는 상온에서 기체이다. 반면에 산소보다 반지름이 큰 규소는 산소와 2중 결합을 못 만들고 단일 결합을 통해 고체 이산화 규소로 존재한다.

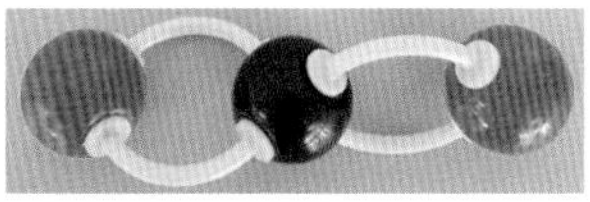
▲ 이산화 탄소 분자 모형

그런데 실제로 자연에서는 순수한 규소 결정이나 이산화 규소 결정을 찾아보기 힘들다. 우리가 작은 돌을 잘라서 확대경으로 단면을 보면 색깔과 크기가 다른 수많은 종류의 작은 부분들을 볼 수 있다. 암석은 이산화 규소를 기반으로 하는 다양한 물질로 이루어졌다는 뜻이다. 그리고 지각에는 알루미늄, 철, 칼슘, 나트륨, 마그네슘, 칼륨 등 여러 가지 금속 원소들이 들어 있기 때문에, 암석은 이런 금속들의 양이온을 포함하는 규산염 형태로 존재한다. 산(acid)에 대해서는 뒤에서 자세히 다루겠지만 일반적으로 산이란 수소를 포함하는 화합물 중에서 수소가 쉽게 수소 이온(H^+)으로 떨어져 나가서 나머지 부분이 음이온이 되는 경우를 뜻한다. 그리고 산으로부터 얻어진 음이온과 금속 원소의 양이온이 결합한 물질을 염이라고 한다. 예를 들면 소금은 염산(HCl)에서 얻어진 염화 이온(Cl^-)과 나트륨 이온(Na^+)이 이온 결합을 이룬 염이다.

규소를 포함하는 가장 기본적인 산은 원자가가 4인 규소에 4개의 −OH가 결합한 오소규산(orthosilicic acid)이다. 오소규산에서 물 분자가 빠지면 메타규산(metasilicic acid)이 된다. 메타규산에서 규소 대신 원자가가 4인 탄소가 들어가면 이산화 탄소가 물과 반응해서 얻어지는 탄산(carbonic acid, H_2CO_3)이 된다. 그러나 오소규산에서 규소 대신 탄소가 들어간, 즉 탄소에 4개의 −OH가 결합한 화합물은 없다. 주기율표에서 2주기에 속한 탄소는 3주기의 규소보다 원자 반지름이 작은데, 탄소 주위에 4개의 산소 원자가 자리 잡으면 산소의 전자쌍들 사이의 반발력이 커지고 불안정해지기 때문이다.

오소(ortho-)는 오소독스(orthodox)에서 알 수 있듯이 '바른'이라는 뜻이다. 메타는 '다음'이라는 뜻이다.

$$
\begin{array}{c}
OH \\
| \\
HO-Si-OH \\
| \\
OH
\end{array}
\qquad\qquad
\begin{array}{c}
O \\
\| \\
HO-Si-OH
\end{array}
$$

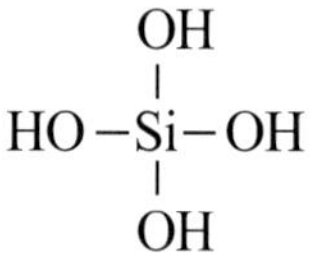

오소규산 메타규산

그런데 이런 작은 규산 분자들은 각각 따로 있지 않고 다양한 방식으로 결합해서 큰 분자들을 만든다. 지각을 구성하는 물질들은 원래 맨틀에 들어 있다가 지구 표면으로 나와서 식은 것인데, 맨틀은 온도가 1000 ℃를 넘고 압력이 높아서 화학 반응이 잘 일어나는 조건이기 때문이다. 규산처럼 −OH 기가 여러 개인 분자들 사이에서는 물이 빠져나가는 반응이 잘 일어난다. 예컨대 오소규산과 메타규산이 반응하면 물이 빠져나가면서 Si−O−Si 식으로 산소를 중심으로 2개의 규산이 결합된 분자가 얻어진다. 이런 식으로 결합이 계속 일어나면 크기와 구조가 다양한 규소 골격의 화합물들이 얻어진다. 탄소 화합물에도 골격을 이루는 탄소의 수가 다르고 다양한 3차원 구조를 가진 분자들이 있는 것과 비슷하다. 같은 족에 속하는 탄소와 규소가 나타내는 결합 방식의 규칙성을 볼 수 있다.

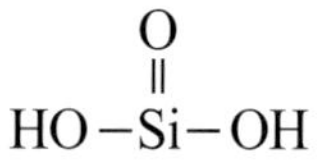

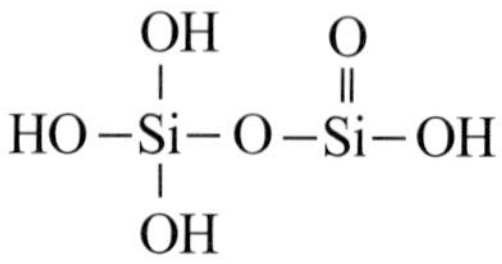

오소규산과 메타규산의 결합체

오소규산에서 4개의 수소가 모두 수소 이온으로 떨어져 나가면 전체적으로 −4가의 규산 이온(silicate ion, SiO_4^{4-})이 된다. 그리고 규산 이온에서 음전하를 가진 산소 원자들이 칼슘 이온(Ca^{2+}) 또는 나트륨 이온(Na^+)과 전기적으로 끌려서 이온 결합을 이루면 **규산염(silicate salt)**이 된다. 물론 소금에서 NaCl이 단일 분자가 아니라 Na^+과 Cl^-들이 규칙적으로 배열되어 3차원 결정을 만드는 것과 마찬가지로, 규산염에서도 규산 이온과 여러 금속 양이온들이 교대로 자리 잡아 암석에서 볼 수 있는 결정을 만든다. 그러니까 지각은 정사면체 구조의 규산 이온을 기본으로 하여 만들어진 다양한 구조에, 다양한 금속 양이온들이 끼어들어간 규산염들로 이루어진 셈이다. 그런데 규산 이온도 다양하고, 금속 양이온도 다양하기 때문에 이들이 조합을 이룬 규산염은 수 백 가지에 달한다. 특히 특정한 규산염과 특정한 금속 이온이 특정한 구조의 결정을 만들면 루비, 에메랄드 등의 특이한 색을 나타낸다.

규산염 광물
기본 단위는 SiO_4 정사면체로 규소와 산소가 주성분이다.
- 독립형: SiO_4가 단독으로 존재 예 감람석
- 단사슬: SiO_4가 한 방향으로 길게 연결 예 휘석
- 복사슬: 2개의 단사슬 구조 예 각섬석
- 판상: 규산염 사면체가 판 모양으로 결합 예 흑운모
- 망상: SiO_4가 3차원으로 결합 예 석영, 장석

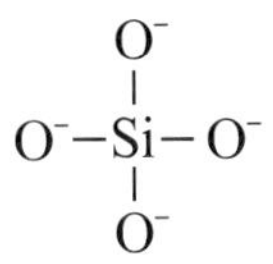

규산 이온

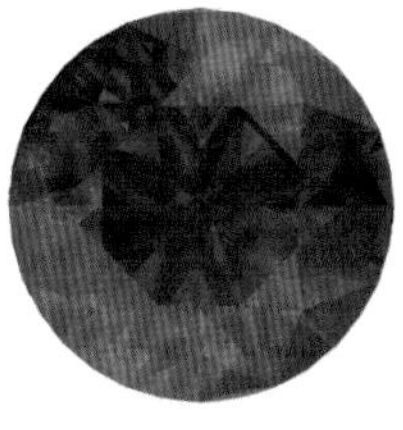
루비

에메랄드

다양한 규산염이 만들어지는 데는 금속 양이온의 크기가 중요하게 작용한다. 일반적으로 양이온은 같은 주기 원소의 음이온보다 이온 반지름이 작다. 맨틀은 지각과 달리 45 %의 산소, 23 %의 마그네슘, 22 %의 규소, 5.8 %의 철, 2.3 %의 칼슘, 2.2 %의 알루미늄으로 이루어졌는데, 특히 알루미늄 이온(Al^{3+}), 마그네슘 이온(Mg^{2+})처럼 최외각 전자를 3개 또는 2개 내주고 양이온이 된 경우에는 반지름이 더욱 작다. 그래서 이런 이온들은 규산 이온 사이에 잘 끼어들고 밀도를 증가시킨다. 화산이 분출할 때 마그마를 구성하는 물질이 흘러나와서 굳은 암석 중에 올리브색을 띠는 감람석(olivine)이 있다. 감람석은 맨틀에 풍부하다.

지각을 구성하는 기본 물질인 이산화 규소, 그리고 다양한 암석을 만드는 데 사용되는 이온들 모두 주기율과 옥텟 규칙을 만족시킨다.

이온 반지름과 원자 반지름
- 양이온 반지름: 가장 바깥쪽 전자 껍질의 전자를 잃으므로 전자 껍질 수가 줄어든다. 중성 원자 반지름보다 반지름이 작다.
- 음이온 반지름: 가장 바깥쪽 전자 껍질에 전자를 얻어 음이온이 되므로, 전자 사이의 반발력이 증가하여 중성 원자 반지름보다 반지름이 크다.

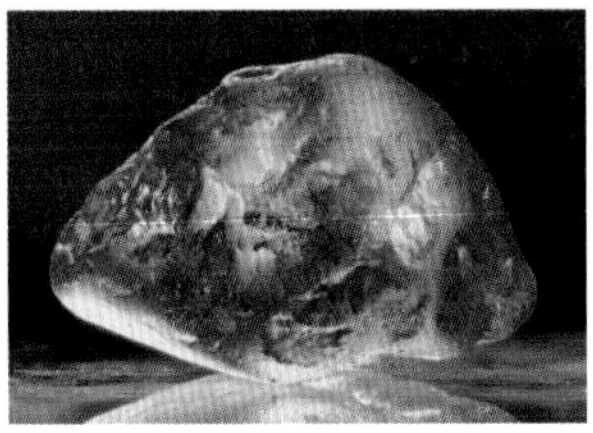
▲ **감람석** 감람석에는 마그네슘 이온이 들어 있어서 밀도가 높다.

Q 확인하기

다음 중 최외각 전자 수가 다른 것은?

① 이산화 규소에서 규소　② 오소규산에서 수소
③ 오소규산에서 규소　④ 오소규산에서 산소
⑤ 감람석에서 마그네슘 이온

답 ② | 공유 결합을 이룬 수소의 최외각 전자 수는 2이다. 나머지는 모두 8이다.

1.4 해양의 구성 물질

핵심개념
- ✔ 해양의 원소
- ✔ 전기음성도
- ✔ 극성 공유 결합
- ✔ 극성 분자
- ✔ 무극성 분자
- ✔ 수소 결합

▼ 해양의 원소 분포

원소	질량(%)
산소	85.8
수소	10.8
염소	1.9
나트륨	1.1
마그네슘	0.13
황	0.09
칼슘	0.04
칼륨	0.04
브로민	0.01

학습목표 해양에 풍부한 물질들을 알아보고, 물의 특성을 결정하는 전기음성도, 극성, 수소 결합의 원리를 파악한다.

| 해양의 원소 분포 |

지구 표면의 약 4분의 3을 차지하는 해양(ocean)의 원소 분포는 왼쪽 표와 같다. 96.6 %가 물이고 소금의 성분인 염소와 나트륨을 합하면 3 %이다. 바다는 3 %의 소금물인 셈이다.

물을 제외하면 나머지 원소들은 중성 원자나 분자가 아니라 이온 상태로 녹아 있다. 예를 들면 염소는 염화 이온(Cl^-), 브로민은 브로민화 이온(Br^-), 나트륨은 나트륨 이온(Na^+), 마그네슘은 마그네슘 이온(Mg^{2+})으로 모두 옥텟 규칙을 만족시킨 상태에서 물 분자들에 둘러싸여 있다. 그러니까 금속 원소는 양이온 상태로, 비금속 원소는 음이온 상태로 존재한다. 이온 결합 물질 중에서 물에 잘 녹는 것들은 오랜 세월을 거쳐 암석으로부터 녹아나온 것이다.

Q 확인하기

바닷물을 증발시키면 어떤 염이 주로 얻어질까?

① 염화 나트륨($NaCl$) ② 염화 마그네슘($MgCl_2$)
③ 염화 칼슘($CaCl_2$) ④ 염화 칼륨(KCl)
⑤ 황산 나트륨(Na_2SO_4)

답 ① | 나트륨은 마그네슘보다 10배 이상 많다. 따라서 소금의 주성분인 염화 나트륨이 주로 얻어지고, 그 밖에도 염화 마그네슘, 염화 칼슘, 염화 칼륨, 그리고 약간의 브로민화 나트륨, 브로민화 마그네슘, 황산염 등이 얻어진다.

| 전기음성도와 극성 |

이온 결합에서 보았듯이 나트륨처럼 어떤 원소는 전자를 쉽게 내어 주고, 플루오린이나 염소 같은 원소는 전자를 받으려는 경향이 강하다. 전자를 쉽게 내어 주는 나트륨은 전자를 받으려는 경향이 크지 않다고 할 수 있다. 그런데 음전하를 가진 전자를 받아들이면 그 부분이 전기적으로 음성이 증가한다고 말할 수 있다. 그래서 결합을 이루면서 전자를 자기 쪽으로 끌어가려는 경향을 그 원소의 **전기음성도(electronegativity)**라고 한다. 따라서 전기음성도가 높은 원소와 낮은 원소, 즉 전기음성도 차이가 큰 두 원소가 만나면 이온 결합이 이루어지는 것이다.

반면에 탄소와 수소는 전기음성도의 차이가 크지 않기 때문에, 메테인의 경우에는 이온 결합이 이루어지지 않고 공유 결합이 이루어진다. 이처럼 전기음성도에 따라 화학 결합이 정해질 뿐만 아니라, 결합을 이룬 물질의 성질이 또한 결정된다.

좋은 예로 수소(H_2)와 염화 수소(HCl)를 들 수 있다. 수소 분자에서는 수소 원자 2개가 공유 결합을 이루고 있다. 이 경우에는 두 원자의 전기음성도에 차이가 없기 때문에 전자는 어느 쪽으로 치우치지 않는다. 그런데 염화 수소에서 염소는 수소보다 전기음성도가 높아서 전자가 염소 쪽으로 치우쳐 부분 음전하(δ^-)를 띤다. 전자를 내준 수소는 부분 양전하(δ^+)를 띤다. 염화 수소가 물에 녹으면 수소는 염소에 전자를 내주고 수소 이온(H^+)으로 떨어져 나와서 산성을 나타낸다. 캘리포니아 공과대학의 폴링(Pauling, L., 1901~1994)*은 공유 결합 이론에도 많은 기여를 하였지만 전기음성도에 대해서도 많은 연구를 하였다.

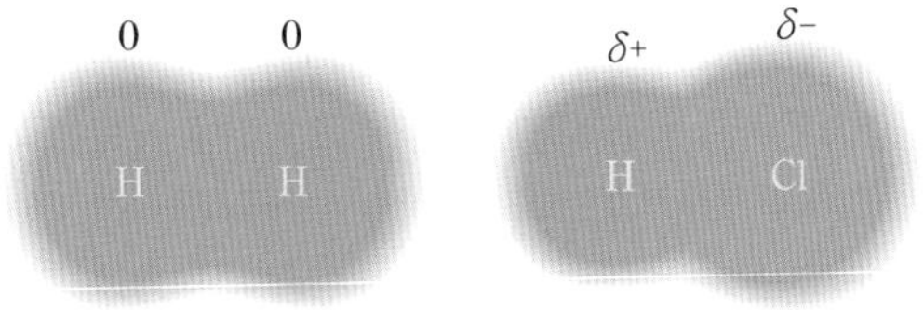

수소 분자(H_2)　　염화 수소 분자(HCl)

폴링*

1932년 폴링은 F의 전기음성도를 4.0으로 하여 다른 원자들의 전기음성도를 정하였다.

탐구 시그마 전기음성도

자료

H (2.1)					
Li (1.0)		C (2.5)	N (3.0)	O (3.5)	F (4.0)
Na (0.9)		Si (1.8)	P (2.1)	S (2.5)	Cl (3.0)
K (0.8)			As (2.0)	Se (2.4)	Br (2.8)
				Te (2.1)	I (2.5)

분석

- 전기음성도 값은 단위가 없고 상대적 세기를 나타낸다.
- 같은 주기에서는 원자 번호가 클수록, 같은 족에서는 원자 번호가 작을수록 전기음성도가 크다.
- 전기음성도가 가장 큰 원소는 플루오린(F)이다.
- 산소의 전기음성도는 플루오린을 제외한 모든 원소보다 크므로 다른 원소와 결합하여 지구상에서 다양한 화합물을 만든다.

산소는 전기음성도가 상당히 높은 반면에 수소는 전기음성도가 비교적 낮다. 따라서 물 분자에서 산소는 부분 음전하를, 수소는 부분 양전하를 띤다. 이런 경우에 O−H 결합은 극성*을 띠는 **극성 공유 결합(polar covalent bond)**이라고 한다. 물 분자에는 극성 O−H 결합이 2개 있으며 H−O−H는 직선형이 아니고 굽어져 있다. 따라서 두 O−H 결합의 극성은 상쇄되지 않고 합해져서 물은 전체적으로 **극성 분자(polar molecule)***가 된다. 오대양의 물은 극성이 있기 때문에 여러 가지 양이온과 음이온들을 잘 녹인다.

메테인에서 수소 하나가 플루오린으로 바뀐 플루오린화 메테인(CH_3F)도 극성 분자이다. 반면에 직선형인 이산화 탄소에서 두 C=O 결합의 극성은 상쇄되어서 이산화 탄소는 **무극성 분자(nonpolar molecule)***이다.

극성*
자석에 N극과 S극이 있듯이 (+)전하를 띠는 극과 (−)전하를 띠는 극이 나뉘어서 나타나는 성질을 극성이라고 한다.

극성 분자*
전자가 한쪽으로 치우쳐 한 분자 내에 부분 양전하와 부분 음전하를 갖는 분자이다.

무극성 분자*
분자 내에 전자가 골고루 분포하는 분자이다.

물 분자는 굽은형이므로 극성이 상쇄되지 않아 극성 분자이고, 이산화 탄소는 직선형이므로 대칭 구조로 극성이 상쇄되어 무극성 분자이다.

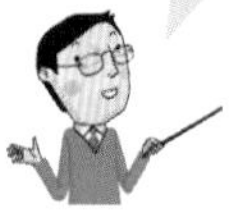

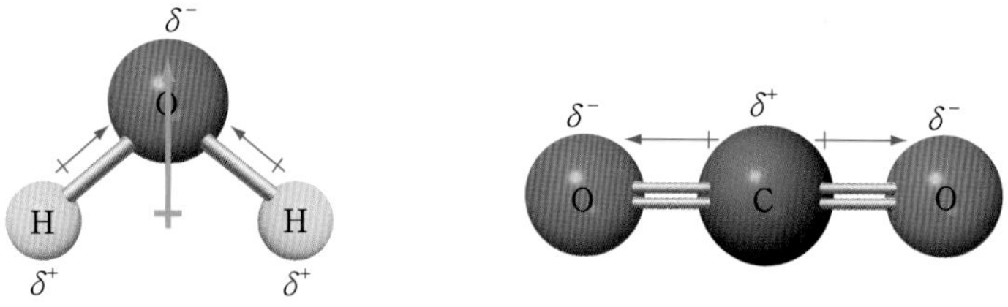

▲ 극성 분자와 무극성 분자 비교

개념 # 플러스 **분자의 극성 유무**

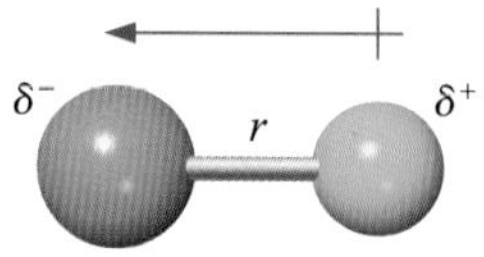

쌍극자 모멘트는 분자에서 원자의 전기음성도 차이에 의해서 생기는, 크기와 방향을 갖는 물리적인 값이다. 쌍극자 모멘트는 부분 전하의 절댓값과 부분 전하 사이 거리의 곱으로 정의된다. 쌍극자 모멘트에서 화살표는 전자가 끌려간 방향이므로 δ^+에서 δ^-로 향하게 표현하며, 쌍극자 모멘트의 크기는 화살표의 길이로 표시한다. 공유 결합을 하는 원자의 전기음성도 차이에 의한 쌍극자 모멘트의 벡터 합이 0이면 무극성 분자이고 0이 아니면 극성 분자이다.

| 수소 결합 |

이제는 지구 표면에서 가장 풍부한 물질인 물의 끓는점에 대해서 생각해 보자. 우리 주위의 상온에서 이산화 탄소는 기체인데, 물은 끓는점이 100 ℃라서 0 ℃에서 100 ℃ 사이에서는 액체이다. 만일 오대양의 모든 물이 기체로 바뀐다면 대기에는 질소, 산소보다 물 분자가 훨씬 많고, 대기압도 1기압보다 훨씬 높을 것이다. 이산화 탄소의 분자량은 44이고 물의 분자량은 18이다. 언뜻 생각하면 분자량이 44인 이산화 탄소가 상온에서 기체이므로 이산화 탄소보다 분자량이 반도 안 되는 물도 기체라고 생각할 수 있을 것이다.

물 분자는 수소 결합 때문에 끓는점이 높아 지구에서 날아가지 않고 액체 상태로 존재할 수 있었다.

원자와 분자의 시스템에서 작용하는 힘의 비교

양성자와 중성자 내에서 쿼크의 결합 > 원자핵 내에서 양성자와 중성자의 결합 > 원자핵과 전자의 결합 > 원자간의 화학 결합 > 분자간의 힘

그러나 물은 물 분자 사이에 강한 상호 작용이 있어 특별하다. 물 분자 둘이 접근하면 한 분자에서 음전하를 띤 산소에 다른 물 분자의 수소가 끌린다. 수소는 부분 양전하를 띠기 때문이다. 이런 식으로 여러 개의 물 분자들이 상호 작용을 하면 눈으로 볼 수 있는 크기의 빗방울이 되기도 하고 오대양을 이루기도 한다. 이때 물 분자 사이에 작용하는 산소와 수소의 상호 작용은 공유 결합이 아니다. 물 분자 내에서 산소와 수소는 이미 옥텟 규칙을 만족시키고 있기 때문이다. 이렇게 수소를 중심으로 O⋯H−O 식의 결합을 이룬 것을 **수소 결합(hydrogen bond)**이라고 한다. 수소 결합은 세기가 공유 결합에 비해 20분의 1 정도로 약하지만 물을 상온에서 액체로 만들기에 충분한 세기이다. 수소 결합이 이루어지려면 수소 원자가 전기음성도가 높은 플루오린(F), 산소(O), 또는 질소(N)와 결합해서 부분 양전하를 띠어야 한다.

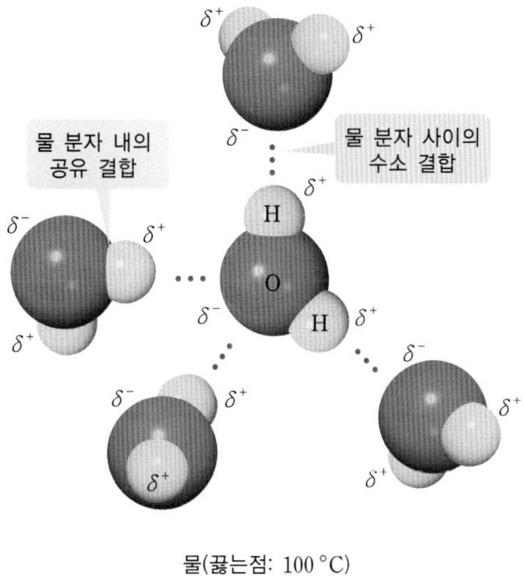

▲ 물의 수소 결합

물 분자의 수소 결합
물 분자는 산소 원자에 있는 두 비공유 전자쌍을 통해 다른 물 분자 2개와 수소 결합을 하고, 산소와 결합한 두 수소 원자도 다른 물 분자의 산소 원자와 수소 결합을 할 수 있어, 하나의 물 분자는 최대 4개의 다른 물 분자와 수소 결합을 할 수 있으므로 분자 사이의 상호 작용이 강하다.

개념# 플러스 수소 결합과 끓는점

수소 결합은 N, O, F처럼 원자의 크기가 작지만 전기음성도가 큰 원소들이 수소와 공유 결합하면서 분자 내에 부분 양전하(δ^+)와 부분 음전하(δ^-)가 생겨 이들 분자 사이에 생기는 강한 분자 간 인력이다. 15족의 암모니아(NH_3)와 16족의 물(H_2O), 17족의 HF에는 수소 결합이 각각 존재하므로 끓는점이 높다.

0 °C 이하로 온도가 낮아지면 물은 얼어서 얼음이 된다. 얼음에서 물 분자들은 수소 결합에 의해 규칙적으로 배열되는데, 그러면 물 분자들 사이에 빈 공간이 생겨서 얼음은 물보다 밀도가 낮아진다. 그래서 얼음은 물 위에 뜬다.

한편, 물은 열을 가해도 온도가 빨리 오르지 않는다. 이것은 물의 비열이 높기 때문이다. 온도가 높다는 것은 분자들이 활발하게 운동한다는 뜻인데, 물에서는 수소 결합으로 물 분자들이 어느 정도 붙잡혀 있기 때문에 가해진 열이 쉽게 분자의 운동으로 바뀌지 않는 것이다. 물의 높은 비열(specific heat) 때문에 지구 표면의 많은 물은 지구의 기후를 온화하게 유지시키는 중요한 역할을 한다.

지구의 극지방에는 많은 빙산들이 떠돌아다닌다. 빙산의 일각이라는 말이 있듯이 빙산에서 우리가 볼 수 있는 것은 일부에 불과하고 대부분은 바닷물 속에 잠겨 있다.

Q 확인하기

다음 중 물의 수소 결합과 직접 관계가 없는 것은?

① 물의 끓는점 ② 물의 분자량 ③ 얼음의 밀도
④ 물의 비열 ⑤ 물의 열용량

답 ② | 수소 결합을 이루는 H_2O, HF, NH_3는 분자량이 각각 18, 20, 17로 비슷하다. 그러나 원자량이 20인 네온이 수소 결합을 하지 않는 기체인 것으로 볼 때 분자량은 수소 결합과 직접적인 관계가 없다고 볼 수 있다. 얼음은 수소 결합 때문에 액체인 물보다 밀도가 낮다. 물의 수소 결합 때문에 물은 비열이 크고, 끓는점이 높다. 수소 결합을 깨는 데 에너지가 들어가기 때문이다.

비열과 열용량
비열은 어떤 물질 1 g의 온도를 1 °C 올리는 데 필요한 열량이고, 열용량은 어떤 물질의 전체 온도를 1 °C 올리는 데 필요한 열량이다. 물의 열용량이 크다는 것은 같은 질량의 다른 액체와 비교했을 때의 의미이므로 곧 비열이 크다는 것과 같다.

1.5 대기의 구성 물질

핵심개념
- ✓ 지구 대기의 원소
- ✓ 금성의 대기

학습목표 대기에 풍부한 원소들을 파악하고, 지구의 대기가 목성, 금성, 화성 등 다른 행성의 대기와 다른 이유를 이해한다.

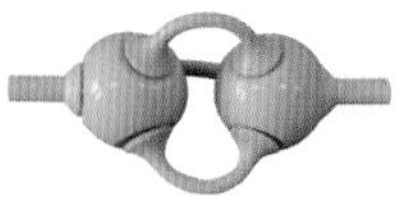

▲ 질소(N ≡ N)의 분자 모형

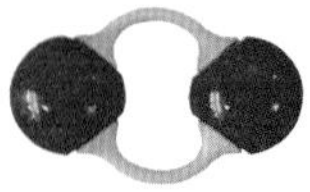

▲ 산소(O = O)의 분자 모형

태양에서 멀리 떨어진 목성, 토성 등 목성형 행성의 대기에는 주로 수소와 헬륨이 개수비로 약 10:1 비율로 들어 있고, 암모니아, 메테인, 물, 황화 수소 등도 약간 들어 있다.

무생물과 생물의 상호 작용을 통해 오늘날의 쾌적한 지구 환경이 만들어진 셈이다.

지구 대기에는 부피 비율로 질소가 약 78 %, 산소가 약 21 %, 아르곤이 0.96 % 들어 있고, 그 밖에 약간의 이산화 탄소와 수증기, 그리고 미량의 메테인 등이 들어 있다. 수증기는 온도가 낮은 상공에서는 비가 되어 떨어지기 때문에 물을 제외하면 나머지는 모두 무극성 분자로 끓는점이 아주 낮다. 특히 우주에서 가장 풍부한 수소와 헬륨은 거의 찾아볼 수 없다. 끓는점이 낮고 가벼운 기체들은 모두 태양계 바깥쪽으로 밀려났기 때문이다. 질소는 3중 결합을 이룬 무극성 분자, 산소는 2중 결합을 이룬 무극성 분자이다.

지구의 대기는 태양계의 다른 모든 행성의 대기와 매우 다르다. 앞에서 언급한 것과 같이 금성과 화성의 대기는 거의 전부가 96.5 %의 이산화 탄소와 3.5 %의 질소로 이루어졌다. 금성과 화성의 대기압은 각각 약 100기압과 0.01기압 정도이다. 화성은 지구나 금성에 비해서 작기 때문에 중력 작용이 약해서 많은 대기를 잡아두지 못한다. 그런데 금성보다 약간 큰 지구의 대기압은 1기압으로 금성 대기압의 100분의 1 정도인 것을 보면 그 차이는 금성 대기의 대부분을 차지하는 이산화 탄소가 지구 대기에서는 사라진 것을 알 수 있다. 그리고 나머지 기체 중에서 가장 많은 질소가 현재 지구 대기의 주성분인 것이다.

지구의 대기가 특별한 이유는 두 가지이다. 금성은 표면 온도가 470 ℃ 정도로 높아서 모든 물이 수증기로 존재하고 비가 내리지 않지만, 지구에서는 비가 내리면서 암석 성분을 녹여 바닷물이 염기성을 띠게 된다. 예컨대 산화 칼슘(CaO)이 물에 녹으면 수산화 칼슘($Ca(OH)_2$)이 되어 염기성을 나타내는 것이다. 이산화 탄소는 산성 물질이기 때문에 염기성을 띠는 바닷물에 잘 녹는다. 이런 과정이 오래 계속되면서 태초의 바다에는 많은 양의 이산화 탄소가 녹아들어갔다. 한편, 태초의 바다에서 태어난 단세포 박테리아가 진화해서 **광합성(photosynthesis)** 능력을 갖추게 되자 바닷물에 녹아 있던 이산화 탄소가 소비되고 결과적으로 더 많은 이산화 탄소가 녹아들어갔다. 이런 과정이 수 억 년 계속된 결과로 대기의 이산화 탄소는 사라지고 광합성의 부산물로 생겨난 산소가 대기에 축적되어 오늘의 지구 대기를 만들었다.

Q 확인하기

공기에 들어 있는 다음 물질 중에서 옥텟 규칙이 적용되지 않는 것은?

① 이산화 탄소 ② 산소 ③ 아르곤 ④ 물 ⑤ 없다

답 ⑤ | 원자로 이루어진 모든 물질에서 옥텟 규칙이 적용된다.

연/ 습/ 문/ 제/

해답 210쪽

01 질량으로 해양에서 가장 풍부한 원소는?

① 수소 ② 산소 ③ 규소 ④ 철 ⑤ 염소

02 지구 전체에서 가장 풍부한 화합물은?

① 물(H_2O) ② 이산화 탄소(CO_2)
③ 이산화 규소(SiO_2) ④ 산화 철(FeO)
⑤ 염화 수소(HCl)

03 다음에서 설명하는 원소의 이름을 쓰시오.

- 지구의 지각에 풍부하다.
- 다양한 물질과 화학 반응을 일으킨다.
- 2원자 분자이며 2중 결합으로 이루어져 있다.

04 그림은 지구의 주요 원소 분포율을 나타낸 것이다.

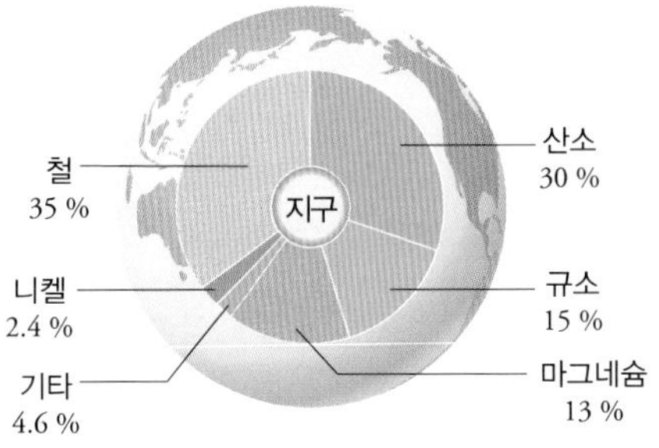

지구를 구성하는 원소에 대한 설명으로 옳은 것만을 |보기|에서 있는 대로 고른 것은?

|보기|
ㄱ. 지각에 가장 풍부한 원소는 철이다.
ㄴ. 지구의 핵은 철과 니켈로 이루어져 있다.
ㄷ. 지구의 대기에는 질소와 산소가 풍부하다.
ㄹ. 지구는 우주와 다른 원소 비율을 가지고 있다.

① ㄱ, ㄴ ② ㄴ, ㄷ ③ ㄷ, ㄹ
④ ㄱ, ㄴ, ㄷ ⑤ ㄴ, ㄷ, ㄹ

05 물에 대한 설명으로 옳은 것만을 |보기|에서 있는 대로 고른 것은?

|보기|
ㄱ. 물은 순환하며 열에너지를 운반한다.
ㄴ. 물 분자는 인접한 물 분자와 수소 결합을 이룬다.
ㄷ. 물 분자 구조에서 산소는 부분적으로 (−) 전하를, 수소는 부분적으로 (+) 전하를 띤다.

① ㄱ ② ㄱ, ㄴ ③ ㄱ, ㄷ
④ ㄴ, ㄷ ⑤ ㄱ, ㄴ, ㄷ

06 다음은 지구 대기를 이루는 기체 분자들이다. 원자 사이의 결합은 극성 공유 결합이지만 분자는 무극성인 것은?

① H_2 ② CO_2 ③ H_2O
④ O_2 ⑤ N_2

07 다음 중 금속 원소가 아닌 것은?

① 리튬 ② 나트륨 ③ 규소
④ 철 ⑤ 칼슘

핵심 개념 확/ 인/ 하/ 기/

❶ 지구에서 가장 풍부한 원소는 ________로, 내핵과 외핵에 들어 있다.
❷ ________는 질량으로 지각에서 가장 풍부한 원소이다.
❸ 지구 대기에서 질량비로 가장 풍부한 원소는 ________이다.
❹ ________는 지각의 주성분으로 산소와 규소 원자들이 공유 결합을 통해서 입체적으로 만든 물질이다.
❺ 지각은 ________ 구조의 규산 이온을 기본으로 하여 만들어진 다양한 구조에 다양한 금속 양이온들이 끼어들어간 ________염으로 이루어져 있다.
❻ 염화 수소에서 염소는 수소보다 ________가 커서 전자가 염소 쪽으로 치우쳐 부분 음전하(δ^-)를 띤다.
❼ 물이 비슷한 분자량을 가진 메테인과 같은 물질보다 끓는점이 높은 것은 물 분자 사이의 ________ 때문이다.

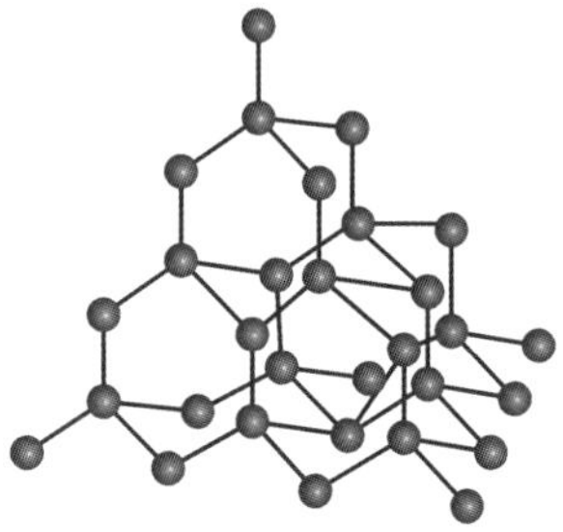

▲ **다이아몬드** 모든 탄소가 4개의 다른 탄소 원자와 3차원적으로 연결된 거대한 입체 구조로 매우 단단하다.

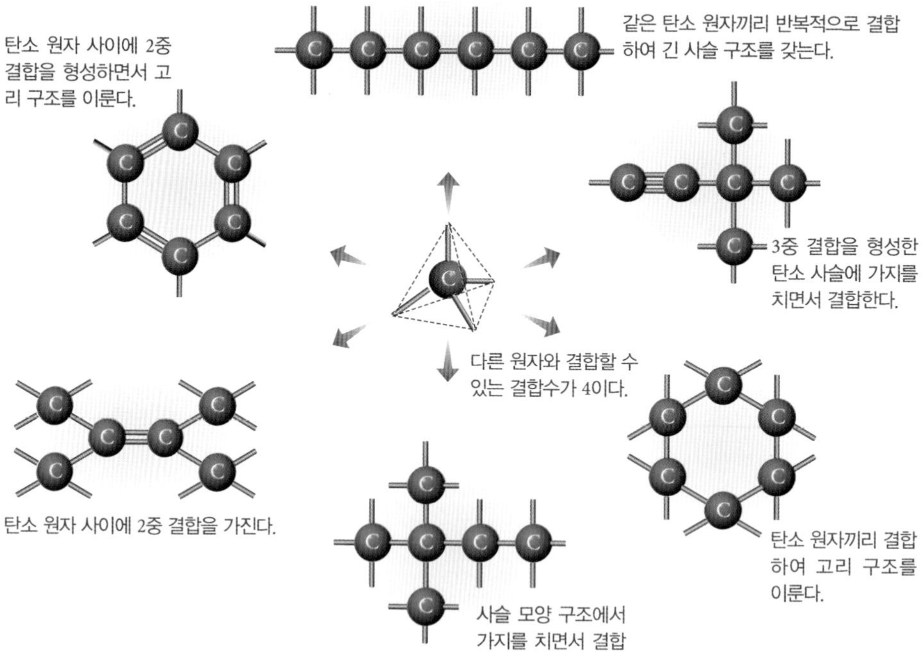

탄소 원자 사이에 2중 결합을 형성하면서 고리 구조를 이룬다.
같은 탄소 원자끼리 반복적으로 결합하여 긴 사슬 구조를 갖는다.
3중 결합을 형성한 탄소 사슬에 가지를 치면서 결합한다.
다른 원자와 결합할 수 있는 결합수가 4이다.
탄소 원자 사이에 2중 결합을 가진다.
탄소 원자끼리 결합하여 고리 구조를 이룬다.
사슬 모양 구조에서 가지를 치면서 결합한다.
C

▲ **다양한 탄소 화합물**

개념 # 플러스 포화 탄화수소

탄소와 수소로만 이루어진 물질을 탄화수소라고 하는데, 탄소 사이의 결합이 모두 단일 결합인 탄화수소를 포화 탄화수소라고 한다. 사슬 모양의 포화 탄화수소를 알케인이라고 하는데, 이름은 어간에 –ㅔ인(–ane)을 붙인다.

```
    H            H  H            H  H  H            H  H  H  H
    |            |  |            |  |  |            |  |  |  |
  H-C-H        H-C--C-H        H-C--C--C-H        H-C--C--C--C-H
    |            |  |            |  |  |            |  |  |  |
    H            H  H            H  H  H            H  H  H  H
```

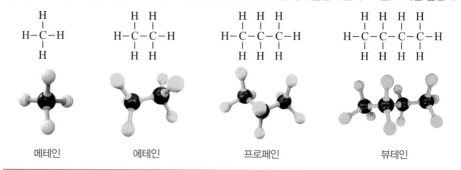

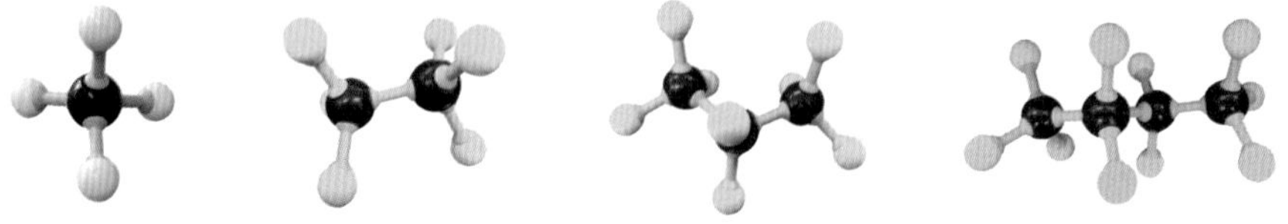

메테인 에테인 프로페인 뷰테인

Q 확인하기

다음에서 탄소의 결합수가 4인 것을 있는 대로 고르시오.

(가)
```
   H  H
   |  |
 H-C--C-H
   |  |
   H  H
```

(나)
```
H       H
 \     /
  C = C
 /     \
H       H
```

(다) H−C≡C−H

(라) 탄소로만 이루어진 다이아몬드

답 (가), (나), (다), (라) | 탄소의 결합수는 모두 4이다.

2.2 포도당과 탄수화물

학습목표 포도당에서 모든 탄소, 수소, 산소 원자들이 옥텟 규칙을 만족시키는 것과 포도당이 여러 개 결합해서 녹말이 되는 것을 이해한다.

핵심개념
- ✓ 탄수화물
- ✓ 단량체
- ✓ 포도당

| 음식의 녹말 |

우리는 입으로 음식을 먹고, 코를 통해서 들어온 공기 중의 산소를 사용하여 호흡 과정으로부터 에너지를 얻는다. 음식에서 에너지를 내는 주성분은 식물이 이산화 탄소와 물로부터 태양 에너지를 사용해서 광합성으로 만들어낸 녹말(starch)이다. 약 만 년 전에 인류가 농경을 시작한 이래 인간은 쌀, 밀, 옥수수 등 곡식이나 감자, 고구마 등으로부터 녹말을 얻고, 녹말을 아밀레이스(amylase) 등의 효소(enzyme)로 분해해서 포도당(glucose)으로 바꾼 후, 포도당을 산화시켜 다시 이산화 탄소로 만들면서 에너지를 얻어 왔다.

에너지를 내는 다른 경우로 일반적인 연소를 생각할 수 있다. 도시가스로 공급되는 천연가스의 주성분인 메테인(CH_4)이 탈 때나, 석탄을 태워서 화력발전을 할 때 공기가 필요한 것을 보면, 연료의 어떤 원소가 산소와 반응할 때 에너지가 나오는 것을 알 수 있다. 생체 내에서 산소와 반응해서 열을 내는 이상적인 원소는 무엇일까? 여기서 지구상 생명체의 에너지원이 되려면 자연에서, 특히 지구 표면에서 찾기 쉬운 원소여야 할 것이다.

▲ 도시가스로 사용되는 메테인의 연소

수소는 우주적으로 풍부하고 산소와 반응해서 물이 되면서 많은 열을 내지만, 지구 표면의 수소는 거의 모두 산소와 결합한 물로 존재한다. 이미 산화된 물의 수소는 그대로는 에너지원이 될 수 없다. 다행히 태워서 에너지를 낼 수 있는 수소가 지하에 메테인의 형태로 상당히 매장되어 있다.

메테인에는 1개의 탄소 원자에 4개의 수소 원자가 결합해 있어서 태우면 많은 열이 나온다. 그러나 메테인은 공기보다 가벼운 기체라서 음식으로 섭취할 수 없다. 뿐만 아니라 메테인은 연소할 때 많은 열이 짧은 시간 동안 나오기 때문에 물을 끓이거나 요리하는 데는 유용하지만 음식으로 사용할 수 없다. 자동차의 연료로 사용되는 휘발유도 마찬가지이다. 우리는 서서히 산화되면서 에너지를 내는 물질이 필요한 것이다.

지구 전체적으로는 양이 적지만 생태계에 풍부한 원소 중에는 잘 타는 탄소가 있다. 그런데 석탄에서 볼 수 있듯이 탄소도 수소처럼 연소하면 많은 열을 빨리 내보낸다. 뿐만 아니라 원소 상태의 탄소는 물에 녹지 않는 고체라서 우리 몸에서 에너지를 내는 물질로는 부적절하다. 물에 녹아야 입안이나 장기에서 효소에 의해 소화가 되고, 또 소화 생성물도 세포에 흡수되고 세포 내에서 산소와 반응해서 에너지를 낼 수 있을 것이다.

탄수화물*

C, H, O로 구성되어 있다. 몸의 구성 성분이 되며, 주에너지원으로 사용된다. 단당류(포도당, 리보스, 데옥시리보스), 이당류(엿당), 다당류(녹말, 글리코젠, 셀룰로스)로 나뉜다.

물에 녹는 탄소로 자연이 개발한 물질은 바로 탄소가 물에 둘러싸였다는 뜻의 **탄수화물***이다. 탄수화물은 우주에서 가장 풍부한 원소들 중에서 반응을 하지 않는 헬륨을 제외한 나머지 원소들 중에서 가장 많은 수소, 산소, 탄소만으로 이루어진 특별한 화합물이다. 자연에는 여러 종의 탄수화물이 있는데 일반식으로는 $[C(H_2O)]_n$이라고 쓴다. 음식에 들어 있는 대표적인 탄수화물에는 분자량이 큰 녹말과 셀룰로스(cellulose)가 있다. 녹말은 주로 식물의 뿌리와 씨앗에 많이 존재하고 셀룰로스는 나무와 같이 식물의 구조를 만드는 세포벽의 주성분이다.

| 단량체 포도당 |

고분자*

분자량이 대략 10000 이상, 원자가 약 1000개 이상 결합된 분자이다.

녹말이 우리 몸에서 소화되고 분해되면 비교적 간단한 포도당으로 바뀐다. 포도당은 녹말의 기본 단위로서, **고분자(polymer)***인 녹말의 **단량체(monomer)**라고 한다. 포도당은 위의 일반식에서 *n*이 6인 대표적인 탄수화물이다. 포도당의 화학식은 $C_6H_{12}O_6$라고 쓸 수 있다. 포도당은 식물이 광합성을 통해서 만드는 일차적인 탄수화물로, 건포도에서 발견되었다고 해서 포도당이라고 불린다.

포도당 분자의 모든 원자에서 옥텟 규칙이 만족되는 것을 확인해 보자. 그림에서 6각형의 고리 구조를 볼 수 있다. 6각형의 6개 꼭짓점 중에서 5개에는 탄소가 위치하고 나머지 하나에는 산소 원자가 위치하고 있다. 원자가가 2인 산소는 양쪽의 탄소와 결합을 이루고 있다. 나머지 산소들은 한쪽으로는 수소와, 다른 쪽으로는 탄소와 결합하고 있다. 그래서 포도당의 모든 산소는 원자가 2를, 모든 수소는 원자가 1을 만족시킨다.

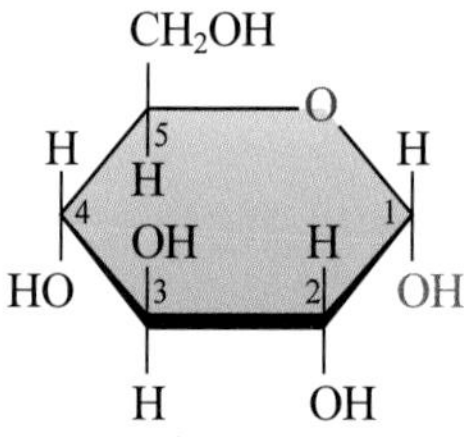

▲ α-포도당

포도당의 모든 탄소는 원자가가 4이기 때문에 4개의 결합을 이루고 있다. 포도당의 대부분 탄소는 2개의 결합은 이웃 탄소와 하고, 나머지 2개 결합 중 한쪽으로는 −H, 다른 쪽으로는 −OH와 결합해서 마치 물에 녹아 있는 듯하다. 이 −OH 기는 물에서처럼 극성이 높아 포도당은 물에 잘 녹는다. 그러니까 탄수화물은 탄소를 물에 녹여서 세포 활동에 사용할 수 있는 형태로 바꾸어 놓은 자연의 발명품인 셈이다.

Q 확인하기

아레시보 메시지에 나오는 원소 중에서 포도당에 들어 있지 않은 원소를 다음에서 있는 대로 고르시오.

수소	탄소	질소	산소	인

답 **질소, 인** | 포도당에는 탄소, 수소, 산소가 들어 있다. 그러나 질소와 인은 없다.

식물은 광합성을 통해 만든 포도당을 녹말로 바꾸어 저장한다. 녹말은 포도당 분자가 수천, 수만 개 결합한 고분자 물질이다. 포도당에는 여러 개의 −OH 기가 있는데 한 포도당 분자의 −OH 기와 다른 포도당 분자의 −OH 기가 만나서 물이 빠져나가면 −O− 식의 결합이 만들어진다. 그 다음에 세 번째 포도당 분자의 −OH 기와 다시 −O− 결합을 만들면 3개의 포도당이 연결되고, 이런 식으로 아주 많은 수의 포도당 분자들이 연결되면 분자량이 아주 크고 물에 잘 녹지 않는 녹말이 된다.

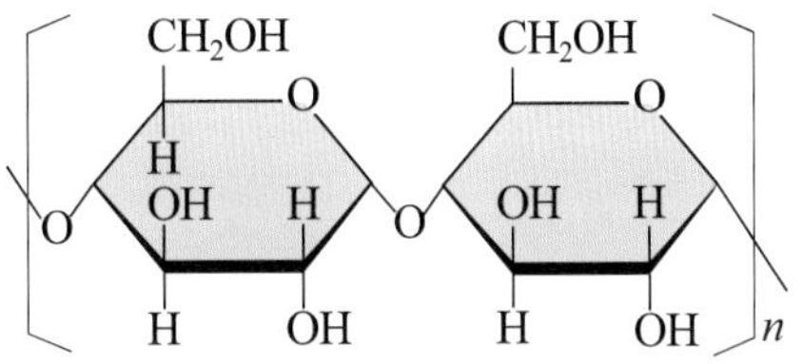

▲ 녹말

2.3 단백질

학습목표 아미노산의 기본 구조를 파악하고, 20가지 아미노산들이 펩타이드 결합을 통해 단백질을 만드는 것을 이해한다.

핵심개념
- ✓ 아미노산
- ✓ 단백질
- ✓ 아미노기
- ✓ 카복실기
- ✓ 펩타이드 결합

식물이 하는 광합성은 정말 기적과 같은 일이다. 잎에서 받아들인 공기 중의 간단한 기체 분자인 이산화 탄소와 뿌리에서 빨아들인 액체 분자 물로부터 포도당이라는 상당히 복잡한 분자를 합성하는 것이다. 물론 이런 과정은 쉽게 일어나지 못하고 광합성 시스템에 의해 일어나며, 광합성 시스템에서 핵심 역할을 하는 것은 몇 가지의 복잡한 단백질 분자들이다. 빛에너지를 사용해서 물을 분해하는 것도 단백질이고, 이산화 탄소를 포도당으로 바꾸는 과정에도 여러 가지 단백질이 필요하다. 근육 세포와 뼈들을 연결해 주는 콜라젠(collagen)은 동물의 몸에서 가장 풍부한 단백질이다.

| 단량체 아미노산 |

녹말이 여러 개의 포도당이 결합한 고분자인 것처럼 단백질은 여러 개의 **아미노산(amino acid)**이 결합한 고분자이다. 단백질은 탄소(C), 수소(H), 산소(O), 질소(N)로 구성되어 있으며, 세포를 구성하는 주성분으로 몸의 구성 성분이며, **물질대사(metabolism)**를 조절하는 효소의 주성분이다.

그런데 녹말의 단량체는 모두 같은 포도당이지만, 단백질의 단량체인 아미노산에는 20가지가 있다. 녹말과 달리 단백질은 어떤 정보를 가질 필요가 있기 때문이다. 우리가 말이나 글로 어떤 정보를 전달하려면 훈민정음의 20여 가지 자모가 필요하듯이 단백질의 정보는 20가지 아미노산으로 기록된다.

20가지 아미노산 중에서 가장 간단한 글라이신(glycine)의 화학 구조로부터 아미노산의 일반적 특징을 알아보자. 글라이신에는 포도당에서와 같이 수소, 산소, 탄소가 들어 있다. 그리고 포도당에 없는 질소가 들어 있다.

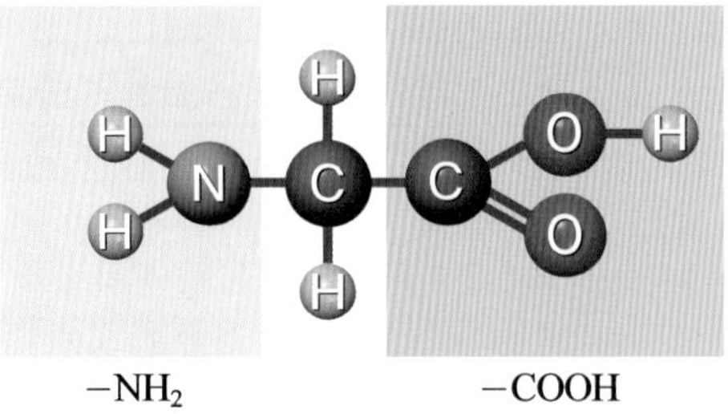

▲ **구조가 가장 간단한 아미노산인 글라이신** 가장 간단한 아미노산 가운데 하나로, 동물성 단백질에 많이 함유되어 있다.

> 질소는 아레시보 메시지에 나오는 세 번째 원소이다. 또한 비료의 3대 요소를 질소, 인, 칼륨이라고 하듯이 질소는 비료에서 가장 중요한 성분 원소이다.

글라이신에는 탄소 원자가 2개 들어 있는데 그 중 질소와 결합한 탄소를 **중심 탄소(central carbon)**라고 한다. 모든 아미노산에서 공통적으로 중심 탄소는 질소, 탄소, 수소와 단일 결합을 이룬다. 중심 탄소와 결합한 질소는 원자가가 3이기 때문에 2개의 수소 원자와 결합을 이룬다. 이런 −NH_2 단위를 **아미노기(amino group)**라고 부른다. 한편 중심 탄소와 결합한 탄소는 하나의 산소와는 2중 결합을 이루고, 또 하나의 산소와는 단일 결합을 이루어서 원자가 4를 만족시킨다. 탄소와 단일 결합을 이룬 산소는 수소와 결합해서 전체적으로 −COOH가 되는데, 이를 **카복실기(carboxyl group)**라고 한다. 아미노기는 암모니아처럼 염기성을 나타내는 작용을 하고, 카복실기는 산성을 나타내는 작용을 한다.

> 아미노기나 카복실기처럼 어떤 분자 내에서 특정한 작용을 하는 원자들의 집단을 작용기라고 한다.

개념 # 플러스 아미노산의 구조와 종류

- 아미노산은 중심 탄소에 아미노기(−NH_2), 카복실기(−COOH), 곁사슬을 지니고 있는 물질로, 곁사슬의 종류에 따라 아미노산의 종류가 결정된다.
- 카복실기는 H^+를 내놓고, 아미노기는 H^+를 받아들이는 성질이 있으므로 수용액에서 카복실기가 내놓은 H^+를 아미노기가 받아들여 아미노기는 (+)전하를, 카복실기는 (−)전하를 띤다.

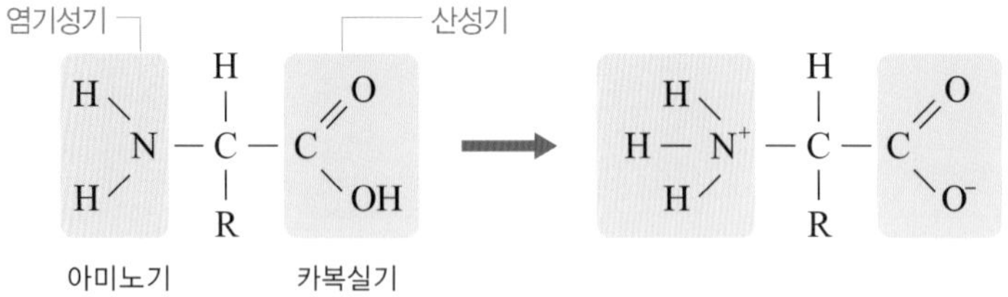

▲ 아미노산의 구조

모든 아미노산은 기본적으로 중심 탄소에 아미노기, 카복실기, 그리고 1개의 수소가 결합하고 있다. 글라이신에서 중심 탄소는 추가적으로 1개의 수소와 결합하고 있다. 이 수소 대신 어떤 원자들의 그룹이 결합하는가에 따라 나머지 19가지 아미노산이 만들어진다.

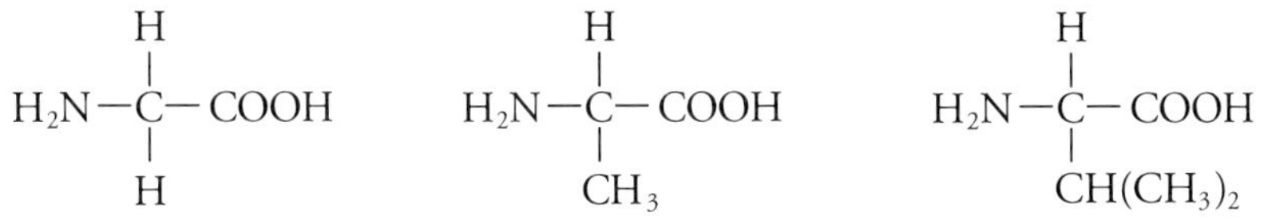

$$H_2N-\overset{\overset{\displaystyle H}{|}}{\underset{\underset{\displaystyle H}{|}}{C}}-COOH$$

글라이신

$$H_2N-\overset{\overset{\displaystyle H}{|}}{\underset{\underset{\displaystyle CH_3}{|}}{C}}-COOH$$

알라닌

$$H_2N-\overset{\overset{\displaystyle H}{|}}{\underset{\underset{\displaystyle CH(CH_3)_2}{|}}{C}}-COOH$$

발린

▲ 몇 가지 아미노산

| 펩타이드 결합 |

포도당이 녹말이 될 때는 포도당의 $-OH$ 사이에서 물이 빠져나가면서 $-O-$ 식의 결합이 만들어져 고분자가 된다는 것을 보았다. 아미노산들이 연결되어 단백질이 만들어질 때는 결합 방식이 다르다. 하나의 아미노산의 카복실기와 다른 아미노산의 아미노기가 만나면 카복실기의 $-OH$와 아미노기의 $-H$가 물(H_2O)이 되어 빠지면서 탄소와 질소 사에 결합이 이루어져서 두 아미노산이 연결된다. 이런 결합을 **펩타이드 결합(peptide bond)**이라고 부른다.

펩타이드 결합을 이루는 수소, 산소, 탄소, 질소는 모두 옥텟 규칙을 따른다. 펩타이드 결합을 통해 20종류의 아미노산들이 수백 개가 다양한 순서에 따라 연결되면 여러 종류의 단백질들이 만들어진다.

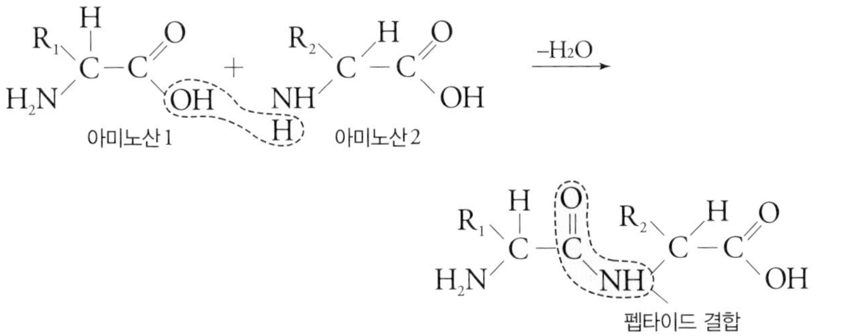

▲ 펩타이드 결합의 형성

오른쪽 그림은 라이소자임(lysozyme)의 3차원 구조를 보여 준다. 라이소자임은 눈물, 침, 위액 등에 들어 있는 분해 효소로 외부에서 들어오는 이물질을 분해해서 눈동자를 투명하게 유지하고, 병원균을 제거하는 등 중요한 역할을 한다. 114개의 아미노산으로 이루어진 라이소자임은 분자량이 14000 정도로 비교적 작은 단백질에 속한다.

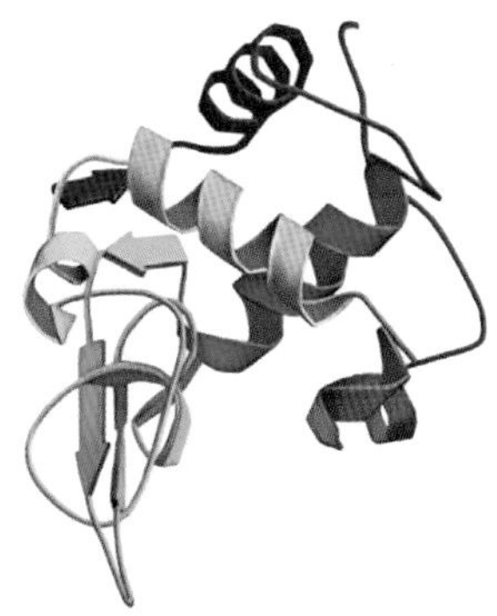

▲ 라이소자임의 3차원 구조

Q 확인하기

펩타이드 결합에 들어 있지 <u>않은</u> 원소는?

① 산소　　② 탄소　　③ 질소　　④ 황　　⑤ 수소

답 ④ | 펩타이드 결합에는 산소, 탄소, 질소, 그리고 수소가 들어 있다.

2.4 뉴클레오타이드와 DNA

핵심개념
- ✓ 핵산
- ✓ DNA
- ✓ 뉴클레오타이드
- ✓ 이중 나선

학습목표 4종류의 뉴클레오타이드가 당-인산 골격을 통해 연결되어 DNA 이중 나선 구조를 만드는 것을 이해한다.

생명에서 중요한 역할을 하는 물질 중에는 탄수화물과 단백질 이외에도 **핵산(nucleic acid)**이 있다. 핵산은 모든 생물의 세포 내에 들어 있는 분자량이 높은 고분자 유기물의 한 종류로, **데옥시리보핵산(deoxyribonucleic acid, DNA)***과 **리보핵산(ribonucleic acid, RNA)***이 있다. DNA는 유전 정보(genetic information)를 기록하고, RNA는 DNA의 유전 정보에 따라 단백질을 합성하는 데 관여한다.

핵산의 발견
1869년에 스위스의 생리학자 미셰르(Miescher, J. F., 1844~1895)가 환자의 고름에서 추출한 백혈구 세포의 핵에서 처음 발견하였다.

| 단량체 뉴클레오타이드 |

핵산의 단량체는 **뉴클레오타이드(nucleotide)**이다. DNA에 사용되는 뉴클레오타이드는 중심의 데옥시리보스(deoxyribose)라는 당(탄수화물)에 한쪽으로는 4가지의 염기(base) 중 하나가, 다른 쪽에는 인산이 연결된 구조이다.

데옥시리보스는 5개의 탄소 원자를 포함한 5탄당이고, 4가지 염기는 **아데닌(adenine, A)**, **구아닌(guanine, G)**, **타이민(thymine, T)**, **사이토신(cytosine, C)**의 질소 화합물이다. 뉴클레오타이드의 당이 다른 뉴클레오타이드의 인산과 공유 결합하여 긴 사슬 모양의 고분자인 폴리뉴클레오타이드를 형성한다.

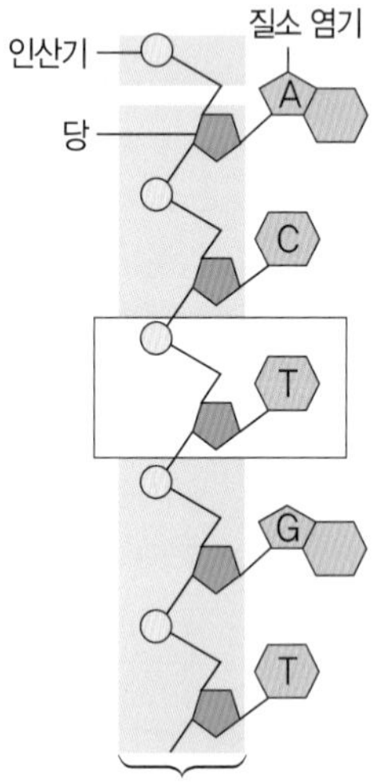

▲ 폴리뉴클레오타이드

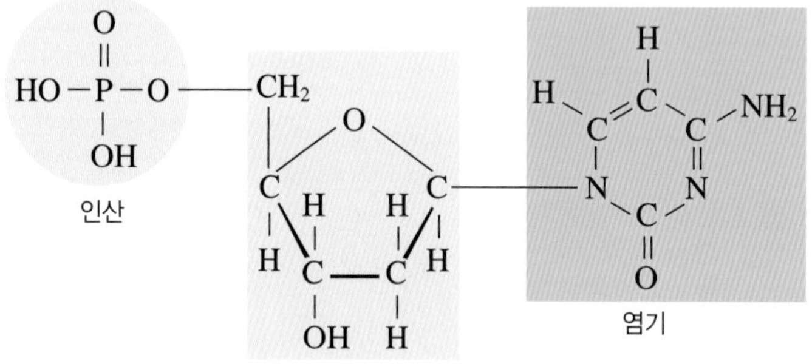

▲ **뉴클레오타이드의 구조** 뉴클레오타이드는 인산, 당, 염기가 1:1:1로 구성되어 있다.

개념# 플러스 RNA

RNA는 당으로 리보스를 가지며, 염기는 아데닌(A), 유라실(U), 구아닌(G), 사이토신(C)의 4종류를 갖는다. 폴리뉴클레오타이드가 한 가닥으로 구성된 구조이며 유전 정보를 전달하는 역할을 한다. RNA에는 mRNA, tRNA, rRNA 등이 있다.

| DNA의 이중 나선 구조 |

DNA는 두 가닥의 폴리뉴클레오타이드가 하나의 축을 중심으로 꼬여 있는 **이중 나선(double helix) 구조**이다. 나선의 바깥쪽에는 당과 인산의 공유 결합을 통해 골격이 형성되어 있고, 안쪽에는 한 염기와 다른 염기가 수소 결합에 의해 쌍을 만들고 있다. 즉, DNA에서 데옥시리보스와 인산은 데옥시리보스 – 인산 – 데옥시리보스 – 인산 – 데옥시리보스 – 인산 – 식으로 당과 인산이 교대로 결합하면서 나선 모양의 **당 – 인산 골격(sugar–phosphate backbone)**을 만든다. 이 당 – 인산 골격을 수직 방향으로 세워놓았다고 하면 염기쌍(base pair) 부분은 수평 방향에 위치하게 된다.

즉, DNA는 이런 나선 2개가 서로 꼬이면서 당 – 인산 골격이 바깥쪽을 향하고 염기 부분이 안쪽을 향하는 이중 나선 구조를 가진다. 그러면 두 염기가 서로 마주보게 되는데 두 사슬 안쪽에 있는 염기쌍에서는 항상 A은 T과, G은 C과 수소 결합을 하고 있다. 항상 정해진 염기하고만 짝을 이루어 결합하는 것을 **상보적(complementary) 결합**이라고 한다. 이처럼 염기가 짝을 이루면 A–T, G–C 염기쌍의 모양과 크기가 같아져서 두 나선이 일정한 간격을 유지하면서 뒤틀리지 않는 구조를 이룰 수 있다.

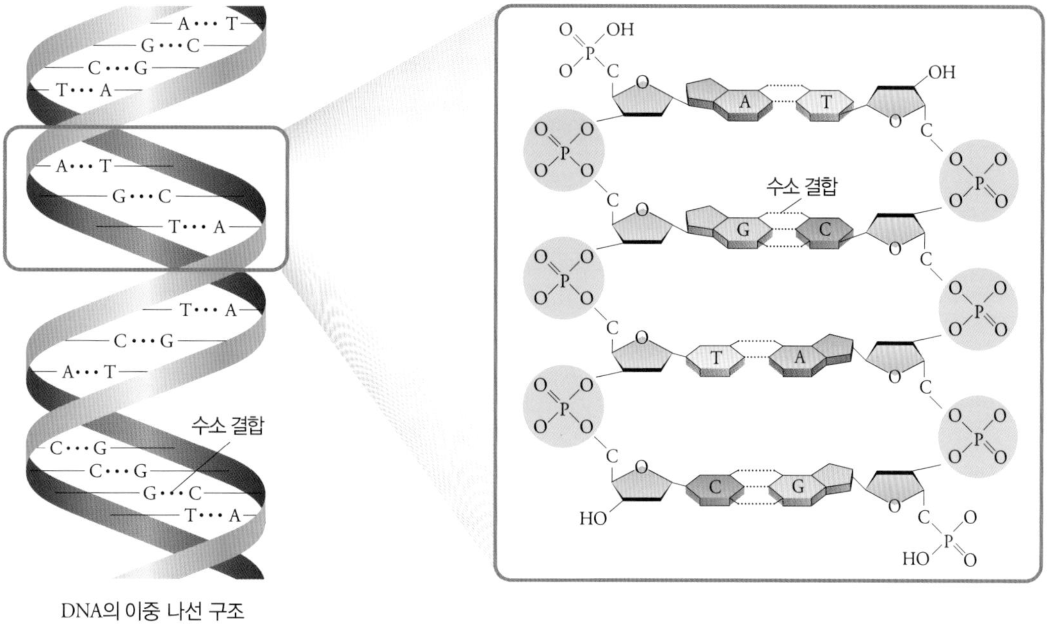

DNA의 이중 나선 구조

▲ DNA의 구조

앞에서 물 분자 사이에 수소 결합이 존재하는 것을 보았다. 염기쌍에서 수소 결합은 두 나선을 붙잡아 주는 역할을 한다. 염기쌍에서 수소 결합에 관여하는 모든 수소는 질소와 결합하고 있다. 그런데 질소는 수소보다 전기음성도가 높기 때문에 부분 음전하를 띠고, 수소는 부분 양전하를 띤다. 이 수소의 부분 양전하가 상대방 염기에 들어 있는 산소 또는 질소의 부분 음전하와 끌리면서 수소 결합이 이루어지는 것이다.

탐구 시그마

자료

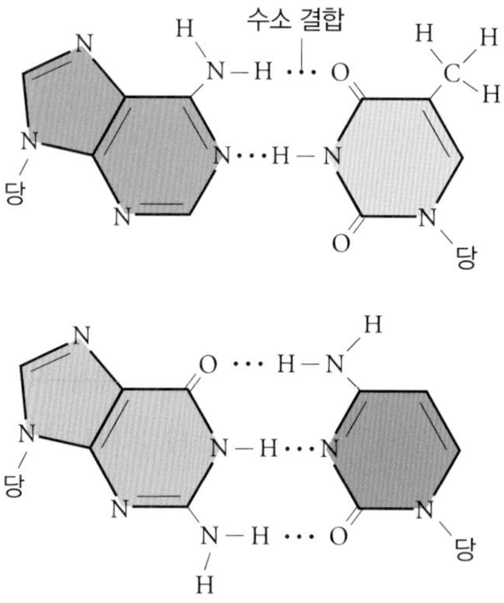

분석

- 아데닌(A)과 타이민(T) 사이에는 2개의 수소 결합이, 구아닌(G)과 사이토신(C) 사이에는 3개의 수소 결합이 형성된다.
- 폴리뉴클레오타이드를 형성하는 당과 인산의 공유 결합은 강하여 쉽게 끊어지지 않지만, 이중 나선을 형성하는 염기와 염기 사이의 수소 결합은 약하다.
- 염기와 염기 사이의 수소 결합이 끊어졌다가 다시 형성될 때는 항상 상보적으로 결합하므로 DNA 복제나 유전 정보의 전달이 정확하게 이루어질 수 있다.

오대양의 물에서도, 유전의 핵심 물질인 DNA에서도 수소 결합은 중요한 역할을 한다. 그리고 물과 DNA에서 원소들 사이의 전기음성도 차이가 수소 결합을 가능하게 하는 것을 통해 무생물과 생물에 공통적으로 적용되는 자연의 규칙성을 다시 한 번 확인할 수 있다.

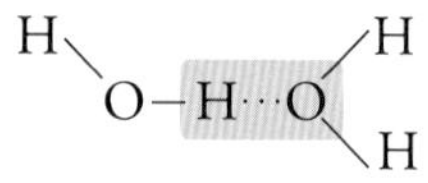

▲ 물의 수소 결합

개념 플러스 질소의 수소 결합

질소와 결합하고 있는 수소는 전기음성도가 질소보다 작아 부분적으로 (+)전하를 띠기 때문에 상대 염기가 부분적으로 (−)전하를 띤 질소나 산소가 위치하고 있으면 전기적으로 끌려서 수소 결합을 이루게 된다. 이러한 N–H···O 또는 N–H···N 수소 결합은 물에서 볼 수 있는 O–H···O 수소 결합과 닮은꼴이다.

Q 확인하기

다음 중 탄수화물이나 단백질에는 들어 있지 않고 DNA에만 들어 있는 원소는?

① 탄소 ② 질소 ③ 인 ④ 황 ⑤ 산소

답 ③ | 탄수화물에는 질소, 인, 황이 들어 있지 않고, 단백질에는 인이 들어 있지 않다. 인은 DNA에만 들어 있다.

연/ 습/ 문/ 제/

해답 210쪽

01 다음 중에서 고분자 화합물의 단량체인 것을 모두 고르시오.

① 인산 ② 포도당
③ 아미노산 ④ 데옥시리보스
⑤ 뉴클레오타이드

02 포도당에서 세포 내에서 호흡 작용을 통해 산소와 결합하며 에너지를 내는 원소는?

① 수소 ② 산소 ③ 탄소 ④ 질소 ⑤ 모두

03 다음 중에서 탄수화물이 아닌 것은?

① 포도당 ② 설탕 ③ 글라이신
④ 녹말 ⑤ 셀룰로스

04 다음 중 단백질이 아닌 것은?

① 콜라젠 ② 아밀레이스 ③ 펩신
④ 셀룰로스 ⑤ 라이소자임

05 다음 중 유전 물질인 것은?

① 녹말 ② 단백질 ③ DNA
④ RNA ⑤ 지방질

06 단백질에 대한 설명으로 옳은 것만을 |보기|에서 있는 대로 고른 것은?

|보기|
ㄱ. 효소의 주성분이다.
ㄴ. 단백질 합성에 필요한 아미노산은 4가지이다.
ㄷ. 단백질은 아미노산의 펩타이드 결합에 의해 형성된다.

① ㄱ ② ㄷ ③ ㄱ, ㄴ
④ ㄱ, ㄷ ⑤ ㄱ, ㄴ, ㄷ

07 다음 중 가장 간단한 아미노산은?

① 알라닌 ② 글루탐산 ③ 라이신
④ 글라이신 ⑤ 포도당

08 다음 중 생명의 기본 요건이 되는 탄소 화합물이 아닌 것은?

① 핵산 ② 지질 ③ 메테인
④ 탄수화물 ⑤ 아미노신

09 그림은 DNA의 이중 나선의 한쪽 골격인 폴리뉴클레오타이드를 나타낸 것이다. 이에 대한 설명으로 옳은 것만을 |보기|에서 있는 대로 고른 것은?

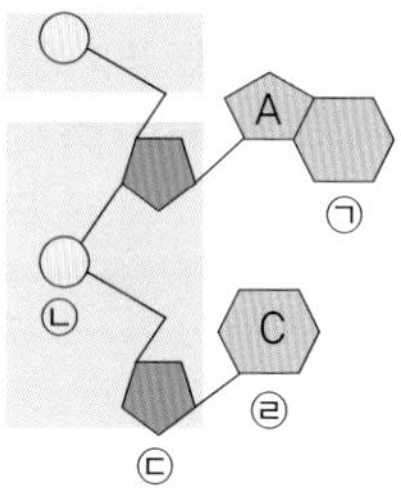

|보기|
ㄱ. ㉠과 상보적인 결합을 하는 염기는 타이민(T)이다.
ㄴ. ㉡은 5탄당, ㉢은 인산, ㉣은 염기이다.
ㄷ. 폴리뉴클레오타이드가 형성되기 위해서는 수소 결합이 필요하다.

① ㄱ ② ㄴ ③ ㄷ
④ ㄱ, ㄴ ⑤ ㄱ, ㄴ, ㄷ

핵심 개념 확/ 인/ 하/ 기/

❶ 인체에서 질량으로 가장 풍부한 원소는 ________이고, 개수로 가장 풍부한 원소는 ________이다.
❷ 아미노산의 카복실기와 이웃한 아미노산의 ________ 사이에서 물 분자가 떨어져 나오는 ________ 결합으로 아미노산이 연속적으로 연결되면 단백질이 된다.
❸ DNA의 단량체는 __________이다.
❹ 포도당, 아미노산, 뉴클레오타이드에 공통적으로 들어 있는 원소는 ________, ________, ________이다.
❺ DNA에서 2개의 나선을 서로 붙잡아 주는 힘은 _______이다.
❻ DNA 나선의 바깥쪽은 당과 인산의 _______ 결합이 형성되어 있으며, 안쪽에는 염기와 _______가 _______ 결합에 의해 연결되어 있다.

소(Si, 원자 번호 14)와 규소 바로 아래에 위치한 저마늄(Ge, 원자 번호 32)이다.

규소 결정에 약간의 인(P)을 추가하면 어떻게 될까? 인은 원자 번호가 15로 최외각 전자가 5개이다. 추가된 인 원자가 규소 원자가 있던 자리로 들어가면 4개의 최외각 전자는 주위의 4개의 규소 원자와 공유 결합을 이루고 1개의 전자가 남게 된다. 이렇게 남은 전자들은 금속에서 자유 전자들이 전기를 통하듯이 규소 결정 사이를 돌아다니며 전기를 통해서 전기 전도도(electric conductivity)가 상당히 증가한다. 이 경우에는 규소를 인으로 **도핑(doping)***했다고 한다. 이렇게 만들어진 반도체는 음전하를 가진 전자들이 전류를 통하기 때문에 **n형 반도체**라고 한다.

도핑*
고유 반도체에 불순물을 첨가하여 반도체 원자 중 일부가 불순물 원자로 바뀌는 것을 도핑이라고 하며, 전하 운반자의 부호와 전기 전도도를 조정할 수 있다.

규소 결정에 약간의 붕소(B)를 도핑하면 다른 일이 일어난다. 붕소는 원자 번호가 5로, 최외각 전자가 3개이다. 그래서 붕소 원자가 규소 원자가 있던 자리로 들어가면 3개의 최외각 전자는 3개의 규소 원자와 공유 결합을 이루지만 1개의 전자가 모자라서 빈 구멍이 생기게 된다. 이 빈 구멍은 전자와 반대로 양전하를 가졌다고 볼 수 있기 때문에 **양공(hole)***이라고 하고, 이것을 **p형 반도체**라고 한다. 외부에서 p형 반도체에 약간의 전압을 걸면 이번에는 전자 대신 양공들이 규소 결정 사이를 돌아다니며 전기를 통하는 효과를 나타내고 전기 전도도가 증가한다.

양공*
실제 입자가 존재하는 것은 아니지만 편의상 (+)전하를 띠는 입자가 있는 것처럼 말하기도 한다. 전기장을 걸어 주면 양공이 (–)극 쪽으로 이동하면서 (+)전하를 수송해 주는 것처럼 보인다.

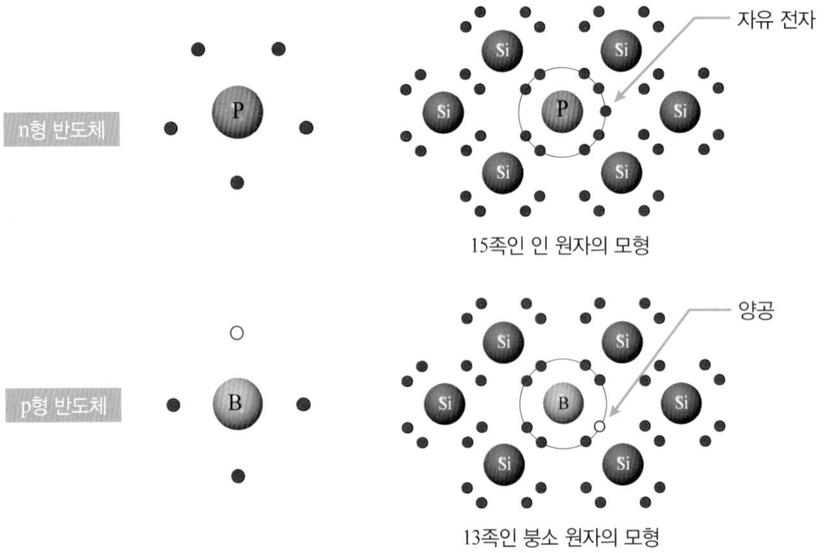

▲ n형 반도체와 p형 반도체의 구조

Q 확인하기

다음 중 규소에 도핑해서 p형 반도체를 만드는 원소가 아닌 것은?

(가) 붕소(B)	(나) 알루미늄(Al)	(다) 비소(As)	(라) 갈륨(Ga)

답 **(다)** | 붕소, 알루미늄, 비소는 모두 최외각 전자가 3개이다. 비소는 최외각 전자가 5개로 n형 반도체를 만든다.

| 다이오드와 트랜지스터 |

반도체를 사용하는 가장 간단한 장치에는 다이오드(**diode**)가 있다. 다이오드는 n형 반도체와 p형 반도체를 결합한 소재인데, n형 반도체 쪽에는 전자가 남고 p형 반도체 쪽에는 전자가 부족하기 때문에 n형 반도체 쪽에서 전자가 p형 반도체의 양공으로 흘러가서 빈자리를 채운다. 그러면 경계면에는 자유 전자도 양공도 없는 중성의 영역이 생긴다. 반도체와 반도체 사이에 부도체의 얇은 면이 생긴 것이다. 이 막을 **n-p 접합면(junction)**이라고 부르는데, 이 면은 전자와 양공이 통과할 수 없는 장벽으로 작용한다. p형 반도체와 n형 반도체를 접합시킨 것을 **p-n 접합 다이오드**라고 한다.

다이오드 기호
다이오드 회로에서 전류는 p형 반도체에서 n형 반도체 쪽으로만 흐른다. 이것은 다이오드의 특성으로 →|-와 같은 기호로 표시하며 전류가 화살표 방향으로 흐른다는 것을 의미한다.

이런 다이오드와 전지를 사용해서 회로를 만들고, 전지의 (−)극을 n형 반도체 쪽에, (+)극을 p형 반도체에 연결한다면 n형 반도체 쪽의 전자는 전지의 음전위에 밀려 n-p 접합면의 장벽을 통과하고 p형 반도체 쪽의 (+)극으로 끌려가 회로를 통해 전류가 흐른다. 이처럼 전류가 흐르게 하는 전압을 **순방향 전압(forward voltage)**이라고 한다.

반대로 (−)극이 p형 반도체 쪽에, (+)극이 n형 반도체에 연결된다면 n형 반도체 쪽의 전자는 n-p 접합면의 장벽을 통과하는 대신 반대 방향, 즉 전지의 (+)극 방향으로 끌려가고 n-p 접합면은 더 두꺼워질 것이다. 그래서 전류는 흐르지 못하고 이 경우에는 **역방향 전압(reverse voltage)**이 걸렸다고 말한다. 전류의 방향이 계속해서 바뀌는 교류(alternating current, AC)를 다이오드에 연결하면 한 방향으로만 전류가 흐르는 직류(direct current, DC)가 얻어진다. 이를 **정류 작용(rectification)**이라고 한다. 가정용 교류를 전자 제품에서 사용되는 직류로 바꾸는 정류 작용은 다이오드의 가장 중요한 기능이다. 전류를 한 방향으로만 흐르게 한다면 다이오드는 켜고 끄는 식의 스위치 역할도 할 수 있을 것이다.

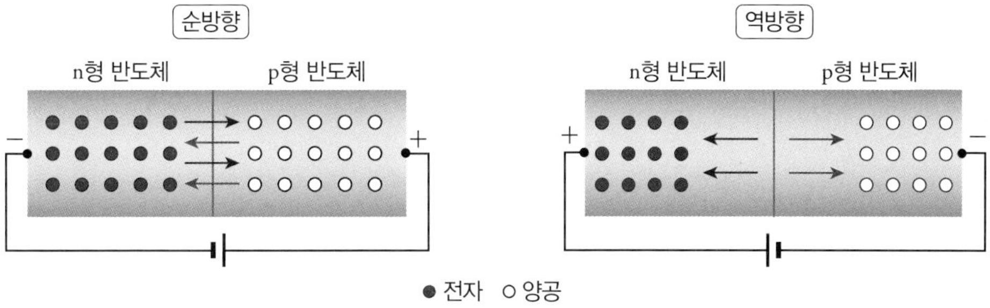

▲ 순방향으로 전압이 걸리면 n형 반도체의 전자는 (−)전위에 밀려 p형 반도체 쪽으로 넘어가고, p형 반도체의 양공은 (+)전위에 밀려 n형 반도체 쪽으로 넘어가서 결과적으로 전류가 흐른다. 반대로 역방향의 전압이 걸리면 n형 반도체의 전자는 (+)극 쪽으로 끌리고, p형 반도체의 양공은 (−)극 쪽으로 끌려서 접합면이 두꺼워지고 전류는 흐르지 않는다.

다이오드를 발전시켜서 신호를 증폭시키는 핵심 소자에 **트랜지스터(transistor)**가 있다. 트랜지스터는 n형 반도체와 p형 반도체를 p-n-p 또는 n-p-n 순서로 만든 반도체

바딘*

트랜지스터와 초전도체 연구로 노벨 물리학상을 2회 수상하였다.

반도체 칩의 평면상에 차곡차곡 필름을 인화한 것처럼 쌓아 놓았다고 하여 '모아서 쌓는다', 즉 집적한다고 한다.

소자이다. 1947년에 미국 뉴저지 주에 있는 벨연구소에서 바딘(Bardeen, J., 1908~1991)*, 브래튼(Brattain, W. H., 1902~1987), 쇼클리(Shockley, W. B., 1910~1989)의 세 물리학자가 트랜지스터를 발명하고 1956년에 노벨 물리학상을 공동 수상하였다.

요즘은 반도체가 소형화되어서 크기가 1 μm (10^{-6} m) 이하로 작아졌다. 그러면 1 mm^2 면적에 수백만 개의 반도체를 집어넣을 수 있게 된다. 트랜지스터나 다이오드 등 개개의 반도체를 따로따로 사용하지 않고 손톱 크기의 작은 반도체 칩에 수억~수십억 개의 트랜지스터와 축전기 등의 소자를 집약시켜 놓은 것을 **집적 회로(integrated circuit)**라고 한다. 집적 회로를 발명한 킬비(Kilby, J. S., 1923~2005)는 2000년 노벨 물리학상을 수상하였다. 집적 회로는 노트북 컴퓨터, 스마트폰 등 소형 기기의 핵심 소자로 정보화 시대의 주역이 되었다.

| 발광 다이오드 |

발광 다이오드(LED, Light Emitting Diode)는 전류가 흐르면 빛이 나오는 반도체이다. 형광등, 백열전구 등에 비해 적은 양의 전기를 소모한다. 친환경적 특성(수은 등 유해 물질 미함유)으로 각종 디스플레이의 광원, 조명등, 자동차 등 다양한 분야에 사용된다.

유기 발광 다이오드(OLED, Organic Light Emitting Diode)는 유기물과 발광 다이오드의 합성어이다. 유기 발광 다이오드는 무기물 반도체에 기초한 LED와 달리 전류를 흘려주면 유기물이 빛을 내는 다이오드이다. 밝기 조절이 가능한 적색, 녹색, 청색(RGB; red, green, blue) 세 종류의 작은 유기 발광 다이오드가 하나의 화소를 이루고 있는 구조이며, 디스플레이 장치의 두께가 얇고 전기 소모가 적어 에너지 효율이 높다.

Q 확인하기

다음에서 반도체가 들어 있지 않은 것은?

① 휴대폰 ② CD 디스크 ③ 컴퓨터 프로세서
④ 발광 다이오드 ⑤ 유기 발광 다이오드

답 ② | CD 디스크는 정보 저장 장치로 반도체가 들어 있지 않다. 발광 다이오드에는 갈륨을 사용하는 반도체가, 유기 발광 다이오드에는 유기 화합물 반도체가 사용된다.

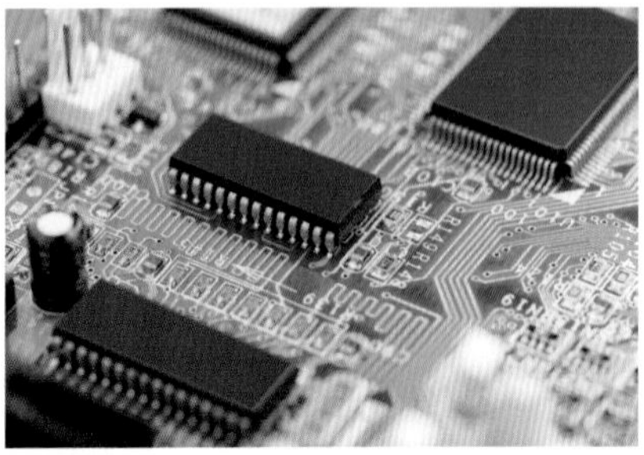

▲ 컴퓨터 머더 보드에 사용된 집적 회로

▲ 유기 발광 다이오드를 이용한 스마트폰

3.2 물질의 자기적 성질을 이용한 신소재

학습목표 물질의 자기적 성질을 활용한 신소재의 종류와 원리를 알아본다.

핵심개념
- ✓ 자성
- ✓ 자성체
- ✓ 초전도체

| 자기적 성질 |

자석이 주변의 쇠붙이를 끌어당기거나, 같은 극끼리 서로 밀어내고 다른 극끼리 서로 끌어당기는 성질을 **자성(magnetism)**이라고 하고, 자기력이 작용하는 공간을 **자기장(magnetic field)**이라고 한다. 그리고 물체가 외부 자기장 속에서 자성을 띠게 되는 현상을 **자화(magnetization)**라고 한다.

자성을 가진 원자들이 주위 원자들과 무리를 지어 같은 방향으로 자기장이 정렬된 집단을 **자기 구역**이라 하며, 자기 구역들의 자기장 방향이 같으면 물체는 자성을 띠고, 자기장의 방향이 다르면 자기장이 서로 상쇄되어 자성을 띠지 않는다. 자화된 물체의 자기 구역들은 일정한 방향으로 배열된다.

자성을 지닌 물질로서, 외부 자기장의 영향에 의해 자화될 수 있는 물질을 **자성체**라고 한다. 자성체는 **강자성체(ferromagnetism)**, **상자성체(paramagnetism)**, **반자성체(diamagnetism)**로 분류할 수 있다. 강자성체는 외부 자기장 속에서 자기장의 방향으로 강하게 자화되고, 외부 자기장이 사라져도 자화가 남아 있는 물질로, 철*, 니켈, 코발트, 가돌리늄, 디스프로슘 등이 있다. 상자성체는 외부 자기장 속에서 자기장의 방향으로 약하게 자화되고, 자기장이 제거되면 자화되지 않는 물질로, 알루미늄, 주석, 백금, 악티늄족 원소 등이 있다. 반자성체는 외부 자기장 속에서 자기장의 방향과 반대 방향으로 자화되는 물질로, 금, 은, 구리, 유리 등 대부분 나머지 원소가 이에 해당된다.

철* 지구에 가장 풍부한 물질로서, 단단하고 응용성이 높아 각종 건축물, 조선 사업 등과 통조림, 인공 뼈대 등에 사용되며, 자성이 강하여 하드 디스크, 디스켓 등의 저장 매체, 스피커, 전화 카드 등에 광범위하게 사용된다.

Q 확인하기

다음 중 자기장을 제거해도 자화된 상태를 그대로 유지하는 것은?

강자성체 상자성체 반자성체 반도체

답 **강자성체** | 강자성체에는 철, 니켈, 코발트 등이 있다.

| 정보 저장 장치 |

전기와 자기는 동전의 양면과 같다. 그렇다면 정보 통신 기술의 발전에서 자기도 중요한 역할을 할 듯하다. 실은 전기를 생산하는 발전에서도 전기와 자기는 밀접하게 관련되어 있다.

도선에 전류가 흐르면 도선에 수직 방향으로 자기장이 형성된다. 반대로 자기장을 변화시키면 도선에 전류가 흐르게 된다. 발전기(generator)*에서는 크고 무거운 자석(magnet)을 회전해서 자기장을 변화시키는 대신, 자석 사이에 설치한 코일을 수력, 화력, 또는 원자력에서 얻는 동력으로 회전시켜 코일에 전류가 흐르게 한다. 이렇게 생산한 전기를 가정으로 송전해서 조명과 난방에 사용하고 각종 전기, 전자 제품에도 사용한다.

발전기*
운동 에너지를 전기 에너지로 전환시키는 장치이다.

전자 소재를 사용해서 얻은 디지털 정보를 저장하는 장치에는 여러 가지가 있는데 여기서는 가장 간단한 자기적 저장(storage) 장치의 원리를 알아본다. 인간의 언어에서는 20개 정도의 알파벳이 정보의 기록에 사용되지만, 디지털 기기에서는 0과 1의 조합으로 정보를 기록한다. 그런데 자석에는 N극과 S극이 있어서 자석의 방향을 0과 1에 대응할 수 있다. 따라서 자성은 디지털 정보의 기록에 적합한 특성이 있다. 철과 같은 자성 물질은 외부의 자기장에 의해 N극과 S극을 가지는 자석과 같은 성질을 나타낸다.

그림의 헤드(head)*처럼 U자형 철심에 코일을 감고 코일에 전류를 흘리면 전류와 수직 방향으로 자기장이 형성되어 간극의 양쪽으로 N극과 S극이 만들어진다.

헤드*
전자석의 일종으로 정보를 읽고 쓰는 데 사용되는 장치이다. U자형 철심은 코일에서 발생한 자기장을 외부로 흩어지지 않게 하면서 간극에 모아준다.

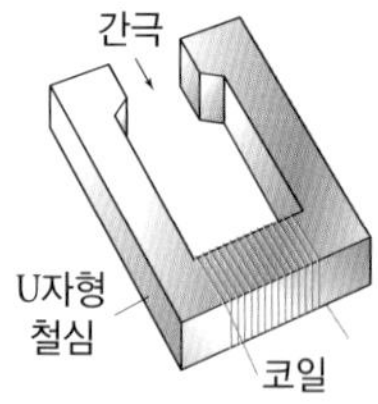

이제는 정보를 기록하려고 하는 철 같은 강자성체로 가늘고 긴 판을 만들고 이 판을 여러 개의 작은 구획으로 나누었다고 하자. 그리고 그 중에서 한 구획 위에 헤드를 배치하고 코일에 한 방향으로 전류를 흘리면 순간적으로 간극의 양쪽에 N극과 S극이 생긴다. 이 헤드의 자성은 헤드와 마주한 구획에 N극과 S극을 유도해서 0 또는 1에 해당하는 정보를 기록하게 된다. 그 다음에는 헤드를 다음 구획으로 이동하고 반대 방향으로 코일에 전류를 흐르게 하면 이번에는 N극과 S극이 뒤바뀐 정보가 기록될 것이다. 헤드를 계속 이동하면서 이 과정을 반복하면 001011101 식으로 디지털 정보가 저장된다.

정보를 읽어낼 때는 위의 과정을 반대로 하면 저장된 정보에 대응하는 방식으로 코일에 전류가 흐르게 된다. 컴퓨터에서는 대부분 자기적 성질을 이용해서 정보를 기록하고 저장한다.

탐구 시그마 정보의 저장과 재생

자료 정보의 저장

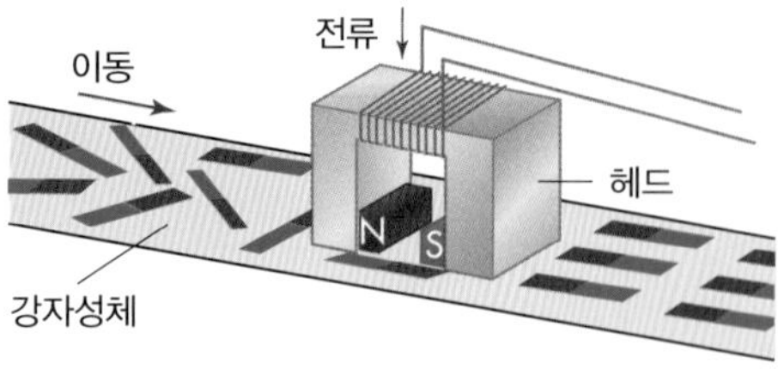

정보의 재생

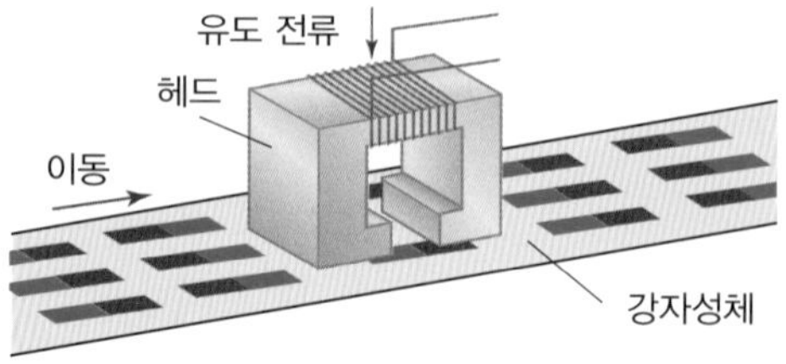

분석 정보가 담긴 전류가 코일에 흐름 → 헤드에 감긴 코일에 자기장 발생 → 저장 장치에 코팅된 강자성체가 자화됨 → 정보가 저장

정보가 저장된 강자성체가 이동 → 헤드에 감긴 코일에 유도 전류가 발생 → 전기 신호로 전달 → 정보가 재생

개념 플러스 자성을 이용한 정보 저장 장치

- **하드 디스크:** 하드 디스크에 정보를 저장하거나, 읽을 때에는 플래터가 고속으로 회전하고 헤드가 안과 밖으로 이동하게 된다. 헤드는 플래터에 직접 닿지 않고 아주 미세한 간격으로 떨어져 자성과 전자기 유도를 이용한다.

- **마그네틱 카드:** 신용카드 등의 뒷면에 자기 띠가 코팅되어 있는 카드로, 자기 띠에 정보가 0과 1의 형태로 저장되어 있다. 카드를 판독기에 통과시키면 자화된 강자성체가 판독기 내부의 헤드에 전류를 유도하여 정보를 읽게 된다.

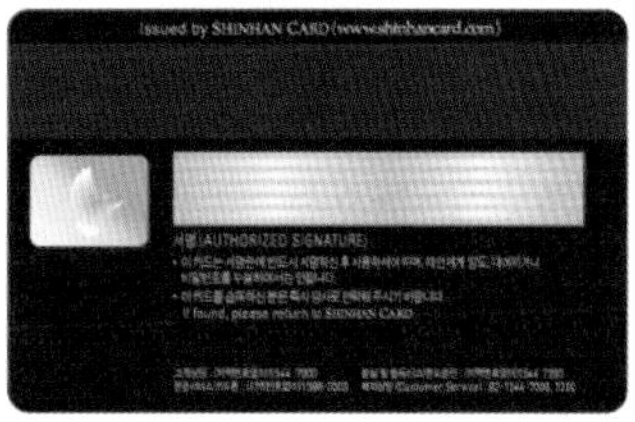

Q 확인하기

다음 중 자기적 성질이 사용되지 않는 것은?

① 컴퓨터 하드 디스크　② CD 디스크　③ USB 메모리
③ 플로피 디스크　⑤ 마그네틱 카드

답 ② | CD 디스크에서는 빛으로 정보가 저장된다.

| 초전도체 |

보통 도체는 온도가 높아지면 입자 운동이 활발해져 저항(resistance)이 증가하고 온도가 낮아지면 저항이 감소한다. 그러나 대부분 금속에서는 온도가 아무리 낮아져도 저항이 0이 되지는 않는다. 그런데 극저온(0 K 부근)에서 도체의 전기 저항이 0이 되는 물체가 있다. 이를 **초전도체(superconductor)**라고 하는데 전력 손실이 없기 때문에 상온 초전도체 개발은 막대한 경제적 효과를 가져올 수 있다.

초전도체에 약한 자기장을 걸어주면 초전도체 내부에서 외부 자기장을 상쇄시키는 자기장이 발생하여 외부 자기장을 밀어내는 **마이스너 효과(Meissner effect)**가 나타난다. 이 현상은 자기 부상 열차(magnetic levitation), 초전도 베어링 등에 활용된다. 초전도체의 종류에는 나이오븀(Nb), 바나듐(V) 등의 원소와 나이오븀과 저마늄의 합금이 있다.

▲ 마이스너 현상

그런데 네오디뮴(Nd), 란타넘(La) 등의 원소를 포함하는 금속 화합물이 비교적 고온에서 초전도 현상이 일어난다는 사실이 발견되었다. 고온에서 사용할 수 있는 초전도체가 실용화되면 전기·전자 분야에서 널리 응용될 것으로 보인다. 그리고 완전한 전도체로서의 성질을 이용하여 전선을 만들면 전력 손실이 거의 사라지게 되어 경제적인 이익을 얻을 수 있다.

Q 확인하기

초전도체에 대한 설명으로 옳은 것만을 | 보기 |에서 있는 대로 고른 것은?

| 보기 |
ㄱ. 어떤 온도 이하에서 저항이 0이 되는 도체이다.
ㄴ. 자석의 N극이 가까이 오면 밀어낸다.
ㄷ. 자기 부상 열차에 이용된다.

① ㄱ ② ㄴ ③ ㄱ, ㄴ ④ ㄴ, ㄷ ⑤ ㄱ, ㄴ, ㄷ

답 ⑤ | ㄱ. 초전도체는 온도가 내려감에 따라 저항이 감소하다가 임계 온도보다 낮으면 저항이 0이 되는 물질이다.
ㄴ. 초전도체는 반자성체로서 외부 자기장을 밖으로 밀어내는 성질이 있으며 극에 관계없이 밀어낸다.

3.3 나노 기술을 이용한 신소재

핵심개념
- ✓ 풀러렌
- ✓ 탄소 나노 튜브
- ✓ 그래핀

학습목표 나노 기술을 이용한 신소재와 그 밖의 신소재의 종류와 활용에 대해 알아본다.

나노미터(nm) 범위 내의 크기를 가지는 물질이나 구조를 다루는 기술을 나노 기술이라고 하는데, 나노 수준으로 입자가 작아지면 큰 입자에서는 볼 수 없었던 다른 특징이 나타난다. 1나노미터(nm)는 10억 분의 1미터(m)이며, 수소 원자 지름의 10배이다. 구성 입자의 크기가 1~100 nm인 것을 나노 물질이라고 하는데, **풀러렌(fullerene)**, **탄소 나노 튜브(carbon nanotube)**, **그래핀(graphene)** 등이 있다.

| 풀러렌 |

풀러렌은 탄소의 동소체*로, 1985년에 발견되었으며, 흑연 조각에 레이저를 쏘았을 때 그을음에서 발견된 신물질로 축구공 모양이다. 풀러렌은 건축가 벅크민스터 풀러(Fuller. B., 1895~1983)의 작품인 지구 돔 모양과 닮아서 C_{60}의 이름을 풀러렌, 또는 벅키볼(buckyball)이라고 한다.

동소체*
같은 원소로 이루어진 다른 성질의 물질들을 말한다. 탄소로 이루어진 다이아몬드, 흑연, 풀러렌, 탄소 나노 튜브, 그래핀은 모두 탄소의 동소체이다.

풀러렌은 탄소 원자가 다른 탄소 원자 3개와 결합하여 둥근 모양이나 튜브 모양을 갖는 탄소 물질로 종류가 다양하며, 그 중 C_{60}은 20개의 육각형 면과 12개의 오각형 면으로 이루어져 있다. 풀러렌은 내부에 빈 공간이 있어서 금속 원자가 들어가면 초전도성과 같은 독특한 성질을 나타낼 수 있다. 풀러렌은 강하면서도 미끄러우며, 새장처럼 간단한 물질을 가둘 수 있다. 몸속에서 치료가 필요한 부위에 의약품을 운반하고, 원자 크기의 선을 통해 정보를 전달하는 컴퓨터 칩에도 사용될 수 있다.

▲ 건축가 풀러의 작품

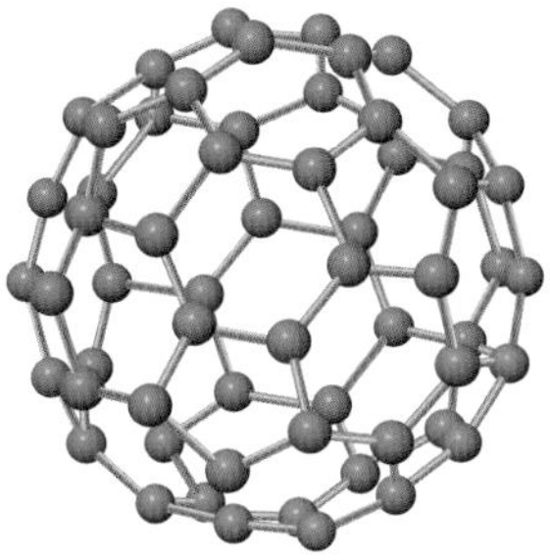

▲ 풀러렌(C_{60})

| 탄소 나노 튜브 |

탄소 나노 튜브는 탄소 원자가 육각형으로 연결된 평면이 둥글게 말려서 빨대 모양으로 되어 있는 것으로, 크기는 대략 수 nm에서 수십 nm의 지름에, 수 μm에서 수백 μm의 길이를 가진다.

탄소 나노 튜브는 끝이 뾰족하고 질기며, 다이아몬드 수준으로 단단하고, 구리의 1000배 정도로 전기 전도도가 크다. 이러한 성질은 원자 현미경, 평판 디스플레이, 나노 기어, 인공 근육, 기체 센서 등 다양한 용도로 활용될 수 있다. 또한 탄소 나노 튜브는 공간이 비어 있어서 수소가 저장될 수 있다.

탄소 나노 튜브를 페인트와 섞어 칠하면 전자파 차폐, 정전기 방지에 효과가 탁월한데, 이것을 비행기 외곽에 칠하면 상대방 미사일이나 비행기에서 발사하는 레이더의 위치 추적을 피할 수 있다. 이는 탄소 나노 튜브가 전도성을 갖고 있어 전자파를 원천적으로 차단하기 때문이다. 또한 휴대폰용 카메라 모듈에 탄소 나노 튜브를 사용하면 정전기로 인해 먼지가 붙는 것을 막아 청정도를 유지할 수 있다.

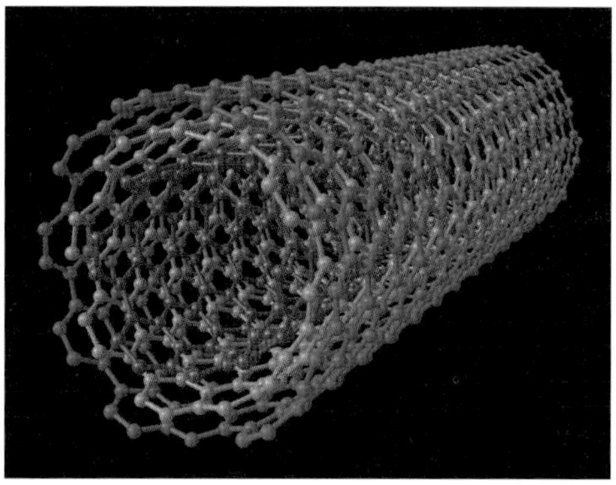

▲ 탄소 나노 튜브

| 그래핀 |

그래핀은 1겹의 흑연 판으로, 벌집 모양의 육각형 평면 구조가 연속적으로 이어져 있다. 세계에서 가장 얇은 물질로 규소보다 전기 전도도가 100배 크다. 신축성이 좋고, 강도는 다이아몬드의 2배이다. 와이어 전도체, 종이 두께의 얇고 휘어지는 화면 등 나노 전자 소자의 요소로 사용될 가능성이 있다.

▲ 그래핀

Q 확인하기

나노 물질에 대한 설명으로 옳지 <u>않은</u> 것은?

① 풀러렌은 홑원소 물질이다.
② 풀러렌과 그래핀은 탄소 동소체이다.
③ 풀러렌은 아주 간단한 물질을 가둘 수 있다.
④ 탄소 나노 튜브는 구리보다 전기 전도도가 크다.
⑤ 탄소 나노 튜브의 지름은 수 μm~수십 μm에 이른다.

답 ⑤ | 탄소 나노 튜브의 지름은 수 nm~수십 nm로 나노 물질이다.

탐구 시그마 자연을 모방하여 만든 신소재

자료

생체 모방은 살아 있는 생물체의 행동 및 구조, 생명체가 만들어 내는 물질 등을 모방하여 새롭게 적용하는 기술로서, 생체 모방의 모든 대상은 자연에 존재한다.

일상생활에서 사용되는 여러 가지 물질들 중에는 자연을 모방한 것들이 많다. 자연에서 얻은 아이디어로 상품을 만들어 상업적으로 널리 성공을 거둔 것으로 벨크로 테이프가 있다.

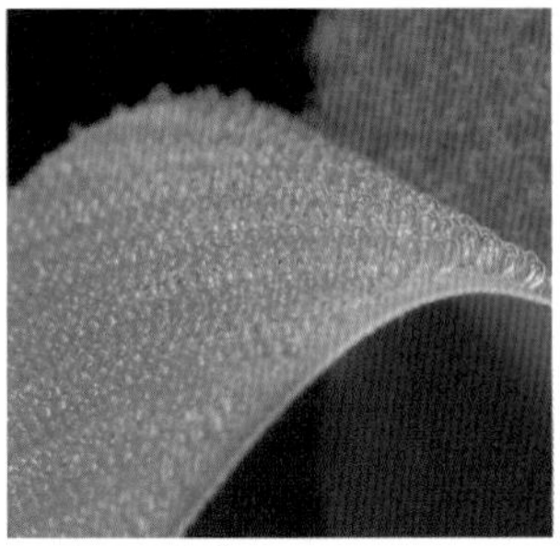

▲ 벨크로 테이프

엉겅퀴

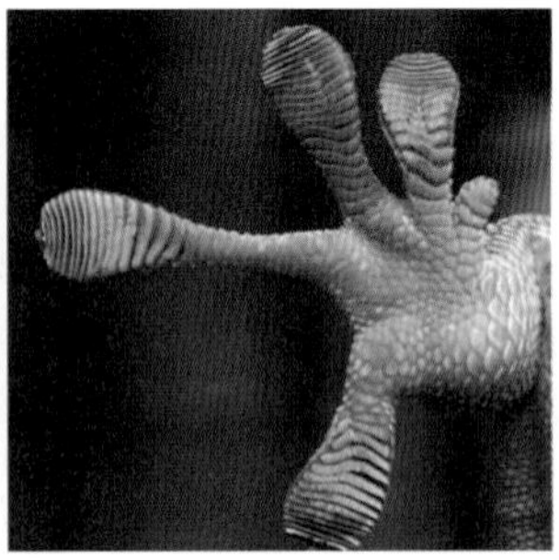

게코 도마뱀 발바닥

연잎 표면

분석

- 벨크로 테이프는 엉겅퀴 씨앗이 강아지 털에 잘 붙는 현상을 이용한 것으로 한쪽에는 작은 고리를, 다른 한쪽에는 갈고리를 붙여 고리가 서로 걸리면 강한 접착력을 갖는다. 현재 벨크로 테이프는 의류뿐만 아니라 우주선에서 물체를 고정시키는 용도로 널리 사용되고 있다.
- 로봇 도마뱀은 게코 도마뱀의 발바닥을 이용한 것으로, 게코 도마뱀은 발가락당 200 nm 굵기의 섬모를 650만 개나 가지고 있어 각 섬모들과 유리면 사이에 인력이 작용하여 유리판을 미끄러지지 않고 기어 올라간다. 이러한 아이디어에 착안하여 미끄러운 유리판을 기어 올라가는 로봇을 발명해 낸 것이다.
- 연잎 표면은 표면의 미세한 돌기로 물방울이 잎 속으로 스며들지 않고 흘러내린다. 이런 원리는 자동차 코팅제나 방수용 옷에 이용할 수 있다.

연/ 습/ 문/ 제/

해답 211쪽

01 다음 중 반도체를 만드는 데 기반으로 사용되는 원소는?

① 리튬 ② 구리 ③ 규소 ④ 철 ⑤ 탄소

02 다음 중 규소에 도핑해서 n형 반도체를 만드는 원소는?

① 붕소 ② 알루미늄 ③ 저마늄 ④ 인 ⑤ 탄소

03 도체, 부도체, 반도체에 대한 설명으로 옳지 <u>않은</u> 것은?

① 도체는 전기 저항이 작다.
② 반도체의 예로는 금, 은, 구리 등이 있다.
③ 도체에는 자유 전자가 있어서 전류가 잘 흐른다.
④ 전기 저항이 도체와 부도체의 중간인 물질을 반도체라고 한다.
⑤ 전기 저항이 커서 전기가 잘 통하지 않는 물질을 부도체라고 한다.

04 반도체에 대한 설명으로 옳은 것만을 |보기|에서 있는 대로 고른 것은?

|보기|
ㄱ. 다이오드는 교류를 직류로 바꿀 수 있다.
ㄴ. 도핑을 하면 반도체의 전기 전도성이 낮아진다.
ㄷ. 불순물 반도체에는 n형, p형이 있다.

① ㄱ ② ㄴ ③ ㄱ, ㄷ
④ ㄴ, ㄷ ⑤ ㄱ, ㄴ, ㄷ

05 오른쪽 그림은 어떤 물질의 전기 저항을 온도에 따라 나타낸 것이다. 이런 성질을 나타내는 물질에 대한 설명으로 옳은 것만을 |보기|에서 있는 대로 고른 것은?

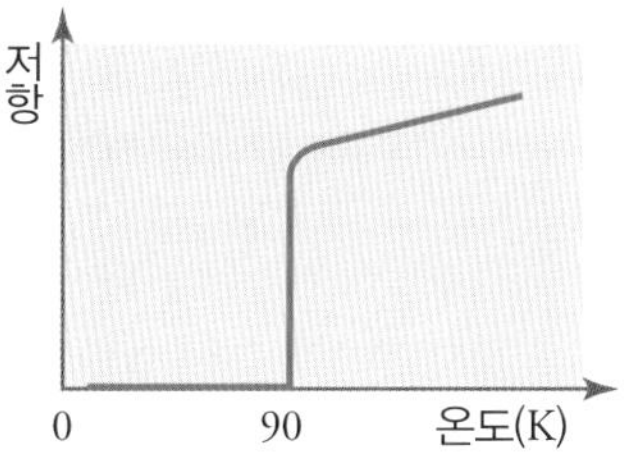

|보기|
ㄱ. 반도체 물질이다.
ㄴ. 온도가 70 K에서 마이스너 현상을 나타낼 수 있다.
ㄷ. 자기 부상 열차에 이용될 수 있다.

① ㄱ ② ㄴ ③ ㄱ, ㄷ
④ ㄴ, ㄷ ⑤ ㄱ, ㄴ, ㄷ

06 컴퓨터 하드 디스크에서 정보를 기록하는 원리는 다음 중 어느 것에 해당하는가?

① 2진법 ② 10진법 ③ 덧셈 ④ 뺄셈 ⑤ 곱셈

07 그림은 탄소로 이루어진 물질을 모형으로 나타낸 것이다.

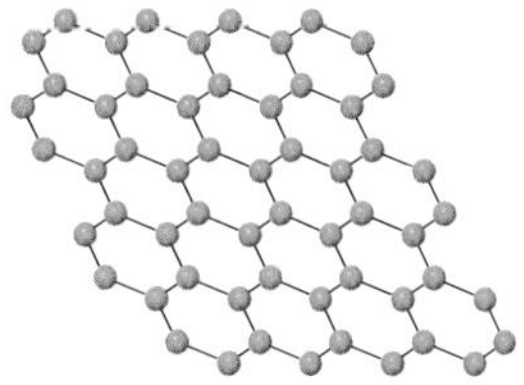
(가)

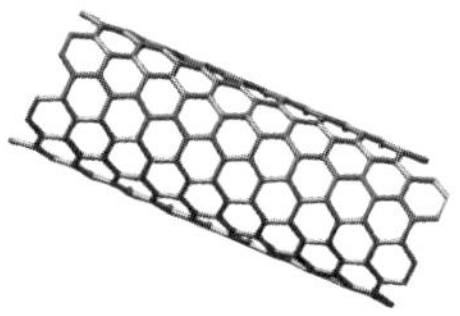
(나)

이에 대한 설명으로 옳은 것만을 |보기|에서 있는 대로 고른 것은?

|보기|
ㄱ. (가)는 그래핀으로 전기가 잘 통한다.
ㄴ. (나)는 다이아몬드만큼 단단하다.
ㄷ. (가)와 (나)에서 탄소 원자들은 공유 결합을 한다.

① ㄱ ② ㄴ ③ ㄷ ④ ㄱ, ㄷ ⑤ ㄱ, ㄴ, ㄷ

핵심 개념 확/ 인/ 하/ 기/

❶ p형 반도체에서 전자가 있어야 할 자리가 비어 생기는 구멍을 ________이라고 한다.
❷ 규소에 최외각 전자가 5개인 인을 첨가해 만든 것은 _____형 반도체이다.
❸ 다이오드의 _____형 반도체에 (+)극이 연결되고, _____형 반도체에 (−)극이 연결될 때 순방향 전압이 걸렸다고 하며, 전류가 흐른다.
❹ ________ 다이오드는 전류가 흐르면 빛을 내는 유기 물질이다.
❺ 물체가 자석의 성질을 띠게 되는 현상을 ________라고 하고, ________은 자기력이 미치는 공간을 의미한다.
❻ ________은 탄소 원자가 다른 탄소 원자 3개와 결합하며, 새장처럼 간단한 물질을 가둘 수 있는 나노 물질이다.
❼ ________은 1겹의 흑연 판으로, 벌집 모양의 육각형 평면 구조가 연속적으로 이어져 있다.

II 단원 종/합/문/제/

01 행성의 대기를 이루는 기체에 대한 설명으로 옳지 않은 것은?

① 산소(O_2)는 2중 결합을 가진다.
② 헬륨(He)은 1원자 분자로 무극성 분자이다.
③ 물은 수소 결합 때문에 끓는점이 높다.
④ 수소(H_2)는 분자 간 인력이 약해 상온에서 기체이다.
⑤ 이산화 탄소(CO_2)는 C=O 결합으로 이루어진 극성 분자이다.

02 다음 분자들에 대한 설명으로 옳은 것만을 〈보기〉에서 있는 대로 고른 것은?

H_2　　N_2　　NO　　CO_2　　H_2O

〈보기〉
ㄱ. H_2와 N_2는 무극성 분자이다.
ㄴ. NO와 CO_2는 원자 사이에 극성 공유 결합을 한다.
ㄷ. H_2O는 대칭 구조이므로 극성이 상쇄되어 무극성 분자이다.

① ㄱ　② ㄱ, ㄴ　③ ㄱ, ㄷ
④ ㄴ, ㄷ　⑤ ㄱ, ㄴ, ㄷ

03 핵산에 대한 설명으로 옳은 것만을 〈보기〉에서 있는 대로 고른 것은?

〈보기〉
ㄱ. 유전 정보를 저장한다.
ㄴ. 5탄당을 포함한다.
ㄷ. RNA는 단일 나선 구조이다.
ㄹ. 뉴클레오타이드의 수소 결합으로 이루어진 고분자이다.

① ㄱ, ㄴ　② ㄱ, ㄹ　③ ㄴ, ㄷ
④ ㄱ, ㄴ, ㄷ　⑤ ㄱ, ㄴ, ㄹ

04 그림은 지구의 어떤 층에 존재하는 원소의 비율을 각각 나타낸 것이다.

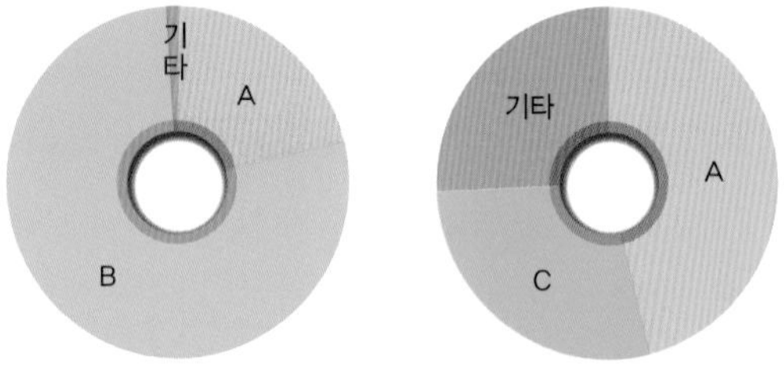

(가)　(나)

이에 대한 설명으로 옳은 것만을 〈보기〉에서 있는 대로 고른 것은?

〈보기〉
ㄱ. (가)는 대기권, (나)는 지각에 해당한다.
ㄴ. A와 B는 같은 족 원소이다.
ㄷ. B와 C는 같은 주기 원소이다.

① ㄱ　② ㄴ　③ ㄷ
④ ㄱ, ㄴ　⑤ ㄱ, ㄴ, ㄷ

05 그림은 공유 결합을 하는 2원자 분자에서 공유 전자쌍의 전자 분포를 나타낸 것이다.

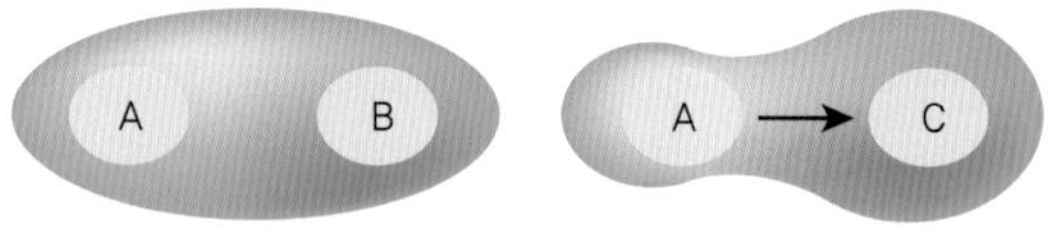

(가)　(나)

전자 분포에 대한 설명으로 옳은 것만을 〈보기〉에서 있는 대로 고른 것은?

〈보기〉
ㄱ. B는 C보다 전기음성도가 더 크다.
ㄴ. (가)에서는 전자 치우침이 일어나지 않는다.
ㄷ. B는 A와 전기음성도가 같거나 거의 차이가 없다.

① ㄱ　② ㄱ, ㄴ　③ ㄱ, ㄷ
④ ㄴ, ㄷ　⑤ ㄱ, ㄴ, ㄷ

06 그림은 아미노산의 일반 구조를 나타낸 것이다. 이에 대한 설명으로 옳은 것만을 〈보기〉에서 있는 대로 고른 것은?

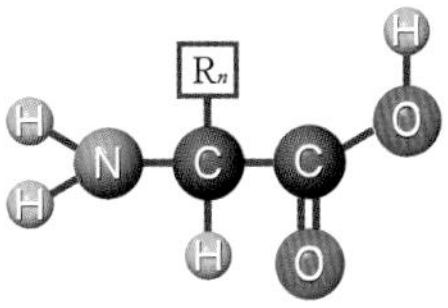

〈보기〉
ㄱ. 아미노산은 물에 녹지 않는다.
ㄴ. R_n에 의해 아미노산의 종류가 결정된다.
ㄷ. 아미노산은 중심에 탄소가 있고, 아미노기와 카복실기를 갖는다.

① ㄴ ② ㄷ ③ ㄱ, ㄴ
④ ㄴ, ㄷ ⑤ ㄱ, ㄴ, ㄷ

07 탄소에 대한 설명으로 옳은 것만을 〈보기〉에서 있는 대로 고른 것은?

〈보기〉
ㄱ. 결합수는 3이다.
ㄴ. 다양한 화합물의 합성이 가능하다.
ㄷ. 뉴클레오타이드를 구성하는 당과 염기에서 기본 골격을 이룬다.

① ㄱ ② ㄴ ③ ㄷ
④ ㄱ, ㄴ ⑤ ㄴ, ㄷ

08 DNA와 관련된 설명으로 옳은 것만을 〈보기〉에서 있는 대로 고른 것은?

〈보기〉
ㄱ. DNA는 유전 물질로 이중 나선 구조로 되어 있다.
ㄴ. 당-인산 골격의 폴리뉴클레오타이드를 형성하기 위해서는 당과 인산 사이에 수소 결합이 이루어져야 한다.
ㄷ. DNA를 구성하는 기본 단위는 뉴클레오타이드이며, 뉴클레오타이드는 인산 : 당 : 염기가 2 : 1 : 1로 구성되어 있다.

① ㄱ ② ㄴ ③ ㄱ, ㄴ
④ ㄱ, ㄷ ⑤ ㄴ, ㄷ

09 유기 발광 다이오드에 대한 설명으로 옳은 것만을 〈보기〉에서 있는 대로 고른 것은?

〈보기〉
ㄱ. 형광등에 비해 다양한 색상의 빛을 낼 수 있다.
ㄴ. 열의 발생을 최소화해서 에너지 효율을 크게 늘일 수 있다.
ㄷ. 자체적으로 빛을 내기 때문에 전원이 없는 곳에서도 사용할 수 있다.

① ㄱ ② ㄴ ③ ㄱ, ㄴ
④ ㄱ, ㄷ ⑤ ㄴ, ㄷ

10 반도체에 대한 설명으로 옳은 것만을 〈보기〉에서 있는 대로 고른 것은?

〈보기〉
ㄱ. p형 반도체에서 전하를 운반하는 주된 역할을 하는 것은 전자이다.
ㄴ. 규소에 13족 원소를 첨가하면 양공이 만들어진다.
ㄷ. 규소에 최외각 전자가 5개인 비소(As)를 불순물로 첨가하면 n형 반도체가 된다.

① ㄱ ② ㄴ ③ ㄷ
④ ㄱ, ㄴ ⑤ ㄴ, ㄷ

11 그림은 몇 가지 나노 물질을 나타낸 것이다.

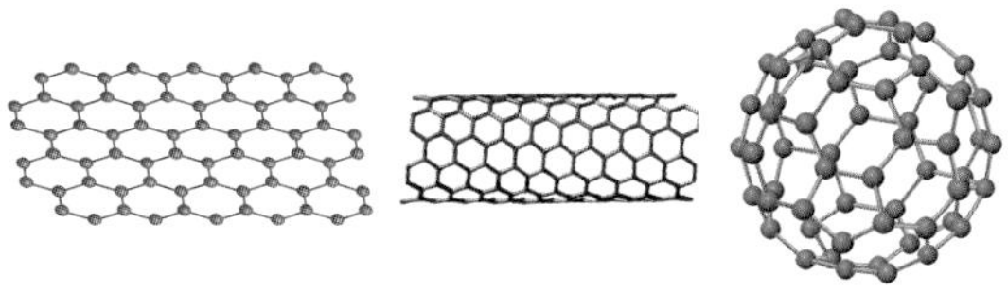

(가) (나) (다)

이에 대한 설명으로 옳은 것만을 〈보기〉에서 있는 대로 고른 것은?

〈보기〉
ㄱ. (가)는 탄소 원자가 서로 다른 4개의 탄소 원자와 결합한 물질이다.
ㄴ. (나)는 구리보다 전기 전도도가 1000배 크다.
ㄷ. (다)는 풀러렌으로 내부가 비어 있어 다른 원자나 분자를 가둘 수 있다.

① ㄱ ② ㄷ ③ ㄱ, ㄴ ④ ㄴ, ㄷ ⑤ ㄱ, ㄴ, ㄷ

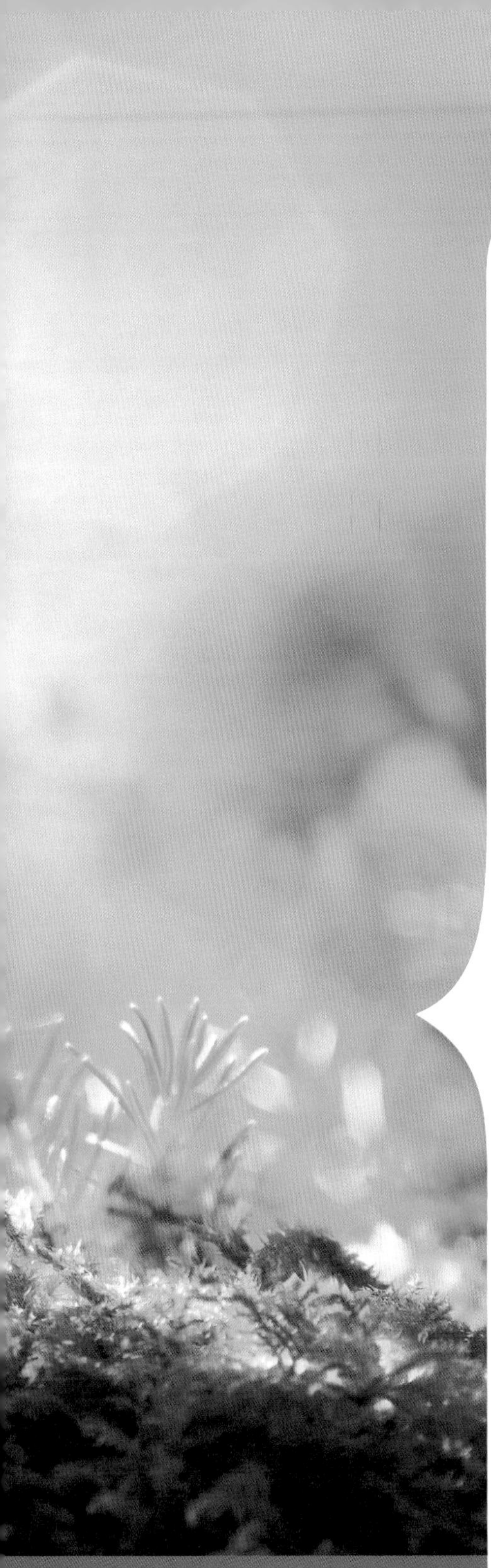

III 시스템과 상호 작용

시스템이란 여러 부분들이 서로 상호 작용하면서 전체적으로 함께 움직이거나 작동하는 집단을 뜻한다. 인체도 하나의 시스템이고, 인체를 구성하는 약 60조 개의 세포 하나하나도 각각 시스템이다. 국가도, 세계도 사회적인 시스템이고 지구, 태양계, 우리 은하도 시스템이다. 그 중에서 태양계, 지구, 생태계, 세포 등을 각각 하나의 시스템으로 이해해 보자.

1600년대 초반에 갈릴레이(Galilei, G., 1564~1642)는 경사면을 따라 구르는 공의 속도의 변화를 경사면의 위치에 따라 측정해서 가속도를 수식으로 표현하였다.

만유인력*
뉴턴은 지구에서 사과가 떨어지게 하는 힘과 달이 지구 주위를 공전하게 하는 힘이 같은 종류의 힘이라고 생각하였다.

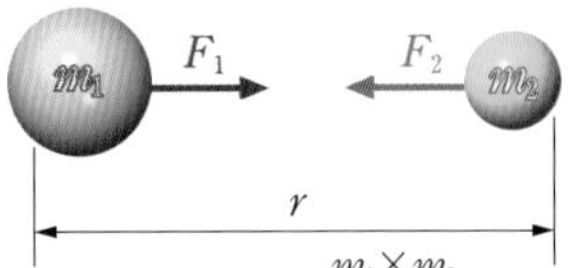

$$F_1 = F_2 = G\frac{m_1 \times m_2}{r^2}$$

▲ 만유인력 법칙

만일 공 대신 지름이 10 km 정도인 운석이 지구를 향해 날아들었다면 지구 표면에 충돌하는 순간에는 엄청난 가속을 경험하게 될 것이다. 운석과 지구 중심 사이의 거리는 작아지는데 운석과 지구 사이에는 두 물체 사이의 끌리는 힘, **만유인력***이 작용한다. 질량을 가진 두 물체 사이에 작용하는 만유인력의 크기는 각 물체의 질량의 곱($m_1 \times m_2$)에 비례하고 두 물체 사이의 거리의 제곱(r^2)에 반비례한다. 이때 비례 상수는 중력 상수(G)이다.

운석이 떨어질 때 운석과 지구 중심 사이의 거리가 점점 작아져서 서로 끌리는 힘이 점점 커지면 $F = ma$ 식에 따라 가속도가 점점 커지고 속도는 점점 빨라질 것이다.

Q 확인하기

다음 문장이 맞으면 O표, 틀리면 X표를 하시오.

공이 지구에 끌려서 얻는 가속도는 지구가 공에 끌려서 얻는 가속도와 크기가 같다.

답 X | 지구가 공을 끌어당기는 힘의 크기와 공이 지구를 끌어당기는 힘의 크기는 같다. 그러나 지구의 질량이 크기 때문에 지구가 공에 끌려서 얻는 가속도는 무시할 수 있을 정도로 작다.

1.2 운동량과 충격량

핵심개념
☑ 운동량
☑ 충격량

학습목표 운동량과 충격량의 의미를 이해하고 충격량이 태양계의 형성에서 어떻게 작용했는지를 파악한다.

이번에는 투수가 던진 공을 타자가 치는 경우를 생각해 보자. 투수가 던진 145 g의 공이 시속 130 km 정도의 속도로 스트라이크 존을 통과할 때 공의 질량과 속도를 곱한 양, mv를 **운동량(momentum)***이라고 한다. 즉 운동량 p는 다음과 같이 나타낸다.

운동량(p)*
운동하는 물체의 운동 정도를 나타내는 물리량이다.

$$운동량(p) = 질량(m) \times 속도(v)$$

운동량은 속도와 같은 방향을 가지는 물리량(벡터)이며, 단위는 kg·m/s를 사용한다. 운동하는 물체의 질량과 속도 중에서 어느 하나가 크거나 둘 다 크면 그 물체는 더 큰 운동량을 가지게 된다.

소형 승용차와 대형 트럭이 충돌하는 상황을 생각해 보면 알 수 있듯이 많은 경우에 질량이나 속도 각각보다는 운동량이 더 의미 있는 양이다.

스트라이크 존을 통과하는 공을 타자가 방망이로 정확히 때리면서 공이 방향을 바꾸어 대략 45° 각도로 외야 쪽을 향해 치솟는 경우를 생각해 보자. 이때 방망이도 일정한 질량과 속도, 즉 운동량을 가지고 공을 때린다. 공과 방망이의 질량은 그대로인데 공과 방망이는 속도가 변한다. 공과 방망이의 운동량이 변한 것이다. 이처럼 짧은 시간 동안에 어떤 물체가 힘을 받아서 운동량이 변하는 것을 충격(impact), 그리고 변한 운동량을 **충격량(impulse)**※이라고 한다. 방망이는 공에 충격을 주었고, 공은 방망이에 충격을 주었다. 역학적 시스템에서 충격은 질량을 가진 물체의 운동량이 변하는 경우에만 적용된다. 위의 경우에 공과 방망이는 역학적 시스템을 구성한다.

충격량(I)※
물체가 받은 충격의 정도를 나타내는 물리량으로 운동량의 변화량이다.
$I = Ft = \Delta mv$
(F = 충격력)

자동차가 충돌해서 차가 망가지고 사람이 다치는 것도 충격량 때문이다. 작고 가벼운 차라도 속도가 높으면 큰 충격량을 상대방에게 전달할 수 있다. 그래서 차에는 충격을 흡수해서 피해를 최소화할 수 있도록 여러 장치가 들어 있다. 차의 앞과 뒤에 설치된 범퍼가 좋은 예이다. 또한 에어백(air bag)은 충돌 순간에 화학 반응에 의해 백이 기체로 부풀어 오르는 장치이다. 기체는 분자 사이의 거리가 커서 탄성이 높아 충격량을 흡수하기 때문에 사람의 머리가 에어백과 충돌해서 머리가 상하는 것을 막아준다.

개념#플러스 충격량

물체의 운동량을 변화시키는 데는 힘의 크기뿐만 아니라 작용한 시간이 중요하다. 예를 들어 같은 힘을 오랫동안 작용하면 운동량이 크게 변한다. 즉, 힘의 작용 시간이 길수록 운동량이 더 크게 변한다. 물체에 작용한 힘과 힘을 작용한 시간의 곱을 충격량이라고 한다. 이 관계는 다음과 같이 식으로 나타낼 수 있다.

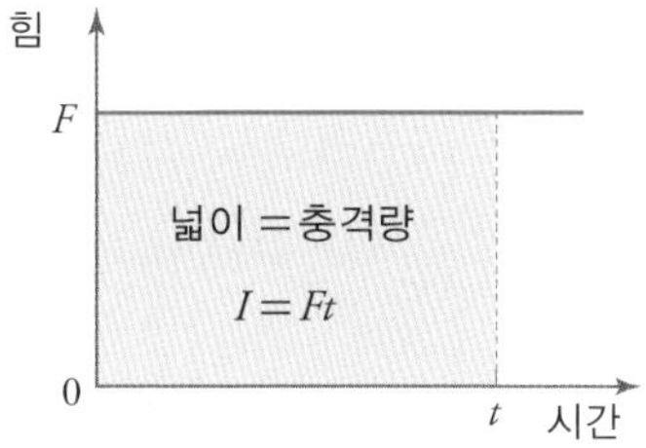

충격량(I) = 힘(F)×시간(t)

$[mv = m(at) = (ma)t = Ft]$

따라서 충격량은 물체에 작용하는 힘의 크기와 힘이 작용하는 시간에 비례한다.

포수가 손을 앞으로 뻗으면서 야구공을 받을 경우 충격이 크지만, 손을 뒤로 빼면서 공을 받으면 충격이 작다.

Q 확인하기

다음 설명 중 옳지 않은 것은?

① 충격은 서로 주고받는다.
② 충격량은 힘의 크기에 비례한다.
③ 큰 차와 작은 차가 충돌할 때는 항상 작은 차의 피해가 크다.
④ 같은 충격을 받았다면 상대적으로 작고 가벼운 공이 빠르고 멀리 날아갈 것이다.
⑤ 공이 맞는 순간에 공의 속도와 방망이의 속도가 비슷하다면 방망이의 운동량이 공의 운동량보다 크다.

답 ③ | 작은 차의 속도가 아주 높아서 운동량이 크면 큰 차의 피해가 더 클 수도 있다.

1.3 관성과 궤도 운동

핵심개념
- ☑ 관성
- ☑ 행성의 궤도

학습목표 태양계에서 지구의 궤도 운동에 어떻게 관성과 중력이 작용하는지 이해한다.

투수가 포수를 향해 거의 수평 방향으로 던진 공은 중력 작용으로 약간 아래로 휘기는 하지만 수평 방향으로는 속도가 변하지 않는다. 즉, 수직 방향으로는 중력의 영향을 받지만 수평 방향으로는 약간의 공기의 마찰을 제외하면 추가적인 힘을 받지 않기 때문이다. $F = ma$ 식에서 힘이 0이면 가속도가 없고 공은 초기 속도로 운동을 계속한다. 이처럼 외부의 힘이 없으면 원래의 운동 상태를 유지하려는 것을 **관성(inertia)**이라고 한다.

이제는 관성과 중력 작용으로부터 어떻게 태양계에서 행성의 운동과 같은 궤도 운동(orbital motion)을 이해할 수 있는지 생각해 보자. 지상에서 100 m 높이에 발사대를 설치하고 지구 표면을 따라 수평 방향으로 포탄을 발사하였다고 하자. 수평 방향으로 어떤 초기 속도를 얻은 포탄은 더 이상 수평 방향의 힘을 받지 않는 한 수평 방향으로는 관성에 의해 일정한 속도로 운동한다. 그러나 수직 방향으로는 지구 중력에 의해 끌리기 때문에 포탄은 포물선 운동을 하게 되고 얼마 후에는 지표면에 떨어진다. 아주 높은 초기 속도로 발사된 포탄은 상당히 먼 거리를 날아가서 떨어질 것이다. 그런데 지구는 둥글고 지구 표면은 휘어 있기 때문에 초기 속도가 무한대라면 포탄은 지구를 벗어날 것이다.

이번에는 포탄 대신 태양 주위를 공전하는 지구를 생각해 보자. 약 46억 년 전에 태양계가 생기는 과정에서 태양계의 재료인 수소, 헬륨, 암모니아, 물, 메테인, 그리고 이산화 규소와 같은 물질들로 이루어진 구름이 주위에서 어떤 충격을 받아 한 방향으로 회전하기 시작했을 것이다. 주위에서 일어난 초신성 폭발의 충격파가 태양계를 만든 충격의 원인이었으리라 생각된다. 이러한 충격의 결과로 압축되고 주변의 물질을 중력으로 끌어당겨 뭉친 물질이 중심의 태양과 태양 주위를 도는 행성들을 만들었다. 즉, 지구도 초기의 충격을 통해 어떤 유한한 초기 속도를 가지게 되었다. 지구는 관성에 의해 태양 주위를 벗어나려는 경향과 중력에 의해 태양 쪽으로 끌리는 경향이 적절히 조화를 이루어 원궤도를 약간 벗어나는 타원 궤도를 그린다.

관성에 의한 현상의 예
- 버스가 갑자기 출발하면 승객이 뒤로 넘어진다.
- 달리던 사람이 돌부리에 걸려 앞으로 넘어진다.

뉴턴의 운동 제1법칙(관성 법칙)
물체에 작용하는 합력이 0인 경우 물체는 자신의 운동 상태를 유지한다.

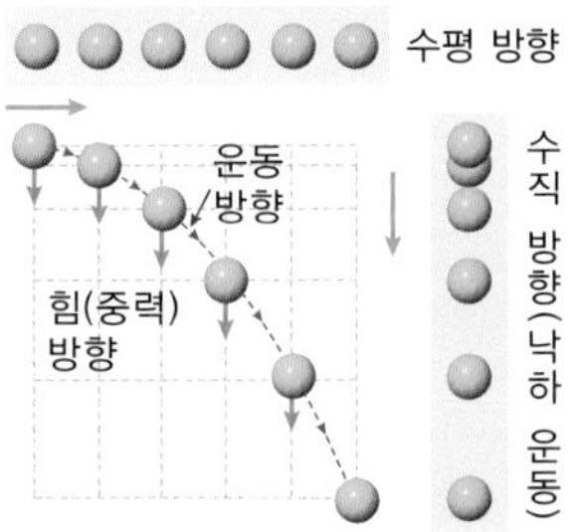

▲ 수평으로 던진 공의 운동 분석

Q 확인하기

다음 중 관성에 해당하는 것은?

① 자유 낙하하는 공　② 달에 미치는 지구의 중력
③ 야구공의 포물선 운동　④ 지구에 미치는 태양의 중력
⑤ 지구와 태양을 연결하는 선에서 수직 방향의 지구의 운동

답 ⑤ | ①, ②, ③, ④에는 모두 중력이 작용한다. 관성은 힘이 없는 경우이다.

연/ 습/ 문/ 제/

해답 213쪽

01 역학적 시스템으로 옳은 것만을 |보기|에서 있는 대로 고른 것은?

|보기|
ㄱ. 지구가 태양 주위를 공전한다.
ㄴ. 나뭇잎이 바람에 날린다.
ㄷ. 당구공 둘이 충돌해서 방향이 바뀐다.
ㄹ. 수소 원자 둘이 결합해서 수소 분자가 된다.

① ㄱ, ㄴ ② ㄱ, ㄷ ③ ㄴ, ㄹ
④ ㄱ, ㄴ, ㄷ ⑤ ㄱ, ㄴ, ㄷ, ㄹ

02 다음 중 지구 표면에서 중력 가속도의 크기를 처음 측정한 사람은?

① 아리스토텔레스 ② 코페르니쿠스
③ 갈릴레이 ④ 케플러
⑤ 뉴턴

03 다음 중 질량이 1 kg인 돌과 10 kg인 돌을 같은 높이에서 떨어뜨렸을 때에 대한 설명으로 옳은 것은?

① 지구 표면에 떨어지는 데 걸리는 시간은 같다.
② 지구 표면에 떨어지는 순간에 돌의 운동량은 같다.
③ 떨어뜨리는 순간에 돌이 느끼는 중력의 크기는 같다.
④ 지구 표면에 떨어지는 순간의 속도는 무거운 돌이 더 크다.
⑤ 지구 표면에 떨어지는 순간에 돌이 지구에 미치는 충격량은 같다.

04 지구가 태양 주위를 공전하는 이유는?

① 태양 쪽으로는 중력이 작용하고, 공전 궤도의 접선 방향으로는 관성이 작용한다.
② 태양 쪽으로는 관성이 작용하고, 공전 궤도의 접선 방향으로는 중력이 작용한다.
③ 태양 쪽과 공전 궤도의 접선 방향으로 모두 중력이 작용한다.
④ 태양 쪽과 공전 궤도의 접선 방향으로 모두 관성이 작용한다.
⑤ 태양 쪽으로 중력이 작용하고, 공전 궤도의 접선 방향으로 원심력이 작용한다.

05 뉴턴의 운동 제2법칙에 대한 설명으로 옳은 것은?

① 질량이 클수록 관성이 크다.
② 움직이는 탁구공은 축구공보다 멈추게 하기가 쉽다.
③ 물체의 가속도는 작용하는 힘의 크기에 반비례한다.
④ 외력이 작용하지 않으면 물체는 처음의 운동 상태를 그대로 유지한다.
⑤ 지구가 달을 끌어당기는 힘은 달이 지구를 끌어당기는 힘과 크기는 같고 방향은 반대이다.

06 운동량의 단위는?

① $m \cdot s^{-1}$ ② $m \cdot s^{-2}$ ③ $kg \cdot m \cdot s^{-1}$
④ $kg \cdot m \cdot s^{-2}$ ⑤ $N \cdot m \cdot s^{-1}$

07 다음 중 충격에 대한 설명으로 옳지 않은 것은?

① 힘의 크기가 클수록 충격량이 커진다.
② 속도가 같을 때 질량이 큰 것이 충격이 크다.
③ 질량이 같을 때 속도가 큰 것이 충격이 크다.
④ 충격을 잘 흡수하는 물질은 변형이 잘 되는 물질이다.
⑤ 질량과 속도가 같으면 충돌에 걸리는 시간이 큰 경우 충격이 크다.

핵심 개념 확/ 인/ 하/ 기/

❶ ________은 지구 위의 물체가 지구로부터 받는 힘을 의미하지만, 일반적으로 질량이 있는 모든 물체 사이에 상호 작용하는 힘이다.
❷ 뉴턴의 운동 제1법칙은 ________의 법칙이고, 제2법칙은 ________ 법칙이다.
❸ 운동량은 운동하는 물체의 운동 정도를 나타내는 물리량으로, 질량과 ________를 곱한 값이다.
❹ 힘(F)-시간(t) 그래프에서 면적이 의미하는 것은 ________이다.
❺ 충격량이 일정할 때 충돌 시간을 ________게 하면 충격력이 줄어든다.

2

지구 시스템

지구도 하나의 시스템이다. 지구 중심에는 내핵과 외핵이 있고 그 바깥쪽에 많은 양의 맨틀이 있는데, 화산 활동 등을 통해 맨틀의 용암 물질, 가스, 그리고 열에너지가 지구 표면으로 빠져나온다. 강과 바다의 물은 증발해서 구름과 비가 되고, 육지에 내린 빗물은 강을 따라 흐르면서 지각의 암석 성분을 녹여 바다로 운반한다. 깊은 바다에서 흐르는 해류를 통해 극지방의 차가운 물이 적도 지방을 지나면서 데워지고 다시 극지로 흘러가서 지구 전체적으로 기후를 조절한다. 공기 중의 이산화 탄소는 식물의 광합성과 동물의 호흡을 통해 지구를 순환한다.

2.1 판 구조론

학습목표 현재 지구의 지각은 몇 개의 판으로 나누어진 판 구조를 가지고 있는 것을 이해하고, 판 구조론의 근거를 파악한다.

핵심개념
- ✓ 지구 시스템
- ✓ 판 구조론
- ✓ 대륙 이동설
- ✓ 판의 경계

지구와 그 주변을 구성하는 암석, 공기, 물, 생물, 외부 환경 등을 개별적인 요소가 아닌 상호 작용을 하는 요소로 이해하는 것을 지구 시스템(earth system)이라고 한다. 지구는 구성 물질의 특성에 따라 성질이 다른 층들이 층상 구조를 이루고 있다. 지구를 둘러싸고 있는 기체 상태인 기권(atmosphere), 지구 표면 부근에 대부분 분포하는 수권(hydrosphere), 지각 등으로 이루어진 지권(lithosphere), 지구에 사는 모든 생명체로 이루어진 생물권(biosphere) 등이 있는데, 이들은 서로 상호 작용을 하며 균형을 이루고 있다.

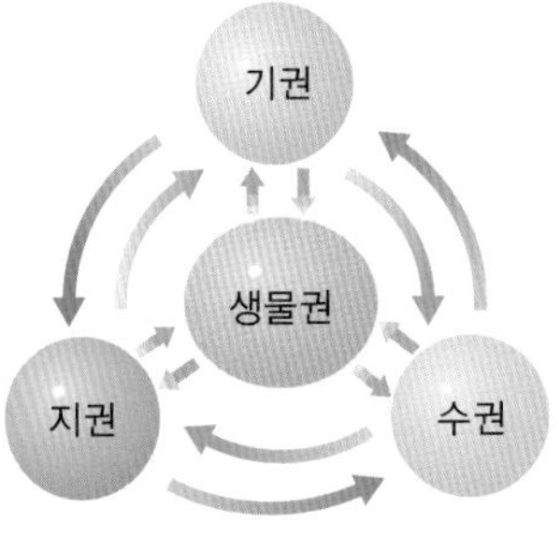

▲ 지구 시스템 요소의 상호 작용

현대 과학이 이루어낸 지구에 관한 이해의 핵심은 **판 구조론(plate tectonics)*** 이다. 약 3억 년 전에는 지각 전체가 판게아(pangaea)라는 하나의 판으로 되어 있다가 약 10개의 판으로 갈라져 이동하면서 현재 대륙과 해양의 모습을 갖추게 되었다는 것이 판 구조론의 주요 내용이다. 판 구조론의 출발점이 된 대륙 이동설은 1912년에 독일의 기상학자 베게너(Wegener, A., 1880~1930)가 처음 제안했는데, 대륙을 이동시킨 에너지의 근원이 이해되지 않아서 오랫동안 반대에 부딪쳐 발전이 없다가 1960년대 중반에 판 구조론으로 자리 잡았다.

판 구조론*
지구 표면은 여러 개의 판으로 이루어져 있고, 이런 판들이 지구 내부의 맨틀 대류에 의해 움직이는데, 판 경계 부분에서 지진이나 화산 활동, 조산운동 등의 지각 변동이 일어난다는 이론이다.

▲ 판게아

▲ 베게너

1910년대에 관측과 이론 양면에서 출발한 빅뱅 우주론은 1960년대 중반에 우주 배경 복사가 발견되면서 폭넓게 받아들여졌다. 물질의 기본 구조에 대한 이해도 마찬가지이다. 1910년대에 원자핵과 양성자가 발견되면서 출발한 원소의 기원에 대한 탐구는 1960년대 중반에 쿼크와 경입자에 관한 표준 모형의 확립, 원소의 합성에 대한 이해로 정리되었다.

제이 차 세계 대전 중에 적국의 잠수함을 탐색하기 위해 해저를 조사하는 기술이 발전되었다. 전후 1950년대에 미국 컬럼비아대학 탐사선이 이 기술을 더욱 발전시켜서 대서양 해저를 상세히 조사하여 대서양 중심을 관통하는 대규모의 해저 산맥 시스템을 발견하였다. 이런 해저 산맥은 **중앙 해령(mid-ocean ridge)**이라고도 한다. 나중에 전 지구적인 해저 탐사를 통해 모든 해양, 특히 태평양과 인도양, 그리고 남극해까지 해령으로 연결된 것이 밝혀졌다. 한편 제이 차 세계 대전 후에 미국과 소련의 군비 경쟁이 심화되면서 핵실험을 탐지할 수 있도록 지진계가 전 세계적으로 설치되었다. 그런데 이 지진계가 검출한 지진의 발생 지역을 종합해보니 놀랍게도 해령의 위치와 일치하였다.

그림에서 대서양과 인도양 중심, 태평양 주변에서 지진(earthquake)이 활발한 지진대는 해령의 위치와 일치하는 것을 볼 수 있다. 또한 해령을 중심으로 멀어질수록 해저 지각의 나이가 많은 것으로 나타났다.

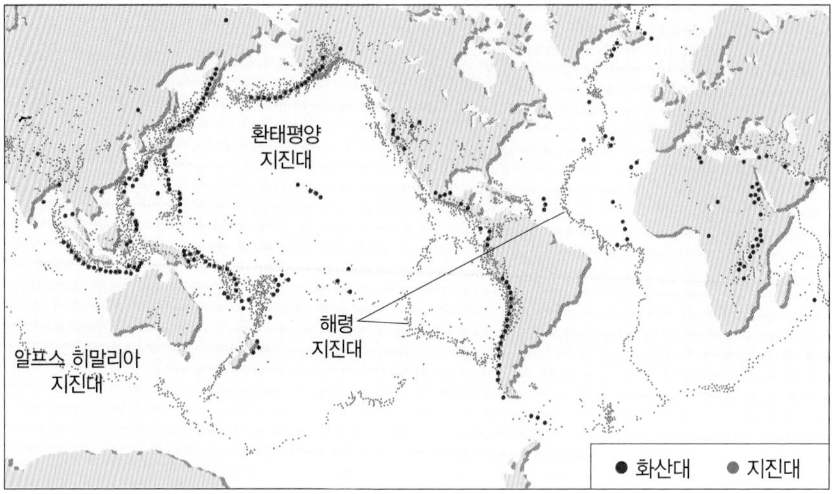

▲ 화산대와 지진대의 분포

이런 다양한 자료를 기초로 1962년에 미국 프린스턴대학의 헤스(Hess, H. H., 1906~1969)는 **해저 확장설(seafloor spreading)**을 제안하였다. 해령은 지각을 구성하는 지판 사이의 경계면에 위치하는데 이 틈으로 뜨거운 맨틀이 흘러나와 양쪽으로 퍼져나간다. 이 과정이 반복되면서 해령이 형성되고 해저가 확장되고 결과적으로 해령을 중심으로 양쪽의 대륙이 멀어질 것이다.

지판 사이의 경계면에서 지판들끼리 충돌하거나 하나의 지판이 다른 지판의 밑으로 밀고 들어가면서 화산 활동(volcanic action)과 지진이 일어난다. 해령의 위치와 지진이 활발한 위치로부터 얻어진 지판 사이 경계면의 윤곽으로부터 10여 개 지판의 그림이 드러났다.

주요 지판에는 유라시아판, 북아메리카판, 남아메리카판, 아프리카판, 태평양판, 오스트레일리아판, 남극판, 아라비아판, 인도판, 카리브판 등이 있다.

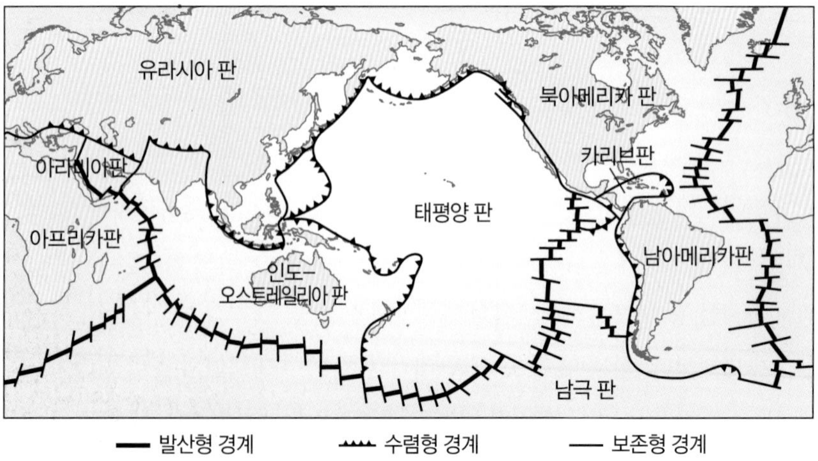

▲ 전세계 판의 분포

지각 변동을 설명하는 판 구조론에서 판의 경계의 종류에는 맨틀 대류의 상승부에 형성되는 **발산형 경계(divergent boundary)***와 맨틀 대류의 하강부에 형성되는 **수렴형 경계(convergent boundary)***, 판이 서로 다른 방향으로 이동하며 어긋나는 **보존형 경계** 등이 있다. 즉 지구의 표면을 이루는 판들의 여러 가지 경계 중 수렴형 경계에서는 해양판이 대륙판 밑으로 섭입함에 따라 해양판이 재용융되어 생성된 마그마가 분출하거나 관입할 때 대규모 광상이 생성되기도 한다.

판의 경계부에는 판이 확장하면서 열곡(rift)을 형성하기도 하고, 수렴하면서 산맥, 해구(trench), 호상 열도(island arc) 등을 만들기도 한다.

발산형 경계*
판과 판이 서로 멀어지는 경계이다.

수렴형 경계*
해양판이 대륙판 밑으로 들어가거나 대륙판끼리 충돌하여 습곡 산맥을 만드는 경계이다.

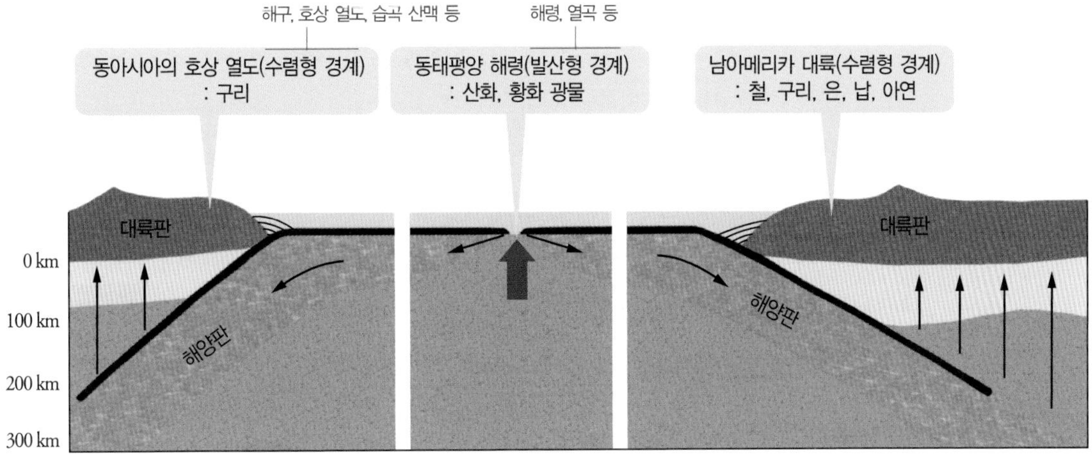

▲ 판의 경계

판 구조론은 1963년에 영국 케임브리지대학의 매슈스(Mathews, D. H., 1931 ~ 1997)와 바인(Frederick John Vine, F. J., 1939~)이 **지자기 역전(geomagnetic reversal)**을 발견하면서 확실하게 자리 잡았다. 암석에는 자성을 나타내는 물질이 들어 있는데, 이를 작은 자석들이 여러 개 들어 있다고 생각하면 편하다. 그런데 매슈스와 바인이 해령 주위 암석의 자성 물질이 나타내는 N극, S극의 방향을 조사해보니 해령에서 멀어지면서 주기적으로 N극, S극의 방향이 바뀌는 것으로 나타났다. 그리고 그런 양상은 해령을 중심으로 양쪽으로 대칭적인 모습을 보였다. 이를 지자기 역전이라고 부른다.

마그마가 나와서 해령의 양쪽 방향으로 흘러가며 식으면 굳어지는데 그 시점에서 지구의 자기장 방향에 따라 암석에 들어 있는 작은 자석의 N극과 S극 방향이 결정될 것이다. 그러니까 매슈스와 바인의 관찰은 과거 지구 자기장의 방향이 수 만 년 단위로 뒤바뀐 것을 말해준다. 과거 언젠가는 지금과 반대로 지구 북극 쪽이 S극, 남극 쪽이 N극이었다는 말이다. 그리고 그런 역전은 여러 번 반복되었다. 해령에서 멀수록 더 오래 전에 분출된 마그마가 굳은 것이다. 따라서 지자기 역전은 헤스의 해저 확장설에 대한 추가적 증거가 되었고, 판 구조론이 확립되는 데 결정적 역할을 하였다.

지구 자기장의 이용
과거에 생성된 암석에 기록되어 있는 지구 자기장의 방향을 해석하여 지질 시대의 지구 자기장의 방향 변화, 대륙 이동에 대해 알게 되었다.

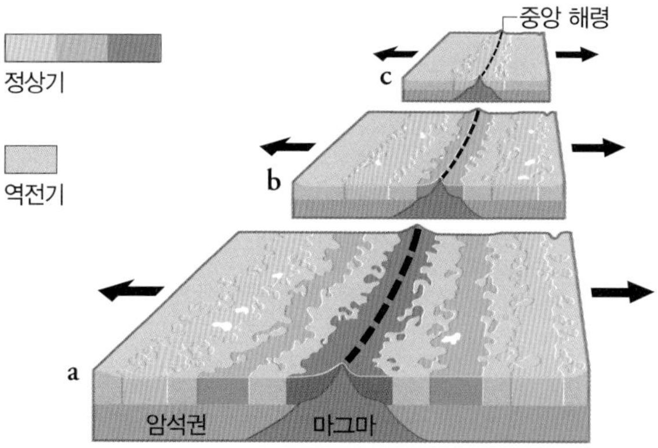

▲ 해저 확장과 지자기 역전

지권의 변화
지각을 포함한 판(암석권)은 맨틀 대류에 의해 이동하여 서로 충돌하거나 갈라지면서 화산 활동, 지진, 습곡 산맥 형성 등과 같은 지각 변동을 일으켜 현재의 지표 모습으로 변하였다.

판 구조론은 지구적인 물질과 에너지의 흐름을 보여 준다. 지구 중심에는 내핵과 외핵이 있지만 무거운 내핵과 외핵을 이루는 철은 지구 표면으로 빠져나오지 못한다. 외핵과 지각 사이의 맨틀은 지구 부피의 $\frac{3}{4}$ 정도를 차지하며, 암석 성분의 물질로 이루어졌다. 그런데 맨틀의 위쪽, 즉 지각과의 경계에서 온도는 1000 ℃, 아래쪽인 외핵과의 경계에서는 3700 ℃에 이른다. 따라서 맨틀에서 대부분의 암석은 녹은 상태이고, 외핵과 지각 사이에서 거대한 대류를 일으킨다. 그러다가 지판 사이의 취약한 경계면에서 맨틀이 해저 화산 활동을 통해 빠져나올 때는 막대한 양의 물질과 열에너지를 가지고 나온다.

개념 # 플러스 **맨틀의 구조**

지구 표면의 지각과 그 아래의 일부 맨틀을 포함하는, 온도가 낮고 (1300 ℃ 이하) 상대적으로 딱딱한 층 모양의 영역을 암석권이라고 한다.

수십 km 두께의 대륙 지각과 그 아래의 수 백 km 깊이까지의 맨틀을 대륙 암석권이라고 한다. 대륙 암석권은 분열 또는 충돌을 하여도 소멸하지 않는다.

약 5 km 두께의 해양 지각과 그 아래의 약 100 km 깊이까지의 맨틀을 해양 암석권이라고 한다. 해양 암석권은 장구한 세월 동안에 생성과 소멸을 반복한다.

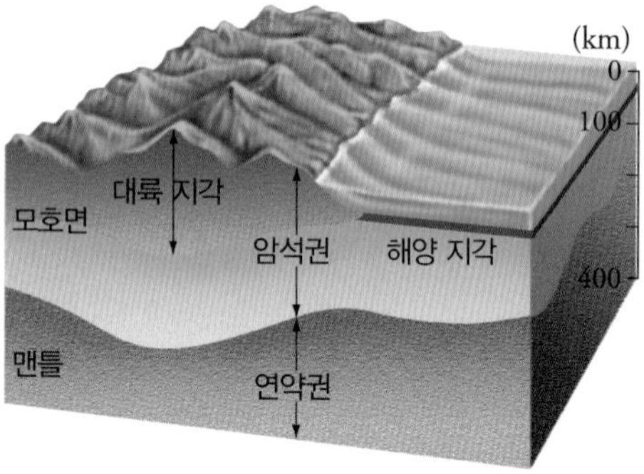

암석권 아래에 존재하며, 고체 상태 유동이 맨틀의 다른 깊이에서보다 쉽게 일어나는 온도–압력 상태에 있는, 두께가 얇은 맨틀을 연약권이라고 한다.

이런 활동이 특히 초기 지구에서 수 억 년 동안 활발하게 지속되었다면 이때 나온 물질과 에너지의 양은 어마어마했을 것이다. 해저 확장설을 통해 판 구조론이 자리 잡으면서 베게너가 제안했던 대륙 이동의 원인은 **맨틀 대류**인 것으로 이해되었다. 그리고 맨틀 대류를 일으키는 지구 내부의 열에너지는 오랜 시간에 걸친 중력 수축과 방사능 붕괴의 결과이다.

46억 년 지구의 역사에서 화산 활동은 굳은 지각이 생기기 전 초기 지구에서 가장 활발했고 시간이 흐르면서 점차 줄어들었다. 처음 지각이 생기고 베게너가 제안한 판게아가 생기기까지 약 40억 년 동안에도 지각이 갈라지고 합치는 과정이 있었을 것이다. 판게아는 최근의 모든 대륙이 하나로 뭉쳐진 모습인데, 그 전의 모습은 알 길이 없다.

Q 확인하기

지구 전체적으로 볼 때 가장 큰 물질과 에너지의 이동을 가져온 과정은?

① 지각과 대기의 상호 작용
② 지각과 해양의 상호 작용
③ 대기와 해양의 상호 작용
④ 지판 경계면에서 맨틀의 분출
⑤ 내핵과 외핵의 상호 작용

답 ④ | 지각, 해양, 대기에 비해 맨틀이 가진 물질과 에너지의 양이 압도적이다.

2.2 지권과 기권

학습목표 초기 지구에서 화산 활동을 통해 분출된 기체들이 초기 지구의 대기를 형성하고 후일 대기의 이산화 탄소가 암석의 성분으로 자리 잡은 것을 통해 지권과 기권의 상호 작용을 파악한다.

핵심개념
- ☑ 지권
- ☑ 기권
- ☑ 원시 대기

지권은 고체 지구를 둘러싸고 있는 단단한 부분인 지각과 맨틀의 상층부를 말한다. 지구 표면에 해당하는 지각은 앞에서 본대로 산소(47 %), 규소(28 %), 알루미늄(8 %) 등으로 이루어져 있다. 산소는 반응성이 커서 여러 원소들과 화합물을 만드는데, 이 화합물들은 밀도가 크지 않아 암석으로 존재하여 지구 바깥 부분인 지각을 이룬다. 지각은 지구 전체 부피의 약 1 %를 차지하며, 질량은 0.5 % 미만이다. 지각 아래의 맨틀에는 산소, 규소, 마그네슘이 풍부한데, 맨틀은 지구 부피의 83 %로 대부분을 차지하고 있으며, 지구의 중심에 해당하는 핵은 대부분 철과 니켈로 이루어져 있다. 즉, 밀도가 큰 금속 원소들이 지구 내부에 모이면서 지구의 핵을 이루는 것이다. 핵은 지구 부피의 약 16 %를 차지하지만 질량은 약 32 %를 차지한다.

기권은 지구의 대기 성분이 분포하는 공간으로, 대기권의 대부분은 질소(78 %), 산소(21 %), 그리고 아르곤(1 %)으로 이루어져 있으며, 헬륨, 네온과 같은 원소들도 미량 분포한다. 기권은 지구 대기권을 이루는 영역으로, 높이에 따른 기온 분포에 따라 대류권, 성층권, 중간권, 열권으로 구분한다.

현재 지구에서는 초기 지구에서와 달리 지권과 기권 사이의 직접적인 상호 작용은 많지 않다. 그러나 초기 지구에서 대기의 형성에는 지각의 내부에서 지구 표면으로 나오는 마그마와 함께 나오는 기체 성분이 중요한 역할을 하였다.

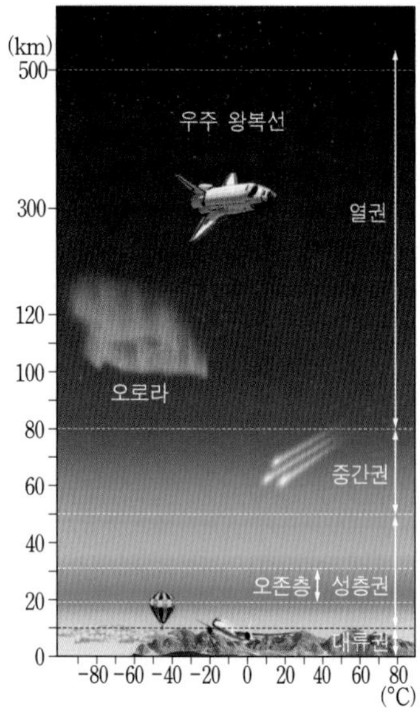

▲ 대기권의 층상 구조

개념 플러스 기권의 층상 구조

- 대류권: 지표면의 복사 에너지에 의해 가열되어 높이 올라갈수록 기온이 낮아지고, 대류 현상과 기상 현상이 나타난다.
- 성층권: 높이 올라갈수록 기온이 높아지는 안정한 대기층으로, 높이 20~30 km 부근에 존재하는 오존층이 태양의 자외선을 흡수한다.
- 중간권: 높이 올라갈수록 기온이 낮아져 대류 현상이 있다. 수증기가 거의 없어 기상 현상은 없다.
- 열권: 공기가 희박하여 밤과 낮의 기온 차가 크며, 극지방의 상공에 오로라가 나타나기도 한다.

초기 지구 대기의 조성은 현재 대기의 조성과 크게 달랐기 때문에 초기 지구 대기의 조성을 알려면 우리 주위의 금성과 화성의 대기를 알아보는 것이 좋다. 태양과 지구 사이의 거리를 1 천문단위(AU, astronomical unit)라고 하는데 금성은 태양으로부터 0.7 AU 거리에 있다. 그리고 금성의 질량은 지구 질량의 82 % 정도이다. 금성 대기의 압력은 약 100기압으로 지구 표면에서 대기압의 약 100배에 달한다. 그 중 96 % 정도는 이산화 탄소이고, 나머지는 질소와 약간의 산소, 그리고 메테인 등으로 이루어졌다. 태양으로부터 1.5 AU 거리에 있는 화성은 질량이 지구 질량의 11 % 정도여서 대기의 압력은 지구 대기압의 약 100분의 1 정도인데 조성은 금성과 마찬가지로 이산화 탄소와 질소가 대부분을 차지한다. 이로부터 초기 지구의 대기도 주로 이산화 탄소와 질소로 이루어졌으리라 추측할 수 있다. 그렇다고 해서 초기 지구의 대기에는 처음부터 이산화 탄소와 질소가 풍부했던 것은 아니다.

지구가 처음 태어났을 때의 대기를 **1차 원시 대기**라고 하는데, 1차 원시 대기에는 태양계의 원료인 수소와 헬륨, 그리고 약간의 질소, 물, 이산화 탄소, 암모니아, 메테인 등이 들어 있었을 것이다. 그러나 태양의 핵융합 반응이 활발해지고 많은 에너지가 나오면서 가벼운 수소와 헬륨은 태양계의 바깥쪽으로 밀려났다. 그리고 햇빛의 강한 자외선(ultraviolet light)을 흡수할 오존층(ozone layer)이 없을 당시에는 자외선이 직접 지구 표면에 도달해서 물, 암모니아, 메테인의 단일 결합을 깨뜨렸다. 그때 물, 암모니아, 메테인에서 떨어져 나온 수소 역시 지구로부터 태양계의 바깥쪽으로 밀려났다. 또한 물 분해로 생긴 산소는 암모니아(NH_3)와 메테인(CH_4)을 산화시켜서 질소(N_2)와 이산화 탄소(CO_2)를 만들었다. 그러나 1차 원시 대기의 대부분을 차지하는 수소와 헬륨이 사라진 다음에 대기의 압력은 아주 낮았다.

오존층의 형성
대기 중에 산소가 방출되고 산소 원자와 분자의 결합으로 오존이 형성되기 시작하였다. 오존층은 고생대 중기에 형성되었으며, 오존층의 형성으로 생물들의 육상 진출이 가능해졌다.

이산화 탄소의 생성: $CH_4 + 2O_2 \longrightarrow CO_2 + 2H_2O$

질소의 생성: $4NH_3 + 3O_2 \longrightarrow 2N_2 + 6H_2O$

그러다가 오래 계속된 화산 활동으로 분출된 기체 때문에 2차 원시 대기가 형성되었다. 화산에서 분출되는 기체의 60 % 정도는 수증기이고 나머지의 대부분은 이산화 탄소이다. 그리고 약간의 질소와 황화 수소(H_2S), 아황산 가스(SO_2), 염화 수소(HCl) 등이 들어 있다. 단일 결합으로 이루어진 수증기는 자외선에 의해 분해되었지만, 2중 결합으로 이루어진 이산화 탄소와 3중 결합으로 이루어진 질소는 남아서 2차 원시 대기의 주성분이 되었다. 이 상황은 금성이나 수성에서도 마찬가지였다. 물론 지구와 질량이 비슷한 금성은 대기를 붙잡아서 현재의 대기를 만들었지만, 가벼운 수성은 대부분의 대기를 잃어버렸다. 바다가 생기고, 광합성을 하는 생명체가 생기고 나서 지구의 대기는 이산화 탄소가 크게 줄면서 산소가 증가하는 등 금성과 화성에 비해 크게 달라졌다.

Q 확인하기

다음 중에서 대기의 조성이 크게 다른 것은?

① 지구의 1차 원시 대기와 현재 금성의 대기
② 지구의 1차 원시 대기와 현재 태양의 대기
③ 지구의 1차 원시 대기와 현재 목성의 대기
④ 현재 금성의 대기와 화성의 대기
⑤ 지구의 2차 원시 대기와 현재 금성의 대기

답 ① | 지구의 1차 원시 대기는 주로 수소와 헬륨, 현재 금성의 대기는 주로 이산화 탄소이다.

2.3 수권과 지권

학습목표 흐르는 물이 지각의 암석 성분을 녹여 바닷물의 산성도를 변화시키고, 이를 통해 전 지구적인 변화가 유발된 것을 이해한다.

핵심개념
- ☑ 수권
- ☑ 산성도
- ☑ 용해도

수권의 층상 구조
깊이에 따른 수온 분포를 기준으로 혼합층, 수온 약층, 심해층으로 구분된다.

수권은 기권의 수증기를 제외한 지구상에 물이 분포하는 공간으로, 해수, 빙하, 지하수, 호수, 하천수를 모두 포함하며, 크게 염수(salt water)와 담수(fresh water)로 나뉜다.

초기 지구에서 약 1억 년 동안은 소행성 충돌과 화산 활동이 계속되어 표면이 뜨거운 마그마로 뒤덮이고 굳은 지각은 찾아볼 수 없었다. 그리고 대기의 온도가 물의 끓는점보다 높아서 마그마에서 대기로 빠져나온 물은 모두 대기 중에 수증기로 존재하였다. 그러다가 소행성 충돌이 점차 그치고 표면 온도가 낮아지면서 지각이 생기고, 대기 중의 수증기가 액체 물로 바뀌어 엄청난 양의 비가 내렸다. 그런데 당시 대기에는 산성 물질인 이산화 탄소, 아황산 가스, 염화 수소 등이 들어 있어서 내린 비는 상당한 세기의 산성비였을 것이다. 즉, 태초의 바다는 지금과 달리 산성을 띠었다.

그 이후 수 천만 년, 수 억 년 동안 바닷물이 증발하고 다시 비가 내리면서 빗물은 강물이 되어 지각 성분을 녹아내리게 하였다. 지금도 계곡의 물이 흘러가다가 바위에 부딪

수권의 변화
육지로부터 운반된 나트륨 이온(Na^+), 마그네슘 이온(Mg^{2+}) 등과 해저 화산 폭발시 방출되어 해수에 녹은 염화 이온(Cl^-)에 의해 염분을 가진 현재의 바다가 되었다.

수권은 기후계와 지구의 에너지 평형, 생물의 물질대사 등 생명체의 존속에 필수적인 역할을 한다.

치면 바위를 돌아 흘러가는 것을 볼 수 있다. 단기적으로 보면 물이 어디로 갈지를 암석이 결정하지만, 아주 장기적으로 보면 어떤 암석이 먼저 사라지고 어떤 암석은 오래 살아남을지를 흐르는 물이 결정한다. 암석 성분마다 물에 대한 용해도가 다르기 때문이다.

그런데 암석의 주성분은 이산화 규소이지만 암석에는 각종 금속 성분도 들어 있다. 그리고 산화 칼슘(CaO)이 물과 반응하면 염기성 물질인 수산화 칼슘($Ca(OH)_2$)이 되는 것을 보아 알 수 있듯이 대부분의 금속은 물에서 염기성을 나타낸다. 그래서 장기간에 걸쳐 지각이 강물에 씻겨 내리면 태초의 바다는 지금의 바닷물처럼 약한 염기성을 나타내게 된다. 그러면 대기에 풍부하던 이산화 탄소가 대규모로 염기성인 바닷물에 염으로 녹아들어간다. 그러면서 이산화 탄소의 온실 효과(greenhouse effect)도 약해져서 지구 표면은 생명체가 태어나고 살아가기에 적합한 환경이 된다. 따라서 수권과 지권의 관계는 필연적으로 기권과의 관계를 불러온다.

후일 지금부터 약 20억 년 전에 바다에서 광합성이 왕성해지면서 이산화 탄소가 많이 소비되고 다시 대기의 이산화 탄소가 바다에 녹고, 바다에 녹은 이산화 탄소는 칼슘과 반응하여 탄산 칼슘($CaCO_3$) 염을 만들어서 나중에 지권으로 돌아갔다. 또한 광합성의 부산물인 산소는 바닷물에 녹아 있는 2가 철 이온(Fe^{2+})을 3가 철 이온(Fe^{3+})으로 산화시키고, 3가 철 이온은 −2가의 산화 이온(O^{2-})과 단단하게 결합해서 산화 철(Fe_2O_3)로 침전하였다. 이 산화 철은 후일 지권에서 가장 중요한 광물의 하나인 철광석이 된다. 인류의 철기 문명은 약 20억 년 전에 일어난 수권과 지권의 상호 작용의 결과인 것이다. 산소는 한편으로는 바닷물의 철 이온을 산화 철로 침전시키고, 다른 한편으로는 대기로 빠져나와 대기의 산소 농도를 서서히 증가시켰다. 대기의 산소 농도가 증가하기 시작한 것도 약 20억 년 전부터라고 한다.

개념# 플러스 탄소의 순환

탄소는 모든 생명체의 중심 구성 원소로 토양, 물, 식물과 동물, 암석, 대기권 등에서 발견된다. 이들 속에 함유되어 있는 탄소는 주로 이산화 탄소의 형태로 서로 주고받는데, 이를 탄소 순환이라고 한다. 이러한 지구의 탄소 순환 과정과 인간 활동은 대기 중의 이산화 탄소 증가에 많은 영향을 미친다. 탄소는 기권에서는 이산화 탄소로, 지권에서는 석회암이나 화석연료로, 수권에서는 탄산 이온으로, 생물권에서는 유기물의 형태로 존재한다.

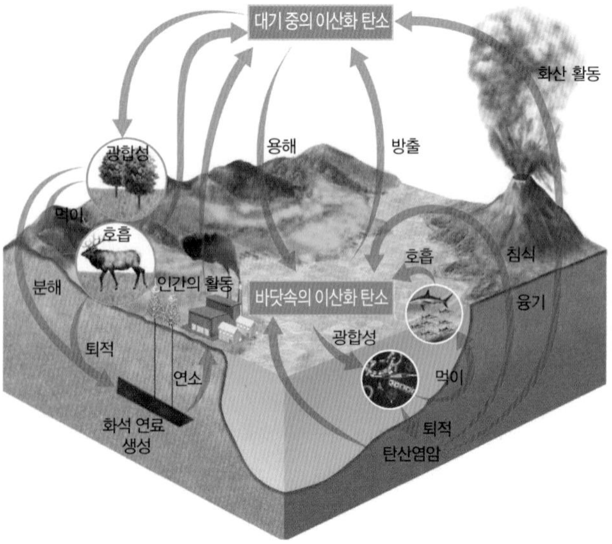

Q 확인하기

물과 반응해서 산성도를 증가시키는 물질을 | 보기 |에서 있는 대로 고르시오.

| 보기 |
ㄱ. 이산화 탄소 ㄴ. 아황산 가스 ㄷ. 염화 수소 ㄹ. 산화 나트륨

답 ㄱ, ㄴ, ㄷ | 산화 나트륨은 물과 반응해서 수산화 이온을 내놓아 염기성을 나타낸다.

$Na_2O + H_2O \longrightarrow 2Na^+ + 2OH^-$

2.4 수권과 기권

학습목표 물이 수권과 기권을 순환하면서 지구 환경과 생태계를 조성하는 것을 이해한다.

핵심개념
- 물의 순환
- 담수

지구 시스템에서 일어나는 여러 순환 과정 중에서 가장 대규모적으로 일어나고 또 생태계에 중요한 영향을 미치는 기권과 수권에서의 물의 순환에 대해 알아보자.

지구 표면의 물 전체 중 97.5 %는 바다에 들어 있다. 그런데 바닷물은 3.5 %의 소금물이기 때문에 우리가 마실 수 있는 담수가 아니다. 바닷물을 제외한 나머지 2.5 %는 담수이고 대기에 들어 있는 물은 양이 매우 적다. 담수의 70 % 정도는 극지나 고산 지대의 얼음과 눈에 붙잡혀 있고, 나머지 30 % 정도는 지하수이다. 그리고 우리 주위에서 비교적 쉽게 얻을 수 있는 호수와 강의 물은 전체 담수의 0.3 %에 불과하다.

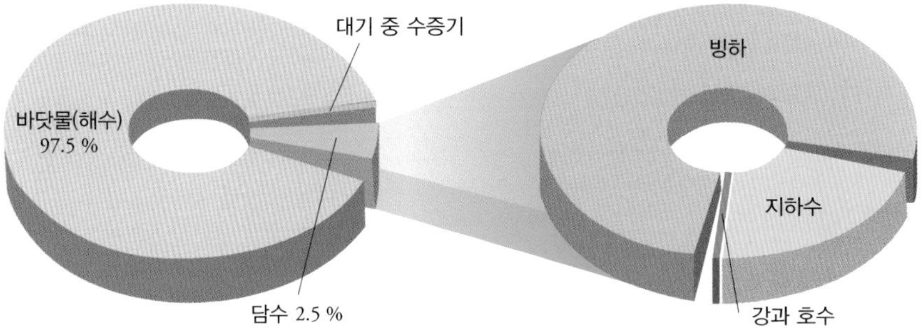

▲ 지구상의 물의 분포와 존재비

지구 표면에서는 매년 58만 km^{3}라는 막대한 양의 물이 증발해서 대기로 이동한다. 그런데 지구 표면의 4분의 3이 바다이고, 나머지 4분의 1 중에서 호수와 강이 차지하는 부분은 많지 않기 때문에 증발하는 물의 87 %는 바다에서 증발한다. 한편 증발한 물이 비로 내릴 때는 대부분이 바다로 내리지만 상당한 부분이 육지와 내륙의 호수나 강으로 내린다. 그래서 결과적으로 약 5만 km^3, 그러니까 증발한 물의 거의 10 %가 바다로부터 육지

및 내륙의 강과 호수로 이동하는 효과가 나타난다. 그리고 이 물은 지하수와 강물로 다시 바다로 돌아간다. 그 과정에서 물은 지구 표면의 온도를 조절하고 생태계를 조성한다.

그런데 만일 대기의 흐름이 없다면 바다에서 증발한 물은 비가 되어 그대로 바다로 떨어지고, 육상에서 증발한 물은 비가 되어 그대로 육상으로 떨어질지 모른다. 그리고 그렇다면 육상의 강수량은 지금보다 훨씬 적어서 가뭄이 잦고 사막화가 심할 것이다. 다행히 지구의 자전 효과 등 여러 가지 이유로 대기는 흐르고 그래서 바다에서 증발한 물은 구름이 되고 구름은 바람을 따라 퍼져서 여기저기에 비를 내린다. 구름은 바닷물을 운반해 주는 역할을 하는 셈이다. 수권은 증발과 비를 통해서 기권과 상호 작용을 하고, 기권은 구름과 비를 통해서 지권과 상호 작용을 하고, 다시 지권은 지하수, 강물 등을 통해서 수권과 상호 작용을 해서 지구 전체적인 상호 작용이 이루어지는 것이다.

탐구 시그마

자료

- 기권: 지구의 대기 성분이 분포하는 공간이다.
- 수권: 기권의 수증기를 제외한 지구상에 물이 분포하는 공간이다.
- 지권: 고체 지구를 둘러싸고 있는 단단한 부분인 지각과 지구 내부이다.

분석

영향	기권	수권	지권
기권	• 대기의 순환	• 이산화 탄소의 용해 • 수증기의 응결에 의한 강수	• 풍화 작용
수권	• 바다에서의 물의 증발	• 물의 순환	• 풍화, 침식, 운반, 퇴적 작용 • 침전에 의한 석회암 생성
지권	• 화산 가스의 분출	• 지진 해일 발생	• 암석의 순환

Q 확인하기

다음 설명 중 옳은 것은?

① 지구 표면의 물은 대부분 담수이다.
② 바다에서 증발한 만큼의 물은 결국 바다로 돌아간다.
③ 바다에서 증발한 만큼의 물은 비로 바다에 내린다.
④ 지구상에서 대부분의 소금기가 없는 물은 호수에 들어 있다.
⑤ 육지나 호수와 강에서 증발한 것과 같은 양의 물이 육지나 호수와 강에 내린다.

답 ② | 바다에서 증발한 것보다 적은 양의 물이 바다에 비로 내리고, 육지나 호수와 강에서 증발한 것보다 많은 양의 물이 비로 육지나 호수와 강에 내린다. 바다에서 증발한 물은 직접 바다로 돌아가거나 육지나 호수와 강을 거쳐서 바다로 돌아간다. 그래서 결국 바다에서 증발한 만큼의 물은 바다로 돌아간다. 지구상의 대부분 소금기가 없는 물은 빙산이나 빙하의 얼음과 극지의 눈에 들어 있다.

연/ 습/ 문/ 제/

해답 214쪽

01 해저 확장설을 주창한 사람은?

① 베게너 ② 허블 ③ 헤스
④ 매슈스 ⑤ 킬링

02 다음 중 화산에서 분출되는 기체에 가장 많이 들어 있는 물질은?

① 수소 ② 이산화 탄소 ③ 질소
④ 수증기 ⑤ 메테인

03 초기 지구의 대기 성분 중 자외선에 의해 쉽게 분해되는 것만을 | 보기 |에서 있는 대로 고른 것은?

| 보기 |
ㄱ. 산소 ㄴ. 질소
ㄷ. 수증기 ㄹ. 이산화 탄소

① ㄱ, ㄴ ② ㄱ, ㄷ ③ ㄴ, ㄷ
④ ㄴ, ㄹ ⑤ ㄷ, ㄹ

04 그림은 물의 순환을 나타낸 것이다.

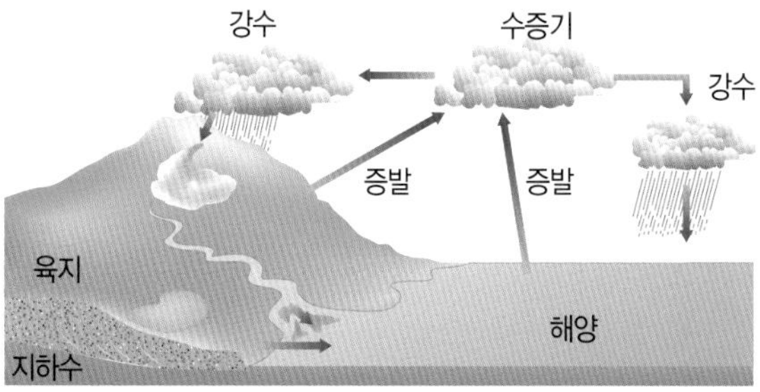

(단위: 1000 km^3/년)

이에 대한 설명으로 옳은 것만을 | 보기 |에서 있는 대로 고른 것은?

| 보기 |
ㄱ. 육지에서는 강수량이 증발량보다 적다.
ㄴ. 지구 전체의 총증발량은 총강수량과 같다.
ㄷ. 물은 지구 환경에서 상태를 바꾸면서 순환한다.

① ㄱ ② ㄱ, ㄴ ③ ㄱ, ㄷ
④ ㄴ, ㄷ ⑤ ㄱ, ㄴ, ㄷ

05 지구상 대부분의 담수는 어디에 있을까?

① 바다 ② 강
③ 지하수 ④ 호수
⑤ 극지나 고산 지대

06 그림은 지구 환경을 구성하는 각 권의 상호 작용을 나타낸 것이다. A~C의 예로 옳은 것만을 | 보기 |에서 있는 대로 고른 것은? (단, 화살표 방향을 고려한다.)

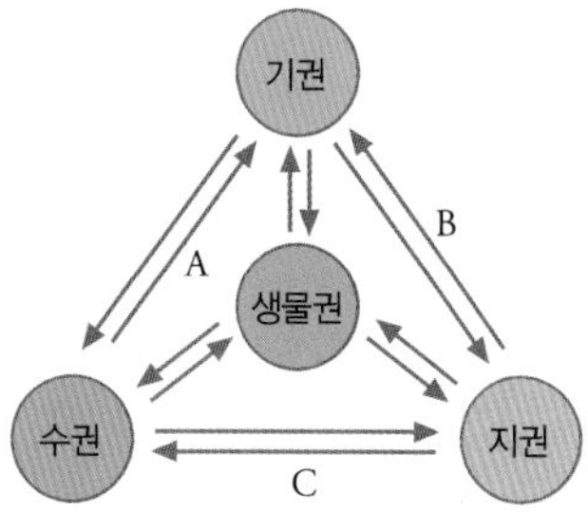

| 보기 |
ㄱ. A – 이산화 탄소의 용해
ㄴ. B – 화산 활동에 의한 화산재의 분출
ㄷ. C – 석회암의 생성

① ㄱ ② ㄴ ③ ㄷ
④ ㄱ, ㄷ ⑤ ㄴ, ㄷ

핵심 개념 확/ 인/ 하/ 기/

❶ ________의 출발점이 된 대륙 이동설은 독일의 베게너가 처음 제안하였는데, 나중에 대륙 이동의 원인은 ________로 알려졌다.
❷ 고체 지구를 둘러싸고 있는 단단한 부분인 지각과 맨틀의 상층부를 ________이라고 한다.
❸ 기권은 지구의 대기 성분이 분포하는 공간으로, 대기권의 대부분은 ________와 ________ 기체로 이루어져 있다.
❹ 판과 판이 서로 멀어지는 경계를 ________ 경계라고 한다.
❺ 20억 년 전에 바다에서 광합성이 왕성해지면서 ________가 많이 소비되고 다시 대기의 ________가 바다에 녹고, 바다에 녹은 ________는 칼슘과 탄산 칼슘 염을 만들어서 나중에 지권으로 돌아갔다.

3

생명 시스템

모든 생명체는 일단 태어난 후 자신의 일생을 통해 생존 내지 생육해야 한다. 그리고 가능하면 죽기 전에 자식을 나아서 번식을 해야 그 종이 번영하게 될 것이다. 외부로부터 물질과 에너지를 받아들여서 생존에 사용하는 모든 작용을 대사라 하고, 번식에 관련된 작용을 유전이라고 한다. 지구상의 동물, 식물, 미생물 등 모든 생명체에서 대사 시스템과 유전 시스템은 유기적으로 연결되어서 하나의 생명 시스템을 이룬다. 우리 몸도 호흡을 담당하는 폐, 혈액의 흐름을 담당하는 심장, 소화 기관, 눈과 귀 등 감각 기관, 신경계, 두뇌, 근육 등 운동 기관, 호르몬 등 조절 기관 등이 모인 시스템이다. 이 단원에서는 생명 현상에 관련된 중요한 시스템 몇 가지를 알아본다.

3.1 세포와 소기관

학습목표 생명의 기본 단위인 세포의 구조, 크기, 소기관 등을 이해한다.

핵심개념
- ✓ 항상성
- ✓ 인지질
- ✓ 세포막
- ✓ 세포 소기관

세포(cell)*는 생명의 가장 기본적인 단위이고 시스템이다. 세포가 시스템으로 작동하기 위해서는 항상 일정한 온도, 수분, 이온 농도, 소기관 등 내부 구조 유지 등이 이루어져야 한다. 이처럼 외부 환경의 변화에 대응해서 내부 환경을 조절하여 항상 같은 상태를 유지하는 것을 **항상성 유지(homeostasis)**라고 하는데 그러기 위해서는 일단 세포의 내부를 외부로부터 구분하고 보호할 필요가 있다.

세포*
외부와 내부 사이에 물질의 출입을 조절하는 세포막을 가지며, 물질대사를 위한 효소(단백질)와 자신의 복제를 위한 유전 정보를 저장할 수 있는 핵산을 가지고 있다.

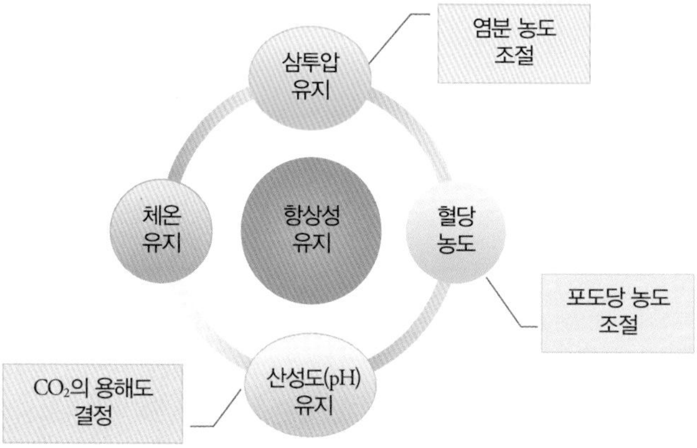

▲ 항상성 유지

| 세포막 |

육상에 살고 있는 생명체 내부는 대부분이 물로 이루어져 있다. 생명 활동에 필요한 화학 반응은 대부분 수용액에서 일어나기 때문이다. 따라서 개체 내에 물을 저장하기 위한 장치가 필요하다. 적정량을 유지해야 하는 중요한 물질은 물 이외에도 여러 가지가 있다.

생명체는 항상성 유지를 위해, 나아가서 개체의 유지를 위해 **인지질(phospholipid)**과 단백질로 구성된 **세포막(cell membrane)***을 개발하였다.

세포막*
세포를 둘러싸고 있어 세포의 형태를 유지하고, 물질을 받아들이고 부산물을 내보내는 등 세포 간 물질 이동을 조절하는 역할을 한다.

그럼 세포막은 어떤 특성을 지녀야 할까? 세포막의 안쪽이나 바깥쪽이나 모두 물이 풍부한 환경이다. 따라서 세포막의 안쪽 부분과 바깥쪽 부분 모두 물과 잘 섞이면서도, 전체가 다 함께 섞여서는 안 될 것이다. 한 분자 내에 물과 잘 섞이는 친수성(hydrophilic) 부위와 물과 잘 섞이지 않는 소수성(hydrophobic) 부위가 같이 들어 있다면, 소수성 부위가 가운데로 모이고 친수성 부위가 양쪽으로 세포 안팎을 향하는 유용한 세포막이 만들어질 것이다.

이처럼 양쪽 성질을 가져서 세포막에 사용되는 분자의 대표적 예에 **인지질**이 있다. 인지질의 머리 부분은 양전하와 음전하를 가진 부분이 있어서 친수성이고 꼬리 부분은 탄화수소(hydrocarbon)로 이루어져서 소수성이다. 이렇게 만들어진 세포막은 상당히 유동적이고 구멍들이 있어서 세포 안과 밖 사이의 농도 차이에 의해 물질이 단순히 확산*으로 이동하기도 하고, 또는 세포막에 끼어 있는 단백질의 구조에 따라 특정한 물질은 능동적으로 이동하기도 한다. 세포막에는 물이나 이온들을 통과시키는 통로도 있고, 외부의 신호를 받아서 안으로 전달해 주는 단백질이 막에 끼어있기도 한다(유동 모자이크막).

확산*
액체나 기체에서 분자들이 스스로 농도가 높은 쪽에서 낮은 쪽으로 퍼져 나가는 현상이다.

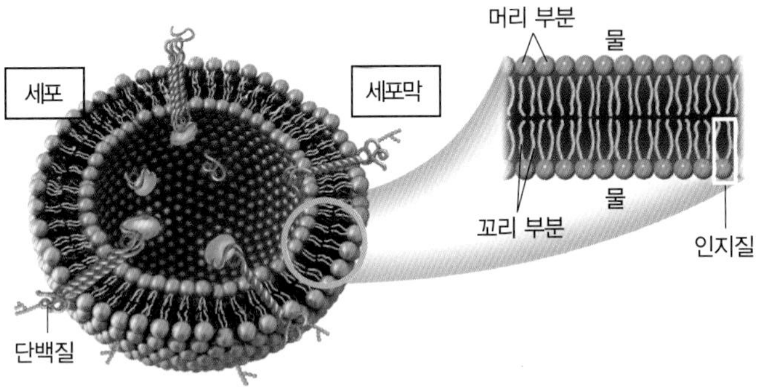

▲ 세포와 세포막

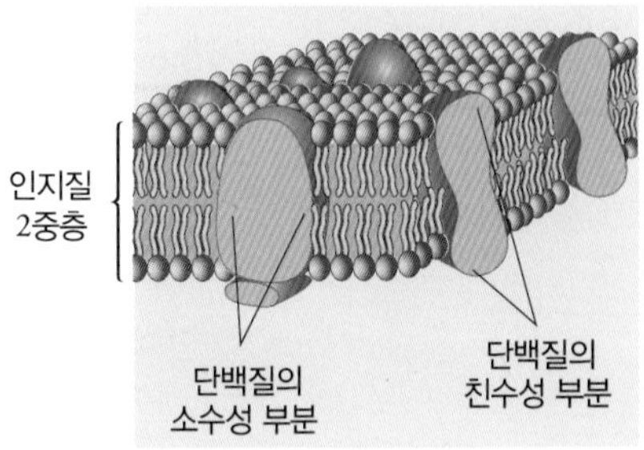

▲ 유동 모자이크막

개념#플러스 인지질

인지질은 지질에 인산이 결합된 구조로, 인지질의 인산 부위(머리)는 물에 친화력이 있는 친수성 부위이고, 지방산(꼬리)은 물을 멀리하려는 소수성 부위이다.

물속에서 친수성인 머리 부분은 바깥쪽으로 물과 접하고, 소수성인 지방산 꼬리 부분은 안쪽으로 마주하여 물과 분리되며 2중층을 이룬다.

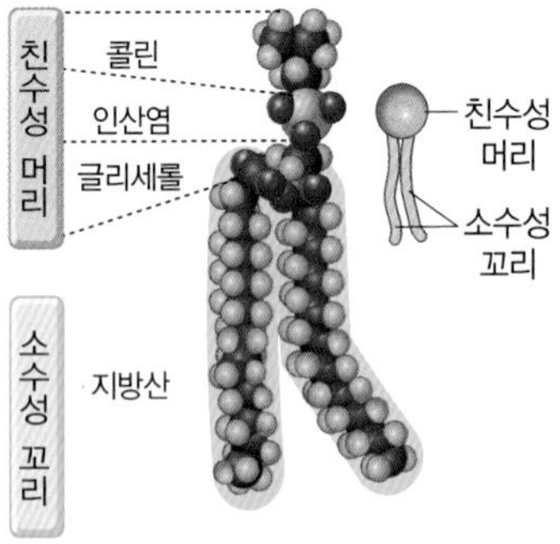

Q 확인하기

세포막에 대한 설명으로 옳은 것은?

① 세포의 바깥쪽은 친수성, 안쪽은 소수성이다.
② 세포의 바깥쪽은 소수성, 안쪽은 친수성이다.
③ 세포막의 친수성 부분에는 산소, 질소 등 전기음성도가 높은 원소가 들어 있다.
④ 세포막의 소수성 부분에서 탄소와 수소는 전기음성도 차이가 크다.
⑤ 인지질의 중심에 위치한 글리세롤은 −OH 기가 2개인 알코올이다.

답 ③ | 산소(O), 질소(N)와 같이 전기음성도가 높은 원소가 전기음성도가 낮은 원소와 결합하면 극성이 나타나고 물과 잘 섞인다.

| 세포의 크기 |

세포는 1653년에 영국의 훅(Hooke, R., 1635~1703)이 발견하고 'cell'이라고 이름 지었다. 훅은 얇은 코르크를 50배 배율의 현미경으로 조사했는데 여러 개의 작은 공간이 막으로 둘러싸인 모습이 보였다. 훅은 죽은 식물 세포를 관찰한 것이다. 1670년대에는 레이우엔훅(Leeuwenhoek, A. van., 1632~1723)이 미생물을 발견하였고, 그 후에 살아있는 식물과 동물의 세포가 발견되었다. 1839년에 슈반(Schwann, T., 1810~1882)은 모든 동식물의 기본 단위는 세포라는 **세포설**을 제창하였다.

인체는 약 60조 개의 세포로 이루어졌다. 단세포 생물에서나 고등 동물에서나 하나하나의 세포는 외부로부터 물질을 흡수하여 새로운 물질을 합성하거나 분해하면서 생명 활동에 필요한 물질과 에너지를 얻는 **물질대사**를 한다.

인간은 망원경(telescope)을 발명해서 거시 세계(macro-world)를 관찰하였고, 현미경(telescope)을 발명해서 미시 세계(micro-world)를 관찰하였다. 그리고 분광기(spectroscope)를 발명해서 양자 세계(quantum-world)를 관찰하였다. 이처럼 인간은 도구의 발명을 통해 시야(scope)를 넓혀 왔다.

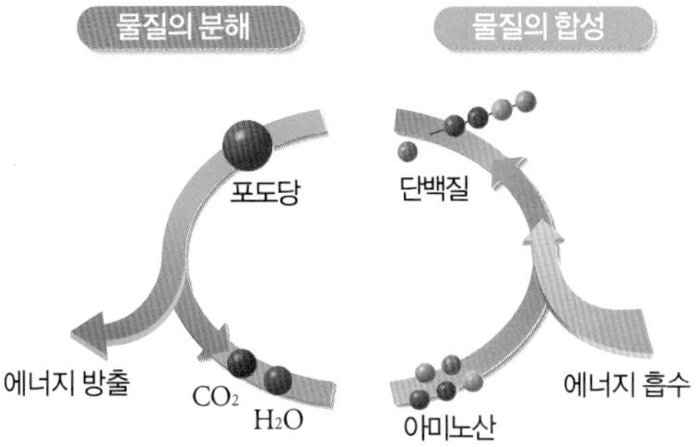

▲ 물질대사

세포는 물질대사를 통해 일생을 살아가고, 세포 분열을 통해 대물림을 하는 생명의 기본 단위인 것이다. 생명체에서 물질대사 과정은 단백질을 주성분으로 하는 **효소**의 촉매작용(catalytic action)에 의해 일어난다.

인체의 세포는 크기가 다양하다. 정자의 지름은 3 μm 정도이고, 적혈구의 지름은 5 μm, 백혈구의 지름은 10 μm 정도이다. 가장 큰 세포에는 나중에 자라서 난자가 되는 난모 세포가 있는데 지름이 130 μm로 머리카락의 굵기 정도이다. 인체에서 대부분의 세포는 크기가 10 μm 내외인 것을 짐작할 수 있다. 단세포 세균인 대장균은 굵은 막대 모양인데 길이가 2 μm 정도이다.

Q 확인하기

인체의 밀도를 1 g/cm³라고 하자. 60 kg의 인체가 60조(6×10^{13}) 개의 세포로 채워졌다고 하면 세포의 크기는 평균적으로 다음 중 어느 것에 가까운가?(세포를 정육면체 모양이라고 가정한다.)

① 10 nm ② 100 nm ③ 1 μm ④ 10 μm ⑤ 100 μm

답 ④ |

인체의 부피 = $(60\times10^3\ g)\div(1\ g/cm^3) = 6\times10^4\ cm^3 = 6\times10^{-2}\ m^3$

세포의 부피 = $(6\times10^{-2}\ m^3)\div(6\times10^{13}) = 10^{-15}\ m^3$

세포 한 변의 길이 = $(10^{-15}\ m^3)^{1/3} = 10^{-5}\ m = 10\ \mu m$

| 세포 소기관 |

세포는 핵이 없는 **원핵세포(prokaryote)**와 핵이 있는 **진핵세포(eukaryote)**로 나눌 수 있다. 진핵세포는 복잡한 기능을 나누어 수행하기 위해 여러 가지의 **소기관(organelle)**을 가지고 있다. 소기관도 막에 둘러싸여 있다. **핵**은 DNA를 보관하고 복제하는 소기관이다. **리보솜(ribosome)**은 과립 구조이며 단백질을 합성하는 소기관이다. 다른 중요한 소기관으로 광합성을 하는 **엽록체(chloroplast)**는 2중막 구조로 빛에너지를 이용하여 유기물을 합성하며 식물 세포에만 들어 있다. **미토콘드리아(mitochondria)**는 2중막 구조이며, 유기물을 산화시켜 ATP(adenosine triphosphate)*를 만들어내는 세포 내의 발전소에 해당한다. 그 밖에도 골지체(Golgi body), 리소좀(lysozome) 등 다양한 소기관이 있다.

ATP*
지구상에 존재하는 대부분의 생물은 ATP를 이용하여 에너지를 공급받는다. ATP는 아데노신(아데닌+당)에 인산기 3개가 결합한 화합물로, 인산기 1개가 분리될 때마다 약 7.3 kcal의 에너지가 방출된다.

개념# 플러스 **원핵세포와 진핵세포 – 핵막의 유무로 분류한다**

- **원핵세포**: 대부분 1~10 μm로 크기가 작으며, 세포막과 펩티도글리칸 성분으로 된 세포벽이 있다. 핵막이 없어 유전 물질(DNA)이 세포질에 흩어져 있다. 단백질을 합성하는 리보솜은 있지만 막 구조로 된 세포 소기관은 없고, 대부분 편모가 있다. 젖산균, 대장균과 같은 종속 영양 생물과 홍색세균, 홍색황세균, 남조류와 같은 독립 영양 생물이 있다.
- **진핵세포**: 10~100 μm의 크기로 원핵세포에 비해 크다. 세포막으로 둘러싸여 있고, 식물 세포는 셀룰로스 성분의 세포벽이 있다. 유전 물질이 2중막으로 둘러싸인 핵 속에 들어 있으며, 리보솜과 함께 미토콘드리아와 엽록체, 소포체와 같이 막 구조로 된 세포 소기관을 가졌다. 원생생물과 균류, 동물, 식물이 있다.

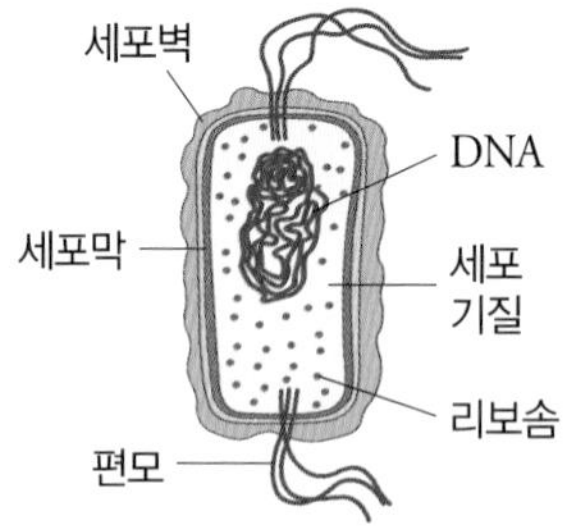

원핵세포(세균)

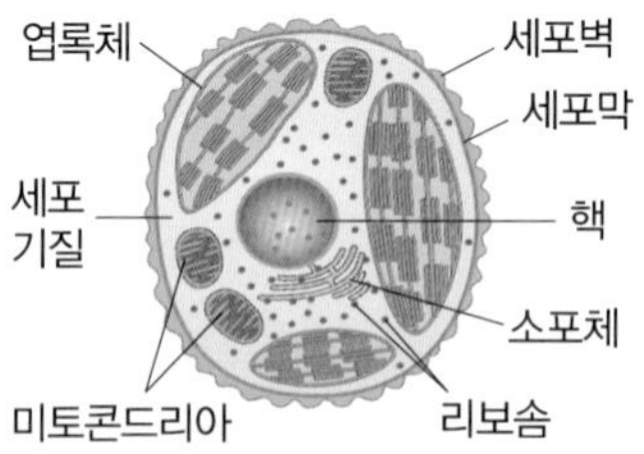

진핵세포(클로렐라)

초기 생물은 살아가는 데 필요한 유기 물질을 스스로 만들어낼 능력이 없기 때문에 기존에 만들어져 있던 유기 물질을 먹이로 하여 살아가며 번식하였다. 이를 **종속 영양 생물(heterotroph)***이라고 한다. 그런데 오랜 시간 동안의 번식으로 인해 기존의 유기 물질들이 거의 다 소모되는 위기가 닥치게 되었을 것이다. 그래서 이 위기를 기회로 하여 태양 에너지를 사용해서 스스로 화학 에너지를 만들어낼 수 있도록 세포의 광합성 시스템이 발전하게 되었다. 이산화 탄소와 물처럼 이미 산화되어 안정하기 때문에 화학적으로 반응성이 없는 물질로부터 생명체가 세포 활동에 사용할 수 있는 포도당을 만들어 종속 영양 생물로부터 **독립 영양 생물(autotroph)***로 나아가게 된 것이다.

종속 영양 생물*
생명 활동에 필요한 유기물을 외부로부터 얻는 생물이다.

독립 영양 생물*
스스로 영양소를 합성하여 자신이 살아가는 데 쓰는 생물이다.

그런데 에너지 위기를 극복하게 해준 광합성은 다른 위기를 가져왔다. 광합성 과정에서 햇빛에 의해 물이 분해되어 산소가 부산물로 생긴다. 산소는 반응성이 높기 때문에 세포 내의 단백질, DNA 등을 공격해서 산화시키고, 돌연변이(mutation)를 자주 일으켰다. 이 위기를 기회로 삼은 종은 살아남았다. 산소를 대사 과정에 끌어들여서 산화 반응에서 나오는 많은 에너지를 사용하는 방법을 개발한 호기성 세균(aerobic bacteria)* 은 나중에 다른 세포에 들어가서 공생 관계를 시작하게 되었다. 오늘날 동물 세포에서 산화 반응을 통해 에너지를 생산하는 미토콘드리아는 호기성 세균의 유물이라고 생각된다. 한편 광합성 세균은 다른 세포와의 공생 관계를 통해 식물의 엽록체가 되었다. 이처럼 세포 내에도 다양한 내부 시스템이 존재한다.

호기성 세균*
산소가 있어야만 살 수 있는 세균으로, 산소를 이용하여 영양소를 산화, 분해하고 이때 발생하는 에너지를 이용한다.

개념# 플러스 공생설의 근거

미토콘드리아나 엽록체는 2중막으로 되어 있으며, 자체 내에 DNA와 리보솜을 함유하고 있어 독자적인 자기 복제가 가능하다.

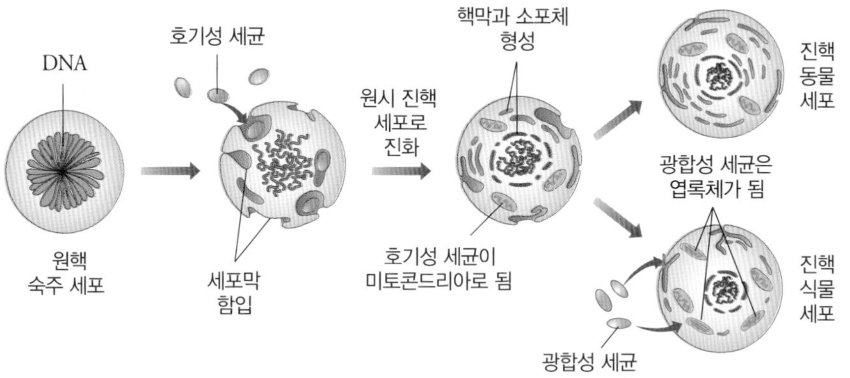

▲ 세포내 공생설

3.2 대사 시스템

학습목표 대사가 동화 작용과 이화 작용으로 이루어진 시스템인 것과 대사에 관련된 효소 단백질의 역할을 이해한다.

핵심개념
- ✓ 동화 작용
- ✓ 이화 작용
- ✓ 효소

하나의 세포가, 또는 하나의 개체가 살아가는 데 필요한 대사 작용은 동화 작용과 이화 작용으로 나눌 수 있다. **동화 작용(anabolism)**은 작고 간단한 물질로부터 크고 복잡한 물질을 만드는 과정으로, 에너지를 흡수하는 흡열 반응이며, 광합성, 단백질 합성 등이 이에 해당한다. **이화 작용(catabolism)**은 크고 복잡한 물질을 단순한 물질로 분해하는 과정으로, 에너지를 방출하는 발열 반응이며, 호흡, 소화 등이 이에 속한다.

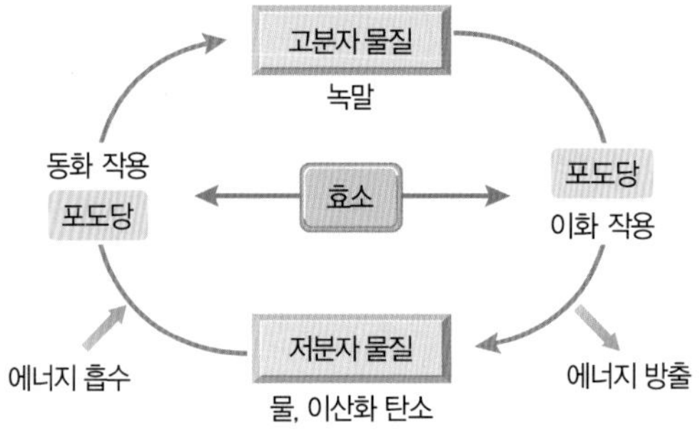

▲ 동화 작용과 이화 작용

| 동화 작용 |

식물이 분자량이 44인 이산화 탄소와 분자량이 18인 물로부터 분자량이 180인 포도당을 만드는 광합성은 **탄소 동화 작용(carbon dioxide assimilation)**이라고도 불리는 대표적인 동화 작용이다. 벽돌을 쌓아서 건물을 지으려면 일을 해야 하듯이 광합성에도 에너지가 필요하다. 이 에너지는 태양에서 온다.

이산화 탄소와 물과 햇빛이 있다고 해서 포도당이 자동적으로 만들어지지는 않는다. 일단 햇빛을 받아들이는 장치가 필요하다. 그래서 엽록체의 막에는 햇빛을 받아들이는 안테나 역할을 하는 엽록소(chlorophyll)가 있다. 그 다음에는 받아들인 태양 에너지를 사용해서 물을 분해해야 하는데, 물 분해는 몇 개의 단백질이 모인 복합체가 수행한다. 물을 분해할 때 나온 산소 원자는 둘이 결합해서 산소 분자가 되어 공기로 나간다. 우리가 호흡하는 공기 중의 산소는 대부분 광합성의 부산물이다. 햇빛을 받아 물을 분해하는 반응을 **명반응(light reaction)**이라고 한다.

물을 분해할 때 나온 수소도 산소처럼 공기로 나가버린다면 이산화 탄소를 포도당으로 바꾸는 반응에 사용될 수 없을 것이다. 약 35억 년 전에 태초의 광합성 세균은 놀라운 방법을 개발했는데, 수소는 수소 이온(H^+)과 전자(e^-)로 분리되어 따로 물이 분해된 부위로부터 이산화 탄소와 반응하는 부위로 이동한다. 이때 물에 잘 녹는 수소 이온은 엽록체 내의 수용액 부분을 따라 이동하고, 전자는 막을 따라 이동한다. 이렇게 해서 형성된 높은 농도의 수소 이온은 ATP를 합성하는 데 사용된다. 높은 화학 에너지를 가진 ATP 합성도 중요한 동화 작용의 하나이다. 전자가 막을 따라 이동하는 데도 막에 끼어 있는 몇 가지 단백질들이 중요한 역할을 하고, ATP 합성에서도 효소 단백질이 필수적이다.

개념# 플러스 효소

자신은 반응하지 않고 반응을 촉진(촉매)하는 물질로, 한 가지 효소는 한 가지 반응에만 관여한다. 단백질로 구성되었으며, 생명체 내에서 일어나는 물질대사를 촉매하는 역할을 한다. 생명 활동은 다양한 화학 반응(물질대사)에 의해 일어나는데, 이는 효소의 작용에 의해 가능하다. 다양한 효소는 DNA의 유전 정보에 의해 합성된다. 반응에 필요한 활성화 에너지의 크기를 변화시켜 생체 내 화학 반응 속도에 영향을 주는 물질이다.

식물의 잎이 공기로부터 받아들인 이산화 탄소가 포도당으로 바뀌는 **암반응(dark reaction)**은 명반응과 다른 부위에서 일어난다.

개념# 플러스 암반응과 루비스코

암반응의 첫 단계는 이산화 탄소를 세포 내에 들어 있는 5개의 탄소 원자로 이루어진 화합물, 즉 5탄당과 결합시켜서 6탄당으로 바꾸는 반응이다. 이 반응을 일어나게 하는 효소 단백질은 루비스코(Rubisco)라고 불리는데, 루비스코는 지구상에서 가장 양이 많은 단백질이라고 생각된다. 동물에서 가장 풍부한 단백질은 콜라젠이라는 구조 단백질인데, 지구상에는 동물보다 식물이 훨씬 많고 모든 식물이 광합성을 하므로 루비스코가 가장 풍부할 것이다.

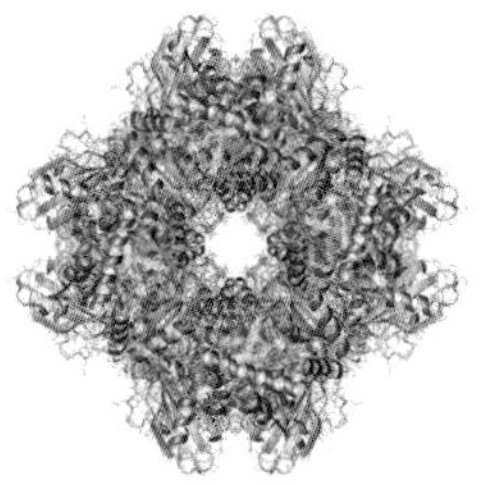

▲ 루비스코

동물도 동화 작용을 한다. 예컨대 우리가 고기를 먹었다면 고기의 단백질은 소화되고 아미노산으로 분해된 후 우리 몸의 단백질로 다시 합성된다. DNA도 마찬가지로 우리 세포에서 합성된다. 이 모든 동화 과정에서 ATP의 화학 에너지가 사용된다.

| 이화 작용 |

우리가 섭취한 단백질을 아미노산으로 분해하는 것과 마찬가지로 밥이나 빵에 들어 있는 녹말을 포도당으로 분해하는 것도 이화 작용이다. 그리고 포도당을 산소와 반응시켜서 이산화 탄소와 물로 바꾸는 것도 이화 작용이다.

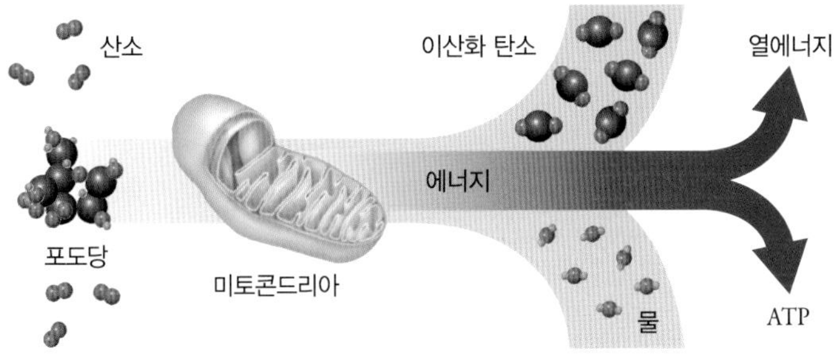

▲ 세포 내에서의 에너지 생성

동화 작용에서와 마찬가지로 이화 작용에도 여러 가지 단백질이 관여한다. 이화 작용의 첫 단계에서는 소화 효소들이 작용한다. 녹말은 아밀레이스가, 단백질은 펩신(pepsin) 등 단백질 분해 효소가, 지방질은 라이페이스(lipase)가 분해한다.

생체에서 이화 작용은 다음의 세 가지 역할을 한다. 첫째로 음식을 먹고 기운을 차리는 데에서 알 수 있듯이 이화 작용은 세포 활동에 필요한 에너지를 생산한다. 둘째로 이화 작용을 통해서 분해된 물질은 단백질, DNA 등 세포 활동에 필요한 물질을 만드는 데 필요한 원료로 사용된다. 그래서 몸은 성장하고 늙은 세포는 새로운 세포로 대체된다. 셋째로 이화 작용은 불필요한 물질을 체외로 배출하도록 해준다. 이렇게 배출되는 물질은 대부분 질소를 포함하는 질소 화합물들이다. 예컨대 아미노산이 분해되면 아미노산에 들어 있는 아미노기는 요소(urea)로 바뀌어서 소변으로 배출된다. 그래서 질소 비료가 부족한 과거에는 분뇨가 중요한 질소의 공급원으로 사용되었다.

모든 동화 작용이 세포 내에서 일어나는 것과 달리 초기의 이화 작용은 세포 밖에서 일어난다. 음식을 먹으면 일단 침에서 아밀레이스가 분비되어 입안에서 녹말의 분해가 일어난다. 이때 녹말의 분해는 입안이라는 세포 밖의 공간에서 일어난다. 위에서 위산과 효소에 의해 일어나는 단백질의 분해도 세포 밖에서 일어나는 이화 작용이다. 이렇게 세포 밖에서 일어난 분해의 결과로 얻어진 포도당 같은 당이나 단백질이 분해된 펩타이드 등은 세포막을 통해 세포 안으로 들어가서 추가적인 이화 작용을 거치게 된다.

그러고 보면 대사는 전체적으로 동화 작용과 이화 작용이 유기적으로 연결된 시스템인 것을 알 수 있다. 음식을 먹고 분해해서 간단한 분해 생성물과 에너지를 얻는 것은 이화 작용이다. 그 에너지를 사용해서 분해 생성물로부터 단백질, DNA 등 고분자 물질을 만드는 것은 동화 작용이다. 이렇게 만들어진 단백질 중에는 이화 작용에서 사용되는 소화 단백질도 있고, ATP 합성 효소도 있다.

탐구 시그마 효소의 특성

자료

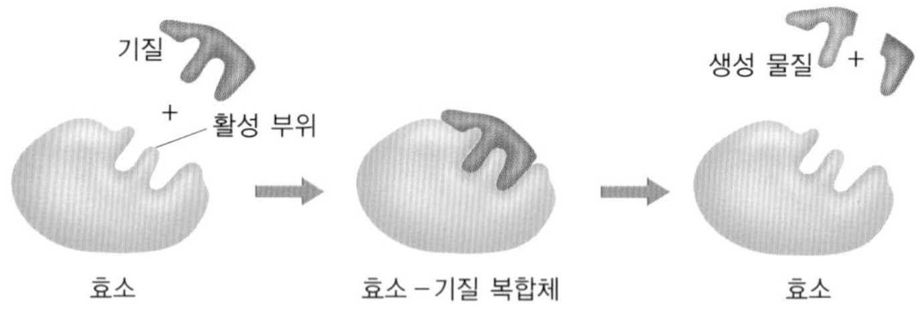

분석

- 반응 물질은 적절한 효소의 활성 부위와 선택적으로 결합하여 반응에 적합한 형태로 전환되어 보다 빠르게 생성 물질로 변화한다.
- 효소는 단백질 분자로서 활성 부위를 가지고 있으므로 기질(효소의 촉매 작용을 받는 물질)이 이 활성 부위에 붙어 쉽게 화학 반응을 한다. 이때 생성 물질이 효소에서 떨어져 나가면 다시 다른 분자가 효소의 활성 부위에 붙어 촉매 반응이 일어난다.
- 효소는 특정 기질에만 작용하는데 이것을 기질 특이성이라고 한다. 기질과 결합된 효소는 효소–기질 복합체라고 한다.

Q 확인하기

다음 중 이화 작용인 것은?

① ATP 합성　② 아밀레이스의 효소 작용　③ 단백질 합성
④ 루비스코의 효소 작용　⑤ 콜레스테롤 합성

답 ② | 아밀레이스는 녹말을 포도당으로 분해한다. ①, ③, ④, ⑤는 모두 합성으로 동화 작용이다.

3.3 유전 시스템

학습목표 유전 시스템에서 DNA의 역할을 이해하고, DNA의 유전 정보로부터 단백질이 합성되는 과정을 파악한다.

핵심개념
- ✓ 유전 물질
- ✓ 유전자
- ✓ DNA
- ✓ 유전 암호

| 유전 물질 |

한 생명체가 일생을 살아가기 위해 유지해야 하는 대사 시스템은 여러 가지 효소 단백질들을 통해서 연결되어 있다는 것을 알아보았다. 대사 시스템뿐만 아니라 모든 생명체는 자신에 관한 모든 정보를 완벽히 다음 세대에게 대물림하는 유전 시스템을 가지고 있다. 유전에 관한 체계적 연구는 1860년 대 중반에 오스트리아의 수도사였던 멘델(Mendel, G. J., 1822~1884)*의 완두콩 실험에서 시작되었다. 멘델은 완두콩 식물의 꽃 색깔, 콩의 색, 주름 등 여러 가지 형질*이 어떤 규칙을 따라 다음 세대로 전해지는 것을 알아냈다. 그러나 멘델은 유전 물질(genetic material)이라는 말을 사용하지도 않았고, 유전을 가능하게 하는 물질이 무엇인지도 몰랐다. 그리고 몇 년 후 1869년에 스위스의 미셰르(Miescher, J. F., 1844~1895)는 환자의 백혈구에서 어떤 끈적끈적한 고분자 물질을 추출하고 이를 뉴클레인(nuclein)이라고 불렀다. 미셰르는 이 물질에 인이 들어 있는 것까지 알아냈다. 그러나 그는 이 물질의 주성분이 DNA인 것과 DNA가 **유전 물질***인 것은 몰랐다.

19세기 말과 20세기 초에는 이 물질의 화학 분석이 이루어졌고, 이 물질의 기본 단위가 데옥시리보스, A, T, G, C의 염기, 그리고 인산으로 이루어진 뉴클레오타이드라는 것이 알려졌다. 그리고 1938년에 처음으로 DNA(deoxyribonucleic acid)라는 말이 등장하였다. 한편 1928년에 영국의 그리피스(Griffith, F., 1877~1941)는 폐렴균 실험을 통해서 변이된 폐렴균을 정상 폐렴균으로 바꾸어 주는 어떤 형질 변환 인자가 있다는 것을 보여 주었다. 마침내 1944년에 미국 록펠러연구소의 에이버리(Avery, O. T., 1877~1955)는 그리피스가 발견한 형질 변환 인자, 즉 유전 물질을 순수하게 분리하고 화학 분석을 통해서 그 유전 물질이 DNA인 것을 증명하였다. 그리고 다시 약 10년 후 1953년에 미국의 왓슨(Watson, J., 1928~)과 영국의 크릭(Crick, F. H. C., 1916~2004)은 DNA의 이중 나선 구조를 발견하여 유전 현상을 분자 수준에서 이해하고 연구할 수 있는 기반을 마련하였다.

멘델*

멘델은 유전자의 본질이 DNA라는 것이 알려지기 훨씬 전에 완두콩을 이용한 교배 실험을 통해 유전의 기본 원리를 처음으로 밝혀냈다.

형질*
생물이 가진 모양이나 속성 중 유전자의 작용에 의해 나타난 특징이다.

유전 물질*
부모로부터 자식에게 전해지는 어떤 형질을 결정하는 물질이다.

▲ 왓슨과 크릭

| 염색체, 유전자, 유전체 |

단세포 세균인 대장균은 온도, 영양분 등 조건이 맞으면 20분 만에 자신과 똑같은 대장균 세포를 만들어서 개체수가 두 배가 될 수 있다. 그 정도의 효율을 나타내려면 세포 내에 대략 몇 종류의 단백질을 가지고 있어야 할까? 대장균에 관한 위의 질문은 대장균의 DNA 정보는 몇 개 정도의 염기로 이루어졌을까 식의 질문이다. 앞에서 살펴본 대로 DNA에는 A, T, G, C의 네 가지 염기가 들어 있는데 ATG, ATC, TAG, TAC 식으로 다른 염기의 순서는 다른 정보를 나타낼 수 있다. 염기의 수가 아주 많아지면 전체 염기의 순서는 엄청난 양의 정보가 될 것이다.

염색체를 형성하는 이유
세포 분열이 일어나는 과정에서 복제된 DNA를 정확히 딸세포에 나누어 들어가게 하기 위해서이다. 염색사는 세포보다 수만 배 이상 길기 때문에 짧게 응축되지 않으면 복제된 염색사를 정확히 나눌 수 없다. 자손은 생식 과정에서 부모로부터 염색체를 물려받음으로써 형질을 물려받는다.

대장균 같은 원핵생물의 DNA 분자는 시작과 끝이 있는 1차원적 구조가 아니라 시작과 끝이 없는 원형 구조를 가지고 있다. 그와 달리 진핵생물인 사람의 DNA 분자는 아주 길고 1차원적 구조를 가지고 있는데, 사람 세포의 핵 속에는 23종류의 다른 유전 정보를 가진 DNA 분자가 들어 있다. 그리고 각각의 DNA는 히스톤(histone)이라는 단백질과 결합해서 염색체(chromosome)를 만들고 있다. 그런데 대장균과 달리 남성, 여성의 성이 있는 경우에는 정자와 난자를 통해서 부모로부터 각각 23개 한 세트의 염색체를 물려받는다. 그래서 대장균에는 단 1개의 염색체가 들어 있고, 사람의 세포에는 23개 쌍, 즉 46개의 염색체가 들어 있다. 이것은 대장균과 사람의 유전 시스템의 차이 중 하나이다.

개념# 플러스 염색사와 염색체

생물의 몸은 세포로 이루어져 있으며, 세포는 핵과 세포질로 구성되어 있다. 분열하고 있지 않은 세포의 핵 속에는 DNA가 히스톤 단백질과 결합하여 긴 실 모양의 구조를 이루는데, 이를 염색사라고 한다. 염색사는 세포 분열 시 응축되어 굵고 짧은 구조인 염색체를 이룬다.

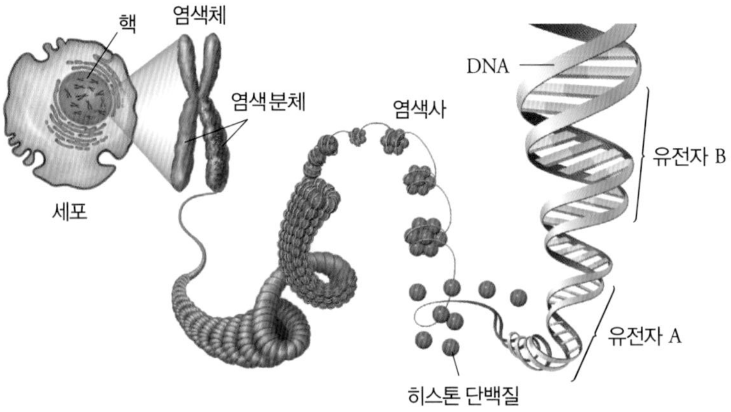

▲ 유전자, DNA, 염색체의 관계

이해를 돕기 위해 염색체를 백과사전의 한 권이라고 생각해 보자. 그러면 대장균의 모든 정보는 한 권의 백과사전에 기록되어 있는 셈이다. 반면에 사람의 유전 정보는 23권의 백과사전에 나누어져 있다. 사람의 유전 정보 전체를 한 권에 담는다면 23권을 하나로 묶어놓은 셈이 되어 너무 두꺼워지고 사용하기 불편할 것이다.

DNA의 염기 서열 정보 중에서 어떤 하나의 단백질을 만드는 데 필요한 정보에 해당하는 부분을 **유전자(gene)*** 라고 부른다. 대장균은 약 4000개의 유전자를 가지고 있고, 사람은 25000개 정도의 유전자를 가지고 있다. 대장균은 약 4000 종류의 단백질이 있으면 일

유전자*
유전 인자. 유전 형질을 나타내는 인자로 유전 정보의 단위이다.

생을 살아가고 대물림까지 할 수 있고, 대장균보다 6배 정도의 종류가 다른 단백질이 있으면 사람 같은 고등동물이 될 수 있다는 뜻이다. 물론 대장균의 경우에는 약 4000개의 유전자가 하나의 원형 DNA에 들어 있고, 사람의 경우에는 약 25000개의 유전자가 23개의 선형 DNA에 나뉘어 들어 있다. 평균적으로 1개의 염색체에는 25000÷23 = 약 1000개의 유전자가 들어 있는 것이다.

염색체가 백과사전 한 권에 해당한다면 유전자는 강, 나라, 대한민국 등 백과사전에 들어 있는 하나하나의 항목에 해당하는 셈이다.

한편 DNA의 염기 서열 정보 전체를 그 종의 **유전체(genome)***라고 부른다. 유전체는 백과사전 1권 첫 페이지, 첫 문장, 첫 단어의 첫 자모로부터 마지막 권, 마지막 페이지, 마지막 문장, 마지막 단어의 마지막 자모까지 모든 자모의 개수, 순서 등 전체 정보에 해당한다.

유전체*
어떤 생물의 한 세포가 갖고 있는 DNA 정보 전체를 말한다.

대장균 유전체의 염기 서열에서 염기쌍 수는 480만 개 정도이다. 그리고 480만 개 정도의 염기쌍은 일정한 서열을 이루어서 정보를 기록하고 있다. 480만 개 정도의 염기 서열이 약 4000개의 유전자에 해당한다면 1개의 유전자는 평균적으로 480만÷4000 = 약 1000개의 염기쌍에 해당할 것이다. 그런데 DNA 한 가닥의 염기 서열이 단백질의 아미노산 서열로 바뀔 때는 3개의 염기가 1개의 아미노산에 대응하는 **유전 암호(genetic code)*** 시스템이 전 생물계에 적용된다. 유전 암호는 단백질을 구성하는 아미노산의 배열을 결정한다. DNA의 염기는 3개가 한 조가 되어 하나의 아미노산을 암호화하는데, 이 3개의 염기로 이루어진 DNA 암호를 **트리플렛 코드(triplet code)**라고 한다. 그래서 1개의 유전자에 들어 있는 대략 1000개의 염기 서열은 1000÷3 = 300~400개 아미노산의 서열에 해당한다. 20종류 아미노산의 평균 분자량은 100 정도로, 300~400개의 아미노산으로 이루어진 대부분의 단백질은 분자량이 100×(300~400) = 30000~40000이 된다.

유전 암호*
유전 암호는 단백질을 구성하는 아미노산의 배열을 결정한다. DNA의 염기는 3개가 한 조가 되어 하나의 아미노산을 암호화한다.

반면에 사람의 경우에는 대장균에 비해 유전자 수는 5~6배 정도에 불과하지만 유전체의 염기쌍 수는 30억 개 정도로 대장균에 비해 무려 600배 정도가 된다. 30억 개의 염기쌍 중에서 단백질을 만드는 데 해당하는 유전자는 (5~6)÷600 = 약 0.01, 즉 1 % 정도에 불과하다는 뜻이다. DNA를 대물림할 때는 전체 DNA를 복제하면 되겠지만 단백질을 만드는 과정에는 DNA 정보 중에서 필요한 부분을 찾아서 정확한 단백질을 만드는 복잡한 시스템이 필요하리라는 것을 짐작할 수 있다.

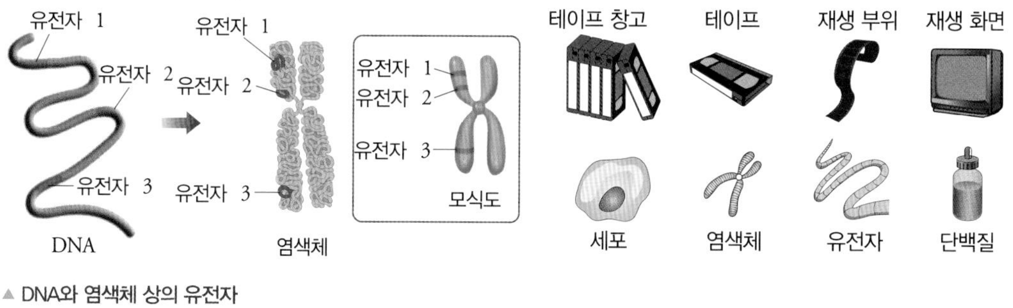

▲ DNA와 염색체 상의 유전자

Q 확인하기

다음 중 컴퓨터 메모리에 들어 있는 정보 중에서 하나의 파일에 해당하는 것은?

① 세포 ② 염색체 ③ 염색사 ④ 유전자 ⑤ 단백질

답 ④ | 파일이 정보의 단위이듯이 유전자는 유전 정보의 단위이다.

3.4 단백질 합성

핵심개념

- ✓ 전사
- ✓ mRNA
- ✓ 리보솜
- ✓ 번역
- ✓ tRNA

학습목표 유전 시스템과 대사 시스템이 단백질 합성을 통해 어떻게 연관되어 있는지 파악한다.

대장균이나 사람에서 유전 물질인 DNA의 유전 정보는, 한편으로는 똑같은 염기 서열을 가진 DNA로 복제되어 새로운 세포로 전달되고, 다른 한편으로는 DNA의 염기 서열 정보가 아미노산 정보로 바뀌어 특정한 대사 활동에 필요한 단백질을 만든다. 이처럼 유전 시스템과 대사 시스템은 단백질 합성을 통해 밀접하게 연관되어 있다.

그런데 모든 대사 활동은 항상 똑같이 활발하게 일어나는 것이 아니다. 예컨대 음식을 먹으면 소화 효소가 많이 합성될 것이고, 녹말이 소화되어 혈액의 포도당 농도가 높아지면 포도당을 글리코젠(glycogen)으로 바꾸어 저장하는 데 관여하는 인슐린(insulin)의 합성이 활발해질 것이다. 인슐린도 51개의 아미노산으로 이루어진 간단한 단백질이다. 이제부터 단백질이 합성되는 과정을 알아보자.

| 전사와 mRNA |

우리는 많은 경우에 컴퓨터 하드디스크에 저장된 많은 문서 파일 중에서 하나의 특정한 파일을 불러내서 USB 같은 이동 저장 장치에 복사해 놓고 작업을 한다. 이와 마찬가지로 대장균이나 사람이나 단백질 합성의 첫 단계는 외부의 신호에 따라 대장균의 경우에는 4000개, 사람의 경우에는 25000개 정도의 유전자, 즉 DNA에 저장된 여러 개의 파일로부터 하나의 파일을 복사해서 그 정보를 저장한 생체 분자를 만드는 일이다. 이 분자는 유전자의 정보를 복사해서 단백질 합성이 일어나는 부위로 전달하는 메신저 역할을 하기 때문에 **mRNA(messenger RNA)***라고 한다. mRNA를 포함해서 모든 RNA는 이중 나선인 DNA와 달리 단일 나선 구조를 가지고, DNA에서는 A, T, G, C의 네 가지 염기가 사용되는데 비해 RNA에서는 A, G, C과 함께 T 대신 U(uracil, 유라실)이라는 다른 염기가 사용된다.

mRNA*
핵 속에 있는 DNA의 유전 암호를 전사한 단일 가닥의 뉴클레오타이드 사슬이다. DNA에 RNA 중합 효소가 작용하여 두 가닥의 DNA를 풀고, 그 중 한 가닥을 주형으로 하여 한 가닥의 mRNA를 합성한다.
DNA의 염기와 상보적인 염기로 이루어졌으나, DNA의 타이민(T) 염기가 없고 유라실(U) 염기를 가져 DNA 아데닌(A)에 유라실(U)이 상보적으로 결합된다.

- DNA: A, T, G, C
- mRNA: U, A, C, G

유전자에 해당하는 DNA의 염기 서열이 mRNA의 염기 서열로 바뀌는 과정을 베껴 쓴다는 뜻으로 **전사(transcription)**라고 한다. 전사가 일어날 때는 유전자에 해당하는 DNA 부분의 두 나선이 벌어지고 그 중 한 나선에 대응하는 mRNA 나선이 만들어진다. 이때 DNA의 두 나선 사이에서 A–T, G–G 사이에 수소 결합이 이루어지듯이, DNA의 A, T, G, C의 상대 쪽에는 U, A, C, G이 수소 결합을 이루어서 DNA와 상보적인 mRNA가 만들어진다. 앞에서 보았듯이 하나의 유전자는 DNA에서 약 1000개의 염기 서열에 해당하니까 mRNA의 염기 서열도 약 1000개라고 볼 수 있다.

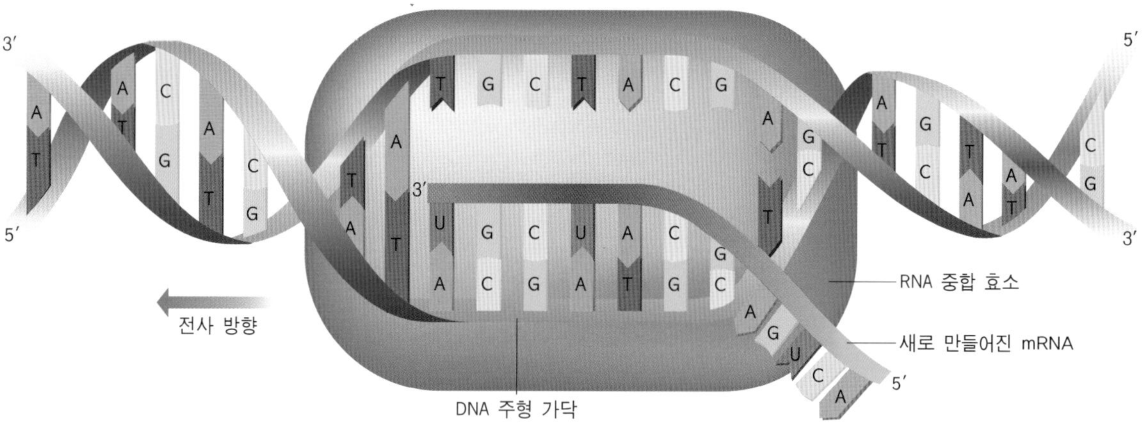

▲ **전사 과정** DNA의 유전 정보로부터 RNA가 합성되는 과정이다.

| 번역과 tRNA |

전사를 통해 만들어진 mRNA의 염기 서열 정보는 아직은 단백질에서의 아미노산 서열 정보는 아니다. 따라서 mRNA의 염기 서열 정보를 아미노산 서열 정보로 바꾸어서 필요한 단백질을 만들어야 한다. 이 일은 정보를 베껴 쓰는 수준의 전사와는 달리 번역에 해당하는 어려운 작업이다. 그래서 mRNA로부터 단백질을 합성하는 과정을 **번역(translation)**이라고 한다.

세포 내에는 단백질 합성이 일어나는 리보솜이라는 소기관이 있는데 리보솜은 **리보솜 RNA(ribosomal RNA, rRNA)**와 단백질로 이루어졌다. 전사를 통해 만들어진 mRNA의 나선은 세포 내에서 이동해서 리보솜을 만나면 리보솜과 결합한다. 대장균의 경우에는 세포핵이 없고 DNA와 리보솜이 세포질 내에 뒤섞여 있기 때문에 만들어진 mRNA는 쉽게 리보솜과 결합한다. 그러나 사람과 같은 진핵세포에서는 핵 속에서 만들어진 mRNA가 핵막을 통해서 세포질로 나와서 리보솜과 결합한다. 이때 리보솜이 가지고 있는 유일한 정보는 mRNA에 들어 있는 염기 서열의 정보이다. 남은 문제는 어떻게 mRNA의 정보로부터 적절한 아미노산 서열을 가진 단백질을 만들어내는가 하는 것이다.

모든 생명체는 같은 유전 암호를 사용한다. 이 사실은 모든 생명체는 연결되어 있다는 것을 보여 준다.

여기에서 mRNA와 rRNA에 이어 tRNA라는 세 번째의 RNA가 등장한다. tRNA는 **운송 RNA(transfer RNA)**를 뜻하는데 문자 그대로 아미노산을 리보솜으로 운송해서 mRNA의 염기 서열에 따라 단백질을 만드는 데 핵심 역할을 하는 RNA이다. tRNA는 대략 L자형의 구조를 가지고 있다.

이제 A 유전자로부터 첫 번째 아미노산인 메싸이오닌(methionine)이 단백질에 도입되는 과정을 살펴보자. 메싸이오닌에 대응하는 DNA의 염기 서열은 TAC이다. 그리고 TAC에 상보적인 mRNA의 염기 서열은 AUG이다. 단백질 합성이 일어나기 위해서 mRNA의 AUG 부분에 AUG와 상보적인 UAC 서열을 가진 tRNA가 결합한다. 그런데 이 tRNA는 UAC와 반대쪽에 메싸이오닌을 결합하고 있다. 이때 mRNA의 AUG 부분을 코돈(codon), tRNA의 UAC 부분을 안티코돈(anticodon)이라고 한다. 그러니까 AUG 코돈은 UAC 안티코돈을 매개로 해서 메싸이오닌을 불러오게 되는 것이다. 이런 코돈과 특정 아미노산의 대응 관계를 유전 암호라고 한다.

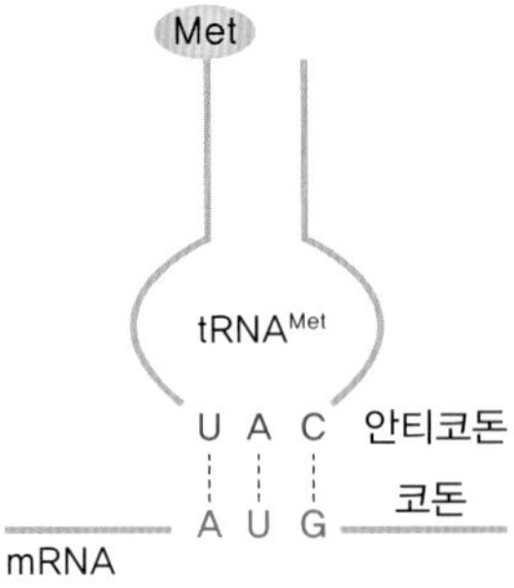

▲ 코돈과 안티코돈

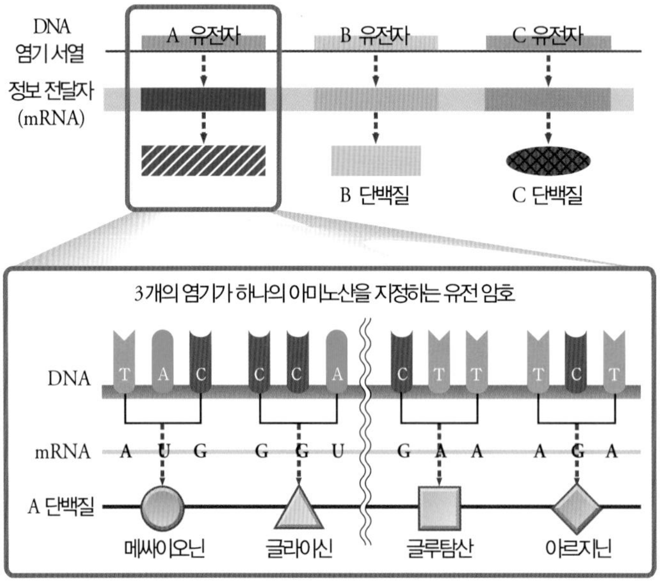

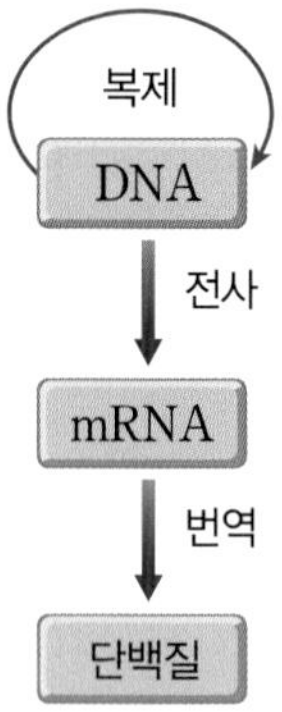

▲ 단백질 합성 과정에서의 유전 정보의 흐름

최근에는 서울대의 김빛내리 박사가 micro RNA 연구에서 세계적인 업적을 내고 있다.

미국의 매사추세츠 공대(MIT)에서 연구하던 한국의 김성호 박사는 X-선 회절 방법으로 최초로 tRNA의 구조를 밝혔다. mRNA, rRNA, tRNA 외에도 마이크로 RNA(micro RNA)는 유전 현상을 조절하는 등 많은 비밀을 간직하고 있다.

Q 확인하기

다음 중 유전 시스템과 대사 시스템을 직접 연결하고 매개 역할을 하는 물질은?

① DNA ② mRNA ③ rRNA ④ tRNA ⑤ 모든 RNA

답 ④ | tRNA는 한편으로는 유전 시스템의 일부인 mRNA와 결합하고, 다른 한편으로는 대사 시스템의 일부인 아미노산과 결합하여 두 시스템을 직접 연결한다.

해답 214쪽

01 세포를 발견하고 이름 지은 사람은?

① 훅 ② 슈반 ③ 슐라이만
④ 뉴턴 ⑤ 레이우엔훅

02 다음 중 세포막에 들어 있는 물질은?

① 포도당 ② 인지질 ③ 아미노산
④ 암모니아 ⑤ 뉴클레오타이드

03 동화 작용에 해당하는 것을 |보기|에서 있는 대로 고르시오.

|보기|
ㄱ. 아밀레이스의 작용 ㄴ. 광합성
ㄷ. DNA 분해 효소의 작용 ㄹ. 펩신의 작용

04 그림은 세포막의 단면을 나타낸 것이다.

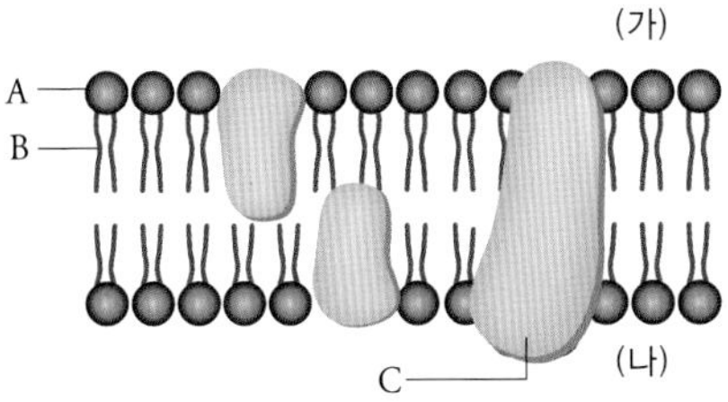

이에 대한 설명으로 옳은 것만을 |보기|에서 있는 대로 고른 것은?

|보기|
ㄱ. A는 인지질의 지방산 부위, B는 인산 부위이다.
ㄴ. C는 단백질로서, 물질의 이동 통로가 된다.
ㄷ. (가)와 (나) 부분은 맞닿은 두 세포의 내부이다.

① ㄱ ② ㄴ ③ ㄷ
④ ㄱ, ㄴ ⑤ ㄴ, ㄷ

05 광합성이 일어나는 세포 소기관은?

① 리보솜 ② 엽록체 ③ 골지체
④ 세포핵 ⑤ 소포체

06 다음 중 단백질 합성이 일어나는 세포 소기관은?

① 리보솜 ② 엽록체 ③ 골지체
④ 세포핵 ⑤ 염색체

07 인간 유전체의 염기쌍 수는?

① 3 ② 23 ③ 25000 ④ 30억 ⑤ 60조

08 그림은 유전 정보의 흐름을 나타낸 것이다.

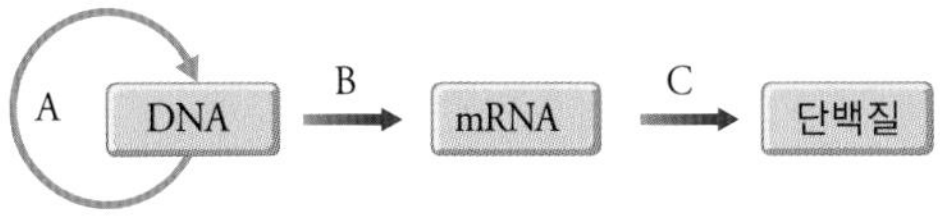

이에 대한 설명으로 옳은 것만을 |보기|에서 있는 대로 고른 것은?

|보기|
ㄱ. A는 핵에서, B는 세포질에서 일어난다.
ㄴ. B는 유전 정보를 전달하는 전사 과정이다.
ㄷ. C는 유전 암호를 번역하는 과정이다.

① ㄷ ② ㄱ, ㄴ ③ ㄱ, ㄷ
④ ㄴ, ㄷ ⑤ ㄱ, ㄴ, ㄷ

핵심 개념 확/ 인/ 하/ 기/

❶ 생명체가 체내 환경을 일정하게 유지하는 것을 ________ 유지라고 한다.
❷ 스스로 영양소를 합성하여 자신이 살아가는 데 쓰는 생물을 ____________이라고 한다.
❸ ________ 작용은 작고 간단한 물질로부터 크고 복잡한 물질을 만드는 과정으로, 에너지를 흡수하는 ________ 반응이다.
❹ ________은 DNA를 보관하고 복제하는 소기관이다.
❺ 세포 내의 발전소에 해당하는 ___________는 2중막 구조이다.
❻ DNA의 염기 서열 정보 중에서 어떤 하나의 단백질을 만드는 데 필요한 정보에 해당하는 부분을 ________라고 부른다.
❼ mRNA로부터 단백질을 합성하는 과정을 ________이라고 한다.

01 지구가 태양 주위를 공전할 때 공전 궤도의 접선 방향으로 운동을 계속하는 이유가 아닌 것은?

① 태양 쪽으로 중력이 작용한다.
② 지구의 앞 쪽에 있는 천체의 중력이 작용한다.
③ 공간의 마찰력이 거의 0이다.
④ 지구가 태어날 때 받은 충격 때문에 접선 방향으로 힘이 작용한다.
⑤ 관성의 법칙 때문에 접선 방향 힘의 크기는 변하지 않는다.

02 질량이 10 kg인 돌을 10 m 높이에서 떨어뜨렸을 경우와, 100 m 높이에서 떨어뜨렸을 경우에 대한 설명으로 옳은 것은?

① 떨어뜨리는 순간에 돌이 느끼는 만유인력의 크기는 완전히 같다.
② 지구 표면에 떨어지는 순간, 돌의 속도는 같다.
③ 지구 표면에 떨어지는 순간, 돌의 운동량은 같다.
④ 지구 표면에 떨어지는 순간, 돌이 지구에 미치는 충격량은 같다.
⑤ 100 m 높이에서 떨어뜨린 돌이 10 m 높이를 통과하는 순간 느끼는 중력의 크기는 10 m 높이에서 떨어뜨린 공이 떨어지기 시작하는 순간에 느끼는 중력의 크기와 같다.

03 7 kg의 질량을 가지는 볼링공이 2 m/s의 느린 속도로 움직일 때의 운동량을 구하시오.

04 포수가 야구공을 받을 때 글러브에 들어온 순간의 공의 속도가 같다면 손을 앞으로 내밀면서 받는 경우(가)와 뒤로 빼면서 받는 경우(나)에 대한 설명으로 옳은 것만을 〈보기〉에서 있는 대로 고른 것은?

〈보기〉
ㄱ. 운동량은 (가)의 경우가 더 크다.
ㄴ. 충격량은 (가)와 (나)가 같다.
ㄷ. (나)가 힘이 작용하는 시간이 길어져 충격의 정도가 작다.

① ㄱ ② ㄴ ③ ㄱ, ㄴ
④ ㄱ, ㄷ ⑤ ㄴ, ㄷ

05 충돌 시간을 길게 하여 물체가 받는 충격을 줄이는 경우에 해당하는 것을 〈보기〉에서 있는 대로 고른 것은?

〈보기〉
ㄱ. 자동차 에어백
ㄴ. 번지점프의 줄
ㄷ. 자동차의 범퍼
ㄹ. 배에 매달린 고무 타이어

① ㄱ, ㄴ ② ㄱ, ㄷ ③ ㄱ, ㄴ, ㄷ
④ ㄴ, ㄷ, ㄹ ⑤ ㄱ, ㄴ, ㄷ, ㄹ

06 다음 행성의 쌍 중 대기에서 가장 풍부한 두 가지 성분이 같은 것은?

① 지구, 금성 ② 지구, 화성 ③ 지구, 목성
④ 금성, 화성 ⑤ 수성, 목성

07 바닷물의 산성도는 오랜 기간을 거치면서 어떻게 변했을까?

① 중성에서 산성으로 ② 중성에서 염기성으로
③ 산성에서 중성으로 ④ 산성에서 염기성으로
⑤ 염기성에서 중성으로

08 판 구조론에 대한 설명으로 옳은 것만을 〈보기〉에서 있는 대로 고른 것은?

〈보기〉
ㄱ. 맨틀 대류로 인해 대륙 이동이 일어난다.
ㄴ. 판의 경계에서는 지각 변동이 활발하게 일어난다.
ㄷ. 수렴형 경계는 맨틀 대류가 하강하는 곳에서 나타난다.

① ㄴ ② ㄱ, ㄴ ③ ㄱ, ㄷ
④ ㄴ, ㄷ ⑤ ㄱ, ㄴ, ㄷ

해답 215쪽

09 그림은 지구에서 일어나는 탄소 순환 과정을 나타낸 것이다.

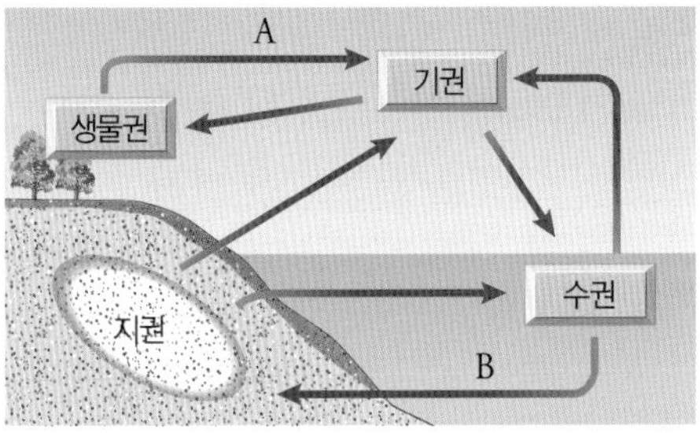

이에 대한 설명으로 옳은 것만을 〈보기〉에서 있는 대로 고른 것은?

〈보기〉
ㄱ. 식물의 광합성은 A 과정에 해당한다.
ㄴ. B 과정을 통해 석회암이 생성된다.
ㄷ. 화석 연료의 사용량이 증가하면 지구 전체의 탄소량은 증가한다.

① ㄴ ② ㄷ ③ ㄱ, ㄴ
④ ㄱ, ㄷ ⑤ ㄱ, ㄴ, ㄷ

10 이화 작용에 해당하는 것만을 〈보기〉에서 있는 대로 고른 것은?

〈보기〉
ㄱ. DNA 복제 ㄴ. 단백질 분해
ㄷ. DNA 정보의 전사 ㄹ. 아밀레이스의 작용

① ㄱ, ㄴ ② ㄱ, ㄷ ③ ㄴ, ㄷ
④ ㄴ, ㄹ ⑤ ㄷ, ㄹ

11 지구상 모든 생명체가 연관되어 있다는 증거가 아닌 것은?

① 모든 생명체는 같은 원소들로 이루어졌다.
② 모든 생명체는 같은 아미노산을 사용한다.
③ 모든 생명체는 같은 유전 암호를 사용한다.
④ 모든 생명체는 같은 DNA를 유전 물질로 사용한다.
⑤ 모든 생명체는 유전자 수가 같다.

12 지구의 수권에 대한 설명으로 옳은 것만을 〈보기〉에서 있는 대로 고른 것은?

〈보기〉
ㄱ. 담수 중에서는 지하수가 가장 많다.
ㄴ. 지구의 수권은 해수가 대부분을 차지한다.
ㄷ. 이산화 탄소는 바다에 녹아 칼슘과 반응하여 탄산 칼슘 염을 만든다.

① ㄱ ② ㄷ ③ ㄱ, ㄴ
④ ㄴ, ㄷ ⑤ ㄱ, ㄴ, ㄷ

13 그림은 DNA에 존재하는 유전자를 나타낸 것이다. 이에 대한 설명으로 옳은 것만을 〈보기〉에서 있는 대로 고른 것은?

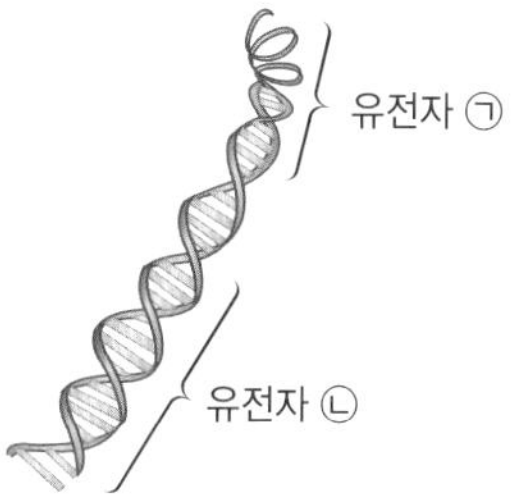

〈보기〉
ㄱ. 하나의 DNA 사슬에는 하나의 유전자가 존재한다.
ㄴ. DNA의 염기 서열에 따라 유전 정보가 달라진다.
ㄷ. 유전자 ㉠과 ㉡은 다른 종류의 단백질을 합성한다.

① ㄱ ② ㄴ ③ ㄷ
④ ㄱ, ㄴ ⑤ ㄴ, ㄷ

14 유전 암호와 단백질 합성에 관한 설명으로 옳은 것만을 〈보기〉에서 있는 대로 고른 것은?

〈보기〉
ㄱ. 유전 암호는 모든 생물에서 공통으로 적용된다.
ㄴ. DNA의 유전 정보에 의해 직접 단백질이 합성된다.
ㄷ. 유전 암호는 3개의 염기가 한 조가 되어 하나의 아미노산을 지정한다는 규칙이다.
ㄹ. DNA의 유전 정보는 중간 전달자인 mRNA로 전달된다.

① ㄱ, ㄴ ② ㄱ, ㄷ ③ ㄷ, ㄹ
④ ㄱ, ㄴ, ㄷ ⑤ ㄱ, ㄷ, ㄹ

IV 변화와 다양성

1. 화학 변화
2. 생물의 다양성

우리 주위를 둘러보면 물질세계의 다양성에 놀라게 된다. 몇 종류의 쿼크와 경입자로 출발한 자연은 별의 탄생과 진화를 통해 약 100종류의 화학 원소를 가지게 되었다. 그리고 약 40억 년 전에 한 종류의 단세포 박테리아로 출발한 생명은 현재 지구상에서 알려진 약 1000만 종의 생명체로 다양화되었다. 그 동안 태어났다가 멸종한 생물 종, 그리고 현재 지구에서도 알려지지 않은 종을 합하면 생물 종의 수는 1억 정도가 될 것이라고 한다. 한편 새로운 화합물이 합성되거나 천연에서 발견되면 신물질 데이터베이스에 등록되는데, 2015년에는 1억 번째 새로운 화학 물질이 등록되었다. 흥미롭게도 화학종의 수와 생물 종의 수가 비슷하다. 그런데 이러한 물질세계의 다양성은 변화로부터 온다.

1

화학 변화

물질의 다양성은 일차적으로 화학 변화에서 온다. 그리고 DNA 수준에서 일어나는 화학 변화는 경우에 따라 돌연변이로 이어져서 종의 다양성으로 나타난다.

수소가 탄소와 반응하면 메테인이 되고, 질소와 반응하면 암모니아가 되고, 산소와 반응하면 물이 된다. 또 탄소는 산소와 반응하면 일산화 탄소가 되기도 하고 이산화 탄소가 되기도 한다. 이처럼 원자들 사이에는 거의 무한한 조합이 가능하기 때문의 화합물의 종류도 매우 다양하다.

1.1 인류 문명을 바꾼 화학 반응

학습목표 인류 문명의 발전에서 철과 화석 연료 사용의 중요성을 인식한다.

핵심개념
- ✓ 철광석
- ✓ 철의 제련

흔히 문명의 발전 단계를 석기 시대, 청동기 시대, 철기 시대 등으로 구분한다. 석기의 주성분은 지각에 풍부한 이산화 규소이다. 석기를 사용하던 인류에게 청동기는 환상적인 신소재였을 것이다. 석기 시대가 마감되고 청동기 시대가 시작된 것은 자연에 돌이 바닥났기 때문이 아니라 보다 뛰어난 성능을 가진 신소재가 등장하였기 때문이었다. 철기의 등장도 마찬가지이다. 한편 3000년 이상 지속된 철기 시대는 20세기에 플라스틱, 탄소 나노튜브 등 철보다 훨씬 놀라운 소재들이 등장하였음에도 불구하고 아직 석기 시대와 청동기 시대처럼 종말을 고한 것은 아니다. 한 나라의 철강 생산량이 국력을 대변할 정도로 철의 중요성은 아직 건재하다.

자연에서 대부분의 철은 철광석에서 산화 철(Fe_2O_3)로 존재한다. 수소가 산화(oxidation)된 물로 존재하는 것과 마찬가지이다. 산화 철에서 산소를 떼어 내어 철을 얻는 것은 환원(reduction) 과정이다. 철이 시간이 흐르면 저절로 녹이 스는 것으로 알 수 있듯이 산화물은 안정한 상태이다. 산화 철에서 철은 Fe^{3+} 이온으로, 산소는 O^{2-} 이온으로 존재해서 이온 결합을 이루기 때문이다. 따라서 산화 철을 환원시켜 철을 얻는 것은 어려운 일이다. 만일 높은 열을 가해서 산소를 떼어 내려면 수천 도의 온도가 필요하다.

다른 방법으로 산소와 잘 결합하는 탄소와 같은 원소를 사용해서 철과 자리바꿈을 하는 것을 생각해 볼 수 있다. 그러나 고체인 철광석 가루와 고체인 석탄 가루를 섞어 준다고 하더라도 고체 표면에서 탄소가 산화 철의 산소와 효율적으로 반응할 수는 없다. 그런데 용광로에서 철광석과 석탄, 또는 보다 순수한 탄소인 코크스*를 위에서 아래로 내려 보내고 아래에서 위로 뜨거운 공기를 불어넣으면 공기 중의 산소가 탄소와 반응해서 일단 일산화 탄소(CO)가 만들어지고 이때 열이 나온다. 그리고 기체인 일산화 탄소가 철광석의 구석구석에 침투해서 산화 철의 산소와 반응하여 이산화 탄소(CO_2)로 바뀌고 또 이때 많은 열이 나온다. 이 과정에서 철광석의 철은 산소를 내주고 녹아내린다.

코크스*
철의 제련 과정에서 코크스를 넣어 주면 코크스의 불완전 연소 반응으로 일산화 탄소가 생성되며, 이 일산화 탄소가 철광석을 환원시켜 철이 분리된다.

실은 이렇게 어려운 제련 과정을 거치지 않더라도 자연에는 순수한 철이 존재한다. 외계에서 날아 들어온 운석에 들어 있는 철은 산화되지 않은 원소 상태의 철이다. 인류가 운석의 철을 사용해서 처음 도구를 만든 것은 대략 기원전 3200년, 그러니까 지금부터 5200년 전이라고 알려졌다. 그러나 그 양은 많지 않아서 청동기를 대체할 정도는 아니었다. 철광석을 제련해서 철을 얻고 철기 문명을 일으킨 것은 지역에 따라 다르지만 기원전 1200년부터 600년 사이라고 한다. 그러니까 철기 문명은 3000년 정도 지속되었다고 말할 수 있다. 대략 2000년 전에 지금 형태에 가까운 용광로가 사용되기 시작하였다.

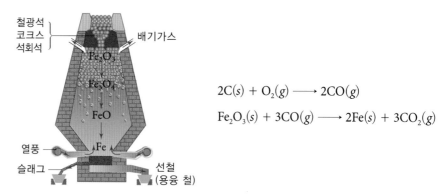

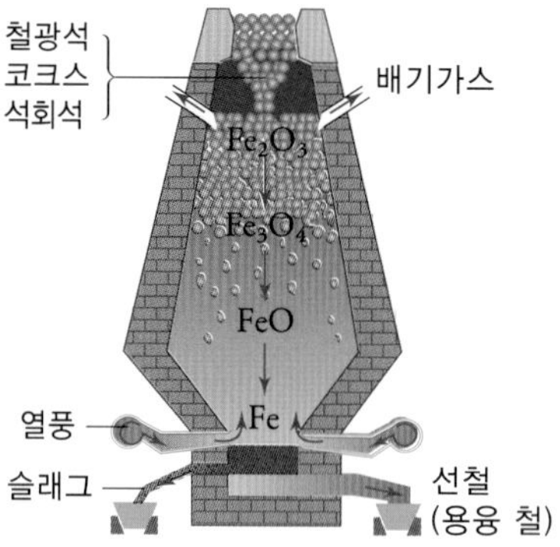

$$2C(s) + O_2(g) \longrightarrow 2CO(g)$$

$$Fe_2O_3(s) + 3CO(g) \longrightarrow 2Fe(s) + 3CO_2(g)$$

▲ **철의 제련** 철광석을 코크스(C), 석회석($CaCO_3$) 가루와 함께 가열하면 철과 결합하고 있던 산소는 철에서 떨어지고, 탄소와 결합한다.

그런데 산화 철과 탄소가 섞여 있는 상태에서 제련이 일어나다 보면 얻어진 철에 탄소가 섞여 들어간다. 이런 철을 선철이라고 하는데 선철은 단단하지만 잘 깨지는 성질이 있어서 무기나 도구를 만들기에 적합하지 않다. 그래서 고대에는 대장간에서 선철을 뜨겁게 달구고 망치로 두들겨서 질이 좋은 철을 만들었다.

높은 온도에서는 선철에 포함된 탄소가 공기 중의 산소와 반응해서 이산화 탄소로 바뀌어 탄소 함량이 낮아진다. 한편 망치로 두들기면 약간의 탄소 원자들이 철 원자들 사이의 좁은 공간에 끼어들어가서 철을 단단하게 만든다. 사실 순수한 철은 그리 단단하지 않고 어느 정도 연하다.

철에는 다양한 합금이 있는데 10.5 % 이상의 크로뮴이 섞인 합금인 스테인리스강(stainless steel)은 오래 두어도 녹이 슬지 않는 환상적인 소재이다. 철은 다른 금속에 비해 값이 싸기 때문에 건축물, 다리, 철로, 기관차, 자동차, 선박 등 튼튼한 구조가 필요한 곳에는 어디에서나 널리 사용된다. 물론 고대에서부터 지금까지 철은 무기의 재료로도 중요하다. 1800년대 중반에 산업혁명과 함께 제철이 대규모로 산업화되기 시작했고, 최근에는 세계적으로 철의 연간 생산량이 16억 톤에 달하였다. 철은 자기장 하에 놓이면 자석으로 바뀌는 자기적 성질이 있어 전자석과 각종 모터를 만드는 데에도 중요하게 사용된다.

개념# 플러스 화석 연료의 사용

화석 연료는 땅 속의 동식물의 사체에 열과 압력이 오랜 시간 동안 가해지고 미생물의 분해 작용으로 생성된 탄소를 포함한 물질로서 석탄, 석유, 천연가스 등이 있다. 화석 연료는 주성분인 탄소와 수소가 산소와 반응할 때 많은 열이 발생하므로 좋은 연료로 이용된다.

식물의 사체로 만들어진 석탄은 난방, 화력발전, 제철 등에 사용되고, 바다 생물의 사체로 만들어진 석유는 자동차 연료, 화학 산업의 원료 등으로 이용되고 있다. 천연가스는 가정용 도시가스, 천연 버스 연료 등으로 사용된다. 화석 연료는 18세기 말 산업혁명 초기부터 오늘날까지 현대 문명의 발전에서 핵심적 역할을 한 것이다. 한편 과다한 화석 연료의 사용은 대기 중 이산화 탄소 농도를 증가시켜 지구 온난화의 원인이 되고 있다.

Q 확인하기

다음 중 제철 과정과 가장 유사한 것은?

① 철이 녹슨다.
② 도시가스로 난방을 한다.
③ 화력 발전소에서 석탄을 태워 발전을 한다.
④ 이산화 규소로부터 순수한 규소를 얻는다.
⑤ 음식을 먹고 에너지를 얻는다.

답 ④ | ①, ②, ③, ⑤는 모두 산화 과정이고 ④는 산화물에서 산소를 제거하는 환원 과정이다.

1.2 산화와 환원

학습목표 화학 변화의 다양성을 이해하고, 특히 자연에서 흔한 화학 변화인 산화, 환원의 중요성을 파악한다.

핵심개념
- ✓ 산화
- ✓ 환원
- ✓ 산화 환원 반응
- ✓ 전기음성도

우주에서 가장 풍부한 원소 중에서 반응성이 있는 상위 6가지 원소는 수소, 산소, 탄소, 질소, 철, 규소이다. 이들 원소를 전기음성도에 따라 나누면 전기음성도가 낮은 수소, 탄소, 철, 규소, 그리고 전기음성도가 높은 산소와 질소로 나눌 수 있다. 그런데 같은 원소의 원자끼리 결합해서 간단한 분자를 만드는 경우는 H_2, O_2, N_2 등 몇 가지 밖에 없다. 반면에 다른 종류의 원소가 결합해서 만드는 화합물은 아주 다양하다. 그리고 다른 원소가 화합물을 만들 때는 원소의 전기음성도 차이가 중요해진다.

- 전기음성도가 낮은 원소 – 수소, 탄소, 철, 규소
- 전기음성도가 높은 원소 – 산소, 질소

수소와 산소는 헬륨을 제외하면 우주에서 가장 풍부한 원소 중 1위와 3위를 차지한다. 따라서 수소와 산소가 반응해서 물을 만드는 반응은 자연에서 많이 일어나고 전형적인 반응 중 하나이다.

수소와 산소는 원자가가 1과 2로 다르기 때문에 수소 원자와 산소 원자는 2:1의 비로 반응한다.

$$2H_2 + O_2 \longrightarrow 2H_2O$$

그리고 수소와 산소는 전기음성도가 다르다. 이처럼 다른 원소 사이의 반응은 일반적으로 원자가와 전기음성도가 다른 원소 사이의 반응이다.

다시 물을 생각해 보자. 산소는 수소보다 전기음성도가 훨씬 높기 때문에 물에서 공유 결합에 참여한 전자는 상당히 수소에서 산소 쪽으로 끌리게 된다. 이처럼 어떤 원소가 자신보다 전기음성도가 높은 원소와 결합해서 전자를 내주는 경우를 **산화**라고 한다. 물론 전기음성도가 높은 원소는 반드시 산소일 필요는 없고 질소나 플루오린도 산소처럼 산화 반응을 일으킬 수 있다. 그러나 자연에서 원자 번호가 홀수인 질소와 플루오린은 산소에 비해 양이 적기 때문에 일반적으로 물질이 산소와 결합하는 것을 산화라고 부른다.

수소가 질소에 의해 산화되면 암모니아가 되고, 플루오린에 의해 산화되면 플루오린화 수소가, 염소에 의해 산화되면 염화 수소가 된다. 수소가 탄소와 반응해서 메테인이 되는 반응도 산화이다. 탄소가 수소보다는 전기음성도가 높기 때문이다.

산소와 같이 전자를 끄는 원소가 있으면 반대로 전자를 내어주는 수소와 같은 원소가 있어야 반응이 일어날 것이다. 전자를 내어주는 경우를 산화라고 했듯이 전자를 끌어가는 경우를 **환원**이라고 한다. 수소를 산화시키는 산소는 수소로부터 전자를 끌어가기 때문에 자신은 환원된다.

$2H_2 + O_2 \longrightarrow 2H_2O$	수소는 산화, 산소는 환원
$3H_2 + N_2 \longrightarrow 2NH_3$	수소는 산화, 질소는 환원
$2H_2 + C \longrightarrow CH_4$	수소는 산화, 탄소는 환원

수소 이외에 전기음성도가 낮은 탄소, 철, 규소도 쉽게 산소에 의해 산화된다.

$H_2 + Cl_2 \longrightarrow 2HCl$	수소는 산화, 염소는 환원
$C + O_2 \longrightarrow CO_2$	탄소는 산화, 산소는 환원
$4Fe + 3O_2 \longrightarrow 2Fe_2O_3$	철은 산화, 산소는 환원
$Si + O_2 \longrightarrow SiO_2$	규소는 산화, 산소는 환원

질소는 전기음성도가 높은 편이지만 자신보다 전기음성도가 더 높은 산소와 만나면 산소에 의해 산화된다. 질소의 산화물은 여러 가지가 가능한데, 대표적인 질소 산화물에는 일산화 질소(NO), 이산화 질소(NO_2) 등이 있다.

그런데 H_2나 O_2 같은 원소 상태에서는 전자가 한쪽으로 끌리지 않기 때문에 어느 원소도 산화되거나 환원되지 않는다. 그러나 $2H_2 + O_2 \longrightarrow 2H_2O$ 반응에서 수소는 산화되었고, 산소는 환원되었다. 이처럼 산화와 환원은 동시에 일어나는 것을 알 수 있다.

한편 어떤 반응의 역반응에서는 산화와 환원의 관계가 바뀐다. 예컨대 탄소가 산소와 결합해서 전자를 내주고 이산화 탄소로 산화되었다가 나중에 산소에서 전자를 되찾아서 탄소로 되돌아간다면 그 때 탄소는 환원되는 셈이다.

$$CO_2 \longrightarrow C + O_2$$

즉 전자를 잃는 반응이 산화 반응(예 $Zn \longrightarrow Zn^{2+} + 2e^-$)이고 전자를 얻는 반응이 환원 반응(예 $Cu^{2+} + 2e^- \longrightarrow Cu$)이다.

일반적으로 물질이 산소와 결합하는 것을 산화라고 하고, 물질이 산소를 잃는 것을 환원이라고 한다. 또한 수소를 잃는 것을 산화, 수소를 얻는 것은 환원이라고 한다.

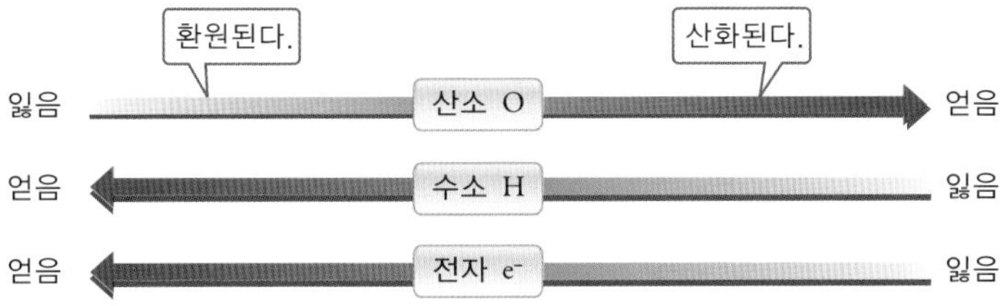

▲ 산화 환원 반응에서 산소, 수소, 전자의 변화

탐구 시그마 구리의 산화 환원 반응

실험

(가) 도가니에 약 2 g의 구리 가루를 넣고 생성물이 검은색을 띨 때까지 충분히 가열한 후 식힌다.

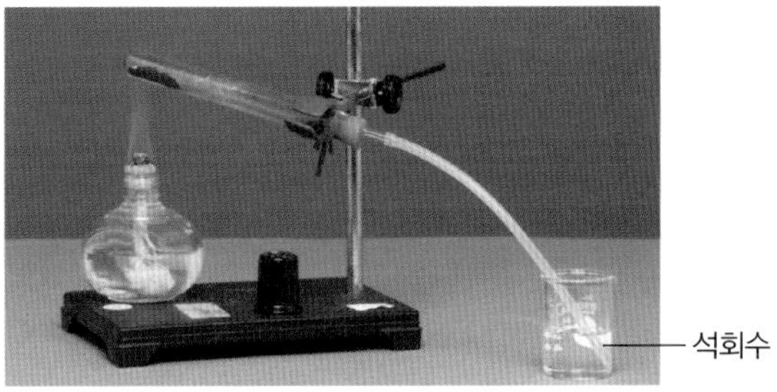

(나) (가)의 생성물과 탄소 가루를 약 10:1의 질량비로 혼합하여 시험관에 넣고 가열한 후 석회수가 든 비커의 변화를 본다.

구리의 산화
알코올램프의 겉불꽃에 구리를 넣고 가열하면 산화 반응이 일어나 검은색 물질이 생성되고, 검은색 물질을 속불꽃에 넣고 가열하면 환원 반응이 일어나 붉은색 구리로 된다. 겉불꽃은 산화 불꽃, 속불꽃은 환원 불꽃이다.

결과

(가)에서 검은색으로 변한 구리 가루가 (나)에서 붉은색으로 되고, 석회수가 뿌옇게 흐려진다.

분석

• 구리를 가열하면 산소와 결합하여 검은색의 산화 구리(II)로 산화된다.

$$\underset{(\text{붉은색})}{2Cu} + O_2 \longrightarrow \underset{(\text{검은색})}{2CuO} \quad (Cu \xrightarrow{\text{산화}} CuO)$$

• 산화 구리(II)는 탄소 가루에 의해 구리로 환원되고, 탄소는 이산화 탄소로 산화된다.

$$2CuO + C \longrightarrow 2Cu + CO_2 \quad (C \xrightarrow{\text{산화}} CO_2,\ CuO \xrightarrow{\text{환원}} Cu)$$

• 석회수는 발생한 이산화 탄소와 반응하여 탄산 칼슘 앙금을 생성하므로 뿌옇게 흐려진다.

개념 # 플러스 　산화 환원 반응의 동시성

- 한 물질이 산소를 잃고 환원되면, 다른 물질은 그 산소를 얻어 산화되므로 산소를 잃는 환원 반응과 산소를 얻는 산화 반응은 항상 동시에 일어난다.
  예 산화 철을 일산화 탄소와 반응시키면 산화 철은 철로 환원되고, 일산화 탄소는 이산화 탄소로 산화된다.
- 전자를 잃는 산화 반응이 일어나기 위해서는 전자를 얻는 환원 반응을 하는 물질이 있어야 하므로 전자를 잃는 산화 반응과 전자를 얻는 환원 반응도 동시에 일어난다. 또한 산화 환원 반응에서 산화로 잃는 전자의 수와 환원으로 얻는 전자의 수는 같다.
  예 황산 구리(II) 수용액에 아연판을 넣어 주면 아연은 아연 이온으로 산화되고, 구리 이온은 구리로 환원된다.

환원: $Fe_2O_3 \rightarrow 2Fe$, 산화: $3CO \rightarrow 3CO_2$

$$Fe_2O_3 + 3CO \longrightarrow 2Fe + 3CO_2$$

환원: $Cu^{2+} \rightarrow Cu$, 산화: $Zn \rightarrow Zn^{2+}$

$$Cu^{2+} + Zn \longrightarrow Cu + Zn^{2+}$$

Σ탐구 시그마 　전자가 관여하는 산화 환원 반응

실험

그림과 같이 질산 은($AgNO_3$) 수용액에 구리판을 넣었다.

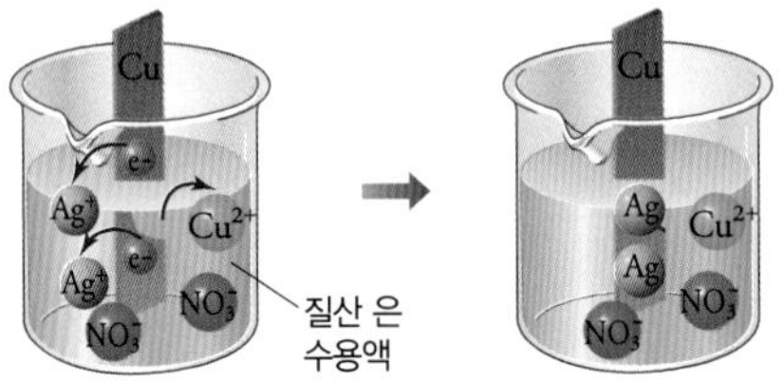

결과

Cu^{2+}이 생성되므로 수용액이 푸른색으로 변한다.

분석

- 구리는 전자를 잃어 구리 이온으로 되고, 용액 속의 은 이온은 전자를 얻어 은으로 석출된다.
- $Cu(s) \longrightarrow Cu^{2+}(aq) + 2e^-$ (산화 반응)
  $2Ag^+(aq) + 2e^- \longrightarrow 2Ag(s)$ (환원 반응)
  $Cu(s) + 2Ag^+(aq) \longrightarrow Cu^{2+}(aq) + 2Ag(s)$

Q 확인하기

물이 수소와 산소로 분해되는 반응에 대한 설명으로 옳은 것은?

$$2H_2O \longrightarrow 2H_2 + O_2$$

① 수소는 산화되고, 산소는 환원된다.
② 수소는 산화되고, 산소도 산화된다.
③ 수소는 환원되고, 산소는 산화된다.
④ 수소는 환원되고, 산소도 환원된다.
⑤ 산화 환원 반응이 일어나지 않는다.

답 ③ | 수소는 산소에게 내주었던 전자를 받으므로 환원되었고, 산소는 수소로부터 얻었던 전자를 내주므로 산화되었다.

1.3 광합성

학습목표 자연에서 가장 중요한 반응의 하나인 광합성을 산화와 환원 반응으로 이해한다.

핵심개념
- ☑ 광합성
- ☑ 포도당
- ☑ 호흡

자연에서 일어나는 대부분의 반응이 산화 환원 반응이라면 생명 현상에서 중요한 반응도 산화 환원 반응일 것이다. 38억 년 지구상 생명의 역사에서 에너지를 공급한 광합성도, 음식을 먹고 호흡(respiration)을 통해 에너지를 얻는 과정도 산화 환원 반응이다.

환원 (C → C)

광합성: $6CO_2 + 12H_2O \longrightarrow C_6H_{12}O_6 + 6H_2O + 6O_2$

산화 (O → O_2)

산화 (C → C)

호흡: $C_6H_{12}O_6 + 6O_2 \longrightarrow 6CO_2 + 6H_2O$

환원 (O_2 → O)

광합성에서 이산화 탄소는 산소를 잃고 환원된다.

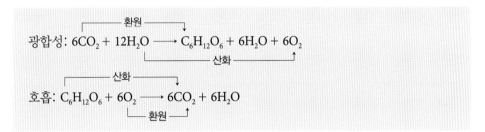

광합성의 핵심은 공기 중의 이산화 탄소가 포도당으로 변하는 것이다. 포도당을 포함해서 모든 탄수화물의 일반식은 CH_2O라고 쓸 수 있다. H_2O나 CO_2처럼 두 가지 원소로 이루어진 화합물에서는 산소처럼 전기음성도가 높은 원소는 수소나 탄소처럼 상대적으로 전기음성도가 낮은 원소를 산화시킨다. 그런데 CH_2O처럼 두 가지 이상의 원소가 결합한 경우에는 그 중에서 가장 전기음성도가 높은 원소가 가장 전기음성도가 낮은 원소를 산화시킨다고 보아야 할 것이다. 그래서 포도당에서는 산소가 수소로부터 전자를 끌어간다고 보아야 한다. 그렇다면 이산화 탄소에서 산소에게 전자를 내어주고 산화되었던 탄소는 산소로부터 전자를 되찾고 환원된 셈이다. 산소는 기왕이면 전기음성도가 탄소보다 더 낮은 수소로부터 전자를 얻는 편이 더 유리할 것이다.

그런데 이산화 탄소의 탄소가 환원되려면 다른 어떤 원소가 산화되어야 한다. 광합성의 반응물 중에 물이 있는 것을 기억하자. 물은 태양 에너지를 사용해서 수소와 산소로 분해된다. 물의 분해 반응에서 수소는 환원되고 산소는 산화된다. 즉 수소는 산소에게 내주었던 전자를 되찾는 것이다. 이 과정에서 태양 에너지가 필요하다. 수소는 되찾은 전자를 이산화 탄소의 산소에게 제공하고, 수소에게서 전자를 받은 이산화 탄소의 산소는 탄소에게 전자를 돌려주어서 탄소는 환원된다.

Q 확인하기

포도당에 들어 있는 탄소, 수소, 산소의 전기음성도 순서는?

① 수소 < 산소 < 탄소 ② 산소 < 수소 < 탄소 ③ 탄소 < 수소 < 산소
④ 수소 < 탄소 < 산소 ⑤ 수소 = 탄소 < 산소

답 ④ | 전기음성도 순서는 핵전하의 순서와 같다.

전자를 되찾아 환원된 포도당의 탄소는 나중에 산소에 의해 이산화 탄소로 산화되면서 에너지를 발생한다. 탄소의 산화를 통해 에너지가 발생하는 면에서 호흡 과정은 탄소의 연소* 반응과 기본적으로 똑같다.

연소*
어떤 물질이 공기 중의 산소와 빠르게 반응하여 열과 빛을 내는 현상이다.

$$\text{호흡: } CH_2O + O_2 \longrightarrow CO_2 + H_2O$$
$$\text{연소: } C + O_2 \longrightarrow CO_2$$

Q 확인하기

다음 반응에서 산화된 것은?

$$[C(H_2O)]_6 + 6O_2 \longrightarrow 6CO_2 + 6H_2O$$

① $[C(H_2O)]_6$의 탄소 ② O_2의 산소 ③ H_2O의 수소
④ H_2O의 산소 ⑤ 산화 환원 반응이 아니다.

답 ① | 물에서 수소는 이미 산소에 의해 산화되어 있다. 우리가 음식을 먹고 에너지를 얻는 것은 음식물의 탄소를 산화시키기 때문이다.

1.4 산화와 산

핵심개념
☑ 산
☑ 산성

학습목표 간단한 산화 반응을 통해서 일반적으로 산화의 산물은 산이라는 사실을 이해한다.

산화와 환원이 자연에서 일어나는 가장 기본적인 화학 반응이라면, 산화와 환원의 생성물 또한 자연에서 가장 중요한 부류의 물질일 것이다. 19세기 말에 프랑스의 화학자 라부아지에(Lavoisier, A. L., 1743~1794)*는 당시에 발견된 한 원소를 산을 만드는 원소라는 뜻에서 산소(oxygen)라고 이름 지었다. 여기에서는 산화와 산의 관계를 살펴본다. 산화 반응이 다양하다면 당연히 산의 종류도 다양할 것이다.

라부아지에*

라부아지에는 대기 중 산소의 존재를 확인하고 연소 반응이 일어날 때 물질이 산소와 결합하여 질량이 증가한다는 사실을 밝혔다.

산화와 산의 관계를 이해하려면 가장 간단한 산화 반응에서 출발하는 것이 좋다. 그런 의미에서 수소가 염소와 1:1로 반응해서 산화되어 염화 수소를 만드는 경우를 생각해 보자. 염화 수소가 물에 녹으면 염산이 된다.

$$H_2 + Cl_2 \longrightarrow 2HCl$$

이 반응에서 전기음성도가 낮은 수소는 전기음성도가 높은 염소에 의해 산화되었다. 그래서 수소의 전자는 일부 염소 쪽으로 이동하고, 결과적으로 수소는 부분 양전하를, 염소는 부분 음전하를 가지게 된다.

수소보다 전기음성도가 더 낮은 나트륨이 염소에 의해 산화되었다면 소금이 만들어졌을 것이다. 이 경우에는 나트륨의 전자가 완전히 염소로 이동해서 나트륨은 부분 양전하가 아니라 +1의 전하를, 염소는 부분 음전하가 아니라 −1의 전하를 가지게 된다.

$$2Na + Cl_2 \longrightarrow 2NaCl$$

소금이 물에 녹으면 Na^+과 Cl^-은 물에 둘러싸여서 안정한 상태가 된다. 마찬가지로 염화 수소가 물에 녹으면 H^+과 Cl^-이 물에 둘러싸이게 된다. 수소가 우주에서 가장 풍부한 원소라면 수소 이온도 우리 주위에 풍부하고, 생명 현상에서도 중요한 역할을 할 것이다.

스웨덴의 아레니우스(Ahhrenius, S. A., 1859~1927)*는 염화 수소처럼 물에 녹아서 수소 이온을 내는 물질을 **산**이라고 정의하였다. 산은 식초처럼 신맛을 내는 성질, 즉 산성(acidity)* 을 나타낸다.

아레니우스*

스웨덴의 화학자로 1903년에 노벨 화학상을 수상하였다.

산성*

산의 공통적인 성질을 산성이라 하며, H^+에 의해 나타난다.

- 수용액은 신맛을 낸다.
- 금속과 반응하여 수소 기체를 발생시킨다.
- 수용액은 전류를 흐르게 한다.

탐구 시그마 산성을 나타내는 이온

실험

그림과 같이 장치하고 묽은 염산에 적신 실을 푸른색 리트머스 종이의 중앙에 올려놓고 전류를 흘려주었다.

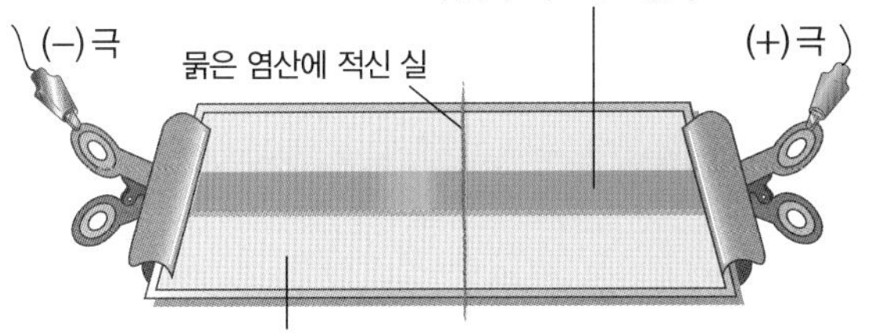

결과

붉은색이 실로부터 (−)극 쪽으로 퍼져 나간다.

분석

- 산 수용액의 붉은색이 (−)극 쪽으로 이동하므로 산에는 양이온이 있으며, 이 양이온은 산에 공통으로 들어 있어 산의 성질을 나타내는 H^+이다.
- K^+, NO_3^-, Cl^- 등도 반대 전하를 띤 전극으로 이동하나 리트머스 종이의 색 변화를 일으키지 않고 이온이 색을 나타내지 않으므로 이온의 이동을 확인할 수 없다.

수소가 염소와 같은 족의 플루오린, 브로민, 아이오딘처럼 수소보다 전기음성도가 높은 원소와 반응해서 만들어진 HF, HBr, HI 등의 산화물은 모두 산이다.

이번에는 수소가 염소 대신 원자가가 2인 산소와 결합한 경우를 생각해 보자. 원자가를 만족시키기 위해서 산소는 수소와 반대쪽에 또 하나의 결합을 이룰 것이다. 이때 수소와 반대쪽에서 산소와 결합한 원자가 수소보다 전기음성도가 높은 원소라면 수소는 염화 수소의 경우와 마찬가지로 수소 이온으로 떨어져 나와서 산성을 나타낼 것이다. 질산(HNO_3), 황산(H_2SO_4), 인산(H_3PO_4), 탄산(H_2CO_3) 등 다양한 산은 모두 이처럼 수소가 산소와 결합해서 산이 되는 경우이다.

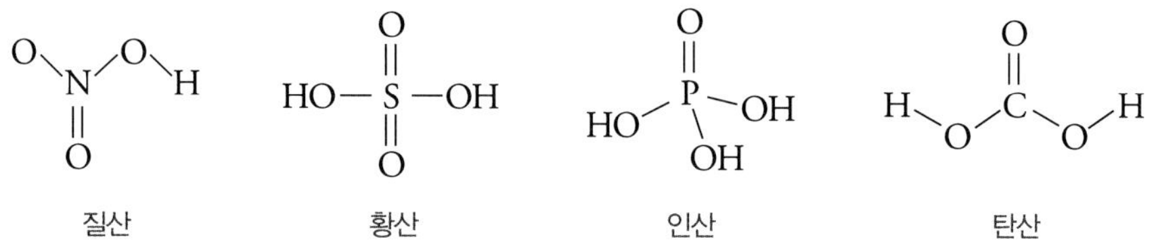

▲ 여러 가지 산

이 중에서 질산과 황산은 공업적으로 대량으로 생산되어 사용되는 산이다. 특히 황산은 수십 년 동안 전 세계적으로 가장 많이 생산되는 화학 물질의 자리를 차지하고 있다. 생체에서 가장 중요하게 사용되는 산은 인산이다. 인산은 DNA에서 당-인산 골격을 만들고, 세포의 에너지 물질인 ATP를 만드는 데도 필수적이다. 뿐만 아니라 많은 단백질들도 인산과 반응해서 특이한 효소 작용을 나타낸다.

탄산은 수소와 결합한 산소가 수소와 반대쪽에 탄소와 결합한 경우이다. 탄소가 산소에 의해 산화되어 만들어진 이산화 탄소가 물과 반응하면 탄산(H_2CO_3)이 된다. 탄산은 전체적으로 볼 때 오른쪽에도, 왼쪽에도 -COOH가 자리 잡은 대칭적 구조를 가지고 있다. 탄산에서 H-O의 산소는 수소에게서 전자를 끌어가고, 수소는 양이온으로 떨어져 나와서 탄산은 산성을 나타낸다.

탄산에서 본 -COOH는 아미노산에서 보았듯이 많은 유기 화합물(organic compound)에서 산성을 나타내는 카복실기이다. 가장 간단한 유기산인 폼산(HCOOH, formic acid)에서도 산소와 결합한 O-H의 수소는 탄산에서와 같이 산성을 나타낸다. 다른 유기산에는 식초의 주성분인 아세트산(CH_3COOH, acetic acid)도 있고, 카복실기 2개가 연결된 옥살산($H_2C_2O_4$, oxalic acid)도 있다.

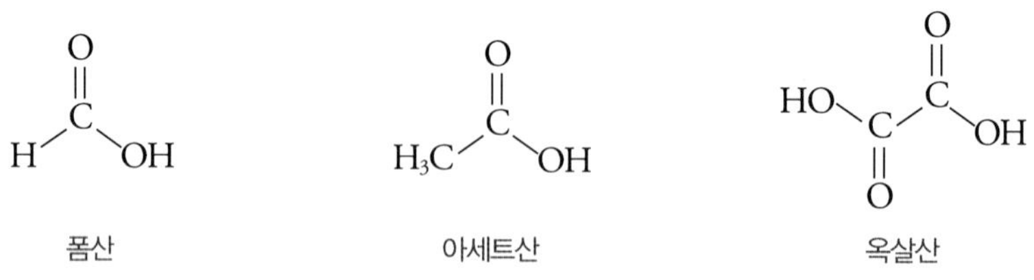

카복실기의 탄소는 2중 결합을 이룬 산소에게 전자를 내주고 있어서 -OH의 산소에게는 전자를 줄 수 없다. 그래서 -OH의 산소는 수소에게서 전자를 끌어당기고, 수소는 수소 이온으로 해리해서 산성을 나타낸다.

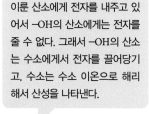

Q 확인하기

다음 산들 중에서 -OH를 포함하지 않은 것은?

① 탄산 ② 인산 ③ 아세트산 ④ 염산 ⑤ 폼산

답 ④ | 염산의 화학식은 HCl로 산소가 들어 있지 않은 산이다. 염산은 산소 대신 염소가 수소를 산화시킨 산성 물질이다.

1.5 염기와 중화

학습목표 산화물이 염기로 작용하는 경우를 알아보고, 산과 염기가 만나 중화가 일어나는 원리를 이해한다.

핵심개념
- ✓ 염기
- ✓ 염
- ✓ 중화 반응

철이 산소와 결합하는 반응이 산화이고, 산화 철에서 산소를 떼어내는 반응이 환원이라면 환원은 산화의 반대 효과를 나타내는 셈이다. 다르게 말하면 환원은 산화의 효과를 상쇄해서 원래 상태로 돌려놓는 반응이다. 마찬가지로 HCl 같은 물질이 나타내는 산성을 상쇄해서 중성으로 바꾸는 물질이 있으리라 짐작할 수 있다. 그런 물질을 **염기(base)** 또는 **알칼리(alkali)**라고 부른다. 염기는 물처럼 산을 묽혀서 단지 산의 농도를 줄이는 데 그치지 않고 산과 반대되는 성질, 즉 염기성(basicity)*을 가져야 한다.

대표적인 염기에는 수산화 나트륨(NaOH)이 있다. 수산화 나트륨이 물에 녹으면 수소 이온(H^+)이 떨어져 나오는 대신 수산화 이온(OH^-)이 나온다. 그래서 HCl의 수용액과 NaOH의 수용액을 섞으면 다음 반응이 일어난다. 그리고 물을 다 증발시키면 **염***의 일종인 소금(NaCl)이 남는다.

$$\underset{\text{산}}{HCl} + \underset{\text{염기}}{NaOH} \longrightarrow \underset{\text{염}}{NaCl} + \underset{\text{물}}{H_2O}$$

이 반응에서 수산화 이온은 산성을 나타내는 수소 이온을 물로 바꾸어서 제거하는 역할을 한다. HCl처럼 수소 이온을 내는 물질을 산이라고 정의한 아레니우스는 NaOH처럼 수산화 이온을 내는 물질을 **염기**라고 정의하였다.

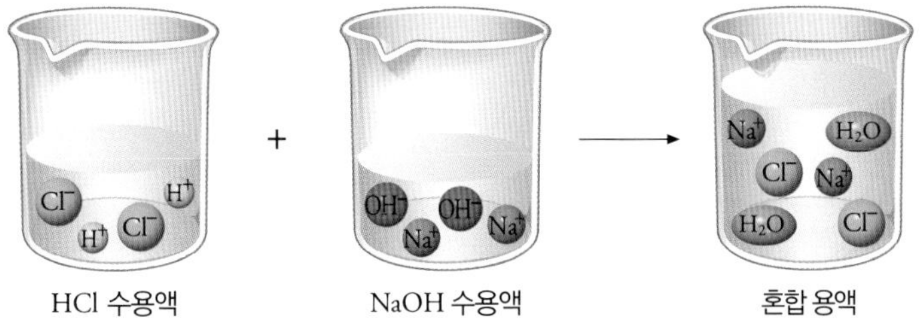

$$HCl(aq) \longrightarrow H^+(aq) + Cl^-(aq)$$

$$NaOH(aq) \longrightarrow Na^+(aq) + OH^-(aq)$$

전체 반응식: $HCl(aq) + NaOH(aq) \longrightarrow Na^+(aq) + Cl^-(aq) + H_2O(l)$

알짜 이온 반응식: $H^+(aq) + OH^-(aq) \longrightarrow H_2O(l)$

▲ 염산과 수산화 나트륨 수용액의 중화 반응 모형과 반응식

염기성*
염기의 공통적인 성질을 염기성이라 하며, OH^-에 의해 나타난다.
- 수용액은 쓴맛을 낸다.
- 손에 묻으면 피부의 지방과 반응해서 비누를 만들기 때문에 미끈거린다.
- 수용액은 전류를 흐르게 한다.

염*
일반적으로 염화 나트륨, 염화 칼륨, 인산 칼슘 등과 같이 중화 반응의 결과 얻어진 물질을 염이라고 한다.

여러 가지 염기
- 수산화 나트륨(NaOH): 흰색 고체로 공기 중의 수분을 흡수하는 조해성이 있다.
- 수산화 칼슘($Ca(OH)_2$): 수용액을 석회수라고 하며, 이산화 탄소에 의해 뿌옇게 흐려지므로 이산화 탄소의 검출에 이용된다.
- 암모니아(NH_3): 자극성이 강한 무색의 기체로 공기보다 가볍고 물에 잘 녹는다.

염기란 산과 반응해서 염을 만드는 기반 물질이라는 뜻이다. 산과 염기가 반응해서 염과 물을 만드는 반응을 **중화(neutralization) 반응**이라고 한다.

반응하는 산과 염기의 종류에 관계없이 앙금이 생성되지 않는 강산과 강염기의 중화 반응의 알짜 이온 반응식*은 $H^+ + OH^- \longrightarrow H_2O$이다. 즉 H^+과 OH^-은 1:1의 비로 반응한다.

알짜 이온 반응식*
이온 반응에서 실제로 반응에 참여하는 이온만으로 나타낸 반응식을 알짜 이온 반응식이라고 한다. 그리고 반응하지 않고 이온으로 남아 있는 입자를 구경꾼 이온이라고 한다.

개념# 플러스 산과 염기의 확인

- 색깔 변화로 용액의 액성이 산성인지, 염기성인지를 판단할 수 있는 시약을 지시약이라고 한다.

- pH와 용액의 액성: pH는 수소 이온 농도의 척도로 1~14까지의 숫자로 나타내는데, pH가 작을수록 산성이 강하고, pH가 클수록 염기성이 강하다. $pH<7$이면 산성, $pH=7$이면 중성, $pH>7$이면 염기성 용액이다.

수소가 산소와 결합한 물질은 대부분이 질산, 황산, 탄산, 인산처럼 산인데 왜 수산화나트륨은 염기인가 생각해 보자. NaOH에서 원자가가 2인 산소는 양쪽으로 원자가가 1인 수소, 그리고 나트륨과 결합하고 있다. 그런데 모든 금속과 마찬가지로 나트륨은 수소보다 전기음성도가 낮다. 따라서 NaOH에서 산소는 수소보다는 나트륨에게서 전자를 얻는 것이 쉽다. 그래서 NaOH이 물에 녹으면 나트륨이 Na^+으로 떨어져 나오고, 수소는 산소와 결합한 채로 OH^-으로 떨어져 나오는 것이다. 이런 경우는 KOH, $Mg(OH)_2$, $Ca(OH)_2$ 등 몇 가지가 있는데, 수소가 산소와 결합해서 산을 만드는 경우가 훨씬 다양하다.

카복실기에서는 수소가 산소에게 전자를 내주고 산 해리한다. 그러나 NaOH에서는 수소보다 전기음성도가 낮은 나트륨이 산소에게 전자를 내주어 염기성이 된다.

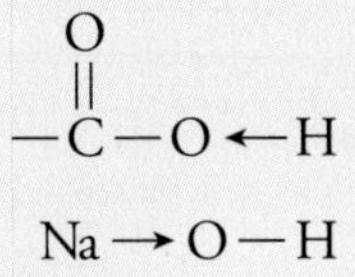

개념# 플러스 생활 속의 중화 반응

- 벌에 쏘이면 산성인 벌침의 독을 암모니아수로 중화시킨다.
- 위산 과다인 경우 염기 성분을 포함하는 제산제를 먹는다.
- 생선 비린내(아민류의 염기)를 없애기 위하여 레몬즙을 뿌린다.
- 신 김치에는 젖산 등 유기산이 많으므로 소다나 조개껍데기를 넣어 중화시킨다.
- 산성화된 토양에 염기인 볏짚을 태운 재, 생석회(CaO), 석회석($CaCO_3$) 등을 뿌려 중화시킨다.

Q 확인하기

다음 중 염기성 물질이 아닌 것은?

① NaOH ② $Mg(OH)_2$ ③ $Ca(OH)_2$ ④ CH_3OH ⑤ NH_3

답 ④ | CH_3OH에서 산소는 전기음성도가 낮은 금속과 결합하지 않아서 OH^-을 내놓지 않는다.

알코올의 액성
알코올은 OH를 포함하고 있으나 물에 녹아 OH^-을 내지 않으므로 염기가 아니다.

연/ 습/ 문/ 제/

해답 216쪽

01 다음 중 산화 환원 반응이 아닌 것은?

① $H + H \longrightarrow H_2$　② $2H_2 + O_2 \longrightarrow 2H_2O$
③ $3H_2 + N_2 \longrightarrow 2NH_3$　④ $2H_2 + C \longrightarrow CH_4$
⑤ $C + O_2 \longrightarrow CO_2$

02 다음 중 전기음성도가 가장 낮은 원소는?

① 수소　② 탄소　③ 질소　④ 산소　⑤ 염소

03 다음 중 제철 과정의 반응식에 대한 설명으로 옳은 것은?

$$Fe_2O_3 + 3CO \longrightarrow 2Fe + 3CO_2$$

① 산화 철의 철은 산화된다.
② 산화 철의 산소는 산화된다.
③ 일산화 탄소의 탄소는 산화된다.
④ 일산화 탄소의 탄소는 환원된다.
⑤ 일산화 탄소의 산소는 환원된다.

04 다음 중 산소가 자신과 결합한 수소에서 전자를 끌어가는 경우가 아닌 것은?

① HNO_3　② H_2SO_4　③ H_3PO_4
④ H_2CO_3　⑤ KOH

05 수소와 염소는 다음과 같이 반응하여 염화 수소를 생성한다.

$$H_2 + Cl_2 \longrightarrow 2HCl$$

이에 대한 설명으로 옳은 것만을 | 보기 |에서 있는 대로 고른 것은?

| 보기 |
ㄱ. 염소는 환원된다.
ㄴ. 염화 수소는 물에 녹아 H^+을 낸다.
ㄷ. 염화 수소에서 공유 전자쌍은 염소 원자 쪽으로 치우친다.

① ㄱ　② ㄴ　③ ㄱ, ㄴ
④ ㄱ, ㄷ　⑤ ㄱ, ㄴ, ㄷ

06 다음 화합물 중 산성을 나타내지 않는 것은?

① HNO_3　② HCl　③ NH_3
④ H_3PO_4　⑤ H_2CO_3

07 다음 중 염이 아닌 것은?

① NaCl　② $CaCl_2$　③ NaOH
④ KF　⑤ KCl

08 다음은 염산과 수산화 칼슘 수용액의 중화 반응식이다.

$$2HCl + Ca(OH)_2 \longrightarrow Ca^{2+} + 2Cl^- + 2H_2O$$

이에 대한 설명으로 옳은 것만을 | 보기 |에서 있는 대로 고른 것은?

| 보기 |
ㄱ. Ca^{2+}은 구경꾼 이온이다.
ㄴ. H^+과 OH^-은 2 : 1의 비로 반응한다.
ㄷ. 알짜 이온 반응식은 $H^+ + OH^- \longrightarrow H_2O$이다.

① ㄱ　② ㄴ　③ ㄱ, ㄴ
④ ㄱ, ㄷ　⑤ ㄱ, ㄴ, ㄷ

핵심 개념 확/ 인/ 하/ 기/

❶ 용광로에서 코크스(C)를 넣어 주면 공기 중의 산소와 반응하여 ________가 생성되며, 이것이 철광석을 환원시켜 철이 분리된다.
❷ 어떤 원소가 자신보다 전기음성도가 높은 원소와 결합해서 전자를 내주는 경우를 ________라고 한다.
❸ 산소를 잃는 ________ 반응과 산소를 얻는 ________ 반응은 항상 동시에 일어난다.
❹ 물은 태양 에너지를 사용해서 수소와 산소로 분해되는데 이때 수소는 ________되고 산소는 ________된다.
❺ 아레니우스는 물에 녹아서 ________을 내는 물질을 산, ________을 내는 물질을 염기라고 정의하였다.
❻ 산과 염기가 반응하여 물과 염을 반드는 반응을 ________이라고 한다.

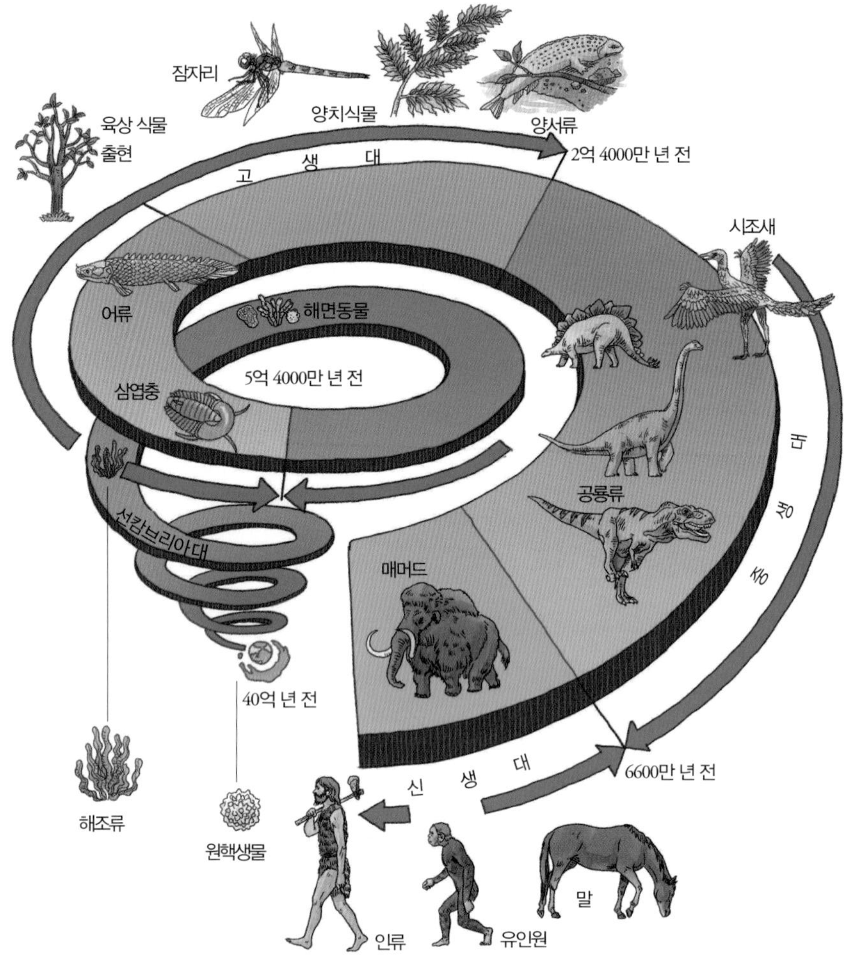

▲ 화석을 근거로 한 지구 달력과 각 시대 주요 생물

Q 확인하기

지질 시대 중 가장 긴 기간에 해당하는 것을 쓰시오.

답 **선캄브리아대** | 선캄브리아대는 지구 나이의 88 %를 차지한다.

2.2 선캄브리아대

핵심개념
- ✓ 원핵생물
- ✓ 진핵생물
- ✓ 오존층
- ✓ 남세균

학습목표 초기 지구에서 생명이 태어난 후 생물의 다양성이 크게 증가하기 이전에 어떤 중요한 일들이 있었는지 파악한다.

약 46억 년 전에 태양 주위를 돌던 크고 작은 소행성들이 뭉쳐서 지구를 만들고 나서도 소행성들의 충돌이 계속되어 지구 표면은 약 1억 년 동안 끓는 마그마로 덮여 있었다. 이때 화성 정도 크기의 소행성이 충돌해서 지구의 일부가 떨어져 나가 달이 만들어졌다고 한다. 약 45억 년 전에는 지구 표면이 어느 정도 식어서 단단한 지각이 만들어졌지만 소행성 충돌은 계속되었고, 화산 활동도 활발하였다. 그 후 약 1억 년 사이에 지구가 더 식으면서 대기에 들어 있던 수증기가 비가 되어 내리고 태초의 바다가 되었다. 그러나 아직 지구상에 생명체는 없었다.

지금까지 알려진 확실한 생명체 화석의 나이는 35억 년 정도이다. 그렇다면 생명이 출현한 것은 그보다 상당히 앞설 것이다. 그러나 초기의 생물은 딱딱한 껍질이 없는 박테리아였기 때문에 화석을 거의 남기지 못하였다. 게다가 초기 생물의 잔해가 들어 있는 오래된 암석은 지각 깊이 자리 잡고 있기 때문에 높은 온도와 압력에 의해 변성암으로 바뀌어 초기 생물의 자취를 잃고 말았다.

세포는 크게 핵막의 유무에 따라 원핵세포와 진핵세포로 나눌 수 있다.

약 40억 년 전에 태어난 최초의 생명체는 세포막에 둘러싸여 있으면서 세포핵이 없는 단세포 **원핵생물***이었다. 세포핵을 가진 단세포 **진핵생물**이 나타난 것은 대략 20억 년 전이었다고 생각된다. 그러니까 40억 년 생명의 역사에서 반 정도의 기간에 걸쳐 모든 생명체는 단세포 원핵생물이었던 것이다. 물론 이 원핵생물도 대사와 유전에 필요한 핵심 물질과 시스템을 갖추고 있었다.

원핵생물*
세포핵이 생기기 전의 생물로 물속에 서식하며, 대부분 단세포지만 모여서 생활하는 것도 있다. 광합성 조류를 포함한다. 모든 다세포 생물은 진핵생물이다.

그런데 생명의 역사 전반부에서 단세포 원핵생물이 엄청난 변혁을 이루어냈다. 광합성을 시작해서 햇빛 에너지를 통해 스스로 에너지를 생산할 수 있게 된 것이다. 이런 광합성 세균을 **시아노박테리아(cyanobacteria)** 또는 **남세균**이라고 한다. 남세균은 후일 바다에서 광합성을 하는 해조류와 육상에서 광합성을 하는 식물의 원조인 셈이다. 약 35억 년 전에 바다에서 광합성이 시작되면서 부산물인 산소의 발생도 시작되었다.

광합성 세균의 간접적 자취로 스트로마톨라이트(stromatolite)라는 구조물이 있다. 스트로마톨라이트는 햇빛이 비쳐 들어서 광합성이 가능한 얕은 물에서 형성된 일종의 암석인데 두 가지 다른 색의 층이 교대로 쌓인 구조를 나타낸다. 흥미롭게도 오늘날도 오스트레일리아 서부 해안의 샤크 베이 등 전 세계적으로 몇 군데에서 광합성을 통해 스트로마톨라이트가 만들어지고 있다. 광합성이 활발할 때는 암석 표면에 몰려든 남세균의 무리가 끈적끈적한 물질을 내놓는데 여기에 바닷물에 떠다니는 작은 입자들이 달라붙어서 하나의 층을 만든다. 그리고 어떤 이유로 상당 기간 동안 광합성이 중단되면 남세균이 없는 암석층이 형성된다. 이런 과정이 오랫동안 반복되면 반복 구조를 나타내는 상당한 크기의 암석이 만들어지는 것이다.

광합성이 시작되기 전에 수 억 년에 걸친 화산 활동으로 대기 중 이산화 탄소의 농도가 증가하였고, 태양의 핵융합 반응도 활발해져서 햇빛의 에너지도 물을 분해하기에 충분하게 되었다.

스트로마톨라이트가 보여 주는 광합성의 주기적 활성화는 또 다른 암석의 반복 구조에서도 나타난다. 광합성의 부산물로 나오는 산소는 바닷물에 녹아 있는 2가의 철 이온(Fe^{2+})을 3가의 철 이온(Fe^{3+})으로 산화시키고 산화 철(Fe_2O_3)로 침전시킨다. 이 과정이 오래 지속되면 두께가 수 mm에서 수 cm에 달하는 검은색의 산화 철 층이 생긴다. 그리고 오랜 기간 동안 광합성이 중단되거나 철 이온의 농도가 크게 감소하면 붉은색을 띠는 암석층이 쌓인다. 이 과정이 반복되면 산화 철 층과 암석층이 교대로 나타나는 거대한 구조가 만들어진다. 이러한 철광은 지구상 곳곳에서 발견된다.

▲ 스트로마톨라이트

▲ **그랜드 캐니언 국립 공원에 있는 산화철** 광합성 결과 생성된 산소가 철과 결합하여 노출된 것

이런 호상철광층(banded iron formation)은 약 24억 년 전부터 19억 년 전 사이에 대규모로 만들어졌는데, 바닷물에 녹은 철 이온이 다 산화 철로 침전하고 나면 물에 잘 녹지 않는 산소는 대기로 올라오게 된다. 대기 중 산소 농도가 증가하기 시작한 것이 대략 20억 년 전이라고 한다. 대기의 산소 증가는 예상치 못한 결과로 이어졌다. 태양의 중심 온도가 올라가고 핵융합 반응이 점점 활발해지면서 햇빛의 자외선도 강해졌다. 따라서 초기 지구에서는 생명체가 육상으로 진출할 수 없었다. 그러나 대기의 산소 농도가 증가하면서 상층부의 산소 분자가 자외선에 의해 원자로 분해되었다. 이 산소 원자는 쉽게 산소 분자와 결합해서 오존(O_3)을 만들어 대기 상층부에 **오존층***이 형성되었다. 그런데 오존은 자외선을 잘 흡수하기 때문에 수 억 년 후에 지상으로 진출하는 동식물에게 보호막이 된다.

오존층*
성층권에서 많은 양의 오존이 있는 높이 25~30 km 사이에 해당하는 부분으로, 태양의 자외선과 우주로부터 들어오는 생물에 유해한 전자파를 차단한다.

$$O_2 + \text{자외선} \longrightarrow 2O$$
$$O_2 + O \longrightarrow O_3$$

원핵생물인 남세균의 산소 발생은 진핵생물의 출현을 유발하였다. 산소가 없는 환경에서 20억 년 정도를 살아온 생명체에게 산화력이 강한 산소는 치명적인 독성 물질이었을 것이다. 그래서 세포는 중요한 유전 물질인 DNA를 저장하기 위해 핵막으로 둘러싸인 세포핵을 개발하였고, 그 밖에도 미토콘드리아, 엽록체, 리보솜, 골지체 등의 소기관을 발전시켜 진핵생물이 되었다. 그러니까 호상철광층 생성, 대기 중 산소의 증가, 진핵생물의 출현은 모두 20억 년 전을 전후하여, 즉 선캄브리아대에 일어난 것이다. 물론 이런 일은

하루아침에 일어난 것은 아니고 수천만 년에 걸쳐 일어났지만, 지구 역사에서 흔하지 않은 대규모의 변화였던 것은 틀림없다.

약 20억 년 전에 또 하나의 지구적 사건이 일어났다. 수천 만 년 동안 지속된 빙하기(ice age)가 찾아와 결과적으로 대멸종(mass extinction)이 일어난 것이다. 지구에서 첫 번째 빙하기라고 생각되는 이 사건의 원인으로는 거대한 화산 폭발을 생각할 수 있다. 엄청난 양의 화산재가 장시간 동안 하늘을 덮고 햇빛을 가리면 지구 표면의 온도가 크게 떨어져서 지구 표면의 모든 물이 얼었을 것이다.

오래 지속된 광합성도 빙하기의 원인 중 하나일 것으로 생각된다. 온실 기체의 하나인 이산화 탄소가 수 억 년에 걸쳐 바닷물에 녹아들어가서 광합성에 사용되다보면 온실 효과가 사라지고 지구 표면의 온도가 떨어지는데 한 몫 할 수 있다. 한편 화산 활동의 결과로 대기에 상당히 축적된 메테인은 이산화 탄소보다 훨씬 효율적인 온실 기체이다. 그런데 공기 중 산소 농도가 증가하면서 대부분의 메테인이 산화되어 사라지면 온실 효과가 감소하게 될 것이다. 당시 적도 지방의 온도가 지금 극지방의 온도와 비슷했을 것이라 하므로 많은 단세포 생명체들이 멸종되었을 것이다.

빙하기가 끝난 후, 지금부터 약 15억 년 전에 생명의 역사에서 또 하나의 중요한 변화가 일어났다. 약 20억 년 동안 모든 생명체는 단세포 원핵생물이었다가, 약 20억 년 전에 그 중 일부가 진핵생물이 되어서 각기 제 길을 걸어왔다. 그래서 지금까지도 모든 생물은 원핵생물과 진핵생물로 나눌 수 있다.

구분	원핵생물	진핵생물
공통점	• 세포막에 싸여 있고, 유전 물질(DNA)을 가지고 있어서 자기 복제를 한다. • 단백질 합성 기관인 리보솜을 가지고 있어서 효소를 합성하여 스스로 물질대사를 한다.	
차이점	• 핵막이 없어 유전 물질(DNA)이 세포질에 흩어져 있다. • 막 구조로 된 세포 소기관이 없다. • 세포의 크기가 작다(1~10 μm). 예 대장균, 질소 고정 세균, 호열 세균 등	• 유전 물질(DNA)이 핵막에 둘러싸여 있다. • 막 구조로 된 세포 소기관이 있다(엽록체, 미토콘드리아, 소포체, 골지체 등). • 세포의 크기가 크다(10~100 μm). 예 원생생물, 균류, 식물, 동물 등

▲ 원핵생물과 진핵생물

약 20억 년 전까지는 원핵생물도 진핵생물도 하나의 세포가 하나의 생명체로 역할을 하였다. 즉 하나의 세포가 죽으면 그것은 하나의 생명체가 죽은 것이다. 그러다가 약 15억 년 전에 여러 개의 진핵세포들이 달라붙어서 하나의 생명체를 이루는 다세포 생명이 시작되었다. 이것은 진핵생물의 등장에 못지않게 중요한 변화였다. 왜냐하면 다세포 생명체에서는 몇 개의 세포가 죽더라도 생명체는 살아서 새로운 세포를 만들 수 있기 때문이다. 뿐만 아니라 여러 개의 세포는 여러 종류의 조직과 기관으로 발전할 수 있는 가능성을 가진다. 15억 년 전에 세포와 세포를 묶어줄 수 있는 어떤 접착제 물질이 생겨나서 다세포 생명체가 태어나지 않았다면 60조 개의 세포로 이루어진 인간은 물론 우리 주위에서 눈으로 볼 수 있는 크기의 어떤 생명체도 태어날 수 없었을 것이다. 모든 다세포 생물의 세포는 진핵세포이다.

에디아카라 동물군
처음 발견된 곳은 오스트레일리아의 플린더즈 산맥이다. 이 산맥 북쪽의 에디아카라 지역에서는 많은 화석이 발견되었는데, 이를 의미해서 에디아카라 동물군이라 하며, 이 지역에서 발견된 화석은 해파리나 유연체와 같은 다세포 동물의 화석이다.

선캄브리아대가 끝나고 고생대에 들어서면서 상당한 크기와 복잡한 구조를 가진 생물들이 등장하는데, 그 중간 단계에 해당하는 화석 자료가 거의 없었다. 그러다가 1995년에 멕시코 지역에서 약 6억 년 전에 살았던 아주 초보적인 다세포 생물의 화석이 발견되었다. 그 후 유사한 화석이 남부 오스트레일리아의 에디아카라(Ediacara) 등 여러 지역에서 발견되었다. 이런 생물이 살았던 기간을 에디아카라기라고 부른다. 에디아카라기는 40억 년의 선캄브리아대에서 마지막 약 1억 년에 해당하는 것이다.

지구 역사에서 가장 오랜 기간을 차지하는 선캄브리아대는 많은 기록을 남기지는 않았지만 생물의 다양성이 폭발적으로 증가할 수 있는 기반을 마련한 중요한 시기이다.

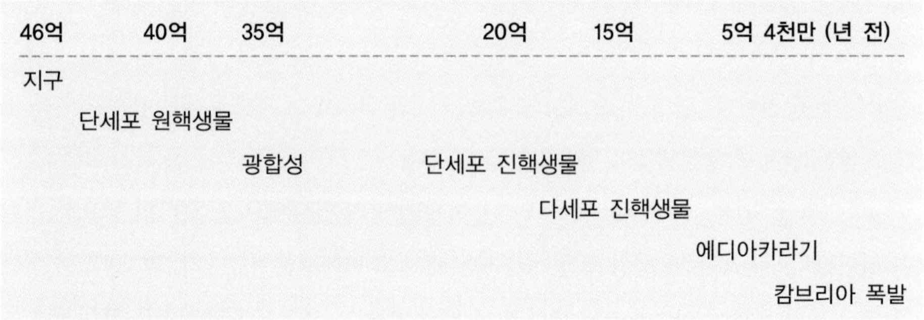

▲ 선캄브리아대의 주요 사건

Q 확인하기

다음 중 선캄브리아대에서 일어난 사건이 아닌 것은?

① 광합성의 시작　② 진핵생물의 출현
③ 공룡의 등장　④ 다세포 생물의 출현
⑤ 단세포 원핵생물의 출현

답 ③ | 공룡은 중생대에 등장하고 번성하였다.

2.3 고생대

핵심개념
- ✓ 캄브리아 폭발
- ✓ 삼엽충
- ✓ 양치식물

학습목표 바다에서 발전한 식물과 동물이 육상으로 진출한 고생대의 의의를 이해한다.

5억 4천만 년 전부터 2억 5천만 년 전까지 약 3억 년 지속된 고생대는 선캄브리아대에 이어 두 번째로 긴 지질 시대이다. 40억 년에 걸친 선캄브리아대의 마지막 단계에서 다세포 생물이 등장했지만, 복잡성과 다양성 면에서 매우 초보적인 단계에 머물렀다. 그러다가 약 5억 4천만 년 전에 생물 종이 폭발적으로 증가하였다. 이 사건을 **캄브리아 폭발(Cambrian explosion)**이라고 하는데, 우주의 기원인 빅뱅이 알려지고 나서는 생물학적 빅뱅(Biology's Big Bang, BBB)이라고도 불린다. 빅뱅, 초신성 폭발에 이은 세 번째 대폭발인 셈이다.

전 세계적으로 발견되는 고생대의 대표 화석에는 **삼엽충(trilobite)**이 있다. 삼엽충의 몸체는 왼쪽, 오른쪽, 가운데의 세 부분으로 나누어진다. 삼엽충의 화석이 많이 발견되는 이유는 딱딱한 껍질을 가지고 있기 때문이다. 그리고 삼엽충은 다리에 마디가 있는 절지동물이다. 곤충, 거미, 갑각류 등 동물계의 4분의 3 정도가 절지동물인데, 삼엽충은 가장 일찍 등장한 절지동물에 속한다. 개미의 잘록한 허리에서 볼 수 있듯이 절지동물은 몸체에도 마디가 있다. 그런데 다른 절지동물들과 마찬가지로 삼엽충은 무척추동물이다. 약 5억 2천만 년 전 고생대 초기에 등장한 삼엽충은 약 2억 5천만 년 전에 다른 많은 생물과 함께 멸종하였다. 2억 7천만 년에 걸쳐 생존한 삼엽충은 매우 성공적인 종이었다. 삼엽충이 멸종한 시기는 고생대의 마지막인 페름기(Permian period)인데, 이때 바다에 살던 생물 종의 90 % 이상이 멸종하였다고 한다. 페름기 말 대멸종은 지구 역사에서 있었던 여러 차례의 멸종 중에서 가장 대규모의 멸종이었는데, 페름기 말 대멸종을 계기로 고생대에서 중생대로 넘어간다.

우리나라에서도 강원도 태백, 영월 지역에서 삼엽충 화석이 많이 발견된다. 지금까지 발견된 삼엽충 화석의 종류는 17000종이 넘는다고 한다.

삼엽충과 함께 고생대에 나타난 중요한 동물에는 어류와 양서류(amphibian)가 있다. 어류는 삼엽충과 달리 척추를 가지고 있어서 척추를 가진 모든 포유류의 먼 조상이라 볼 수 있다. 한편 약 3억 7천만 년 전에 어류 중 일부는 지느러미를 사용해서 강의 하구를 통해 육상으로 진출을 해서 개구리처럼 네 발을 가지고 물과 육지 양쪽에서 사는 양서류가 되었다. 부력 덕분에 자신의 체중을 느끼지 못하던 바다 동물이 육상으로 진출하면서 중력의 크기를 실감했을 것이다. 결과적으로 육상 동물은 체중을 감당할 수 있는 튼튼한 골격을 발전시키게 되었다. 2004년에 캐나다의 한 섬에서 틱타알릭(Tiktaalik)으로 알려진 흥미로운 화석이 발견되었는데, 틱타알릭은 지느러미를 가진 어류와 네발동물의 중간 단계라고 믿어진다.

▲ 삼엽충

▲ 틱타알릭

겉씨식물*
밑씨가 씨방 안에 있지 않고 드러나 있는 식물로 가루받이 때 꽃가루가 밑씨 위에 바로 붙는다. 꽃잎은 없으며, 줄기에는 형성층이 발달하지만 물관이 없고 헛물관을 갖는다. 소나무, 소철, 잣나무, 전나무, 은행나무 등이 있다.

양치식물*
관다발 식물 중에서 꽃이 피지 않고 홀씨로 번식하는 식물계의 한 문이다. 뿌리·줄기·잎의 분화가 분명하며, 물관부와 체관부의 구별이 있는 관다발이 발달되어 있다. 진화상 이끼식물과 종자식물의 중간 단계에 해당한다.

육상 식물의 조상은 선캄브리아대에 바다에서 살았던 남세균과 남세균이 다세포 생물로 발전한 녹조류(green algae) 등이다. 이끼와 같은 식물은 동물보다 앞서서 약 4억 3천만 년 전에 육상으로 진출하였다. 이때는 이미 대부분의 자외선을 차단하기에 충분한 오존층이 형성되어 있었다. 고생대 후기에는 육상에서 겉씨식물*이 출현하였다. 그러나 아직은 꽃을 피우는 나무나 풀은 없었다. 대신 대형 고사리와 같은 **양치식물***이 주를 이루었다. 페름기 대멸종 때 땅에 묻힌 엄청난 양의 식물과 미생물들은 오랜 세월을 거치면서 석탄과 석유 같은 화석 연료로 바뀌어 후일 인류문명을 지탱하는 에너지원으로 사용된다.

지질학적으로는 고생대에 처음으로 판게아가 형성된 것으로 생각된다. 선캄브리아대에 마그마가 굳어지면서 여러 개의 지판이 생겼는데, 오랜 세월을 거쳐 이들이 움직이고 충돌하면서 하나의 거대한 판을 만든 것이다. 판이 합쳐지는 과정에서 판 경계에 높은 산들이 만들어졌다. 고생대에도 여러 차례의 빙하기와 멸종이 있었다. 그러면서 종이 사라지고 새로운 종이 나타나고를 반복하면서 지구상 생물 종이 크게 다양해졌다.

그런데 캄브리아 폭발은 어떻게 일어났을지가 오랫동안 수수께끼로 남아있었다. 선캄브리아대 마지막에 나타난 초보적 다세포 생물과 캄브리아 폭발 이후에 나타난 다양한 동물 종 사이의 연결 고리가 사라진 것이다. 그러다가 1909년에 캐나다 쪽 로키산맥의 버제스 셰일(Burgess shale)에서 전에 보지 못했던 생물 화석이 대량으로 발견되어 수수께끼가 풀렸다. 이들 화석을 처음 발견한 스미소니안 박물관의 월콧(Walcott, C. D., 1850-1927)은 15년에 걸쳐 이 지역에서 6만 5천 점의 초기 캄브리아기 화석을 발굴하였다. 버제스 셰일 화석이 보여 주는 생물은 선캄브리아대 마지막에 나타난 에디아카라 생물과 캄브리아 폭발 당시 생물의 연결 고리이다.

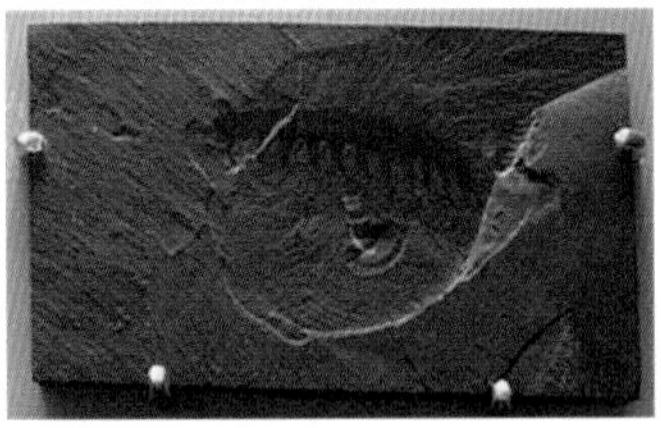
▲ 버제스 셰일 화석

탐구 시그마 원시 생명체의 진화 과정과 환경 변화

자료

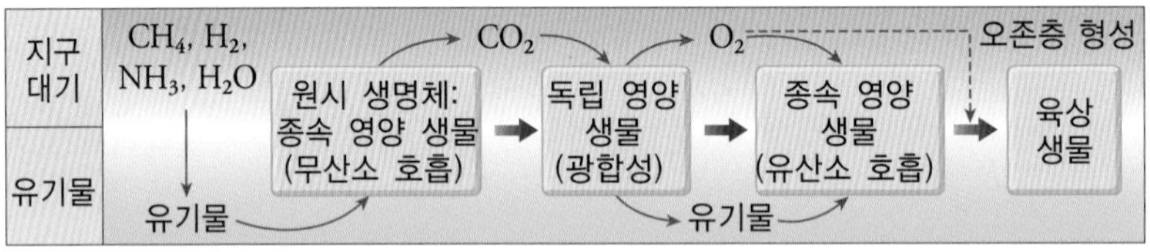

분석

- 원시 지구의 생물은 환경을 변화시키고, 환경의 작용으로 다시 생물에 변화가 일어난다.
- 화학적 진화에 의해 유기물이 풍부해져 원시 종속 영양 생물이 출현하고, 호흡에 의해 CO_2가 증가하고 유기물이 감소하였다.
- 풍부해진 CO_2를 환원시켜 유기물을 합성하는 독립 영양 생물이 출현하고, 광합성 생물에 의해 유기물의 양이 풍부해지고 대기 중에 O_2 농도가 증가하였다. 따라서 산소 호흡을 하는 종속 영양 생물이 출현하게 되고, O_2에 의해 형성된 오존층에 의해 자외선이 차단되면서 육상으로 생물이 진출하였다.
- 원시 지구 대기 변화 과정: 환원성 기체(NH_3, H_2O, CH_4, H_2) → CO_2 증가 → O_2 증가 → 오존층 형성

Q 확인하기

다음 중 고생대에서 일어난 중요한 사건은?

① 공룡의 등장　　② 포유류의 등장　　③ 광합성의 시작
④ 동물의 육상 진출　　⑤ 진핵생물 출현

답 ④ | 고생대에 식물에 이어 동물이 육상으로 진출하였다.

2.4 중생대

학습목표 중생대의 대표적 동물인 공룡이 어떻게 멸종하고 포유류에 자리를 물려주게 되었는지를 파악한다.

핵심개념
- ☑ 암모나이트
- ☑ 파충류
- ☑ 겉씨식물

고생대에 이어 2억 5천만 년 전부터 6600만 년 전까지 지속된 중생대는 동물로는 파충류(reptile)의 시대, 식물로는 침엽수의 시대라고 말할 수 있다. 중생대에는 고생대에 형성된 판게아가 분리되기 시작하여 오늘날의 판 구조를 갖추게 되었다.

▲ 지질 시대의 수륙 분포 – 대륙의 이동

▲ 암모나이트

기후는 평균적으로 오늘날에 비해 온난하였다. 고생대에 삼엽충이 번성했던 것처럼 중생대에는 **암모나이트(ammonite)**라는 조개 비슷한 바다 생물이 번성해서 많은 화석을 남겼다.

육상에서는 양서류가 파충류로 발전했는데, 가장 중요한 파충류는 영화 '쥐라기 공원'으로 유명한 공룡(dinosaur)이다. 공룡에는 초식 공룡, 육식 공룡 등 여러 종류가 있었는데 1억 년 이상 지구를 지배하였다. 공룡의 일부는 하늘을 나는 익룡이 되었다. 육상 공룡과 익룡의 중간 단계 생물로 추측되는 시조새의 화석은 1860년에 발견되었다. 중생대에는 포유류도 살았지만 대부분 몸이 작아서 공룡들 틈에서 숨어 살았고, 주로 밤에 활동했으리라 짐작된다.

중생대에는 다양한 곤충도 등장하였다. 그 때에는 공기 중 산소 농도가 지금보다 상당

히 높아서 잠자리도 독수리만큼 컸고, 식물도 키가 컸다.

고생대에 태어난 겉씨식물은 중생대에 와서 번성하였고, 중생대 후기에는 속씨식물이 등장해서 신생대에 번성하게 된다. 꽃 피는 식물은 약 2억 년 전에 나타났지만, 동물의 먹이가 되는 풀은 약 4천만 년 전인 신생대에야 나타난다.

약 6600만 년 전에 또 한 번 대멸종이 일어나면서 모든 공룡은 하루아침에 지구상에서 자취를 감추고, 중생대가 극적으로 끝나면서 신생대가 시작된다. 대멸종의 이유는 비교적 최근에 상세히 알려졌다. 1978년에 멕시코의 유카탄 반도 옆 해저에서 유전을 찾기 위해 해저 지형을 조사하던 지질학자에 의해 지름이 거의 200 km인 거대한 운석 충돌구가 발견되었다. 이 충돌구를 만든 운석은 지름이 약 15 km에 달하는 것으로 추정되었는데, 그 후 여러 가지 상세한 연구를 통해 이 거대한 운석 충돌이 일어난 시기는 6600만 년 전의 대멸종과 일치하는 것으로 밝혀졌다. 뿐만 아니라 이 충돌을 일으킨 물체는 외계에서 날아온 운석이 확실하다는 결론이 얻어졌다. 이 충돌의 결과로 당시 지구 생명체의 75 % 정도가 멸종하였다. 이런 극한 상황에서 몸집이 커서 많은 먹이가 필요한 공룡은 완전히 멸종하였고, 몸집이 작은 포유류가 살아남아서 신생대의 주역이 되었다. 운석 충돌과 같은 우연한 사건이 지구와 생명의 역사의 방향을 결정하였다니 놀라운 일이다.

Q 확인하기

중생대의 화석인 것을 | 보기 |에서 모두 고르시오.

| 보기 |

ㄱ. 공룡　　ㄴ. 삼엽충　　ㄷ. 암모나이트　　ㄹ. 시조새

답 ㄱ, ㄷ, ㄹ | 삼엽충은 고생대의 대표적 화석이다.

2.5 신생대

핵심개념
- ✓ 포유류
- ✓ 매머드
- ✓ 속씨식물

학습목표 신생대의 주역인 포유류가 인류로 발전하기에 적합한 어떤 특징을 가지고 있는지를 파악한다.

중생대가 파충류의 시대였다면 6600만 년 전부터 최근까지의 신생대는 포유류(mammal)의 시대이다. 포유류는 신생대의 주역을 맡기에 적합한 어떤 특징을 지녔을까?

파충류와 포유류는 다 척추동물이다. 파충류와 포유류는 약 3억 천만 년 전 고생대 때에 양서류로부터 갈라졌다고 한다. 파충류는 비늘이나 껍질로 덮여 있고, 대부분 포유류

는 털이 난 피부를 가지고 있다. 그래서 포유류는 몸놀림이 유연하고, 특히 사람은 손가락을 써서 정교한 일을 할 수 있다. 또 파충류는 환경에 따라 체온이 변하는 변온 동물이고, 포유류는 일정한 체온을 유지하는 정온 동물이다. 변온 동물은 추운 날씨에는 활동이 중단되기 때문에 불리하다. 그런데 정온 동물은 일정한 체온을 유지하려면 많이 먹어야 한다. 게다가 몸집이 작으면 체중에 비해 표면적이 커지기 때문에 열을 많이 빼앗기고 그래서 더 자주 많이 먹어야 한다. 가끔 사냥을 하는 사자에 비해 쥐는 쉬지 않고 먹는다. 그런데 많이 먹고 대사활동이 활발하면 활성 산소 같은 대사의 부산물이 많이 생겨서 노화도 빨리 진행된다. 그래서 몸집이 작은 동물은 수명이 짧다. 포유류는 손가락 정도 크기의 동물부터 길이가 30 m에 달하는 푸른 고래까지 크기가 다양하다.

신생대의 대표 화석은 매머드(mammoth)이다. 매머드는 500만 년 전, 그러니까 신생대 말기에 등장해서 약 4천 년 전에 멸종하였다. 길고 휜 엄니와 긴 털을 가진 코끼리의 먼 친척인데, 구석기 시대의 동굴 벽화에도 보인다.

포유류의 가장 중요한 특징은 알을 낳는 파충류와 달리 새끼를 낳아서 젖을 먹여 키운다는 점이다. 어류나 파충류처럼 알을 낳으면 알이 부화되기 전에 다른 동물에게 먹히기 쉽다. 그런데 포유류는 태중에서 새끼가 상당히 성숙할 때까지 키워서 세상에 내보내기 때문에 생존 확률이 높다.

식물 면에서 신생대에서는 중생대에 등장한 속씨식물이 번성해서 꽃과 열매가 풍부하였다. 그리고 약 4천만 년 전에는 풀이 등장해서 초원이 형성되었고, 인류의 조상이 숲으로부터 초원으로 나와서 두 발로 걷게 되었다. 약 만 년 전에 인간이 농사를 지으면서 생산하기 시작한 밀, 보리, 벼 등은 모두 야생풀의 변종이다. 직립보행으로 두 손이 자유로워진 인류의 조상은 처음에는 석기를 사용하다가 나중에는 철로 농기를 만들어 농업 생산성을 크게 향상시켰다.

호모 사피엔스(*Homo sapiens*), 즉 현생 인류의 조상은 약 600 내지 700만 년 전에 아프리카에서 침팬지와 갈라졌고, 약 400만 년 전에는 동아프리카 초원에서 직립 보행을 시작하였다. 약 200만 년 전에 호모 에렉투스(*Homo erectus*)*는 처음으로 아프리카를 벗어나서 아시아와 유럽으로 진출했는데, 마지막으로 호모 사피엔스가 아프리카를 벗어난 것은 5만 내지 10만 년 전이라고 한다.

호모 에렉투스*(직립원인)
약 180만 년 전에서 30만 년 전 사이에 지구에 살았던 최초로 불을 이용한 인류이다.

Q 확인하기

다음 중 신생대와 직접 관련이 없는 것은?

① 공룡 ② 직립 보행 ③ 속씨식물의 번성
④ 매머드 ⑤ 포유류 번성

답 ① | 공룡은 중생대의 대표적 생물이다.

2.6 종의 진화

핵심개념

- ✓ 진화
- ✓ 자연 선택
- ✓ 적자생존

학습목표 지구상 생명체의 다양성을 가져온 종의 진화는 어떤 원리에 따라 일어나는지 이해한다.

약 40억 년 전에 태어난 지구상 최초의 생명체는 원핵생물인 단세포 박테리아였다. 만일 지구 환경이 바뀌더라도 최초의 생명체가 아무런 변화를 겪지 않았다면 지금도 지구에는 처음과 똑같은 단세포 박테리아만이 살고 있을 것이다. 그러나 캄브리아 폭발, 고생대, 중생대, 신생대를 거치면서 생명은 엄청난 다양성을 가지게 되었다. 그리고 그 과정에서 그 동안 태어났던 모든 종(species)들 중에서 대부분은 멸종하였다고 한다.

다윈*

다윈은 비글호를 타고 세계를 일주하며 수집한 방대한 자료를 정리하여 1859년에 '종의 기원'을 발표하였다.

현재 지구상에 생존하는 것으로 알려진 생물 종은 170만 종에 이른다. 이들은 원시 지구로부터 현재까지 변화하는 지구 환경에 적응하면서 분화된 결과이다. 그렇다면 어떻게 해서 어떤 종들은 살아남았을 뿐 아니라 변화를 이루어서 오늘날 볼 수 있는 다양한 종들을 만들어냈을까? 이것은 19세기 영국의 다윈(Darwin, Charles, 1809~1882)*이 가졌던 질문이었다. 자연 선택(natural selection)에 의한 종의 진화(evolution)*라고 알려진 다윈 이론의 핵심은 다음과 같다.

진화*
생물이 오랜 세월 동안 여러 세대를 거치면서 환경에 적응하여 변화하는 현상을 진화라고 한다.

자연 환경에는 생명체에 필요한 자원이 제한되어 있기 때문에 개체 사이의 경쟁은 필연적이다. 어떤 환경이 오래 지속되면 그 환경에 적합한 종이 주종을 이룰 것이다. 그런데 어떤 이유로 환경이 달라지면 한 종 내에서도 달라진 환경에 더 잘 적응하는 개체가 살아남고, 그렇지 못한 개체는 살아남지 못하는 경우가 생길 것이다. 이를 적자생존이라고 부른다. 이런 일이 오랜 세월에 걸쳐서, 그리고 여러 세대에 걸쳐서 일어나면 환경에 적응해서 변화한 개체는 새로운 종으로 바뀔 수 있다. 이런 변화를 일으키는 환경 변화가 다양한 만큼 다양한 종이 생길 수 있을 것이다. 이때 살아남은 종을 선택한 것은 다름 아닌 자연이다.

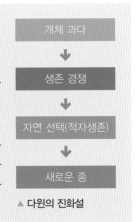

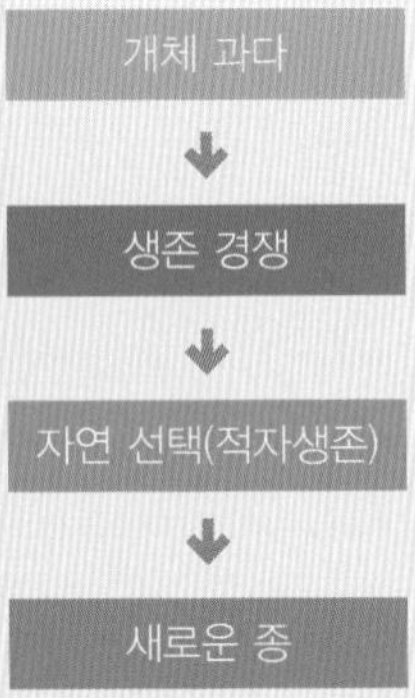

▲ 다윈의 진화설

다윈의 진화론의 영향

- 다윈의 진화론은 생명의 탄생과 진화 과정에 대한 과학적인 접근을 가능하게 하였다.
- 사회, 정치, 경제 등 사회의 여러 분야에 '적자생존'이란 용어가 도입되었다.
- 개인주의, 자유 경제, 제국주의, 인종 차별 등의 사회 현상을 유발하였다.

종의 진화를 가져온 환경 변화의 예로는 먹이의 부족, 진핵생물의 등장을 가져온 광합성에 의한 산소의 발생, 빙하기가 찾아온 것, 해수면의 변화, 숲이 초원으로 바뀐 것, 6600만 년 전의 소행성 충돌, 인간에 의한 가축화 등을 들 수 있다. 특히 초기 생명체에서 일어난 중요한 진화로는 광합성을 들 수 있다. 광합성이 상당히 복잡한 과정인 것을 생각하면 처음 태어난 생명체가 광합성을 했을 수는 없다. 그렇다면 초기 생명체는 바다에 녹아 있는 유기물이나 다른 화학적 에너지를 사용했을 것이다. 그러다가 바다에 녹아 있는 유기물이 다 소비되고 나면 초기 생명체는 커다란 위기를 맞게 된다. 그 때 어떤 단세포 세균이 광합성 능력을 발전시켰다면 생존을 위한 경쟁에서 큰 우위를 차지하게 되고, 광합성 세균 방향으로 진화가 일어났을 것이다.

그런데 최초의 광합성 세균은 지금처럼 물(H_2O)이 아니라 황화 수소(H_2S)를 분해하는 반응을 사용했으리라 생각된다. 물에서의 OH 결합보다 황화 수소에서의 HS 결합이 약해서 햇빛을 사용해서 깨기 쉽기 때문이다. 만일 대부분의 광합성 세균이 황화 수소를 사용하는데 그 중 일부가 물을 사용해서 포도당을 만드는 능력을 가지게 되었다면 어떻게 될까? 태양 에너지를 사용해서 강한 OH 결합을 깨었다면 SH 결합을 깨었을 때보다 훨씬 더 많은 에너지가 나올 것이고, 결과적으로 광합성이 보다 활발히 일어날 것이다. 그래서 이후로는 물을 사용하는 남세균과 식물이 광합성을 담당하게 되었다. 그 결과로 발생한 산소가 진핵생물의 진화를 유도한 것은 그 후의 일이다.

생물계의 진화
- 척추동물: 어류(고생대 중기) → 양서류(고생대 후기) → 파충류(중생대) → 포유류(신생대)
- 식물계: 바다 식물 → 양치식물(고생대 후기) → 겉씨식물(중생대) → 속씨식물(신생대)

그런데 40억 년에 걸친 종의 진화는 어떤 방향과 목표를 가지고 이루어진 것은 아니다. 어떤 종에게 일어난 변화는 당시에 주어진 환경에서 살아남기에 유리했을 뿐이다. 이처럼 어떻게 보면 근시안적 자연 선택이 오랜 세월에 걸쳐 누적되어 오늘날 볼 수 있는 종의 다양성이 이루어진 것이다.

다윈은 종의 진화를 생명의 나무(tree of life)라는 은유를 통해 설명하였다. 뿌리에서 땅 위로 올라온 나무 기둥은 하나이지만 그 기둥에서 여러 개의 가지가 다른 방향으로 퍼져나간다. 그리고 다시 각각의 가지로부터 수많은 작은 가지들이 펴져나간다. 그래서 어떤 종은 다른 어떤 종과 상당히 가까운 관계에 있지만 다른 종과는 아주 먼 관계에 있다. 그러나 지구상의 모든 생명체는 거슬러 올라가면 하나의 공통 조상을 만나게 된다.

다윈은 DNA가 유전 물질인 것도, 모든 생명체가 같은 유전 암호를 사용하고 같은 아미노산으로 만들어진 단백질로 대사 작용을 하는 것도 몰랐다. 그러나 이제 와서 알고 보면 개체에 일어난 변화는 DNA의 염기 서열의 변화로 온 것이다. DNA 염기 서열의 변화는 단백질의 아미노산 서열 변화로 나타나고, 어떤 변화된 단백질은 변화된 대사 작용을 통해 새로운 환경에서 살아남는 데 유리하게 작용할 수 있다. 그리고 DNA에 일어난 변화는 다음 세대로 그대로 전달되기 때문에 오랜 세월에 걸쳐 누적되어 새로운 종의 탄생을 가능하게 한다.

40억 년에 걸친 진화의 결과로 놀라운 생명의 다양성이 얻어졌고, 종의 진화는 오늘날도 찾아볼 수 있다. 물론 대부분의 진화는 오랜 세월에 걸쳐 일어나기 때문에 짧은 시간 동안 관찰해서는 확인하기 어렵다. 그리고 하나의 안정된 종에서 다른 안정된 종으로 진화하는 대부분의 경우에 중간 단계의 개체는 화석을 남기는 경우가 많지 않기 때문에 조사하기도 어렵다. 그런데 짧은 시간 동안 한 세대를 마치고 번식하는 병원균 같은 경우에는 진화를 관찰하는 것이 가능하다. 요즘은 어떤 병원균에 대해 항생제가 개발되면 어느 정도 사용된 후에는 그 항생제에 대해 내성을 지닌 변종이 생기는 경우를 많이 볼 수 있다. 병원균 입장에서는 항생제의 등장이라는 환경 변화에 따라 내성을 개발하였다기보다는 생존에 적합한 변종이 살아남은 셈이다.

한편 생명의 다양성을 자세히 살펴보면 다음 세 가지 요소를 찾아볼 수 있다.

현대의 진화설
현대는 진화의 요인을 돌연변이, 격리, 자연 선택 등을 종합하여 설명한다. 즉, 어떤 개체에 돌연변이가 일어나 그 개체가 격리되면서 환경에 가장 적합한 개체가 선택되면서 새로운 종으로 분화가 일어난다는 것이다.

첫째는 DNA 수준에서의 미시적 다양성이다. 앞에서 살펴본 병원균의 경우에 항생제가 투여되기 전에도 수많은 병원균 중에 DNA에 다양한 변이가 온 개체들이 일부 있었을 것이다. 이런 DNA 수준의 차이를 **유전적 다양성**이라고 한다. 모든 생물학적 다양성의 근본적 원인은 유전적 다양성에 있다고 볼 수 있다.

둘째로 생각할 수 있는 다양성은 문자 그대로 다양한 생물 종의 존재를 뜻한다. 이를 한마디로 **종 다양성**이라고 한다. 예컨대 우리 주위의 어느 산에 가서 한 변의 길이가 100 m인 정사각형 모양의 테두리를 그리고 그 안에 살고 있는 모든 동물, 식물, 균류, 세균 등의 리스트를 만든다면 종의 종류에 놀라게 될 것이다. 그런데 비슷한 조사를 휴전선의 비무장지대에서 하였다면 종의 다양성을 보여 주는 상당히 다른 종의 리스트를 얻게 될 것이다. 60년 이상 시간이 흐르면서 사람의 손이 미치지 않은 비무장지대는 특수한 생태계를 조성했을 것이기 때문이다. 아마존 열대 우림이나 사막, 또는 극지는 각각 다른 기후와 환경을 가지고, 그에 따른 생물 종의 다양성을 나타낼 것이다. 이러한 세 번째 종의 다양성을 **생태계 다양성**이라고 한다.

탐구 시그마 갈라파고스 군도의 핀치새

자료

그림은 갈라파고스 군도의 여러 섬에 서식하는 핀치새의 먹이와 부리의 모양을 조사하여 나타낸 것이다.

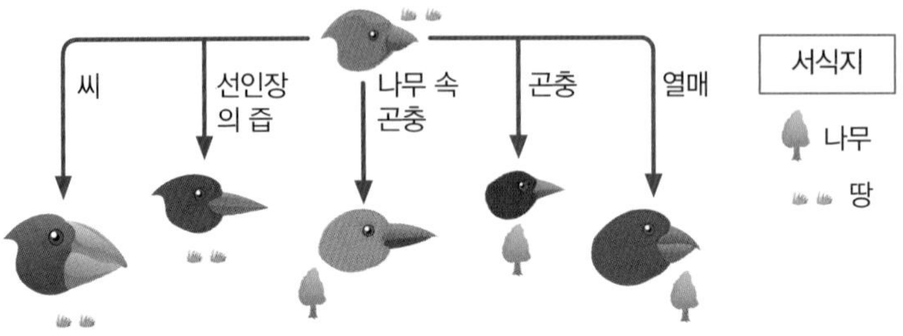

분석

남미 대륙에서 서식하던 핀치새가 폭풍에 의해 여러 섬으로 격리된 후 각각의 지역 내에서만 교배가 이루어진 결과 각기 다른 모양의 부리를 가진 형태로 진화하였다. 즉 서식지와 먹이에 따라 부리의 모양이 다르게 진화하였다.

Q 확인하기

자연 선택에 의한 종의 진화를 주장한 사람은?

① 왓슨 ② 멘델 ③ 다윈 ④ 미셰르 ⑤ 그리피스

답 ③ | 다윈은 1859년에 '종의 기원'을 출간하였다.

연/ 습/ 문/ 제/

해답 217쪽

[01~06] 물음에 해당하는 것을 | 보기 |에서 골라 쓰시오.

| 보기 |
ㄱ. 선캄브리아대　　　ㄴ. 고생대
ㄷ. 중생대　　　ㄹ. 신생대

01 가장 오랜 시간의 지질 시대에 해당하는 것은?

02 광합성 식물이 육상으로 진출한 시대는?

03 산화 철이 대규모로 침전한 시대는?

04 산화 철로부터 철을 대규모로 생산한 시대는?

05 다세포 생물이 출현한 시대는?

06 지구 대기의 산소 농도가 증가하기 시작한 시대는?

07 신생대를 대표하는 화석은?

① 삼엽충　② 암모나이트　③ 매머드
④ 공룡　⑤ 스트로마톨라이트

08 종의 진화와 관계가 없는 것은?

① 환경 변화　② DNA 염기 서열의 변화
③ 단백질의 변화　④ 유전 암호의 변화
⑤ 적자생존

09 그림은 지구의 탄생부터 현재까지 생물의 존재 기간을 나타낸 것이다.

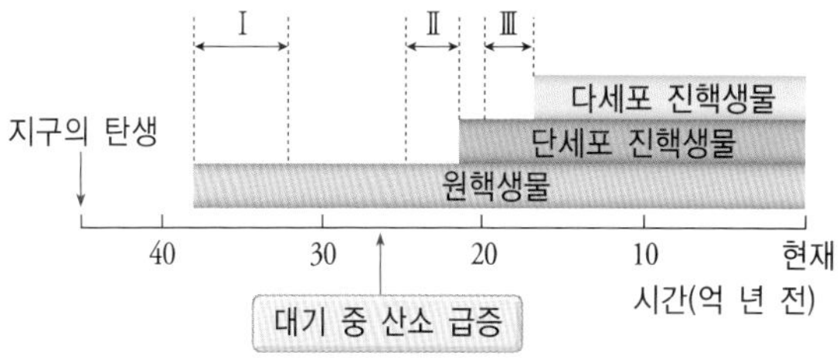

이에 대한 설명으로 옳은 것만을 | 보기 |에서 있는 대로 고른 것은?

| 보기 |
ㄱ. Ⅰ 시기에 나타난 최초의 원시 생명체는 종속 영양 생물이었다.
ㄴ. 광합성 생물은 Ⅱ 시기에 최초로 나타났다.
ㄷ. 세포 소기관은 Ⅲ 시기 이후에 나타났다.

① ㄱ　② ㄴ　③ ㄷ
④ ㄱ, ㄴ　⑤ ㄱ, ㄴ, ㄷ

10 광합성 세균이 출현하게 된 배경으로 옳은 것만을 | 보기 |에서 있는 대로 고른 것은?

| 보기 |
ㄱ. 화산 활동으로 대기 중에 CO_2 농도가 증가하였다.
ㄴ. 태양의 핵융합이 활발해져서 지구의 빛에너지의 양이 매우 증가하였다.
ㄷ. 바닷물 속에 유기물의 양이 증가하였다.

① ㄱ　② ㄴ　③ ㄱ, ㄴ
④ ㄴ, ㄷ　⑤ ㄱ, ㄴ, ㄷ

핵심 개념 확/ 인/ 하/ 기/

❶ 삼엽충 화석으로 대표되는 시대는 ________이다.
❷ 광합성이 시작된 시대는 ________이다.
❸ 진핵생물이 출현한 시대는 ________이다.
❹ 어류가 등장한 시대는 ________이다.
❺ ________는 중생대를 대표하는, 조개 비슷한 화석이다.
❻ ________ 다양성은 DNA 염기 서열의 변화에 의한 다양성을 뜻한다.

01 철의 제련 과정과 이용에 대한 설명으로 옳은 것만을 〈보기〉에서 있는 대로 고른 것은?

〈보기〉
ㄱ. 철은 자연에서 주로 순물질 상태로 얻어진다.
ㄴ. 철은 강도가 높아서 쉽게 얻을 수 있는 구리보다 쓰임새가 다양하다.
ㄷ. 용광로에 철광석을 코크스와 함께 넣고 가열하면 철을 얻을 수 있다.

① ㄱ ② ㄷ ③ ㄱ, ㄴ
④ ㄴ, ㄷ ⑤ ㄱ, ㄴ, ㄷ

02 다음 중 산화 환원 반응이 아닌 것은?

① $3H_2 + N_2 \longrightarrow 2NH_3$
② $CH_4 + 2O_2 \longrightarrow CO_2 + 2H_2O$
③ $Cu + 2Ag^+ \longrightarrow Cu^{2+} + 2Ag$
④ $Fe_2O_3 + 3CO \longrightarrow 2Fe + 3CO_2$
⑤ $HCl + NaOH \longrightarrow NaCl + H_2O$

03 그림과 같이 아연판을 질산 은($AgNO_3$) 수용액과 묽은 염산(HCl)에 각각 담갔다.

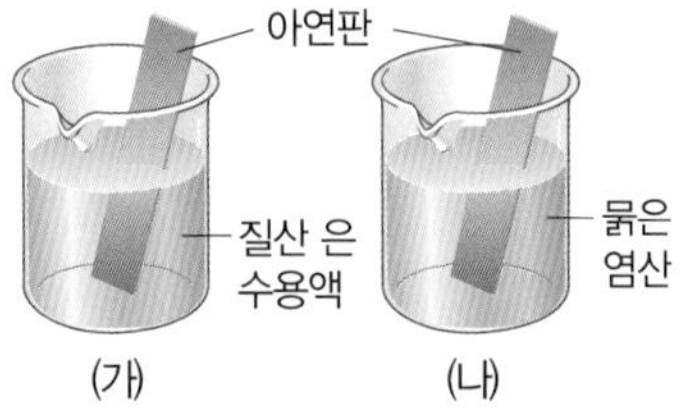

(가)와 (나)에서 일어나는 변화에 대한 설명으로 옳은 것만을 〈보기〉에서 있는 대로 고른 것은?

〈보기〉
ㄱ. (가)에서 Ag^+의 수는 증가한다.
ㄴ. (나)에서 pH는 감소한다.
ㄷ. (가)와 (나)에서 아연은 모두 산화된다.

① ㄱ ② ㄷ ③ ㄱ, ㄴ
④ ㄴ, ㄷ ⑤ ㄱ, ㄴ, ㄷ

04 다음은 어떤 물질에 대한 설명이다.

• 수용액에 BTB 용액을 가하였더니 푸른색으로 변하였다.
• 수용액에 이산화 탄소를 가하였더니 수용액이 뿌옇게 변하였다.

이 물질로 가장 적당한 것은?

① NH_3 ② HCl ③ KOH ④ HNO_3 ⑤ $Ca(OH)_2$

05 다음 중 산화 환원 반응에 대한 설명으로 옳지 않은 것은?

① 전자를 잃는 물질은 환원된다.
② 수소를 잃는 반응은 산화 반응이다.
③ 산화 반응과 환원 반응은 항상 동시에 일어난다.
④ 물질이 산소와 결합하는 것은 산화 반응이다.
⑤ 전기음성도가 작은 원소는 전기음성도가 큰 원소와 반응하여 산화된다.

06 다음 중 산과 염기의 중화 반응을 이용한 사례가 아닌 것은?

① 속이 쓰릴 때 제산제를 복용한다.
② 물을 소독하기 위해 염소를 넣는다.
③ 김치의 신맛을 없애기 위해 베이킹 소다를 약간 넣는다.
④ 생선 비린내를 없애기 위해 레몬즙을 뿌린다.
⑤ 산성화된 토양에 생석회나 석회석 등을 뿌려 준다.

07 암모나이트가 번성했던 지질 시대에 대한 설명으로 옳지 않은 것은?

① 전체적인 기후는 거대한 식물과 파충류가 살기에 적당할 정도로 온난하였다.
② 판게아가 북아메리카 대륙과 아프리카 대륙으로 갈라지면서 대서양을 만들었다.
③ 말기에 운석의 충돌, 화산의 분출 등으로 기후가 급격히 변하여 많은 생물들이 멸종하였다.
④ 어류와 속씨식물이 번성하였다.
⑤ 육지에서는 공룡이 번성하였다.

해답 217쪽

08 그림은 묽은 염산에 마그네슘을 넣었을 때의 반응을 모형으로 나타낸 것이다.

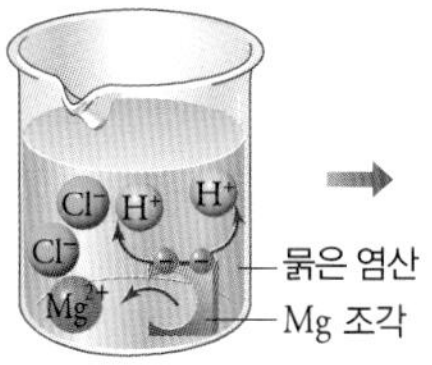

위 반응에 대한 설명으로 옳은 것만을 〈보기〉에서 있는 대로 고른 것은?

〈보기〉
ㄱ. 마그네슘은 환원된다.
ㄴ. 마그네슘의 질량은 감소한다.
ㄷ. 용액 속의 수소 이온의 수는 감소한다.

① ㄱ ② ㄱ, ㄴ ③ ㄱ, ㄷ
④ ㄴ, ㄷ ⑤ ㄱ, ㄴ, ㄷ

09 지질 시대를 구분하는 기준으로 적합하지 <u>않은</u> 것은?

① 기후 변화 ② 표준 화석
③ 큰 지각 변동 ④ 대륙의 이동
⑤ 생물계의 큰 변천

10 광합성은 다음과 같이 물이 분해된 후, 분해된 물의 수소가 이산화 탄소와 반응하여 포도당이 되는 반응이다.

(가) $2H_2O \longrightarrow 2H_2 + O_2$
(나) $6CO_2 + 12H_2O \longrightarrow C_6H_{12}O_6 + 6H_2O + 6O_2$

이에 대한 설명으로 옳은 것만을 〈보기〉에서 있는 대로 고른 것은?

〈보기〉
ㄱ. (가) 반응에서 수소는 환원된다.
ㄴ. (나) 반응에서 이산화 탄소의 탄소는 산소를 잃고 환원된다.
ㄷ. (가)의 반응에는 태양 에너지가 사용된다.

① ㄱ ② ㄴ ③ ㄱ, ㄷ
④ ㄴ, ㄷ ⑤ ㄱ, ㄴ, ㄷ

11 그림은 NaOH 수용액 20 mL에 HCl 수용액을 조금씩 가해 갈 때 용액 속에 존재하는 이온의 모형을 나타낸 것이다.

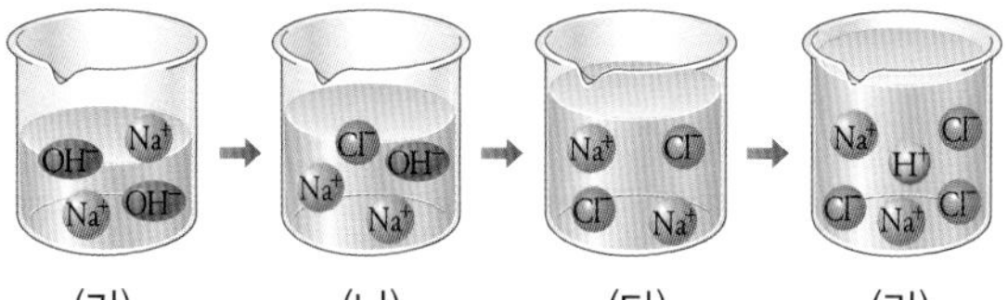

(가) (나) (다) (라)

이에 대한 설명으로 옳은 것만을 〈보기〉에서 있는 대로 고른 것은? (단, NaOH 수용액과 HCl 수용액의 온도는 같다.)

〈보기〉
ㄱ. (가)는 염기성을 나타낸다.
ㄴ. 온도가 가장 높은 용액은 (다)이다.
ㄷ. 용액 (라)에 페놀프탈레인 용액을 떨어뜨리면 붉은색으로 변한다.

① ㄱ ② ㄱ, ㄴ ③ ㄱ, ㄷ
④ ㄴ, ㄷ ⑤ ㄱ, ㄴ, ㄷ

12 그림은 갈라파고스 군도의 여러 섬에 서식하는 핀치새의 먹이와 부리 모양을 나타낸 것이다.

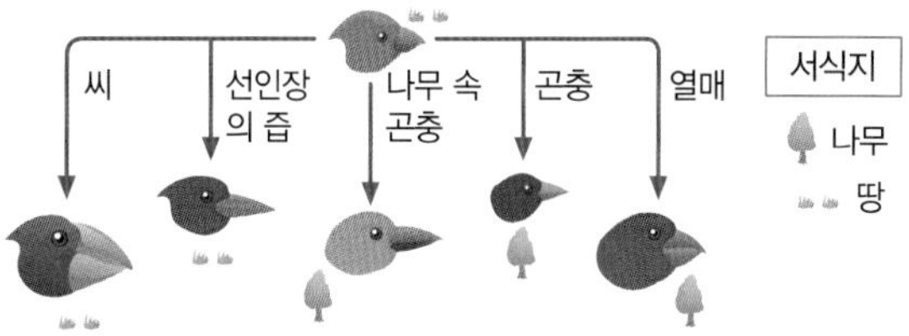

이에 대한 설명으로 옳은 것만을 〈보기〉에서 있는 대로 고른 것은?

〈보기〉
ㄱ. 다른 집단의 핀치새가 유입되어 부리 모양이 달라졌다.
ㄴ. 먹이와 환경에 따른 적응 과정에서 긴 시간 동안 핀치 새의 종이 다양하게 진화되었다.
ㄷ. 각 섬이 지리적으로 격리되어 각 지역 내에서만 교배가 이루어졌기 때문이다.

① ㄱ ② ㄴ ③ ㄱ, ㄷ
④ ㄴ, ㄷ ⑤ ㄱ, ㄴ, ㄷ

V 환경과 에너지

1. 생태계와 환경
2. 발전과 송전
3. 신재생 에너지

현생 인류가 아프리카를 벗어나서 전 세계로 퍼져나간 지도 수 만 년이 지났다. 그 동안 인간은 생존을 위해서 다양한 모습으로 환경에 적응해왔다. 그런데 농경을 시작하고, 철기문명과 산업혁명을 일으키면서 인간은 점차 환경을 지배하게 되었다. 특히 최근 100년 사이에는 인구와 에너지 사용이 급증하여 환경 파괴와 에너지 고갈이 문제로 등장했다. 이 단원에서는 생태계와 환경 사이의 관계를 알아보고, 나아가서 에너지 문제의 해결 방안을 논의해본다.

프리스틀리가 발견한 기체는 나중에 라부아지에에 의해 산소라고 명명되었다. 산소는 우주에서 세 번째로 풍부한 원소이고, 모든 생태계의 중요한 구성 요소이다.

체가 그 전의 실험에서 쥐와 촛불을 살아나게 하는 물질인 것을 확인하였다. 심지어 이 기체가 공기보다 5~6배 효과가 있는 것도 알아냈다. 공기의 21 %가 산소인 것을 생각하면 상당히 정확한 관찰이었다.

$$2HgO(s) \longrightarrow 2Hg(l) + O_2(g)$$

| 생태 피라미드 |

실제로 자연에 존재하는 생태계는 프리스틀리가 구성한 생태계보다 훨씬 더 복잡하다. 예컨대 어떤 냇가에 있는 풀을 메뚜기가 갉아먹고, 개구리가 메뚜기를 잡아먹고, 매가 개구리를 잡아먹는 상황을 생각해 보자. 이때 일정한 면적에 살고 있는 어떤 종에 속한 개체의 집단을 **개체군(population)**이라고 한다. 그러니까 어떤 종의 풀, 메뚜기, 개구리 등은 각각의 개체군을 만든다. 그리고 여러 개체군이 모여서 이루는 집단을 **군집(cluster)**이라고 한다. 한편 군집에 속한 여러 종들은 먹고 먹히는 관계를 통해서 하나의 **먹이 사슬(food chain)***을 이룬다. 이 경우에 풀은 생산자, 메뚜기는 1차 소비자, 개구리는 2차 소비자, 매는 3차 소비자가 된다. 그리고 풀보다는 메뚜기의 개체 수가 작고, 메뚜기보다는 개구리의, 개구리보다는 매의 개체 수가 작다. 그래서 생태계는 위로 갈수록 좁아지는 **생태 피라미드(ecological pyramid)***를 이루게 된다. 이런 관계를 통해서 시간이 흐르면 풀, 메뚜기, 개구리, 매의 개체 수 사이에는 평형이 이루어진다. 그런데 DDT가 도입되면서 살충제가 뿌려진 풀을 먹고 메뚜기 수가 줄어들면 개구리 수가 줄어들고, 개구리 수가 줄어들면 매의 수도 줄어들 것이다. 그러다가 어느 수준에서는 더 이상 어느 종의 개체 수가 변하지 않는 새로운 평형이 이루어지게 된다.

먹이 사슬*
생태계 내에서 생물들의 먹고 먹히는 관계이다.

생태 피라미드*
먹이 사슬을 이루는 각 영양 단계 생물의 개체 수, 생물량, 에너지양을, 생산자를 밑변으로, 최종 소비자를 정점으로 하여 차례로 쌓아 가면 상위 영양 단계로 갈수록 줄어들어 피라미드 구조를 나타낸다.

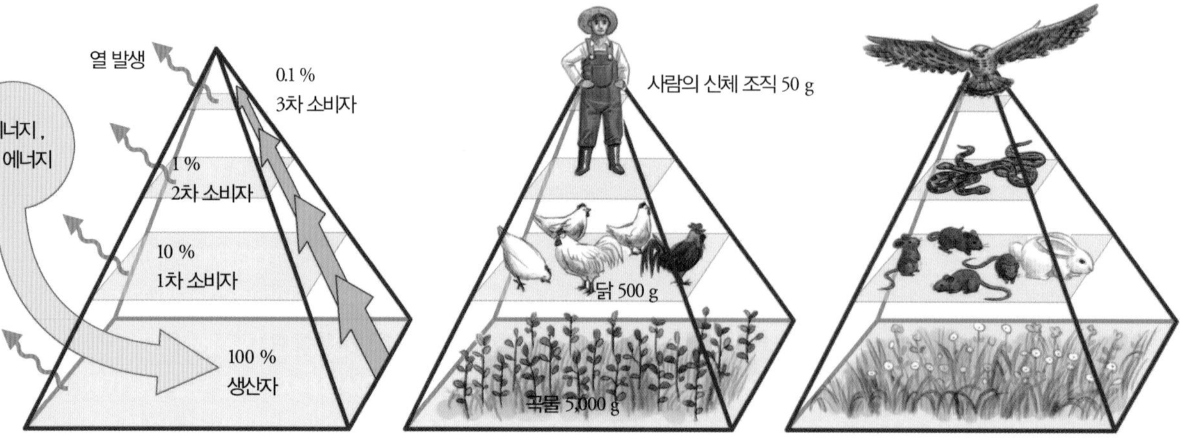

▲ 생태 피라미드

만일 환경 변화와 그에 따른 생태계의 교란이 너무 커서 생태 피라미드에 속한 어떤 핵심 종이 멸종하거나, 환경의 어떤 핵심 요소가 완전히 사라진다면 생태계는 큰 위기를 맞을 수도 있을 것이다. 인간도 지구 생태계의 일부이기 때문에 환경 변화에 따른 생태계 변화의 영향을 피할 수 없다. 특히 어떤 인간 활동이 대규모의 환경 변화와 생태계 변화를 가져온다면 문제는 심각하게 된다. 1970년대 말에 지구 극지방 대기 상층부의 오존층에서 커다란 구멍이 발견되었다. 냉매와 스프레이 등에 널리 사용되는 클로로플루오로탄소(chlorofluorocarbon, CFC)라는 물질이 오존을 파괴한 것이다. 다행히 나중에 몬트리올 의정서를 통해 CFC의 사용이 규제되면서 오존 구멍은 서서히 회복되었다. 만일 지구 전체적으로 오존층이 사라졌다면 많은 생물 종이 멸종했을지도 모른다.

개념# 플러스 생태계의 구성

생물적 요소

- 생산자: 태양 에너지를 이용하여 무기물로부터 유기물을 생산하는 녹색 식물
- 소비자: 생산자나 다른 동물을 먹이로 하는 생물 예 1차 소비자(초식 동물), 2차 소비자(육식 동물)
- 분해자: 생물의 사체나 배설물에 들어 있는 유기물을 무기물로 분해하는 생물 예 세균, 곰팡이 등

비생물적 요인(무기 환경)

빛, 온도, 물, 공기, 토양 등 생물을 둘러싸고 있는 모든 환경 요소

Q 확인하기

6600만 년 전에 일어났던 운석 충돌에 의해 지구 전역에 산불이 일어났다고 하자. 이때 일어났을 수 있는 생태계 파괴가 아닌 것은?

① 공기 중 산소가 부족해진다.
② 공기 중 이산화 탄소가 부족해진다.
③ 광합성이 중단되어 영양소가 부족해진다.
④ 식물을 먹고 사는 작은 동물들이 사라진다.
⑤ 작은 동물을 먹고 사는 큰 동물들이 사라진다.

답 ② | 산불이 일어나면 공기 중의 산소는 소비되고, 이산화 탄소의 양은 증가한다.

1.2 지구 온난화

학습목표 지구 온난화의 증거를 알아보고, 지구 온난화와 관련된 지구 환경 변화를 파악한다.

핵심개념
- ☑ 지구 온난화
- ☑ 킬링 곡선
- ☑ 해들리 순환
- ☑ 극 순환
- ☑ 페렐 순환

| 킬링 곡선 |

인간 활동이 전 지구적 환경 변화와 그에 따른 심각한 생태계 변화를 가져올 것으로 우려되는 일 중에 **지구 온난화(global warming)**가 있다. 지구에는 여러 차례의 빙하기가 있었고, 따라서 빙하기가 끝날 때에는 온난화가 있었을 것이다.

최근의 온난화는 인간 활동에 의한 것이 확실시되고, 또 변화의 속도가 유례없이 빠르다는 점에서 특별하다. 지구 표면의 평균 온도는 1930년부터 2010년 사이에 약 1 ℃ 증가하였다. 체온이 1 ℃ 이내에서 증가하는 것은 미열이라 부르고, 1 ℃ 이상 증가하면 고열로 취급한다. 60 kg 정도 인체의 전체 온도가 1 ℃ 증가하려면 몸 전체적으로는 상당히 많은 열이 발생해야 한다. 마찬가지로 거대한 지구의 온도가 전체적으로 1 ℃ 증가하였다는 것은 엄청난 열이 발생했거나 열이 지구를 빠져나가지 못하였다는 것을 뜻한다. 게다가 지구 온도는 계속해서 증가할 것으로 예상된다.

흥미롭게도 지구의 온도 증가는 공기 중 이산화 탄소 농도 증가와 같은 경향을 보인다. 미국 스크립스 해양연구소의 킬링(Keeling, C. D., 1928~2005)은 1958년부터 하와이의 마우나로아 관측소에서 공기 중 이산화 탄소 농도 변화를 정밀하게 측정해서 그림과 같은 결과를 얻었다. **킬링 곡선(Keeling Curve)**이라고 불리게 된 이 곡선은 많은 사람들에게 이산화 탄소가 지구 온난화의 중요한 요인이라는 것을 믿게 하였다. 킬링 곡선은 1958년에 310 ppm*이었던 이산화 탄소 농도가 2015년에는 400 ppm에 도달한 것을 보여 준다.

ppm(parts per million)*
농도를 나타내는 단위로 1 ppm은 100만분의 1을 의미한다. 이산화 탄소 353 ppm은 대기 중의 분자 100만 개 중에 이산화 탄소 분자가 353개 들어 있다는 것이다.

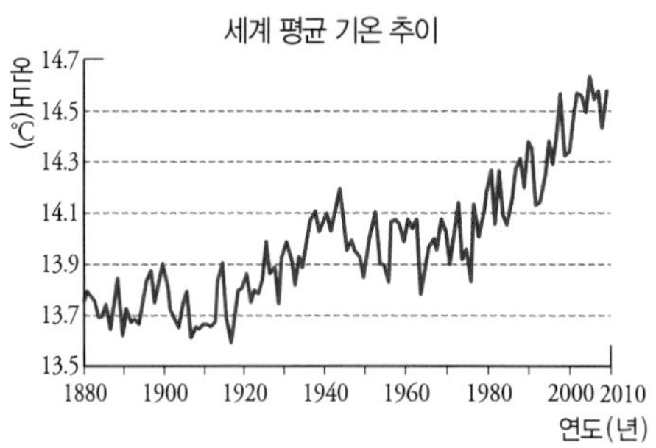

▲ **세계 평균 기온 추이**(출처: Earth Policy Institute, Data Center.)

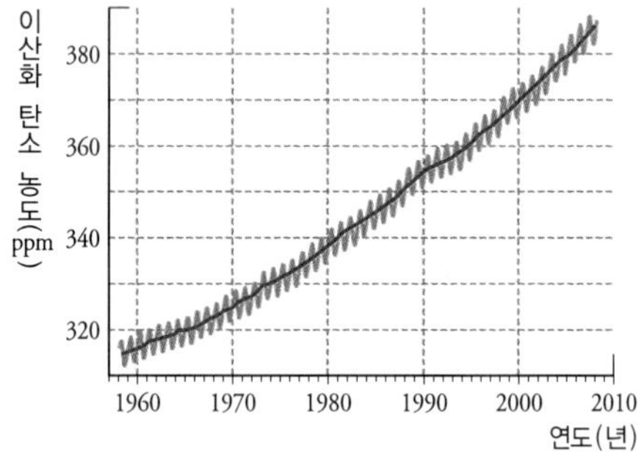

▲ **킬링 곡선**(출처: 미국 스크립스 해양연구소)

이산화 탄소는 메테인*, 수증기 등과 함께 **온실 효과***를 나타내는 기체이다. 이 중에서 특히 이산화 탄소는 석탄을 사용하는 화력발전소나 많은 에너지를 필요로 하는 제철이나 중화학 공업에서 주로 배출된다. 2005년에 발효된 교토 의정서 등을 통해 온실 기체 배출을 규제하려는 국제적 노력이 있지만 대부분의 온실 기체를 배출하는 미국, 중국, 인도 등이 가입을 하지 않아 실효를 거두지 못하고 있다. 현재로는 지구의 온도가 1 ℃ 정도 상승이지만 온난화가 계속되면 엄청난 피해가 우려된다.

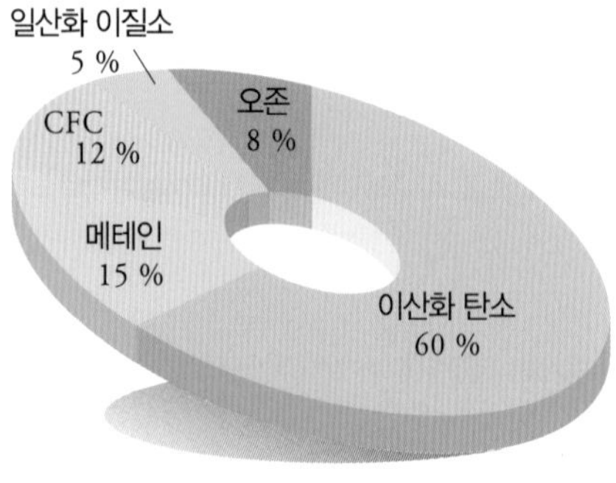

▲ **온실 기체의 온실 효과 기여도(%)**

메테인*
메테인은 이산화 탄소에 비해 21배 정도의 적외선 흡수 효과를 갖는다. 따라서 대기 중의 농도는 낮지만 중요한 온실 기체이다. 대기 중에 유입되는 메테인의 대부분은 생물학적 활동과 관련이 있고, 특히 가축에서 나오는 부산물에서 기인하므로 인구의 증가와 밀접한 관련이 있다.

온실 효과*
지구 대기가 지구로 들어오는 태양 복사 에너지(단파 복사)는 통과시키지만 방출하는 지구 복사 에너지(장파 복사)는 흡수하여 지구의 기온을 높이는 효과를 말한다.

| 대기의 순환 |

지구 온난화에 따라 극지의 빙산과 고산의 빙하가 녹아내리고, 생태계의 변화와 기상 이변은 이미 지구의 여러 지역에서 일어나고 있다. 여기서는 아프리카의 사하라 사막 주위에서 일어나고 있는 사막화*를 지구 북반구의 대기 대순환과 관련지어 생각해 보자.

지구 북반구의 대기는 적도에서부터 북위 30° 사이, 북위 30°부터 북위 60° 사이, 그리고 북위 60°부터 북위 90°, 즉 북극까지 3개의 거대한 단위로 나뉘어 순환한다. 이 세 순환 단위를 세포라고도 부른다. 그런데 대기에는 왜 이런 순환이 생길까?

지구는 둥글고, 지구 자전축과 대충 수직 방향으로 햇빛을 받는다. 따라서 적도 지방은 단위 면적당 가장 많은 햇빛을 받기 때문에 온도가 높다. 그래서 가벼워진 공기는 상승하고 적도 지방은 전반적으로 저기압이고 비가 많다.

적도에서 상승한 공기는 북쪽으로 이동하는데 차고 무거워진 공기는 북위 30° 정도에서는 지표면으로 하강하고, 그래서 북위 30° 주위는 비가 적고 날씨가 맑은 고기압 지역이 된다. 그리고 북위 30° 지역 지표면의 공기는 저기압인 적도 방향으로 이동한다. 이 공기의 흐름은 지구 자전의 영향으로 지구 표면 가까이에서는 북동풍이 되는데, 이 바람을 **무역풍(trade winds)**이라고 한다. 이처럼 적도에서부터 북위 30° 사이에 형성되는 대기의 순환을 **해들리 순환(Hadley cell)**이라고 한다.

반대로 단위 면적당 가장 적은 햇빛을 받는 북극 지방은 온도가 낮다. 그래서 공기가 차고 무거운 북극 지방은 고기압이다. 북극의 찬 공기는 비교적 따뜻한 남쪽, 즉 북위 60° 지역으로 이동하는 북풍이 된다. 북위 60° 정도에서 따뜻해진 공기는 상승하고, 북위 60° 지역은 저기압이 된다. 여기서 상승한 공기는 북극 방향으로 이동하고 북극에서는 하강하는 **극 순환(Polar cell)**을 형성한다. 그러니까 해들리 순환과 극 순환은 같은 방향의 순환이다.

북위 30°와 60° 사이에서는 어떤 일이 일어날까? 해들리 순환에 의해 고기압이 된 북위 30° 지표면의 찬 공기는 극 순환에 의해 생긴 북위 60° 지표면의 저기압 지역으로 흘러가는데, 이 공기의 흐름은 남서쪽에서 부는 **편서풍(westerlies)**이 된다. 무역풍과 편서풍은 반대 방향으로 부는 바람인 것이다.

수백 년 전에 배를 타고 무역을 하러 항해했던 선원들은 위도가 바뀌면서 바람의 방향이 바뀌는 것을 알아챘다. 그렇게 해서 무역풍과 편서풍이 발견된 것이다. 한편 지표면 가까이에서 북위 60°로 흘러간 공기는 상승하였다가 다시 북위 30°로 돌아오는데 이를 **페렐 순환(Ferrel cell)**이라고 한다.

이처럼 대기는 3개의 순환 세포를 통해 전 지구적인 **대순환**을 하는데, 지구 온난화에 의해 지구 표면의 온도가 변하면 대기의 순환이 교란되고 지구 환경이 바뀌게 된다. 예컨대 북극 지방의 빙산이 녹아서 북극곰이 삶의 터전을 잃고 있다.

사막화*
가뭄과 같은 자연적 요인과 관개, 산림벌채, 환경오염 등의 인위적 요인이 복합적으로 작용하여 토지가 사막 환경화되는 현상이다.

대기의 셀(cell)은 생명체의 세포와 같이 하나의 기본 단위라는 뜻을 가지지만 동식물의 세포에 비하면 어마어마한 규모이다.

한편 아프리카의 사하라 사막이 적도 지방으로 남하하면서 확대되는 문제도 심각하다. 적도 지방에서 상승한 따뜻한 공기는 차가워지면서 많은 비를 내린다. 그리고 북위 30° 지역에서는 수증기를 잃고 차가워진 공기가 하강해서 건조한 기후를 만든다. 그래서 원래 사하라 사막은 북위 30° 주위로 형성되었다. 그런데 최근에는 대기 순환의 패턴이 바뀌면서 사하라 사막의 남쪽 경계가 매년 15 km의 속도로 적도 가까이로 이동하고 있다. 적도 가까이의 열대 우림이 사막화되고 생태계가 바뀌는 것이다.

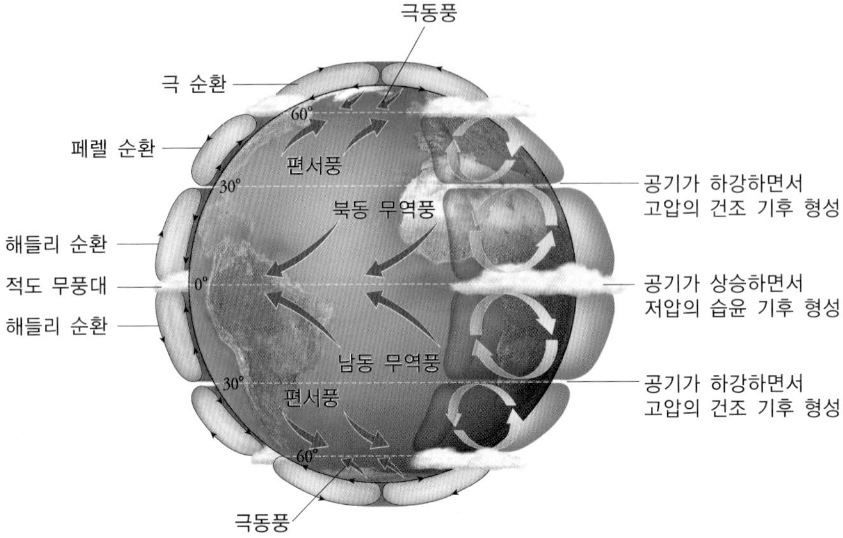

▲ 대기 대순환

| 해류의 순환 |

남반구에서 일어나는 해류의 순환을 알아보자.

남태평양에는 전체적으로 남극 대륙 주위의 차가운 바닷물이 남아메리카 대륙의 서쪽 해안을 지나 적도 방향으로 북상하고 적도 주위에서 데워져 서쪽으로 이동한 후, 인도네시아와 오스트레일리아 주변에서 남하해서 남극 대륙 주위로 돌아가는 커다란 해류의 순환이 일어난다.

적도와 남위 30° 사이에서 태평양의 동쪽에는 남아메리카 대륙의 페루와 북부 칠레가 자리 잡고, 서쪽에는 인도네시아와 북부 오스트레일리아가 자리 잡고 있다. 북반구에서와 마찬가지로 이 지역에서도 동쪽에서 서쪽으로 무역풍이 부는데, 이 무역풍은 상층부의 데워진 바닷물을 동쪽에서 서쪽으로 운반한다. 결과적으로 인도네시아, 오스트레일리아 쪽은 바다 표면이 상승하고 따뜻해져서 적도에 가까운 인도네시아 지역은 비가 많다. 반대로 페루 쪽은 바다 표면이 낮아지는데 이 바닷물이 부족해진 부분을 깊은 바다의 찬물이 올라와서 채우게 된다. 따라서 이 지역은 날씨가 맑고 어업이 발달하였다. 깊은 바다의 찬물이 올라오면서 많은 영양분을 가져오기 때문이다.

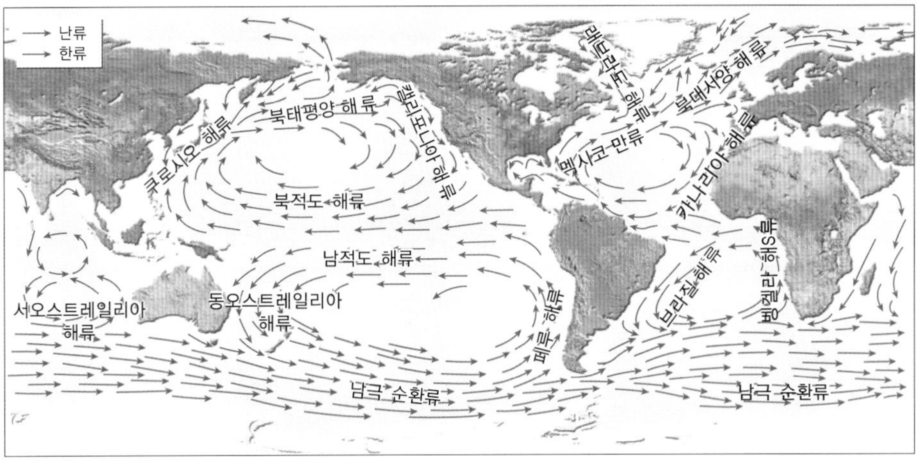

▲ 표층 해류의 순환

그런데 잘 알려지지 않은 어떤 이유로 무역풍이 약화되는 경우가 일어나는데, 그러면 따뜻한 바다 표면의 해수가 인도네시아 지역에 도달하지 못하고 예컨대 페루와 인도네시아의 중간에서 그치게 된다. 결과적으로 인도네시아 지역은 비가 적어지고 심지어 가뭄이 오기도 한다. 최근에는 인도네시아에서 산불이 일어나는 이변이 뉴스가 되기도 하였다. 한편 페루 지역은 기온이 상승하고 홍수가 나는 등 자연 재해가 오고, 심층 해수의 유입이 줄면서 어장이 피폐해지는 일도 일어난다. 이러한 적도 부근 동태평양 지역의 기온 상승과 큰 비는 주로 크리스마스 절기인 12월 말 경에 찾아오는데, 그래서 이런 현상을 '어린 남자 아이'라는 뜻의 스페인어를 따서 '엘니뇨(El Niño)'라고 부른다. 엘니뇨의 원인인 무역풍의 약화가 지구 온난화와 직접 관련이 있는지는 밝혀지지 않았다. 그러나 지구 환경과 기상 변화를 가져오는 지구 온난화가 엘니뇨 효과를 심화하리라는 것은 충분히 짐작할 수 있다.

엘니뇨와 관련된 현상으로 라니냐(La Niña)가 있다. 라니냐는 엘니뇨와 반대로 '어린 여자 아이'라는 뜻의 스페인어이다. 엘니뇨가 잘 일어나는 지역에서 무역풍이 보통보다 강해지면 서태평양 쪽으로 적도 지방의 따뜻한 해수가 몰리고 그 압력 때문에 깊은 바다의 차가운 해수는 가라앉게 된다. 결과적으로 차가운 해수는 동태평양 쪽에서 용승*하여 엘니뇨에서와는 반대 기상 현상이 나타난다.

용승*
수온이 낮고 용존 산소량과 영양염류가 많은 깊은 바닷물이 표층으로 솟아오르는 현상으로, 용승이 일어나면 좋은 어장이 형성된다.

Q 확인하기

다음 중 짝이 맞지 않는 것은?

① 이산화 탄소 – 킬링 곡선 ② 해들리 순환 – 사하라 사막화
③ 무역풍 – 엘니뇨 ④ 온실 기체 – 북극 빙산이 녹음
⑤ 극 순환 – 우리나라의 맑은 날씨

답 ⑤ | 극 순환은 북위 60°와 90° 사이에서 일어나기 때문에 우리나라의 날씨와 직접적인 관계가 없다.

탐구 시그마 엘니뇨와 라니냐

자료

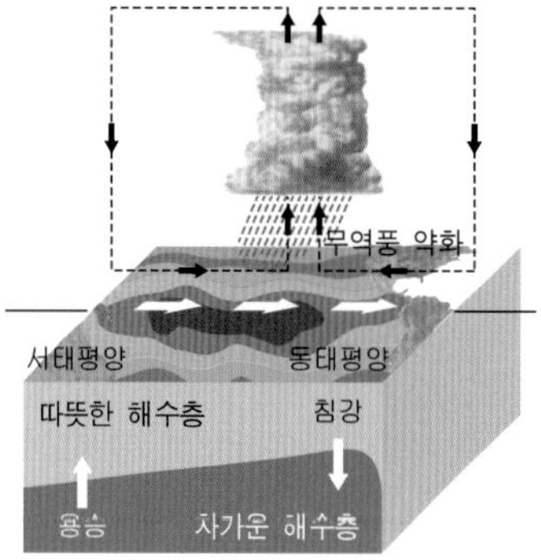

▲ 엘니뇨 발생

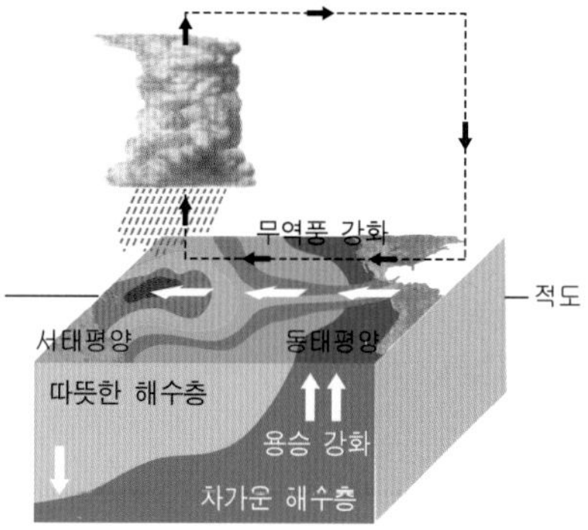

▲ 라니냐 발생

분석

- 엘니뇨는 평상시에 비해 무역풍이 약해질 때 발생하며, 동태평양의 수온이 상승하여 용승이 약해져 어장이 황폐화되며 홍수가 나타나기도 한다. 서태평양은 반대 현상이 나타난다.
- 라니냐는 평상시에 비해 무역풍이 강해질 때 발생하며, 동태평양의 용승이 강해지며 수온이 하강하여 가뭄이 나타나기도 한다. 서태평양은 반대 현상이 나타난다.

1.3 에너지 효율

핵심개념
- ✓ 에너지 보존 법칙
- ✓ 열효율

학습목표 어떤 에너지가 다른 종류의 에너지로 전환되는 경우들을 알아보고, 열기관의 효율에는 어떤 제한이 있는지 이해한다.

| 에너지 전환 |

가장 확고한 자연 법칙 중에 **에너지 보존 법칙(conservation of energy)**이 있다. 한 에너지가 다른 종류의 에너지로 바뀔 수는 있지만 우주의 전체 에너지는 보존된다는 법칙이다. 산업혁명 초기에 발명된 증기 기관을 예로 들어 에너지의 전환과 보존을 알아보자.

석탄에는 많은 에너지가 화학 에너지로 저장되어 있다. 석탄을 태우면 화학 에너지가 열에너지로 바뀌어 열이 나온다. 이 열을 사용해서 물을 끓이면 열에너지가 물 분자들의 운동 에너지로 바뀐다. 높은 운동 에너지를 가진 물 분자들이 피스톤을 밀면 피스톤이 운동 에너지를 얻어서 일을 하게 된다. 그래서 방적기를 돌리기도 하고, 증기 기관차를 움직이게도 하고, 발전도 할 수 있다. 이런 과정에서 일어나는 현상들에 관련된 원리를 다루는 과학의 분야를 **열역학(thermodynamics)**이라고 한다.

개념 # 플러스

증기 기관은 열기관의 일종으로 화석 연료(화학 에너지 형태)를 연소시켜 발생하는 열에너지로 물을 끓이고 여기에서 발생한 증기를 이용해 터빈을 돌리는 장치이다. 증기 기관은 기계를 돌리는 동력으로 사용되어 대량 생산을 가져왔고 기차와 증기선 등 교통수단의 획기적인 발전을 가져왔다.

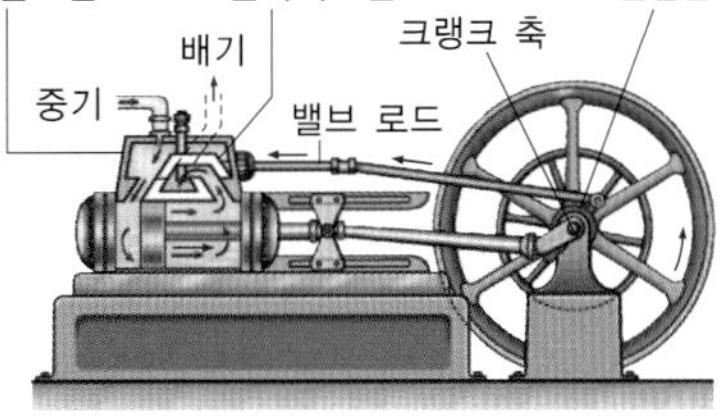

열역학에서 역(力, work)은 일이라는 뜻이다. 즉, 열역학의 일차적 관심은 열이 일로 바뀌는 데 있다. 열을 내서 추위를 피하고 따뜻한 온도를 유지하는 것도 중요하다. 그러나 열을 일로 바꾸어서 어떤 장치나 기계가 사람이 하던 일을 대신 하게 하는 것이 산업적으로 훨씬 중요하다. 그런데 열을 얻는 것에 비해 일을 얻는 것은 어렵다. 게다가 일은 열로 100 % 바꿀 수 있지만, 열의 100 %를 일로 바꿀 수는 없다. 에너지는 보존되지만 열을 일로 바뀌는 과정에서 열의 일부는 주위로 빠져나가기 때문이다. 이러한 자연 현상의 방향성도 에너지 보존에 못지않게 확실한 자연의 법칙이다.

열역학이 발전하던 초기에 영국의 줄(Joule, J., 1818~1889)은 열과 일의 대응 관계를 정밀하게 측정해서 다음 결과를 얻었다.

▲ 줄

$$1\ \text{cal} = 4.18\ \text{J}$$

cal는 열의 단위이고, J은 일의 단위이다. 줄은 4.18 J에 해당하는 일을 전부 열로 바꾸면 1 cal에 해당하는 열이 발생한다는 사실을 관찰한 것이다. 줄은 무거운 추를 반복해서 일정한 높이에서 떨어뜨리고, 추의 위치 에너지 변화에 해당하는 일을 계산하였다. 그리고 그 일의 결과로 물의 온도가 올라가는 것을 측정해서 위의 관계를 얻은 것이다. 그러나 반대로 줄이 1 cal에 해당하는 열로부터 얼마만큼의 일을 할 수 있는지 측정하였다면 절대로 4.18 J을 얻지 못했을 것이다.

열이 발생하면 열을 전달하는 분자들은 사방으로 퍼져나가 일부만이 일을 하는 데 참여하기 때문에 대부분 열은 손실된다. 그래서 에너지가 한편으로는 보존되면서 다른 한편으로는 다른 에너지로 전환되는 과정에서 얼마만큼을 우리가 유용하게 사용할 수 있는가라는 문제가 남는다. 에너지를 최대한 유용하게 사용해야 자원도 보호하고 온실 기체의 배출도 줄일 수 있을 것이다.

| 에너지 효율 |

우리는 에너지를 먹고 사용하면서 살아간다. 그런데 1900년 경에 15억 명이던 세계 인구가 이제는 70억에 달하였고 이런 증가 추세는 계속될 전망이다. 그렇다면 에너지를 절

약하고 효율적으로 사용하는 것은 인류의 생존과 지구 환경의 보전을 위해 매우 중요한 일이다. 그런 면에서 과학과 기술의 발전은 많은 역할을 하였다. 예를 들면 과거에 사용했던 백열전구는 전기 에너지의 6 % 정도만을 빛으로 바꾸고 나머지는 열로 방출했는데, 형광등이 발명되면서 에너지 효율은 20 %로 향상되었다. 최근에 발명된 발광 다이오드(LED, light emitting diode)의 효율은 84 %에 달한다. 이처럼 조명의 경우에는 사용된 전기 에너지 중에서 빛으로 나온 에너지의 비율이 에너지 효율이 될 것이다.

증기 기관의 발전 과정에서는 열을 일로 바꾸는 **열효율(thermal efficiency)**, 즉 열이 얼마나 효율적으로 사용되었는지가 최대의 관심사 중 하나였다.

열기관에서의 일

열기관은 고온의 열원으로부터 열(Q_H)을 받아 일부를 외부에 일(W)을 하는 데 사용하고 나머지는 저온의 열원으로 방출(Q_L)하므로 에너지 보존 법칙에 따라 다음 식이 성립한다.

$Q_H - Q_L = W$

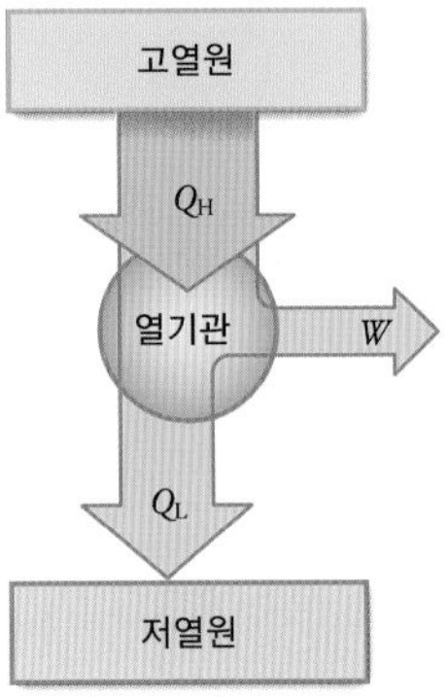

증기 기관을 포함해서 모든 열기관은 높은 온도의 열원(heat source)에서 낮은 온도의 히트 싱크(heat sink)로 열을 내보내면서 그 열의 차이를 일로 바꾼다. 이때 높은 온도에서 기관에 주어진 열을 Q_1, 히트 싱크로 빠져나간 열을 Q_2라고 하면 열기관이 한 일, W는 $Q_1 - Q_2$가 될 것이다. 열효율은 열기관에 공급된 열량 중 일로 전환된 비율이므로 $\frac{W}{Q_1}$라고 쓸 수 있다. 그런데 열은 온도에 대응하기 때문에 Q_1은 높은 온도인 T_1에, Q_2는 낮은 온도인 T_2에 대응한다. 따라서 열효율, e는 다음과 같이 온도의 관계로 표시된다. 여기서 온도는 절대 온도이다.

$$e = \frac{W}{Q_1} = \frac{Q_1 - Q_2}{Q_1} = \frac{T_1 - T_2}{T_1} = 1 - \frac{T_2}{T_1}$$

열원과 히트 싱크의 온도 차이가 커야 열효율이 높은 것을 알 수 있다.

Q 확인하기

히트 싱크의 온도가 300 K라고 할 때 열원의 온도가 500 K인 경우와 1000 K인 경우에 대하여 각각 열효율을 계산하시오.

답 | 500 K인 경우, 열효율 $= 1 - \frac{300}{500} = 0.4$ (40 %)

1000 K인 경우, 열효율 $= 1 - \frac{300}{1000} = 0.7$ (70 %)

증기 기관처럼 엔진 외부에서 연료를 연소시키고 증기를 발생시켜서 피스톤을 움직이는 기관을 외연기관이라 하고, 자동차 엔진처럼 내부에서 연료를 연소시켜서 피스톤을 움직이는 기관을 내연기관이라고 한다. 외연기관보다는 내연기관의 열효율이 높다. 엔진의 재료, 디자인 등 여러 이유가 있겠지만 일단 외연기관에서는 높은 온도의 증기가 피스톤에 도달하는 사이에 온도가 떨어져서 효율이 낮아질 것이다. 내연기관은 화석 연료인 석유로부터 추출된 기체나 액체 상태의 연료가 개발되면서 가솔린이나 디젤 엔진, 제트 엔진의 형태로 발전되어 왔다.

연습문제

해답 219쪽

01 프리스틀리의 실험에 관한 설명으로 옳지 않은 것은?

① 유리종 안에서 초가 타면 이산화 탄소가 발생한다.
② 유리종 안에서 쥐가 죽는 것은 산소가 부족해지기 때문이다.
③ 유리종 안에서 초가 꺼지는 것은 산소가 부족해지기 때문이다.
④ 유리종 안에서 초가 꺼진 후에 식물을 넣으면 이산화 탄소가 줄어들고 산소가 발생한다.
⑤ 유리종 안에서 초가 꺼지려고 할 때 식물을 넣으면 바로 초가 살아난다.

02 킬링 곡선은 공기 중 어떤 물질의 농도 변화를 보여 주는가?

① 클로로플루오로탄소 ② 메테인 ③ 수증기
④ 이산화 탄소 ⑤ 산소

03 지구 온난화로 인해 나타나는 현상과 거리가 먼 것은?

① 해수면이 상승한다.
② 증발량이 많아진다.
③ 기상 이변이 잦아진다.
④ 빙하의 면적이 감소한다.
⑤ 지구의 반사율이 증가한다.

04 12월 말 경 페루 지역에 기온 상승과 큰 비를 가져오는 기상 이변과 관계가 깊은 것은?

① 해들리 순환 ② 페렐 순환 ③ 극 순환
④ 무역풍 ⑤ 편서풍

05 엘니뇨에 대한 설명으로 옳은 것만을 |보기|에서 있는 대로 고른 것은?

|보기|
ㄱ. 무역풍과 관련이 있다.
ㄴ. 서태평양에 하강 기류가 발달한다.
ㄷ. 따뜻한 해수가 서쪽에서 동쪽으로 이동한다.
ㄹ. 동태평양에 용승이 약화되어 가뭄이 잘 나타난다.

① ㄱ, ㄴ ② ㄴ, ㄷ ③ ㄷ, ㄹ
④ ㄱ, ㄴ, ㄷ ⑤ ㄴ, ㄷ, ㄹ

06 다음 중 줄의 실험에 관한 설명으로 옳지 않은 것은?

① J은 에너지의 단위이다.
② 줄은 열을 일로 바꾸는 실험을 하였다.
③ 줄은 1 cal의 열은 4.18 J의 일과 대등하다는 것을 증명하였다.
④ 줄은 일정한 양의 액체의 온도가 상승하는 것을 정밀하게 측정하였다.
⑤ 줄은 추의 위치 에너지를 바꾸어 일의 양을 구하였다.

07 열기관에 대한 설명으로 옳은 것만을 |보기|에서 있는 대로 고른 것은?

|보기|
ㄱ. 내연기관에서 발생한 열은 100 % 동력을 전달하는 데 사용된다.
ㄴ. 가솔린을 연료로 사용하는 가솔린 기관은 내연기관이다.
ㄷ. 증기 기관은 화석 연료를 태워서 나오는 열로 증기를 만들고 이를 동력원으로 사용한다.

① ㄱ ② ㄴ ③ ㄱ, ㄴ
④ ㄴ, ㄷ ⑤ ㄱ, ㄴ, ㄷ

핵심 개념 확인하기

❶ 생물체와 무기적 환경 사이에서 상호 작용이 일어나는 전체 시스템을 ________라고 한다.
❷ 생태계 내에서 생물들의 먹고 먹히는 관계를 ________이라고 한다.
❸ 이산화 탄소는 메테인, 수증기 등과 함께 ________를 나타내는 기체이다.
❹ ________는 단위 농도당 온실 효과율은 낮으나 대기의 온실 기체 중 농도가 가장 높아 온실 효과에 대한 총 기여도가 가장 높다.
❺ ________은 위도 30°와 위도 60° 사이의 지표면에서 부는 바람이다.
❻ ________ 순환은 적도와 위도 30° 사이의 대기 순환이다.
❼ ________가 발생하면 동태평양의 수온이 상승하고 용승이 약해져 어장이 황폐화되며 홍수가 나타나기도 한다.

2.2 발전과 송전

핵심개념
- ✓ 전자기 유도
- ✓ 발전
- ✓ 송전
- ✓ 전력

학습목표 역학적 에너지를 어떻게 전기 에너지로 바꿀 수 있는지, 그리고 발전한 전기를 어떻게 효율적으로 멀리까지 송전할 수 있는지 이해한다.

| 발전 |

인류가 전기 에너지를 사용하기 위해서는 중요한 과학적 발견이 먼저 일어나야 했다. 1820년에 덴마크의 외르스테드(Oerstead, H. C., 1777-1851)는 전선에 전류가 흐르면 전선과 수직 방향으로 자기장이 형성되는 것을 발견하였다. 이어서 1831년에는 영국의 패러데이(Faraday, M., 1791~1867)가 자기장의 변화는 전류를 유도하는 것을 발견하였다. 이처럼 전기와 자기는 동전의 양면과 같은 관계이다. 패러데이의 발견을 **전자기 유도(electromagnetic induction)***라고 하는데, 전자기 유도가 **발전(electricity generation)***의 원리이다.

▲ 패러데이

전자기 유도*
코일 주변에서 자기장이 변할 때 코일에 유도 전류가 흐르는 현상이다.

발전*
운동 에너지, 열에너지, 화학 에너지 등 다른 에너지를 전기 에너지로 변환시키는 것이다.

개념# 플러스 전자기 유도 현상

도선에 전류가 흐르면 도선 주위에 자기장이 생긴다. 이 현상을 이용하면 전기 신호를 자기 신호로 바꾸어 저장할 수 있으며, 전류가 흐르는 도선은 다른 자석에 의해 자기력을 받아 움직일 수도 있다. 반대로 자기장을 이용하여 전류를 만들 수도 있다. 코일을 검류계에 연결하고 막대자석을 코일 속에 넣었다 뺐다 하여 코일을 통과하는 자기장을 변화시키면 검류계의 바늘이 움직이는 것을 관찰할 수 있다.

이와 같이 코일을 관통하는 자기장이 변할 때 코일에 전류가 흐르는 현상을 전자기 유도 현상이라고 하며, 전자기 유도에 의해 발생한 전류를 유도 전류라고 한다.

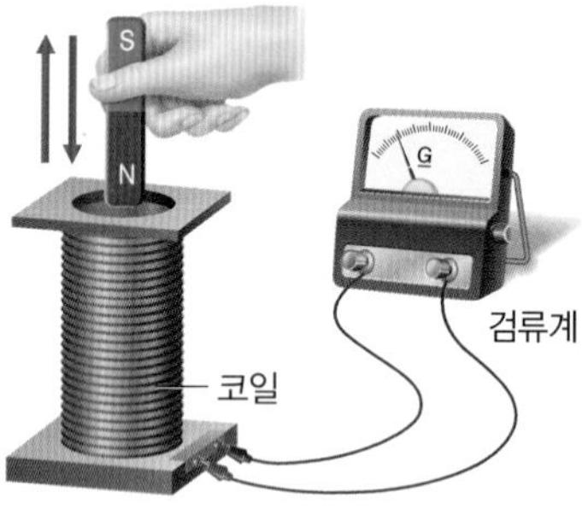

▲ 전자기 유도 현상

도선 주위의 자기장을 바꾸려면 도선을 고정시키고 자석을 움직여도 된다. 그러나 무거운 자석을 움직이는 것보다는 가벼운 도선을 움직이는 편이 유리하다. 그래서 발전소에서는 거대한 자석의 N극과 S극 사이에 코일 형태의 도선을 설치하고 터빈을 사용해서 도선을 회전시킨다. 이때 물의 낙차를 이용해서 터빈을 돌리면 수력 발전이 되고, 석탄이나 천연가스를 태워서 물을 끓이고 수증기의 압력으로 터빈을 돌리면 화력 발전이 된다. 원자력 발전에서는 우라늄이나 플루토늄의 불안정한 동위 원소가 핵분열(nuclear fission)할 때 나오는 에너지로 물을 끓인다는 점에서 화력 발전과 다르다. 이 모든 발전 과정에서 터빈을 돌리는 역학적 에너지가 전자기 유도를 통해 전기 에너지로 바뀐다. 수력, 화력, 원자력 이외에도 터빈을 돌릴 수 있는 에너지가 있다면 새로운 발전 방법이 될 것이다.

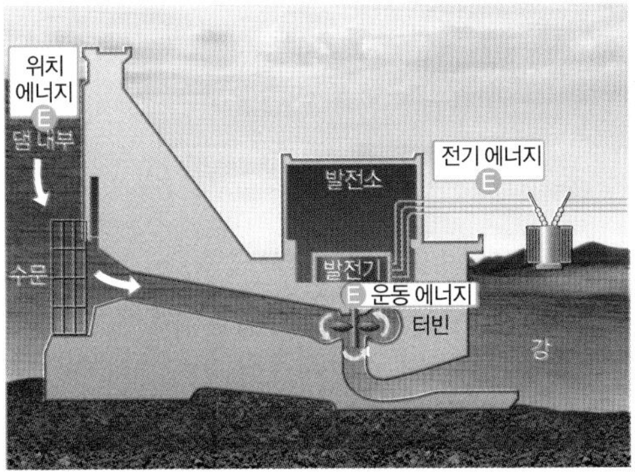

▲ 수력 발전의 원리

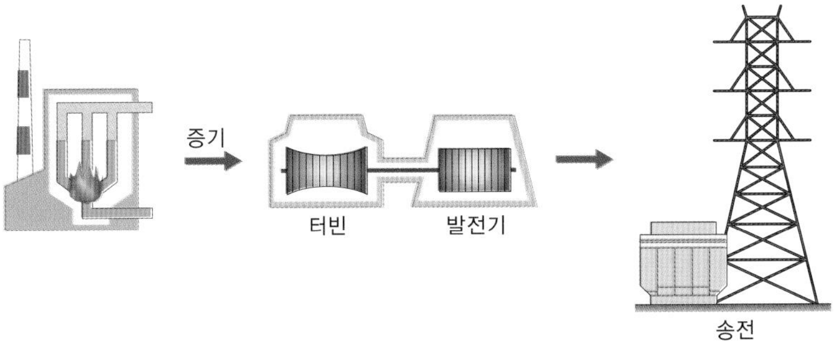

▲ **화력 발전의 원리** 화력 발전은 증기의 힘으로 터빈을 돌려서 전기를 만든다.

| 송전 |

대부분의 발전소는 전기를 많이 사용하는 도회지와 멀리 떨어져 있어 대량의 전기를 소비지로 **송전(transmission)***해야 하는데, 도선에 전류가 흐르면 열이 발생해서 에너지의 손실이 일어나고 멀리 보낼수록 손실도 커진다. 따라서 효율적인 송전의 조건을 찾는 것이 중요하다.

송전*
발전소에서 발생된 전력을 멀리 있는 공장이나 일반 가정 등에 보내는 과정이다.

전압은 소방차에서 물을 뿜어내는 수압에 비유할 수 있다. 전류는 1초당 흘러가는 물의 양, 즉 수량에 해당한다. 수압이 일정한 경우에 지름이 4 cm인 소방 호스를 사용하면 지름이 2 cm인 가정용 호스보다 단면적이 4배이므로 단위 시간당 수량도 4배가 될 것이다. 마찬가지로 도선의 재료가 같은 경우, 전압이 같다면 굵은 도선을 통과하는 전류는 가는 도선을 통과하는 전류보다 많을 것이다.

굵기가 같은 도선이라도 재료에 따라 전류가 달라지는데 도선의 재료로는 전기 전도도가 높은 금속이 사용된다. 그러나 금과 은은 전기 전도도가 크지만 값이 너무 비싸서 송전에는 전기 전도도와 가격이 모두 적당한 구리가 주로 사용된다.

전기를 이야기 할 때는 전기 전도도보다 **전기 저항***이 더 많이 쓰인다. 전압이 같다면 저항이 큰 도선을 통해 흐르는 전류는 작고, 저항이 작은 도선을 통해서는 많은 전류가 흐를 것이다. 이처럼 전압은 외부에서 주어지는 값이고, 저항은 어떤 전기 장치가 가지는 고유한 값이다. 그리고 전압과 저항에 따라 전류가 정해진다. 보통 전압은 V, 저항은 R, 전류는 I로 표시하는데 이 세 값들 사이에는 다음 관계가 성립한다.

전기 저항*
도선 속을 흐르는 전류를 방해하는 정도를 전기 저항이라고 하며, 단위로는 Ω(옴)을 사용한다. 일반적으로 도선의 전기 저항은 길이에 비례하고, 단면적에 반비례한다.

$$V = IR$$

저항이 같으면 전류는 전압에 비례하고, 전압이 같으면 전류는 저항에 반비례하는 것을 알 수 있다. 그런데 저항은 일단 도선을 이루는 물질에 달려 있지만, 같은 물질이라면 단면적이 클수록 저항이 작고, 저항이 작아지므로 일정한 전압에서 전류는 커진다. 따라서 송전에도 굵은 송전선을 써서 전류를 크게 하는 것이 유리할 것이다. 그러나 송전선이 너무 굵어지면 가격도 비싸지고, 또 송전탑이 송전선의 무게를 지탱하기 어려워진다.

규소와 같은 반도체는 금속보다 저항이 크고, 나무와 같은 부도체는 반도체보다 저항이 더 크다.

우리나라에서 220 V의 전압으로 송전한다면 지름이 1 m 정도인 송전선이 필요하다고 한다.

전기에서 최종적으로 중요한 양은 전력(power, P)이다. **전력**은 전압과 전류를 곱한 양으로 J/s 또는 와트(W)의 단위를 가진다. 단위 시간당 같은 양의 물이 흐르더라도 시냇물처럼 수위차가 1 m 정도라면 그 물을 가지고 유용한 일을 하기는 어려울 것이다. 그러나 같은 양의 물이라도 100 m 정도의 낙차를 가지고 떨어지면 많은 일을 할 수 있다. 한편 낙차가 같다면 많은 물이 흘러야 많은 일을 할 수 있다. 그래서 시간당 물의 양에 해당하는 전류와 낙차에 해당하는 전압을 곱해야 전력이 얻어지는 것이다. 그리고 같은 일도 짧은 시간 내에 하는 것이 유용하므로 시간당 일을 나타내는 전력(J/s)은 중요한 양이다. 한편 $V = IR$의 관계가 있기 때문에 전력은 다음 관계가 성립한다.

$$P = VI = I^2R$$

이제 P라는 전력을 V라는 전압으로 발전소에서 공장이나 가정 같은 소비자에게 보내는 경우를 생각해 보자. 이때 도선은 발전소로부터 소비자에게 가서 다시 발전소로 돌아오는 회로를 형성한다. 그리고 V의 전압은 발전소에서 멀어질수록 도선의 저항과 소비자가 사용하는 전기 장치의 저항 때문에 점차 감소해서 발전소에 도달할 때는 0이 된다. 그러면 발전기*를 통해 다시 V의 전압으로 올라간다. 한편 전류는 전체 회로를 통해서 일정하고 그 값은 $\frac{P}{V}$로 주어진다. 전류가 흐르면서 전압은 떨어지지만 전류 자체는 일정한 것이다.

발전기*
운동 에너지를 전자기 유도 현상에 의해 전기 에너지로 전환시키는 장치이다.

송전에서 가장 중요한 문제는 어떻게 하면 송전선에 의한 전력의 손실을 줄이고 최대한 많은 전력을 소비자에게 전달하는가에 있다. 이때 송전선의 저항을 R'이라고 하면 손실 전력, 즉 발생하는 열은 I^2R'이 된다. 그런데 송전선의 저항은 송전선의 재료와 굵기 등에 의해 정해진 값이다. 따라서 열 손실을 줄이려면 전류(I)를 작게 하는 수밖에 없다. 그렇다면 일정한 전력(P)을 송전하려면 전압(V)을 높여야 한다. 전압을 두 배로 하면 전류는 반으로 줄고, 열 손실은 4분의 1로 줄어들 것이다.

실제로 대부분 발전소에서 얻는 전기의 전압은 3만 V 정도인데 송전하기 전에 변압기를 써서 30만 V 정도로 승압하고 고전압 송전선을 사용해서 소비지 근처까지 송전한다. 그 다음 단계적으로 전압을 낮추어 220 V 또는 110 V의 전압으로 가정에 공급한다.

요즘 우리나라의 송전 과정에서 열 손실은 4 % 정도로 송전 효율이 아주 높은 편이라고 한다.

Q 확인하기

전기와 관련된 설명으로 옳은 것만을 |보기|에서 있는 대로 고르시오.

|보기|
ㄱ. 자기장을 변화시키면 전류가 유도되는 현상을 이용하여 발전한다.
ㄴ. 전압이 같은 경우 저항이 큰 도선에 더 많은 전류가 흐른다.
ㄷ. 전압과 전류를 곱한 양은 전력과 같다.

답 ㄱ, ㄷ | $V = IR$ 관계가 있으므로 전압이 같은 경우 저항이 큰 도선에는 더 적은 전류가 흐른다.

연/ 습/ 문/ 제/

해답 219쪽

01 전기 에너지를 사용하는 경우가 아닌 것은?

① 선풍기 ② 세탁기 ③ 충전기
④ 전기밥솥 ⑤ 가스레인지

02 발전의 원리인 전자기 유도를 발견한 사람은?

① 외르스테드 ② 패러데이 ③ 벨
④ 에디슨 ⑤ 테슬라

03 송전에 대한 설명으로 옳은 것은?

① 송전선이 굵을수록 저항이 크다.
② 송전선에는 저항이 작은 금이 사용된다.
③ 발전소에서 멀어질수록 전류는 감소한다.
④ 전압이 높아지면 열 손실이 낮아진다.
⑤ 전력의 단위는 J이다.

04 송전선에서 발생하는 열 손실을 줄이는 데 도움이 되는 것을 | 보기 |에서 있는 대로 고른 것은?

| 보기 |
ㄱ. 전압을 높인다.
ㄴ. 전류를 감소시킨다.
ㄷ. 송전선을 가늘게 한다.
ㄹ. 전기 전도도가 높은 금속을 사용한다.

① ㄱ, ㄴ ② ㄱ, ㄷ ③ ㄷ, ㄹ
④ ㄱ, ㄴ, ㄹ ⑤ ㄱ, ㄴ, ㄷ, ㄹ

05 전력을 나타내는 식은?

① $P = IR$ ② $P = I/R$ ③ $P = I^2R$
④ $P = I^2/R$ ⑤ $P = VR$

06 우리나라 대부분의 가정에 220 V의 전압이 들어온다. 가정용 옥내 배선의 경우 지름 2 mm인 구리 선을 사용하고 있다. 이때 사용 가능한 최대 전력은 얼마인가? (단, 지름 2 mm의 구리 선에 흐를 수 있는 최대 전류는 24 A이다.)

07 그림과 같이 코일과 검류계를 연결하고, 자석을 코일 속에 넣고 빼면서 전류가 흐르는 것을 관찰하였다. 이에 대한 설명으로 옳은 것만을 | 보기 |에서 있는 대로 고른 것은?

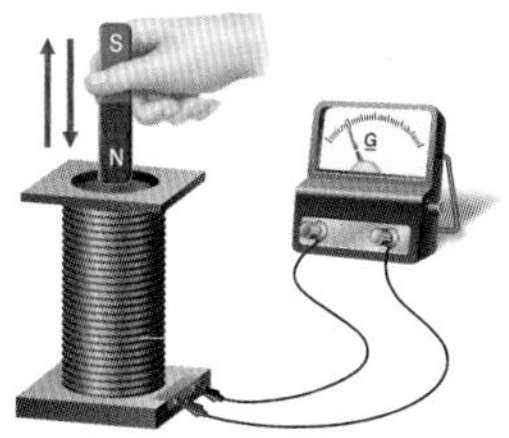

| 보기 |
ㄱ. 자석을 움직이지 않으면 전류가 흐르지 않는다.
ㄴ. 코일의 감은 횟수가 많을수록 전류가 많이 흐른다.
ㄷ. 자석을 코일 속에 넣을 때와 뺄 때 전류의 방향이 반대로 된다.

① ㄱ ② ㄴ ③ ㄱ, ㄴ
④ ㄱ, ㄷ ⑤ ㄱ, ㄴ, ㄷ

핵심 개념 확/ 인/ 하/ 기/

❶ ________ 에너지는 전선을 통해 멀리 떨어진 곳까지도 쉽게 에너지를 보낼 수 있다.
❷ 일반적으로 도선의 ________은 길이에 비례하고, 단면적에 반비례한다.
❸ ________은 전기 에너지가 1초 동안에 할 수 있는 일의 양이라고 할 수 있다.
❹ 발전기는 ________ 현상에 의해 운동 에너지를 전기 에너지로 전환시키는 장치이다.
❺ 발전소에서 만들어진 전기의 전압은 3만 V 정도인데 이것을 곧바로 30만 V로 전압을 높여서 송전하는 이유는 송전할 때 생기는 전력의 손실을 줄이기 위해 ________를 약하게 하려는 것이다.
❻ 송전선에 흐르는 전류의 세기를 반으로 줄이면 열로 손실되는 전기 에너지는 ________배가 된다.

3

신재생 에너지

우리가 살아가려면 일단 음식을 먹고 에너지를 얻어야 한다. 뿐만 아니라 교통, 통신, 문화 활동 등 일상생활에서도 많은 에너지가 필요하다. 그런데 세계인구가 70억을 넘어서면서 에너지의 수요는 계속 증가하는데 지구상 에너지 자원은 한정되어 있다. 따라서 앞으로는 어떻게 에너지를 확보할지가 지속적인 문제로 남을 것이다.

3.1 태양 에너지와 핵에너지

학습목표 태양 에너지와 핵에너지의 차이를 이해하고, 우리가 사용하는 모든 에너지는 궁극적으로 빅뱅에서 온 것을 파악한다.

핵심개념
- ✓ 태양 에너지
- ✓ 핵에너지

새로 발굴할 수 있는 신재생 에너지를 이야기하기 전에 우선 지금까지 사용해 온 에너지의 종류를 생각해 보자.

1896년에 프랑스의 베크렐(Becquerel, A. H., 1852~1908)이 방사능을 발견하고, 1911년에 러더퍼드가 원자핵을 발견하였다. 그리고 1932년에 채드윅이 중성자를 발견하면서 중성자를 핵에 충돌시켜서 핵을 붕괴하고 그때 나오는 엄청난 에너지를 사용할 수 있는 길이 열렸다. 요즘 우리나라에서 사용하는 전기의 30 % 정도는 핵발전소에서 생산된다. 핵발전소에서는 핵반응에서 나오는 열로 물을 끓이고, 고압의 수증기로 터빈을 돌려서 전기를 생산한다.

핵에너지(nuclear energy)*를 사용하기 시작한 20세기 중반 이전에 인간이 사용한 모든 에너지는 **태양 에너지(solar energy)**와 직접적으로 또는 간접적으로 관련되어 있다. 우리나라에서는 집을 지을 때 남향을 택해서 최대한 햇빛과 태양열을 받아들였다. 물론 곡식 농사에도 햇빛이 필수적이다. 햇빛과 아울러 농사에 필수적인 비도 태양열에 의해 증발한 물이 다시 지구 표면으로 돌아오는 현상이다. 동해물은 태양열에 의해 백두산 천지로 갔다가 다시 동해로 돌아오는 것이다. 이런 물의 흐름을 이용해서 물레방아를 돌리기도 했고, 수력 발전을 하기도 한다. 화력 발전에 많이 사용되는 석탄, 천연가스 등의 화석 연료도 수천만 년 또는 수억 년 전에 광합성을 했던 생물의 유해이다.

그런데 흥미롭게도 태양 에너지, 핵에너지 모두 앞에서 살펴본 별의 진화와 원소의 생성 과정과 직접 관련이 있다. 태양이 내는 빛과 열은 태양과 같은 주계열성에서 일어나는 수소의 핵융합 반응의 결과이다. 수소가 헬륨으로 융합할 때 약간의 질량이 감소하는데 그 질량이 에너지로 바뀌는 것이다. 그리고 그 감소한 수소의 질량은 궁극적으로 138억 년 전 빅뱅 우주에서 수소가 질량을 통해서 가지게 된 에너지이다. 따라서 우리가 사용하는 대부분의 에너지는 빅뱅에서 온 셈이다.

한편 우라늄-235와 같은 불안정한 방사성 동위 원소는 태양계가 태어나기 전에 우리 은하 내의 어디에서인가 일어난 초신성 폭발 과정에서 만들어진 것이 틀림없다. 태양계 내에는 이처럼 높은 에너지를 가진 방사성 동위 원소가 만들어질 만큼 높은 온도 조건이 존재하지 않기 때문이다. 즉, 태양계 내에서 생산되는 태양 에너지와 달리 핵에너지는 태양계 밖에서 생산된 에너지인 것이다. 물론 핵에너지도 핵이 붕괴될 때 질량이 약간 감소

핵에너지*
- 핵분열 에너지: 무거운 원자핵이 쪼개지면서 발생하는 에너지이다. 원자력 발전은 핵분열 반응을 이용한 예이다.
- 핵융합 에너지: 가벼운 원자핵이 뭉쳐지면서 발생하는 에너지이다.

하면서 에너지로 바뀐다는 면에서는 태양 에너지와 다를 바가 없고, 궁극적으로는 태양 에너지도 핵에너지도 빅뱅 우주에서 온 것이다.

Q 확인하기

다음 중 태양 에너지와 관계가 없는 것은?

① 농사에 사용되는 트랙터 ② 추수한 곡식
③ 물레방아 ④ 화력 발전에 사용하는 석탄
⑤ 원자력 발전에 사용하는 우라늄

답 ⑤ | 불안정한 우라늄 동위 원소는 태양이 생기기 전 어느 초신성에서 만들어졌다.

3.2 신에너지

핵심개념
- ✓ 신에너지
- ✓ 수소 에너지
- ✓ 연료 전지
- ✓ 핵융합

학습목표 가장 유망한 신에너지인 수소 에너지의 가능성과 장단점 등을 이해한다.

신에너지는 문자 그대로 과거에는 사용하지 않았던 방식의 새로운 에너지를 뜻한다. 물론 자연의 에너지 전체는 불변하므로 전에 없던 에너지를 만들어낼 수는 없다. 다만 전에는 사용할 시도를 못했던 에너지원을 발굴하거나 에너지를 사용하는 방식을 개발하는 경우에 해당한다.

| 수소 에너지 |

한 동안 수소 경제(hydrogen economy)라는 말이 유행했듯이 수소는 매력적인 에너지원이다. 수소를 태우면 폭발적으로 산소와 결합하면서 많은 열을 낼 뿐 아니라 이산화 탄소를 전혀 배출하지 않고 물로 바뀐다. 그런데 문제는 우주의 75 %를 차지한다고 알려진 수소가 지구상에서는 대부분 안정한 물로 존재하다는 점이다. 수소를 태울 때 많은 에너지가 나온다면, 물로부터 수소를 얻으려면 많은 에너지가 필요할 것이다. 물로부터 얻든, 천연가스인 메테인처럼 수소를 많이 포함한 화석 연료로부터 얻든 일단 수소를 얻는다면 수소는 훌륭한 청정 에너지로 사용될 수 있다.

한편 수소는 가볍고 밀도가 낮은 기체라는 점이 운반과 저장에 문제를 가져온다. 수소는 끓는점(−253 ℃)이 매우 낮아 쉽게 액화되지 않으므로 두꺼운 금속 실린더에 초저온이나 초고압 상태로 저장해야 한다. 수소는 고압의 기체 상태나 액체 상태로 저장하여 수송할 수 있다. 또한 수소 저장 합금*을 개발하여 수소를 금속에 흡수시켜 저장하고, 필요할 때 수소를 방출시켜 이용한다.

수소 저장 합금*
금속 원자 사이의 공간에 수소를 저장했다가 필요할 때 가열하여 쉽게 사용할 수 있도록 금속을 합금한 것으로 수소의 밀도를 높일 수 있고, 안전성도 확보할 수 있다.

오대양에 들어 있는 거의 무한한 양의 물을 생각하면 물로부터 수소를 얻는 방법이 개발되기만 한다면 수소는 가장 이상적인 에너지원이 될 것이 틀림없다. 그런데 식물이 상온에서 물을 수소와 산소로 분해하면서 광합성을 하는 것을 보면 물 분해는 도달할 수 없는 꿈은 아닐 것이다. 앞으로 과학기술이 이루어야 할 가장 중요한 과제는 인공적으로 광합성을 모방해서 값싸게 수소를 얻는 일이라고 볼 수 있다. 당장은 물 분해에 비용이 많이 들고 수소의 대량 생산이 어렵다. 그러나 태양 에너지로 곡식을 생산하듯이 태양 에너지로 수소를 생산하는 날이 온다면 인류의 에너지 문제는 해결될 것이다.

개념# 플러스　수소 에너지의 장단점

장점	• 연소 시 발열량이 크고 환경오염 물질을 배출하지 않는다. • 석유를 연료로 사용하는 엔진과 석유를 열원으로 하던 연료 분야에 사용할 수 있다.
단점	• 수소는 기체 중에서 가장 가볍고, 폭발의 위험이 매우 크기 때문에 이를 저장하려면 고도의 기술이 필요하다. • 거의 모든 수소는 산소와 결합해서 물로 존재하기 때문에 물을 분해하여 수소를 얻자면 수소를 태워 방출되는 에너지와 맞먹는 양의 에너지가 필요하므로 비용이 많이 든다.

| 연료 전지 |

폭발성이 큰 수소를 직접 태우는 것은 바람직하지 않다. 대신 수소와 산소를 별도의 전극에서 반응시켜서 산화 환원 반응을 통해 전기를 생산할 수 있는데 이런 장치를 **연료 전지(fuel cell)**라고 한다. 연료 전지는 2개의 전극과 전해질(electrolyte)로 이루어져 있다. 연료 전지의 내부에서 (+)극과 (−)극을 격리시키는 역할을 하는 전해질은 여러 가지가 사용되지만 가장 간편하게 수산화 칼륨(KOH)이 사용된다. 수소가 전지의 (−)극에 공급되면 수소 이온과 전자로 분해되고, 이 수소 이온은 전해질 속에 존재하는 수산화 이온과 반응하여 물을 생성한다. (+)극에서는 공급된 산소가 전자를 받아 물과 반응하여 수산화 이온을 생성한다. 이 과정에서 (−)극에서 산화하면서 생성된 전자는 외부 도선을 타고 흐르면서 일을 하게 된다. 연료 전지는 아직 폭넓게 사용되고 있지 않은 신에너지 장치이다. 최근에는 기술이 많이 발전해서 수소를 사용하는 연료 전지 자동차가 개발되었고, 우리나라는 세계 최초로 수소 자동차를 양산하는 체계를 갖추게 되었다.

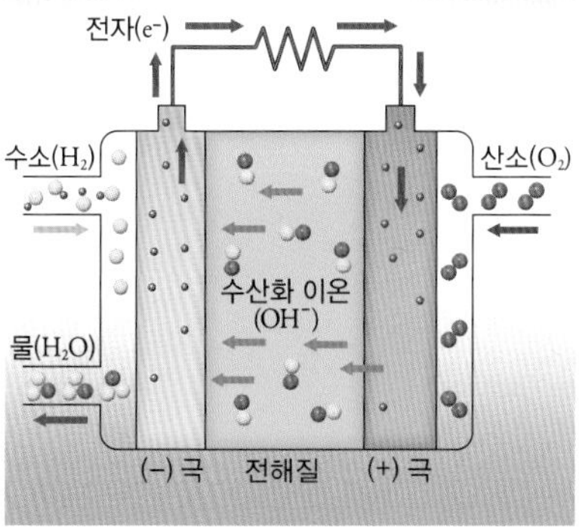

▲ 수소 연료 전지의 원리

(−)극: $2H_2 + 4OH^- \longrightarrow 4H_2O + 4e^-$

(+)극: $O_2 + 2H_2O + 4e^- \longrightarrow 4OH^-$

전체 반응: $2H_2 + O_2 \longrightarrow 2H_2O$

개념# 플러스 연료 전지의 장단점

장점	• 수소를 태우지 않고 직접 전기 에너지로 바꿀 수 있으므로 열이나 빛, 소리에 의한 에너지 손실이 적어 효율이 매우 높다. • 소음과 같은 공해를 줄인 무공해 에너지 기술이며 온실 기체나 대기 오염 물질을 배출하지 않는 친환경적 에너지이다. • 발전 용량의 증감이 가능하고 입지 선정이 쉬워 열병합 발전소, 자동차 전원, 우주 왕복선, 철도, 휴대 기기 등 적용 범위가 넓다. • 천연가스, 도시가스, 나프타, 메탄올, 폐기물 가스 등 다양한 연료를 사용할 수 있다.
단점	연료로 사용하는 수소의 생산, 저장, 운반이 어렵다. 따라서 수소의 안정적 공급을 위한 생산 기술의 개발이 필요하다.

| 핵융합 |

지금까지 사용되는 핵에너지는 무거운 핵이 쪼개질 때 나오는 핵분열 에너지이다. 그보다 더 바람직한 미래형 핵에너지는 태양처럼 핵융합에서 나오는 에너지이다. 태양은 수소, 즉 양성자로부터 중성자를 만들면서 양성자 2개와 중성자 2개를 헬륨으로 융합하고 에너지를 낸다. 이때는 핵분열보다 훨씬 많은 에너지가 나온다. 인간이 지구상에 작은 규모의 인공 태양을 만들려면 이미 양성자와 중성자가 결합한 중수소나 3중 수소를 사용하는 것이 유리하다. 다행히 바닷물에는 거의 무한한 중수소와 3중 수소가 들어 있다. 그런데 중수소, 3중 수소 모두 +1의 양전하를 가지고 있어서 이들을 융합시키려면 강한 반발을 극복해야 하고, 그러기 위해서는 이들 입자를 높은 에너지로 가속시켜야 한다. 그런 이유 때문에 지난 수십 년 동안의 노력에도 불구하고 아직 넣어준 에너지와 같은 양의 에너지가 나오는 소위 브레이크 이븐 포인트(break even point)에 도달하지 못하고 있다. 그러나 언젠가 이 점을 넘어서면 핵융합은 수소 에너지와 마찬가지로 혁명적인 에너지의 대안이 될 것으로 기대된다. 흥미롭게도 이 두 가지 에너지 대안은 모두 수소를 중심으로 구성되어 있다.

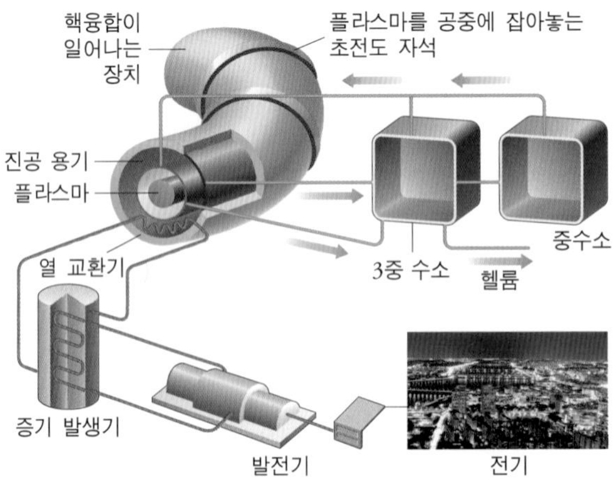

▲ 핵융합 발전의 원리

Q 확인하기

다음 중 신에너지와 직접 관계가 없는 것은?

① 물의 수소　② 공기 중의 산소　③ 바닷물의 중수소
④ 바닷물의 3중 수소　⑤ 석탄의 탄소

답 ⑤ | 석탄의 탄소는 이미 화력 발전에 사용되고 있다.

3.3 재생 에너지

학습목표 재생 에너지의 종류와 활용 방안을 알아본다.

핵심개념
✓ 재생 에너지

신에너지와 달리 이미 사용되고 있는 에너지를 보다 효율적인 방식으로 달리 사용하거나, 과거에는 사용하지 않던 에너지를 활용하는 것을 **재생 에너지(renewable energy)***라고 한다. 신에너지처럼 혁신적은 아니더라도 개선을 거듭하면 전체적으로 에너지 문제 해결에 큰 도움이 될 수 있을 것이다.

재생 에너지*
사용하여도 다시 공급되는 에너지이다. 예 바람, 물, 지열

| 태양 에너지 |

태양 에너지를 이용한 재생 에너지에는 **태양열 발전**과 **태양광 발전**이 있다.

태양열 발전은 집열 장치를 통해 태양 복사열을 흡수하여 물을 가열하고, 이 물로 난방을 하거나 물이 끓을 때 발생하는 증기를 이용해 전기를 생산한다. 생산한 전기는 축전지에 저장하고 필요할 때 사용한다. 태양열을 가정, 빌딩, 또는 동네 단위로 모아서 낮에는 물을 데우고 밤에는 난방에 사용할 수 있다. 나아가서 물을 끓여 발전에 사용할 수도 있을 것이다. 이것은 폐기물을 버리지 않고 재활용하는 것과 비슷하게 버려지는 태양열을 활용하는 방식이다.

태양은 열과 함께 빛을 지구로 보낸다. 이 빛을 받아 발전하는 장치가 태양 전지이다. 태양광 발전은 태양 에너지를 직접 전기 에너지로 전환하는 것이다. 태양 전지의 광전판을 사용하여 광전 효과(photoelectric effect)*에 의해 전기를 생산한다. 태양 전지에는 주로 규소가 사용되는데, 규소가 햇빛을 받으면 광전 효과에 의해 전자를 방출한다. 이 전자를 도선에 흐르게 하면 직류 전기가 얻어진다. 넓은 땅과 많은 햇빛이 필요하기 때문에 넓은 사막지대에 적합한 방식이다. 한번 장치를 하면 수명이 길고 공해가 없는 장점이 있는 대신 초기 비용이 많이 들고 아직은 효율이 그리 높지 못한 단점이 있다. 지구를 벗어나서 태양계를 탐사하는 인공위성에 사용된다.

광전 효과*
금속에 빛을 비추면 금속 표면으로부터 전자가 방출되는 현상으로, 이때 방출되는 전자를 광전자라고 하고, 광전자에 의해 흐르는 전류를 광전류라고 한다.

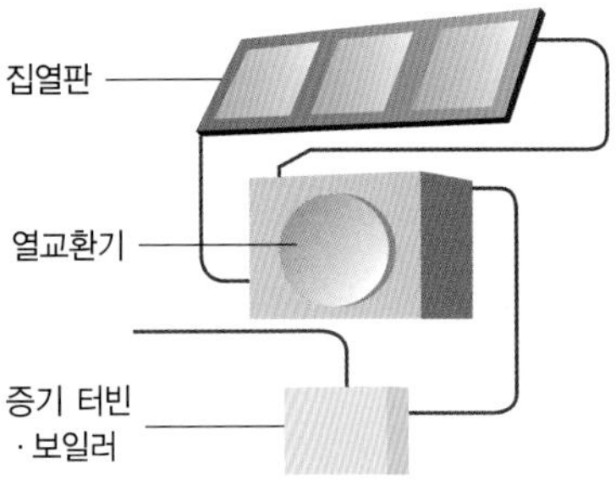

▲ 태양열 발전

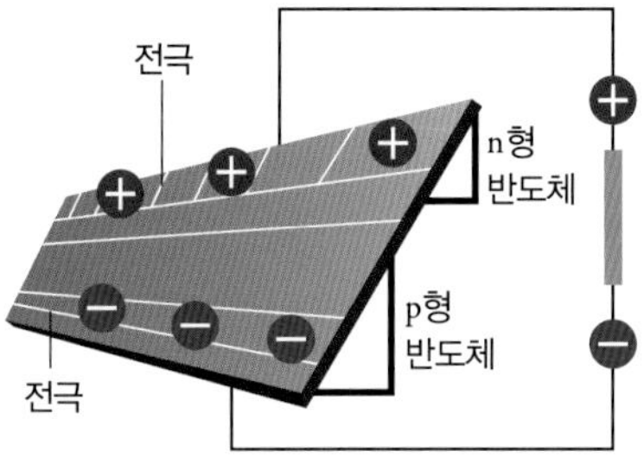

▲ 태양광 발전

개념 # 플러스 태양 에너지의 특징

태양 에너지의 약 99 %는 열과 빛에너지이고, 빛에너지 중 9 %가 자외선, 40 %가 가시광선, 50 %가 적외선이다.

- 장점: 대기 오염과 폐기물 발생이 없으며 연료비의 지출이 없고, 유지 관리 비용이 적게 든다.
- 단점: 설치 비용이 비싸고, 지역, 날씨, 계절의 영향으로 지속적 사용이 어렵다.

| 바이오매스 |

식물이나 미생물을 에너지원으로 하는 것으로, 생물체 구성 물질로부터 만들어지는 고갈되지 않는 산업 자원을 **바이오매스(biomass)**라고 하며, 바이오매스를 이용한 에너지를 **바이오 에너지(bioenergy)**라고 한다. 예를 들면 식물이 광합성을 통해 만들어낸 곡식의 녹말, 나무와 풀의 섬유질, 사탕수수와 사탕무의 당분 등을 통틀어 바이오매스라고 한다. 한때 세계적으로 원유 가격이 높았을 때는 브라질의 넓은 땅에서 나무들을 베어내고 옥수수를 심어서 옥수수로부터 에탄올(ethanol)을 얻고, 에탄올을 자동차 연료로 사용하기도 하였다. 환경 파괴도 문제지만 옥수수 농사에는 비료가 필요하고 비료 생산에는 천연가스 등 다른 에너지가 소비되기 때문에 전체적으로 경제성이 있는지도 문제이다. 버려지는 섬유질을 분해할 수 있는 셀룰레이스(cellulase) 효소의 상용화가 이루어지면 바이오매스의 활용이 활성화될 수도 있을 것이다.

바이오 연료에는 바이오 에탄올, 바이오 디젤, 바이오 가스가 있다.

바이오 에탄올은 식물의 섬유소를 분해하여 생성된 포도당을 효모 발효시켜 얻은 순수한 에탄올로, 자동차의 연료로 이용한다.

바이오 디젤은 식물성 기름이나 동물성 지방과 메탄올을 산성 또는 염기성 촉매에서 반응시켜 얻는다. 그대로 연료로 사용하기도 하지만, 경유 등에 섞어 디젤 엔진과 발전의 연료로 사용한다.

바이오 가스는 퇴비, 하수 오물, 쓰레기, 생물의 배설물, 에너지 작물 등의 발효나 부패에 의해 발생하는 기체로 메테인이나 이산화 탄소가 주성분이다. 연료로 이용하거나 전력 등의 에너지를 얻는 데 사용할 수 있다.

개념# 플러스 바이오매스의 장단점

장점	• 생산과 소비의 과정이 현재 생태계 내의 탄소 순환의 일부이므로 환경 친화적이며, 황산화물을 배출하지 않으므로 대기 오염을 줄일 수 있다. • 연료, 전력, 천연 화합물 생성 등과 같이 다양한 에너지 형태로 전환할 수 있다.
단점	• 자원이 풍부하나 산재되어 있어 수집이나 수송이 불편하고, 자원이 다양하여 이용 기술 개발에 어려움이 있으며, 식량 부족에 따른 가격 상승의 부작용을 일으킬 수 있다. • 바이오매스를 대량으로 경작할 경우에는 토양의 침식이나 농약의 투입, 생물의 다양성 측면에서 부정적인 영향을 줄 수 있다.

| 지열 |

화산 지역에서는 지구 표면 가까이에 온도가 80~180 ℃에 달하는 뜨거운 물과 수증기가 많이 있다. 이런 지열 에너지(geothermal energy)를 사용해서 일부 지역에서는 발전을 하기도 한다. 그러나 지구 전체적으로 보면 그 양은 별로 많지 않을 것이다. 지열이 많이 발생하는 판의 경계 지역이나 화산 지대로 북유럽의 아이슬란드를 비롯하여 멕시코, 뉴질랜드, 일본, 미국에 지열 발전소가 있다.

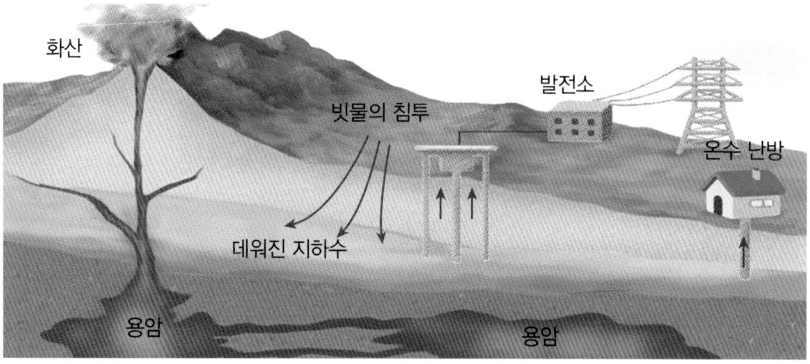

▲ 지열 발전의 원리

개념# 플러스 지열 에너지의 장단점

장점	• 지하에서 올라오는 1 % 미만의 이산화 탄소 외에 다른 물질을 생성하지 않으므로 환경오염이 없고, 고갈되지 않는 에너지이다. • 기상 조건에 영향을 받지 않고 24시간 내내 안정적으로 전기를 생산할 수 있다.
단점	• 지역에 따라 지열 방출량이 다르므로 지역적 제한이 있다. • 그 양이 매우 적어 전기 에너지를 얻기 위해서는 초기 시설 비용이 많이 든다.

| 풍력 |

바람으로 거대한 바람개비를 돌려서 운동 에너지를 얻고, 그 운동 에너지로 터빈을 돌려서 발전을 하면 풍력 발전기(wind generator)가 된다. 유럽의 여러 나라에서는 10~20 %

의 전력을 풍력에서 얻고 있다. 우리나라에서도 강원도 등 고지에서 풍력 발전기를 볼 수 있는데 바람의 빠르기와 바람이 자주 불어오는 정도를 고려하여 장소를 선정한다.

바람은 고도가 높고 탁 트인 곳에서 빠른 속도로 분다. 따라서 완만한 언덕꼭대기나 탁 트인 평지 해안가 등이 좋다. 풍력 발전기는 설치 시간이 짧고, 경제성이 매우 높은 장점이 있으나 바람이 항상 강하게 불지 않기 때문에 불안정적이라는 약점이 있다. 또 이산화 탄소를 배출하지 않는 대신에 경관을 해치고 상당한 소리를 내기 때문에 이웃으로부터 환영을 받지 못한다. 바람은 더운 공기와 찬 공기 사이의 흐름이기 때문에 풍력 발전도 결국은 태양 에너지의 재생이라고 볼 수 있다.

▲ 풍력 발전기

| 조력 |

조력 에너지(tidal energy)는 달과 태양의 인력에 의하여 밀물과 썰물이 발생하는 조석 현상에 의해 바닷물이 주기적으로 변해 생기는 역학적 에너지이다. 조력을 직접 사용하는 것보다 밀물 때 물을 댐에 가두고, 썰물 때 가두었던 물을 떨어뜨려 낙차를 이용해 발전을 한다. 조수 간만의 차이가 3 m 이상이고, 넓은 저수지가 들어앉을 수 있는 장소이어야 조력 발전을 할 수 있다.

태양 에너지와 관계 없는 에너지
조수 간만의 차이에 의해 발생하는 조력 에너지, 지구와 함께 생성된 방사성 동위 원소들에서 비롯된 지열 에너지, 핵에너지 등이 있다.

울돌목
임진왜란 당시 이순신 장군은 울돌목에서 조석과 조류의 흐름을 이용하여 일본 수군을 물리쳤다. 울돌목은 최고 유속이 6.2 m/s 정도로 현대에 와서는 1000 kW의 전력을 공급하는 조력 발전소가 세계 최초로 상용화되었다.

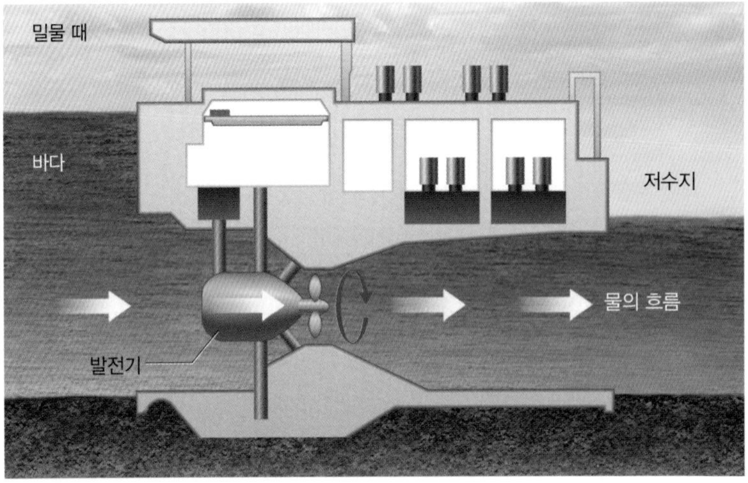

▲ 조력 발전의 원리

Q 확인하기

다음 중 재생 에너지가 아닌 것은?

① 수소 에너지 ② 바이오매스 ③ 태양열 발전
④ 태양 전지 ⑤ 풍력 발전

답 ① | 물을 분해해서 얻는 수소를 사용하는 것은 수소의 재활용이 아니라 전혀 새로운 수소의 활용 방식이다.

연/ 습/ 문/ 제/

해답 220쪽

01 다음 중 태양계 밖에서 온 에너지를 사용하는 것은?

① 마차 ② 증기기관 ③ 화력 발전
④ 수력 발전 ⑤ 핵분열 발전

02 다음 중 수소 에너지에 관한 설명으로 옳지 않은 것은?

① 저장과 수송이 어렵다.
② 거의 공해를 발생하지 않는다.
③ 실현이 된다면 거의 무한정하다.
④ 물을 분해해서 수소를 얻는 데 많은 에너지가 들어간다.
⑤ 아직 수소 자동차는 생산된 적이 없다.

03 다음 중 연료 전지에 관한 설명으로 옳지 않은 것은?

① 산화와 환원이 별도의 전극에서 일어난다.
② 에너지 효율이 가장 높은 연료는 수소이다.
③ 에탄올 등 수소 이외의 연료도 사용할 수 있다.
④ 연료 전지에서는 연료를 직접 태우는 경우보다 열의 발생이 적다.
⑤ 수소 자동차에서는 수소를 환원시켜서 전기를 발생시킨다.

04 다음 중 핵융합 발전에 관한 설명으로 옳은 것만을 있는 대로 고르시오.

① 보통 수소(H)를 원료로 사용한다.
② 핵분열 발전과 기본 과정은 비슷하다.
③ 원료는 바닷물에 거의 무한정으로 들어 있다.
④ 제이 차 세계 대전 때 사용된 핵폭탄과 같은 원리를 사용한다.
⑤ 아직 브레이크 이븐 포인트에 도달하지 못했다.

05 태양 전지에 적용되는 원리는?

① 전자기 유도 ② 광전 효과 ③ 전기 분해
④ 핵분열 ⑤ 산화와 환원

06 다음 중에서 달의 영향을 받는 것은?

① 풍력 에너지 ② 조력 에너지 ③ 지열 에너지
④ 핵에너지 ⑤ 태양열

07 풍력 에너지에 대한 설명으로 옳은 것만을 |보기|에서 있는 대로 고른 것은?

|보기|
ㄱ. 풍력 에너지의 근원은 태양 에너지이다.
ㄴ. 바람의 에너지가 전기 에너지로 전환된다.
ㄷ. 바람의 세기가 일정하지 않아도 일정한 전기 에너지를 생산할 수 있다.

① ㄱ ② ㄴ ③ ㄱ, ㄴ
④ ㄴ, ㄷ ⑤ ㄱ, ㄴ, ㄷ

08 다음은 어떤 재생 에너지에 대한 설명이다.

동식물 유기체를 각종 기체, 액체, 고체 연료로 변환하거나 이를 연소시켜 열에너지 혹은 전기 에너지를 얻는다. 기존의 화석 연료의 기반 시설을 그대로 이용하면서 석유를 대체할 수 있다.

이에 해당하는 재생 에너지로 가장 적당한 것은?

① 수소 ② 조력 ③ 메테인
④ 에탄올 ⑤ 바이오매스

핵심 개념 확/ 인/ 하/ 기/

❶ 지구상에서 일어나는 모든 생명 활동의 에너지 원천은 ________ 에너지이다.
❷ 태양광 발전은 발전기 대신 ________를 이용하여 태양의 빛에너지를 직접 전기 에너지로 바꾼다.
❸ 수소 연료 전지는 연소 생성물이 ________이므로 공해의 우려가 없다.
❹ ________는 수소 원자핵이 융합하여 무거운 헬륨 원자로 바뀌는 과정에서 방출된 에너지로 전기를 발전한다.

01 생태계의 구성 요소 중 태양 에너지를 화학 에너지로 전환시켜 생태계를 유지하는 에너지를 제공하는 것은?

① 생산자 ② 분해자 ③ 1차 소비자
④ 2차 소비자 ⑤ 최종 소비자

02 그림은 지구가 자전할 때의 대기 대순환을 나타낸 것이다.

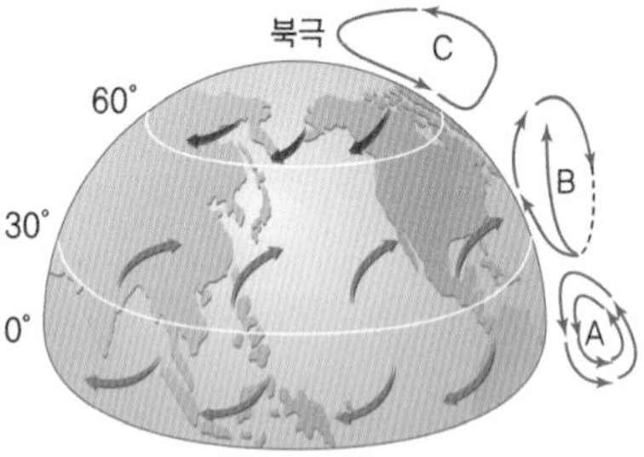

이에 대한 설명으로 옳은 것만을 〈보기〉에서 있는 대로 고른 것은?

〈보기〉
ㄱ. 적도 부근에서는 하강 기류가 일어난다.
ㄴ. 남북 간의 기온 차가 가장 큰 곳은 60° 부근이다.
ㄷ. A, B, C는 모두 열의 대류에 의해 일어나는 직접적인 순환이다.

① ㄱ ② ㄴ ③ ㄱ, ㄴ
④ ㄴ, ㄷ ⑤ ㄱ, ㄴ, ㄷ

03 100 W의 전력을 소모하는 조명기구에서 80 W는 열로 나가고, 20 W가 빛 에너지로 나온다면 에너지 효율은 몇 퍼센트인가?

① 100 % ② 80 % ③ 25 % ④ 20 % ⑤ 0 %

04 다음 중 열기관에 속하지 않는 것은?

① 증기 기관 ② 디젤 기관 ③ 발전기
④ 제트 엔진 ⑤ 가솔린 기관

05 그림 (가)와 (나)는 태평양 적도 부근 해수의 연직 단면을 모식적으로 나타낸 것이다. 그림에서 점선은 평상시 해수의 경계를 나타낸다.

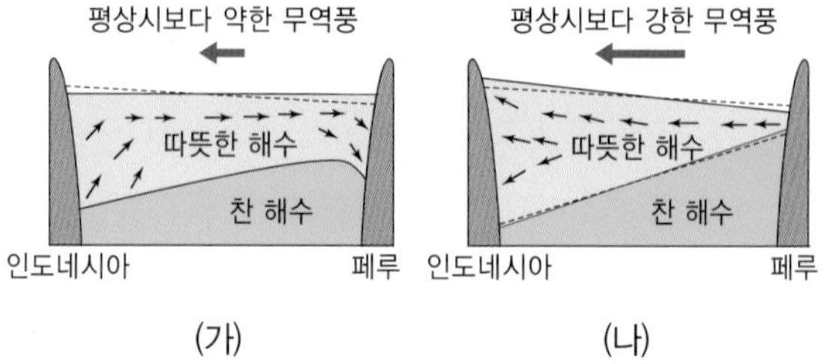

이에 대한 설명으로 옳은 것만을 〈보기〉에서 있는 대로 고른 것은?

〈보기〉
ㄱ. (가)는 라니냐, (나)는 엘니뇨 현상에 해당한다.
ㄴ. (가)에서 인도네시아 연안의 강수량은 많아지고 해수면이 높아진다.
ㄷ. (나)에서 페루 연안에 좋은 어장이 형성된다.

① ㄱ ② ㄷ ③ ㄱ, ㄴ
④ ㄴ, ㄷ ⑤ ㄱ, ㄴ, ㄷ

06 다음은 핵분열과 핵융합에 대한 설명이다.

- 핵분열: 무거운 원자핵이 가벼운 원자핵 둘로 나누어지면서 많은 열을 방출한다.
- 핵융합: 가벼운 원자핵이 합쳐져 무거운 원자핵으로 변하면서 많은 열을 방출한다.

핵분열 반응 대신 핵융합 반응을 이용할 때의 장점을 〈보기〉에서 있는 대로 고른 것은?

〈보기〉
ㄱ. 연료가 고갈될 염려가 거의 없다.
ㄴ. 방사성 폐기물이 생성되지 않는다.
ㄷ. 같은 질량으로 더 많은 에너지를 얻을 수 있다.

① ㄱ ② ㄱ, ㄴ ③ ㄱ, ㄷ
④ ㄴ, ㄷ ⑤ ㄱ, ㄴ, ㄷ

07 수증기의 압력을 사용하여 발전을 하는 경우를 <보기>에서 있는 대로 고른 것은?

<보기>
ㄱ. 수력 발전
ㄴ. 원자력 발전
ㄷ. 석탄을 사용하는 화력 발전
ㄹ. 천연가스를 사용하는 화력 발전

① ㄱ ② ㄱ, ㄴ ③ ㄱ, ㄷ
④ ㄱ, ㄴ, ㄹ ⑤ ㄴ, ㄷ, ㄹ

08 그림은 수소 산소 연료 전지의 구조를 나타낸 것이다.

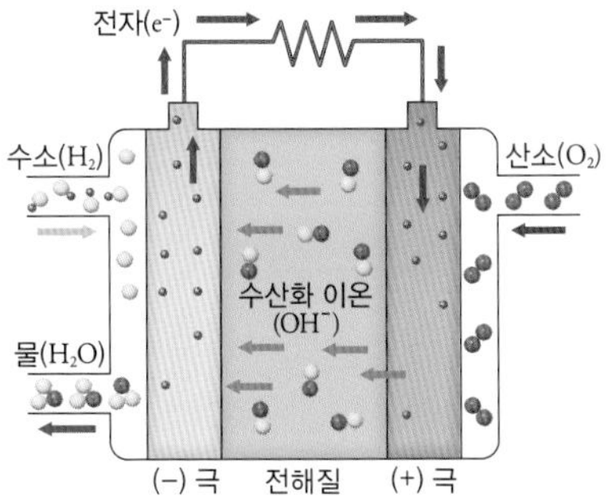

(−)극: $2H_2 + 4OH^- \longrightarrow 4H_2O + 4e^-$
(+)극: $O_2 + 2H_2O + 4e^- \longrightarrow 4OH^-$

이에 대한 설명으로 옳은 것만을 <보기>에서 있는 대로 고른 것은?

<보기>
ㄱ. (−)극에서 수소가 환원된다.
ㄴ. 전지 반응이 일어날 때 오염 물질이 배출되지 않는다.
ㄷ. 발생되는 전자는 도선을 따라 (−)극에서 (+)극으로 이동한다.

① ㄱ ② ㄱ, ㄴ ③ ㄱ, ㄷ
④ ㄴ, ㄷ ⑤ ㄱ, ㄴ, ㄷ

09 지구 온난화에 대한 설명으로 옳은 것만을 <보기>에서 있는 대로 고른 것은?

<보기>
ㄱ. 화석 연료의 소비량과 관련이 깊다.
ㄴ. 이산화 탄소나 메테인 등의 기체에 의한 온실 효과로 지구 온난화가 일어나고 있다.
ㄷ. 대기 중 이산화 탄소의 농도 변화와 지구의 평균 기온의 변화는 반비례 관계이다.

① ㄱ ② ㄱ, ㄴ ③ ㄱ, ㄷ
④ ㄴ, ㄷ ⑤ ㄱ, ㄴ, ㄷ

10 바이오매스에 해당하는 것만을 <보기>에서 있는 대로 고르시오.

<보기>
ㄱ. 농작물 ㄴ. 석탄
ㄷ. 가축의 분뇨 ㄹ. 천연가스
ㅁ. 해조류 ㅂ. 음식물 쓰레기

11 근원이 태양 에너지가 아닌 것은?

① 바람의 운동 에너지
② 강물의 운동 에너지
③ 음식물의 화학 에너지
④ 원자력 발전의 핵에너지
⑤ 댐에 고인 물의 위치 에너지

12 에너지가 전환되는 과정에서 손실되는 대부분의 에너지는 어떤 에너지로 전환되는가?

① 운동 에너지 ② 빛에너지
③ 열에너지 ④ 소리 에너지
⑤ 역학적 에너지

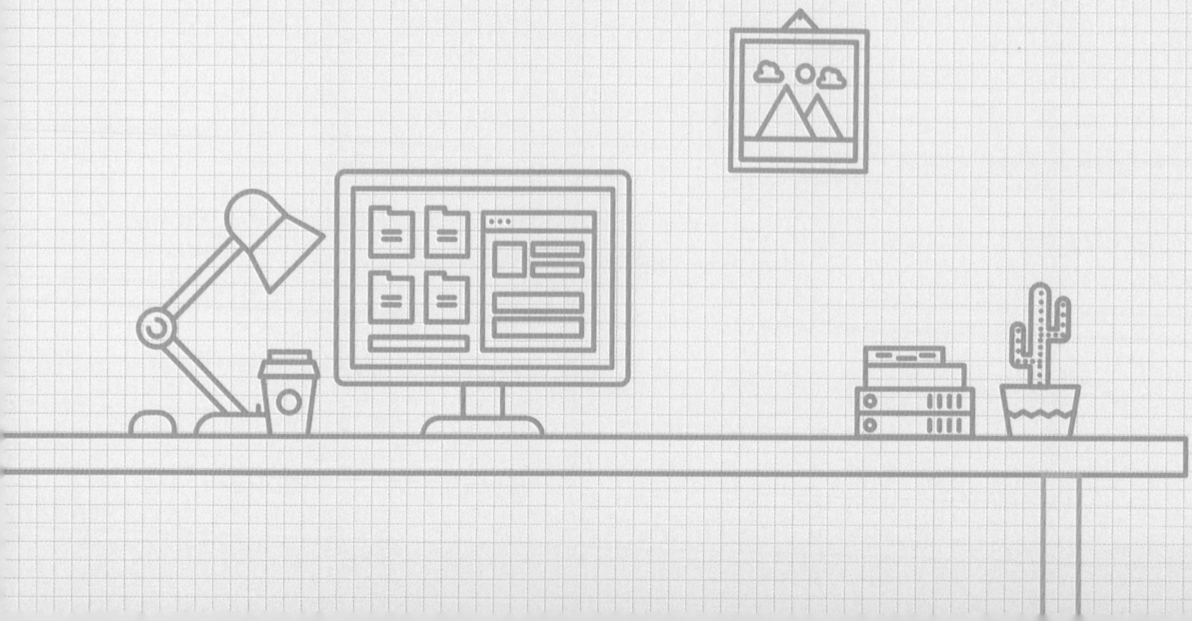

부록

그림으로 보는 교과서

주기율표

원소 기호	원자 번호	영어명	한글명	원자량
C	6	Carbon	탄소	12.011

금속 (Metal)
준금속 (Semimetal)
비금속 (Nonmetal)

주기 \ 족	1	2	3	4	5	6	7	8	9
1	H 1 Hydrogen 수소 1.008								
2	Li 3 Lithium 리튬 6.94	Be 4 Beryllium 베릴륨 9.0122							
3	Na 11 Sodium 나트륨(소듐) 22.990	Mg 12 Magnesium 마그네슘 24.305							
4	K 19 Potassium 칼륨(포타슘) 39.098	Ca 20 Calcium 칼슘 40.078	Sc 21 Scandium 스칸듐 44.956	Ti 22 Titanium 타이타늄 47.867	V 23 Vanadium 바나듐 50.942	Cr 24 Chromium 크로뮴 51.996	Mn 25 Manganese 망가니즈 54.938	Fe 26 Iron 철 55.845	Co 27 Cobalt 코발트 58.933
5	Rb 37 Rubidium 루비듐 85.468	Sr 38 Strontium 스트론튬 87.62	Y 39 Yttrium 이트륨 88.906	Zr 40 Zirconium 지르코늄 91.224	Nb 41 Niobium 나이오븀 92.906	Mo 42 Molybdenum 몰리브데넘 95.96	Tc 43 Technetium 테크네튬 [97.91]	Ru 44 Ruthenium 루테늄 101.07	Rh 45 Rhodium 로듐 102.91
6	Cs 55 Cesium 세슘 132.91	Ba 56 Barium 바륨 137.33		Hf 72 Hafnium 하프늄 178.49	Ta 73 Tantalum 탄탈럼 180.95	W 74 Tungsten 텅스텐 183.84	Re 75 Rhenium 레늄 186.21	Os 76 Osmium 오스뮴 190.23	Ir 77 Iridium 이리듐 192.22
7	Fr 87 Francium 프랑슘 [223.02]	Ra 88 Radium 라듐 [226.03]		Rf 104 Rutherfordium 러더포듐 [265.12]	Db 105 Dubnium 더브늄 [268.13]	Sg 106 Seaborgium 시보귬 [271.13]	Bh 107 Bohrium 보륨 [272]	Hs 108 Hassium 하슘 [277.15]	Mt 109 Meitnerium 마이트너륨 [276.15]

	주기						
란타넘족 (Lanthanoids)	6	La 57 Lanthanum 란타넘 138.91	Ce 58 Cerium 세륨 140.12	Pr 59 Praseodymium 프라세오디뮴 140.91	Nd 60 Neodymium 네오디뮴 144.24	Pm 61 Promethium 프로메튬 144.91	Sm 62 Samarium 사마륨 150.36
악티늄족 (Actinoides)	7	Ac 89 Actinium 악티늄 [227.03]	Th 90 Thorium 토륨 232.04	Pa 91 Protactinium 프로트악티늄 231.04	U 92 Uranium 우라늄 238.03	Np 93 Neptunium 넵투늄 [237.05]	Pu 94 Plutonium 플루토늄 [244.06]

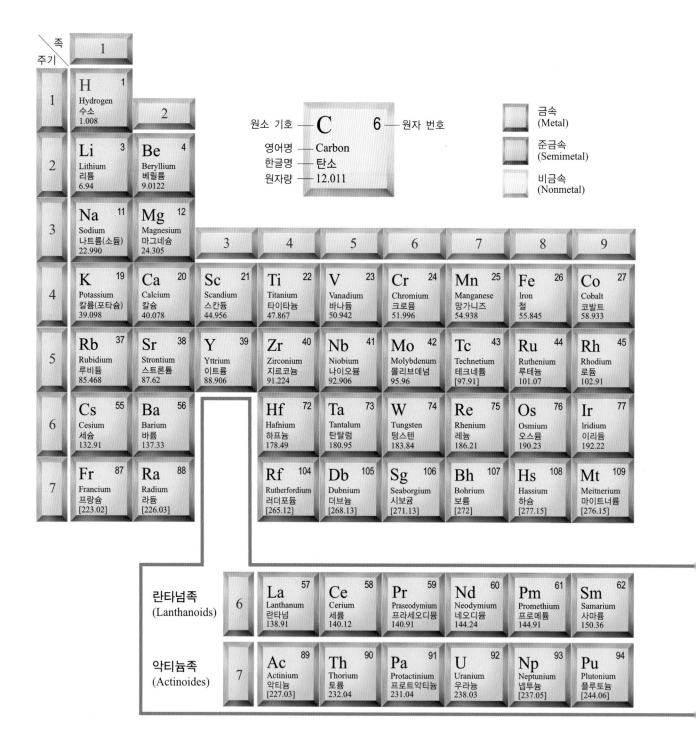

■ 검은색 원소는 고체(Solid)
■ 붉은색 원소는 기체(Gas)
■ 푸른색 원소는 액체(Liquid)

10	11	12	13	14	15	16	17	18
								He 2 Helium 헬륨 4.0026
			B 5 Boron 붕소 10.81	C 6 Carbon 탄소 12.011	N 7 Nitrogen 질소 14.007	O 8 Oxygen 산소 15.999	F 9 Fluorine 플루오린 18.998	Ne 10 Neon 네온 20.180
			Al 13 Aluminium 알루미늄 26.982	Si 14 Silicon 규소 28.085	P 15 Phosphorus 인 30.974	S 16 Sulfur 황 32.06	Cl 17 Chlorine 염소 35.45	Ar 18 Argon 아르곤 39.948
Ni 28 Nickel 니켈 58.693	Cu 29 Copper 구리 63.546	Zn 30 Zinc 아연 65.38	Ga 31 Gallium 갈륨 69.723	Ge 32 Germanium 저마늄 72.64	As 33 Arsenic 비소 74.922	Se 34 Selenium 셀레늄 78.96	Br 35 Bromine 브로민 79.904	Kr 36 Krypton 크립톤 83.798
Pd 46 Palladium 팔라듐 106.42	Ag 47 Silver 은 107.87	Cd 48 Cadmium 카드뮴 112.41	In 49 Indium 인듐 114.82	Sn 50 Tin 주석 118.71	Sb 51 Antimony 안티모니 121.76	Te 52 Tellurium 텔루륨 127.60	I 53 Iodine 아이오딘 126.90	Xe 54 Xenon 제논 131.29
Pt 78 Platinum 백금 195.08	Au 79 Gold 금 196.97	Hg 80 Mercury 수은 200.59	Tl 81 Thallium 탈륨 204.38	Pb 82 Lead 납 207.2	Bi 83 Bismuth 비스무트 208.98	Po 84 Polonium 폴로늄 [208.98]	At 85 Astatine 아스타틴 [209.99]	Rn 86 Radon 라돈 [222.02]
Ds 110 Darmstadtium 다름슈타튬 [281.16]	Rg 111 Roentgenium 뢴트게늄 [280.16]	Cn 112 Copernicium 코페르니슘 [285.17]	Nh 113 Nihonium 니호늄 [284.18]	Fl 114 Flerovium 플레로븀 [289.19]	Mc 115 Moscovium 모스코븀 [288.19]	Lv 116 Livermorium 리버모륨 [293]	★Ts 117 Tennessine 테네신 [294]	Og 118 Oganesson 오가네손 [294]

★ 금속성, 준금속성, 비금속성이 아직 명확히 밝혀지지 않음.

Eu 63 Europium 유로퓸 151.96	Gd 64 Gadolinium 가돌리늄 157.25	Tb 65 Terbium 터븀 158.93	Dy 66 Dysprosium 디스프로슘 162.50	Ho 67 Holmium 홀뮴 164.93	Er 68 Erbium 어븀 167.26	Tm 69 Thulium 툴륨 168.93	Yb 70 Ytterbium 이터븀 173.05	Lu 71 Lutetium 루테튬 174.97
Am 95 Americium 아메리슘 [243.06]	Cm 96 Curium 퀴륨 [247.07]	Bk 97 Berkelium 버클륨 [247.07]	Cf 98 Californium 캘리포늄 [251.08]	Es 99 Einsteinium 아인슈타이늄 [252.08]	Fm 100 Fermium 페르뮴 [257.10]	Md 101 Mendelevium 멘델레븀 [258.10]	No 102 Nobelium 노벨륨 [259.10]	Lr 103 Lawrencium 로렌슘 [262.11]

우주의 진화

1 빅뱅(**0~3**분)

Ⓐ 쿼크와 경입자 탄생(10^{-34}초)

Ⓑ 양성자와 중성자 탄생(1초)

중수소, 3중 수소, 헬륨-3, 헬륨-4 탄생

Ⓒ 수소와 헬륨의 질량비 3 : 1(3분)

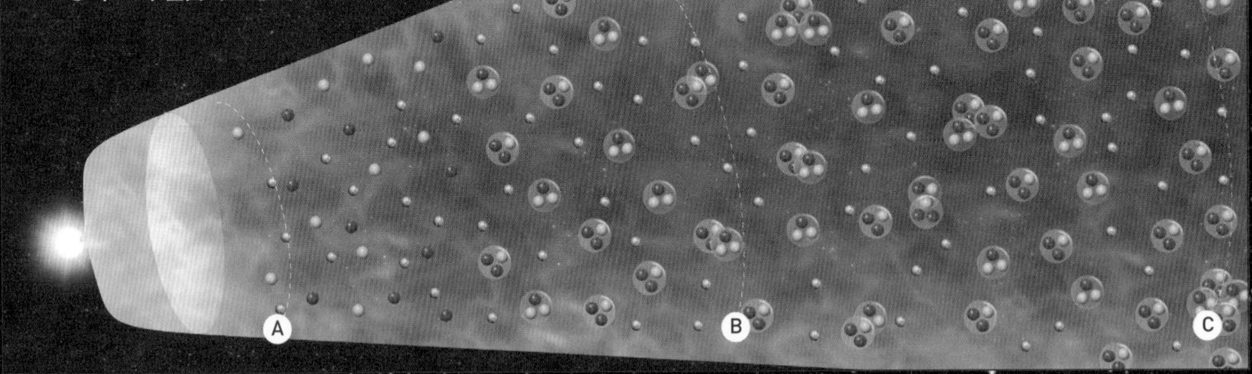

2 **38**만 년

수소, 헬륨 원자 탄생

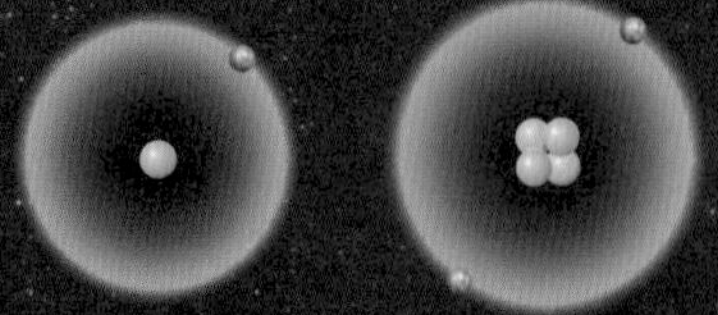

3 **3**억 년

별과 은하 탄생(무거운 원소 생성)

- 주계열성: 수소 연소
- 적색 거성: 탄소, 산소, 규소 등 철까지 생성
- 초신성: 철 이상 우라늄까지 생성

4 **92**억 년(46억 년 전)

태양계 형성

생명의 행성 지구 탄생

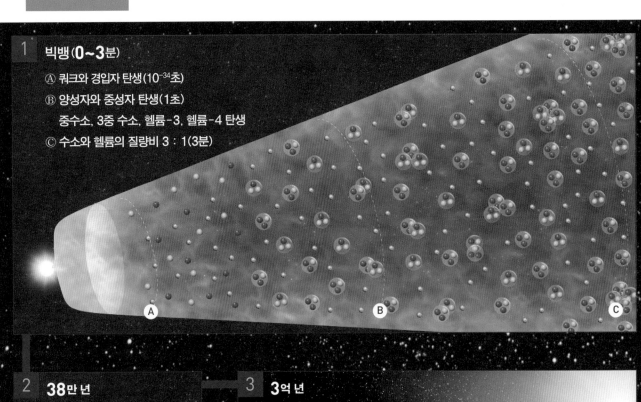

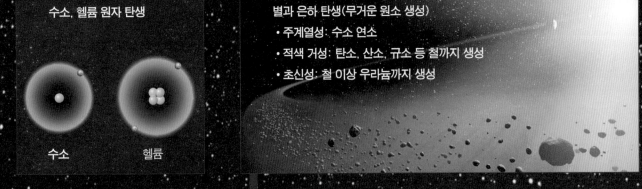

5 **100억 년(38억 년 전)**

원핵생물 출현

광합성 시작

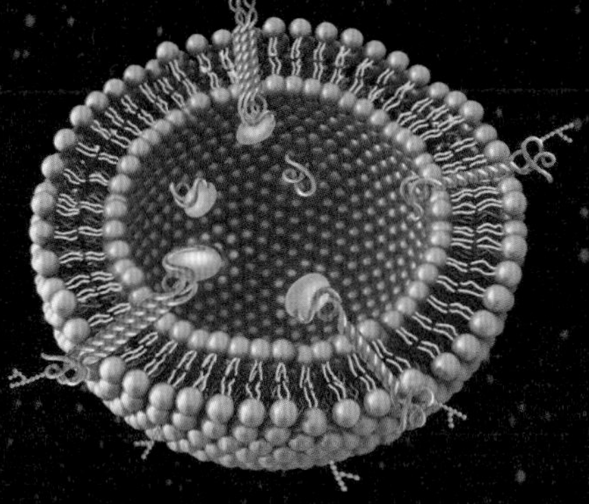

6 **118억 년(20억 년 전)**

진핵생물 출현

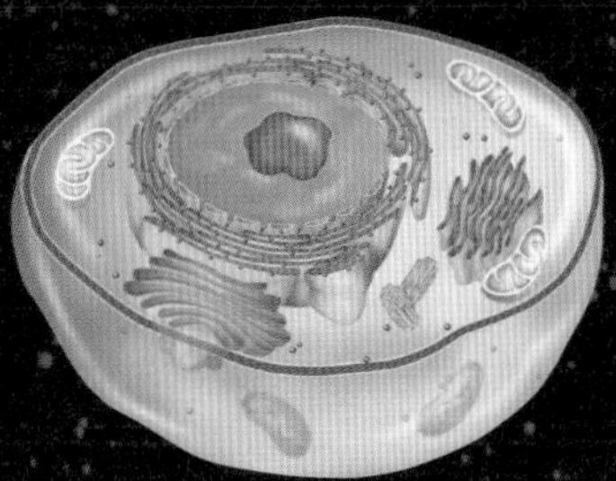

7 **133억 년(5억 년 전)**

캄브리아 대폭발

8 **138억 년(현재)**

지구 생명의 역사

46억 년 전 | **40억 년 전** | **35억 년 전** | **30억 년 전**

지질 시대 구분

① 태양계와 지구 탄생
② 마그마의 바다
③ 원시 바다와 대기 형성

④ 소행성과의 충돌로 달 표면에 크레이터 생성

⑤ 가장 오래된 생물 화석
⑥ 광합성 시작

⑦ 스트로마톨라이트 대규모 형성

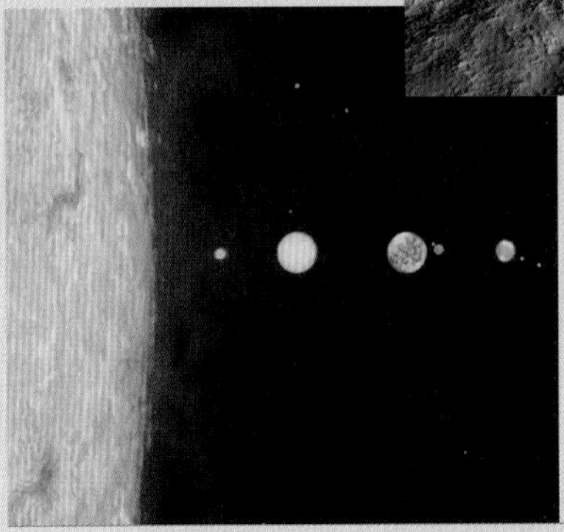

5억 년 전 | **4억 년 전**

지질 시대 구분 선캄브리아대 | 고생대

① 캄브리아 대폭발
② 척추동물 출현
③ 오존층 증대
④ 식물의 육상 진출
⑤ 오래된 갑골 어류 화석

⑥ 척추동물의 육상 상륙
⑦ 생물의 대량 멸종
⑧ 파충류 출현
⑨ 고사리 등의 양치식물이 삼림을 형성

25억 년 전	20억 년 전	15억 년 전	10억 년 전

선캄브리아대

8 9 10 11 12 13 14

⑧ 산소가 바다의 철과 결합하여 침전
⑨ 빙하 시대
⑩ 대기 중 산소가 증가 (오존층 형성)
⑪ 진핵생물 탄생

⑫ 단세포 진핵생물 화석
⑬ 가장 오래된 다세포 생물 화석

⑭ 대빙하 시대

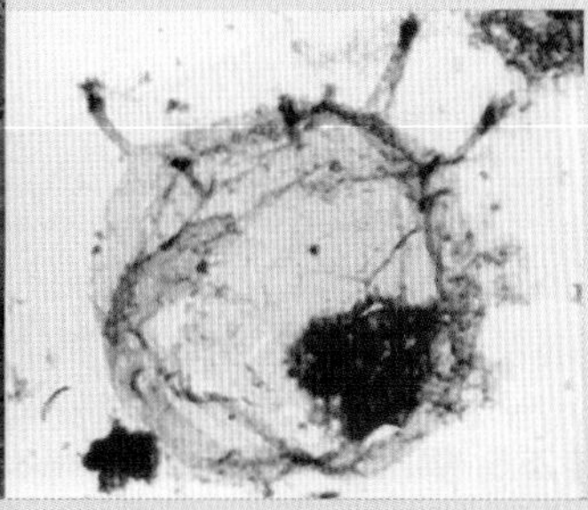

3억 년 전	2억 년 전	1억 년 전	~ 현재

중생대 신생대

10 11 12 13 14 15 16 17 18

⑩ 양치식물의 발전
⑪ 역사상 최대 생물의 멸종 (삼엽충, 푸즐리나 등)
⑫ 공룡 출현, 포유류 출현
⑬ 식물의 대량 멸종

⑭ 조류 출현
⑮ 공룡의 번창

⑯ 공룡 멸종
⑰ 포유류 번창
⑱ 현생 인류 출현

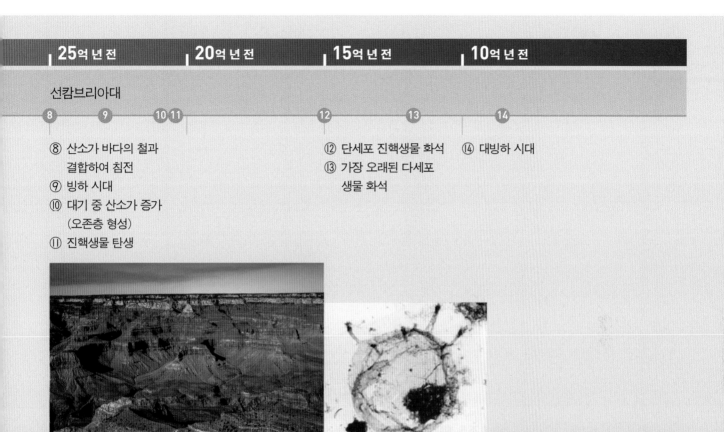

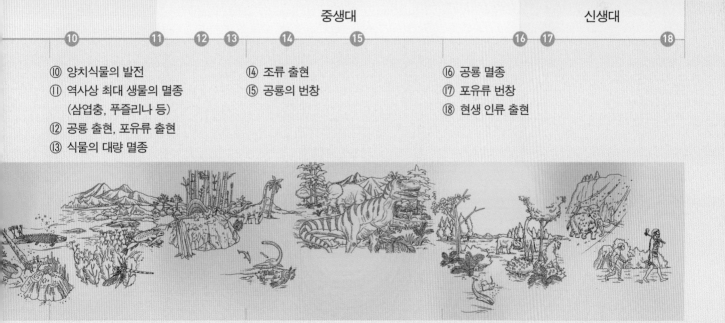

부록

정답 및 해설

I 물질과 규칙성

1. 우주의 기원

연습문제 19쪽

01 풀이 참조	02 ④	03 ④	04 ①
05 ⑤	06 ②	07 ⑤	08 ⑤

01 | (1) 우주의 규모를 알아가는 데 있어서 일어난 중요한 사건은 연대 순서로 다음과 같다.

1838년 — 연주 시차 — 베셀
1908년 — 마젤란 성운의 변광성 — 레빗
1913년 — 안드로메다의 청색 편이 — 슬라이퍼
1923년 — 안드로메다의 변광성 — 허블

(2) 우주가 유한한지 무한한지를 알아가는 데 있어서 일어난 중요한 사건은 연대 순서로 다음과 같다.

1666년 — 무한한 우주 — 뉴턴
1823년 — 어두운 밤하늘 — 올베르스
1917년 — 우주 상수 — 아인슈타인
1998년 — 가속 팽창 — 펄머터

(3) 우주의 진화에 관한 이론적인 면에 관하여 중요한 사건은 연대 순서로 다음과 같다.

1915년 — 일반 상대성 — 아인슈타인
1922년 — 동적 우주 — 프리드만
1927년 — 원시 원자 — 르메트르
1949년 — 빅뱅 — 가모브, 호일

(4) 빅뱅 우주론의 세 가지 증거에 관하여 중요한 사건은 연대 순서로 다음과 같다.

1925년 — 별의 주성분은 수소 — 페인
1929년 — 은하의 거리와 후퇴 속도 — 허블
1933년 — 팽창하는 우주 — 에딩턴
1965년 — 우주 배경 복사 — 펜지어스, 윌슨

02 | 1930년대에 에딩턴은 우주의 별 수를 1000억 곱하기 1000억(10^{22})으로 추산하였다. 몇 년 전에 호주의 연구진은 우주의 별 수는 아보가드로수(6×10^{23})에 가깝다고 발표하였다.

03 | 안드로메다처럼 가까운 은하들은 중력 작용 때문에 우리 은하에 접근한다. 그러나 멀리 있는 은하들은 거리에 비례해서 멀어져 간다.

04 | 우주의 나이가 38만 년 정도일 때 우주를 채웠던 배경 복사의 온도는 3000 K 정도였다. 138억 년 후 현재에는 3 K로 식었다. 30 K는 우주에서 처음으로 별이 태어날 때 우주의 대략적인 온도이다.

05 | 별을 직접 조사할 수는 없고, 별빛의 스펙트럼을 분석하면 원소를 조사할 수 있다.

06 | 빅뱅 우주론은 우주가 한 점에서 출발해서 유한한 시간 동안 팽창했다는 것을 뜻한다. 그렇다면 우주는 나이도, 크기도 유한할 것이다.

07 | 은하의 거리와 후퇴 속도는 비례 관계이다. 이것은 멀리 떨어져 있는 은하일수록 우리에게서 빨리 멀어져 간다는 것을 의미하며, 이것은 우주가 전체적으로 팽창한다는 것을 의미한다. 대부분의 외부 은하들은 멀어지고 있으므로 적색 편이가 나타난다. 은하 내에서 별들 사이에는 중력이 작용해서 거리가 일정하게 유지된다.

08 | 빅뱅 우주론의 증거는 허블 법칙과 우주 배경 복사 및 원소 분포이다. 균일한 배경 복사는 작고 뜨거운 초기 우주를 반영한다.

핵심 개념 확/ 인/ 하/ 기/ 19쪽

❶ 주기 ❷ 길다 ❸ 적색 편이, 크다
❹ 청색 편이 ❺ 허블

2. 물질의 기원

연습문제 31쪽

01 ④	02 ①	03 ③	04 ④	05 ①
06 ②	07 ④	08 ④	09 ②	

01 | 캐번디시는 수소를 발견했지만 그렇다고 해서 수소가 모든 원소의 기본이라고 생각한 것은 아니다. 러더퍼드는 프라우트가 그런 생각을 한지 약 100년 후에 모든 원소의 핵에 들어 있는 양성자를 발견하였다.

02 | 헬륨은 양성자와 중성자로 이루어졌고, 양성자와 중성자는 쿼크들로 이루어졌다.

03 | 처음 1마이크로초 사이에 양성자와 중성자가 만들어지고, 1초 후에는 양성자가 안정화되고, 3분 사이에 헬륨 핵이 만들어지고, 약 30만 년 후에 중성 원자가 만들어졌다.

04 | 처음 3분 사이에 헬륨 핵이 만들어지고 나서는 약 3억 년 후에 별이 태어날 때까지 더 이상 핵의 변화는 없었다. 3분 후에 헬륨의 분해가 우세했다면 현재 관찰되는 수소와 헬륨의 비율이 이루어지지 않았을 것이다.

05 | 별의 진화 과정에서 중심 온도가 가장 낮은 것은 주계열성이다. 주계열성에서는 에너지 장벽이 가장 낮은 수소로부터 헬륨의 합성이 일어난다.

06 | 중심 온도가 1억 도를 넘는 적색 거성에서는 헬륨으로부터 탄소가, 그리고 이어서 산소 등이 만들어진다.

07 | 주계열성에서는 헬륨, 적색 거성에서는 탄소부터 철까지, 그리고 초신성에서는 철 이상의 무거운 원소들이 만들어진다.

08 | 별의 내부에서 만들어지는 원소 중 가장 무거운 원소는 철이다. 별의 중심부에 철이 만들어지면 더 이상 핵융합 반응은 일어나지 않으며, 철보다 무거운 원소는 초신성 폭발 과정에서 만들어진다.

09 | ㄱ. 헬륨 핵의 질량은 양성자 4개의 질량의 합보다 작은데, 줄어든 질량 차이만큼 에너지로 변했다.

ㄴ. 우리 몸을 구성하는 대부분의 원소는 적색 거성에서 만들어졌다.

핵심 개념 확/ 인/ 하/ 기/ 31쪽

❶ 양성자 ❷ 헬륨 원자핵 ❸ 빅뱅 핵합성
❹ 주계열성 ❺ 적색 거성

3. 원소의 규칙성

연습문제 46쪽

01 ㄷ, ㄴ	02 ㄱ	03 ㄴ	04 ㄹ	05 ②
06 ②	07 ⑤			

01 | 빅뱅 우주에서 만들어진 1번 원소 수소는 우주의 75 %를 차지한다. 우주의 원소 분포는 수소, 헬륨, 산소, 탄소 순서이다. 산소의 핵이 탄소 핵보다 더 안정하기 때문에 산소가 탄소보다 많다. 주기율표에서 14족인 탄소가 4번째라고 기억하면 편하다.

02 | 우주에서 가장 풍부한 원소인 수소 원자 2개가 결합해서 만들어진 수소 분자가 모든 2원자 분자 중에서 가장 풍부하다. 단원자 분자를 포함하면 헬륨이 가장 풍부하다.

03 | 우주에서 가장 풍부한 화합물은 일산화 탄소(CO)이고, 두 번째로 풍부한 화합물인 물(H_2O)은 3원자 분자 중에서는 가장 풍부하다.

04 | 최외각 전자는 가장 바깥 전자 껍질에 들어 있는 전자로, 화학 결합이나 반응에 참여한다. 최외각 전자는 그 원자의 화학적 성질과 밀접한 관계가 있다.

05 | 소금에서는 나트륨도 염소도 최외각 전자 수가 8이다. 중성 원자가 전자를 잃거나 얻어 비활성 기체와 같이 가장 바깥 전자 껍질에 전자 8개를 채워 안정해지려는 경향을 옥텟 규칙이라고 한다.

06 | FeO는 +2가의 철 이온(Fe^{2+})과 −2가의 산화 이온(O^{2-}) 사이의 이온 결합 물질이다.

07 | ㄱ. A는 Li, C는 F으로 금속과 비금속 사이의 결합은 이온 결합이다.
ㄴ. E는 Na으로 전자를 잃고 +1의 양이온이 되기 쉽다.
ㄷ. B와 F가 결합한 SiO_2는 공유 결합 물질이다.
ㄹ. D는 비활성 기체로 안정한 전자 배치를 가진다.

핵심 개념 확/ 인/ 하/ 기/ 46쪽

❶ 원자가	❷ 원자량	❸ 최외각 전자	❹ 옥텟
❺ 3중	❻ 공유 결합	❼ 금속, 비금속	

❶ | 원자가에 해당하는 valence의 어원에는 강하다는 뜻이 들어 있다. 강할수록 결합을 많이 한다는 의미인데, 탄소가 4개 결합을 이루어 만들어진 다이아몬드는 가장 강한 물질 중 하나이다.

❷ | 1869년에 주기율표가 나온 후 40여 년이 지나서 1913년 이후에야 원자 번호가 알려졌다. 그리고 1919년에 양성자가 발견되면서 원자 번호는 핵에 들어 있는 양성자의 수로 이해되었다. 원자 번호를 모르는 상황에서는 원자량을 사용할 수 밖에 없었다.

❺ | 별 가까이에서는 단일 결합은 별빛의 자외선에 의해 깨진다.

단원 종합문제 47~49쪽

01 0.76초	02 (다)→(나)→(라)→(가)			
03 ③	04 ③	05 ④	06 ②	07 ③
08 ①	09 ②	10 ⑤	11 ⑤	12 ②
13 ④	14 ④	15 ②	16 ③	

01 | 연주 시차와 거리는 서로 반비례 관계이다. 따라서 4.2광년을 pc(파섹)으로 환산하면 1.3 pc이 되고 이것의 역수인 0.76초가 연주 시차가 된다.

02 | 허블 법칙 발견: 1929년
섀플리의 우리 은하의 구조 발견: 1918년
세페이드 변광성의 주기-광도 관계: 1908년
허블의 안드로메다에서 변광성 발견: 1923년

03 | 빛을 내는 물체가 멀어지면 스펙트럼이 적색 편이, 즉 붉은색 쪽으로 이동하게 된다.

04 | 도플러 효과로 은하의 적색 편이가 생기며, 은하의 거리를 구하기 위해서는 레빗의 관계식이 필요하다. 휴메이슨은 허블과 함께 은하의 적색 편이를 측정하였다.

05 | 허블 상수는 그래프에서 직선의 기울기이다. 우주의 나이는 허블 상수의 역수이다. 후퇴 속도는 은하가 멀어지는 속도를 말하며 은하의 거리와 후퇴 속도는 비례한다.

06 | ㄱ. 헬륨 핵은 양성자 4개의 질량의 합보다 작은데, 줄어든 질량 차이만큼 빛에너지로 변했기 때문이다.
ㄴ. 우리 몸을 구성하는 대부분의 원소는 적색 거성에서 만들어졌다.
ㄷ. 초신성 폭발은 별의 죽음인 동시에 별의 내부에서 만들어진 원소들을 우주 공간으로 내보내는 수단이다. 이때 방출된 원소들은 나중에 태양계의 재료로, 또 지구상에서 생명체의 재료로 사용된다.
ㄹ. 별은 +1의 양전하를 가진 양성자를 융합할 정도로 온도가 올라가면 탄생한다. 그런데 +2의 양전하를 가진 헬륨 핵을 충돌해서 융합하려면 양전하 사이의 반발에 따른 에너지 장벽이 더 높기 때문에 그보다 훨씬 온도가 높아야 한다. 따라서 별이 처음 생겼을 때는 수소 융합만 일어난다.

07 | ㄱ. 중성자는 양성자보다 무겁기 때문에 높은 에너지를 갖고 있어 불안정하여 자연 상태에서 스스로 붕괴하여 안정한 양성자로 바뀐다.
ㄴ. 빅뱅 이후 1초 이전에는 우주의 온도가 매우 높아 양성자가 중성자로 변환될 수 있었다.
ㄷ. 빅뱅 이후 1초 무렵에 우주의 온도가 100억 K 정도로 낮아지면서 한번 만들어진 양성자는 더 이상 중성자로 바뀌지 않고 안정한 상태가 되었다.

08 | ㄱ. 성간 공간에 가장 풍부하게 존재하는 (가)는 원자 번

호 1번인 수소이고, 그 다음으로 풍부한 (나)는 헬륨이다.

ㄴ. 헬륨의 최외각 전자 수는 2개이다.

ㄷ. 수소는 최외각 전자가 1개로 안정하지 않으며, 헬륨은 최외각 전자가 2개로 모두 채워져 안정하다.

09 | 질소 원자의 최외각 전자는 5개이며, 그 중 2개는 비공유 전자쌍이고, 나머지 3개의 전자는 수소 원자와 공유 결합하는 데 이용된다. 우주에서 가장 풍부한 화합물은 일산화 탄소(CO)이다.

10 | 입자 A는 중수소, 입자 B는 3중 수소, 입자 C는 질량수 4인 헬륨이다. 따라서 입자 B의 원자 번호는 1이며, 입자 C의 원자 번호는 2이다.

11 | (가)는 Li, (나)는 Na, (다)는 K으로 모두 같은 1족 원소이며 원자가는 1이다. 모두 알칼리 금속으로 반응성이 매우 커서 물과 반응하여 수소 기체를 발생하고, 남은 용액은 염기성을 나타낸다.

12 | ㄱ, ㄷ. 수소가 모여 보다 안정한 상태의 헬륨으로 바뀔 때 수소 4개의 질량보다 헬륨 1개의 질량이 더 작기 때문에 반응 과정에서 질량이 감소하게 된다.

ㄴ. Δmc^2은 반응 과정에서 감소된 질량이 에너지로 변환되어 방출된 양이다.

ㄹ. 수소 핵융합 반응이 일어나기 위해서는 1000만 K 정도의 온도 조건이 필요하다.

13 | ㄱ. 고체 상태의 염화 나트륨에서는 나트륨 이온과 염화 이온이 규칙적으로 배열되어 있어서 전기가 통하지 않으나 액체나 수용액 상태에서는 전기를 잘 통한다.

ㄴ. 물은 수소와 산소가 각각 옥텟을 만족하면서 공유 결합을 이룬다.

ㄷ. 염화 나트륨은 물에 녹아 나트륨 이온과 염화 이온을 형성한다.

14 | ㄱ. 같은 족 원소는 최외각 전자 수가 같아 화학적 성질이 비슷하다.

ㄴ. 우주의 상위 5가지 원소인 수소, 헬륨, 산소, 탄소, 네온은 모두 비금속이다.

ㄷ. 원소들은 옥텟 규칙을 만족시키며 화학 결합을 이루어 안정한 상태가 된다.

15 | ㄱ, ㄴ. 각각의 산화물의 화학식을 통해 산소의 원자가는 2임을 알 수 있다. 산소 원자와 결합하는 원자 수가 같다. 규소는 원자가가 4이므로 산소와 1:2의 개수비로 결합한다. 따라서 (가)의 화학식은 SiO_2이다.

ㄷ. 1족과 2족은 금속 원소로 비금속인 산소와 반응한 산화물은 이온 결합 물질이다.

16 | ㄱ. (나)는 1족, 2족의 금속 원소로 전기 전도성이 좋다.

ㄴ. (마), (바)는 비금속 원소이다.

ㄷ. (나), (다)는 금속 원소로 금속 결합으로 되어 있지만, (가)는 수소로 비금속 원소이다.

Ⅱ 우리 주위의 물질

1. 지구의 원소

연습문제 65쪽

01 ②	**02** ③	**03** 산소	**04** ⑤	**05** ⑤
06 ②	**07** ③			

01 | 해양은 대부분 물이고, 물에서 수소와 산소의 질량비는 $1 \times 2 = 2$ 대 16으로 산소가 많다.

02 | 지구 표면의 80 % 정도를 차지하는 해양의 물은 지구 전체적으로는 그리 많지 않다. 지구의 대부분을 차지하는 맨틀의 주성분은 화합물인 이산화 규소이다.

03 | 지각에 가장 많이 존재하는 원소는 산소이다. 산소 원자(O) 2개는 서로 2중 결합을 하여 산소 분자(O_2)를 형성한다. 산소는 반응성이 크므로 다양한 물질과 화학 반응을 한다. 금속이 녹스는 것, 세포 호흡, 연소 등은 모두 산소와의 화학 반응이다.

04 | ㄱ. 지구 표면인 지각에는 산소가 가장 많고, 그 다음으로 규소, 알루미늄, 철이 많다.
ㄴ. 지구의 중심을 이루는 핵은 무거운 원소인 철과 니켈로 구성되어 있다.
ㄷ. 질소와 산소가 지구 대기의 99 %를 차지한다.
ㄹ. 우주의 주요 원소는 수소와 헬륨이지만, 지구에는 수소가 거의 없다.

05 | 물 분자의 산소 원자는 인접한 다른 물 분자의 수소 원자와, 수소 원자는 인접한 다른 물 분자의 산소 원자와 수소 결합을 이룬다. 수증기는 물이 증발할 때 흡수한 열을 운반한다.

06 | 극성 공유 결합은 한쪽은 부분적으로 양전하를 띠고, 다른 한쪽은 부분적으로 음전하를 띠는 결합을 말한다. 전기음성도가 다른 원소 간의 결합인 극성 공유 결합을 포함하면서 분자 구조가 대칭이어서 극성이 상쇄되면 무극성 분자가 된다.

07 | 규소는 비금속인 탄소와 같은 14족 원소이지만 약간의 금속성을 띠어서 반도체의 성질을 나타내는 준금속이다.

핵심 개념 확/ 인/ 하/ 기/ 65쪽

❶ 철 ❷ 산소 ❸ 질소 ❹ 이산화 규소(SiO_2)
❺ 정사면체, 규산 ❻ 전기음성도 ❼ 수소 결합

❶ | 우주에서 풍부하고 무거운 철은 지구의 중심에 철의 핵을 만들었다. 핵은 맨틀에 비해 부피는 작지만 밀도가 높다. 또 맨틀의 주성분인 이산화 규소에는 산소와 규소의 두 원소가 들어 있기 때문에 각각의 원소 면에서는 철이 가장 풍부하다.

❷ | 지각의 주성분인 이산화 규소에는 산소 원자 2개와 규소 원자 1개가 들어 있어서 질량비는 $16 \times 2 = 32$ 대 28로 산소가 더 많다.

❸ | 대기의 78 % 질소, 21 % 산소, 1 % 아르곤은 부피비이다. 질소와 산소의 분자량은 28과 32로 비슷하기 때문에 질량비로도 질소가 가장 많다.

2. 생명의 원소

연습문제 77쪽

01 ②, ③, ⑤	**02** ③	**03** ③	**04** ④	**05** ③
06 ④	**07** ④	**08** ③	**09** ①	

01 | 포도당은 녹말의 단량체, 아미노산은 단백질의 단량체이다. 뉴클레오타이드는 DNA의 단량체이다.

02 | 포도당은 탄수화물의 일종으로 탄소가 물에 둘러싸였다고 볼 수 있다. 이 탄소가 산소와 결합해서 이산화 탄소가 되면서 에너지가 나온다.

03 | 글라이신은 아미노산이다.

04 | 셀룰로스는 식물의 세포벽에 이용되는 탄수화물이다.

05 | 1944년에 에이버리는 형질 전환 물질을 분리하고 원소 분석을 통해서 유전 물질이 DNA라는 것을 밝혔다. 그 전에는 일반적으로 단백질이 유전 물질이라고 믿었다.

06 | 단백질을 합성하는 결합은 한 아미노산의 $-COOH$ 기에서 $-OH$가, 그리고 다른 아미노산의 $-NH_2$ 기에서 $-H$가 합쳐져서 물이 빠지면서 이루어진다. 아미노산이 어떤 순서로 연결되는가에 따라 수많은 단백질이 합성되는데 단백질 합성에 필요한 아미노산은 20가지이다.

07 | 가장 간단한 아미노산은 글라이신이다.

08 | 메테인은 탄소 화합물이지만 생명체를 이루는 물질이 아니다.

09 | ㄱ. 폴리뉴클레오타이드는 뉴클레오타이드가 여러 개 결합한 고분자 물질이다. 아데닌(A)과 타이민(T), 구아닌(G)과 사이토신(C)은 상보적인 결합을 형성하여 이중 나선 구조가 된다.
ㄴ. ㉡은 인산, ㉢은 당, ㉣은 염기이다.
ㄷ. 뉴클레오타이드가 결합하여 폴리뉴클레오타이드가 만들어지기 위해서는 당과 인산기 사이에 공유 결합이 형성되어야 한다.

핵심 개념 확/ 인/ 하/ 기/ 77쪽

❶ 산소, 수소	❷ 아미노기, 펩타이드	❸ 뉴클레오타이드
❹ 탄소, 산소, 수소	❺ 수소 결합	❻ 공유, 염기, 수소

3. 신소재

연습문제 89쪽

01 ③	02 ④	03 ②	04 ③	05 ④
06 ①	07 ⑤			

01 | 지각에 풍부한 이산화 규소를 환원시켜서 산소를 제거하고 순수한 규소를 얻은 후 도핑해서 p형 반도체나 n형 반도체를 만든다.

02 | 규소보다 전자가 1개 많은 인 원자가 규소 자리에 들어가면 음전하가 증가해서 n형 반도체가 된다.

03 | ① 도체에는 자유 전자가 있어 전류가 잘 흐르므로 전기 저항이 작다.
② 금, 은, 구리는 도체에 해당하는 물질이다.
③, ⑤ 도체에는 자유 전자가 있어 전류가 잘 흐르고, 부도체에는 자유 전자가 없어 저항이 크고 전류가 잘 흐르지 않는다.
④ 반도체는 전기 저항이 도체와 부도체의 중간이다.

04 | ㄱ. 다이오드는 반도체 소자로 전류를 한쪽 방향으로 흐르게 하는 정류 작용을 한다. 따라서 교류를 직류로 바꿀 수 있다.
ㄴ. 도핑의 목적은 약간의 변화로 인해 전기 전도성을 획기적으로 증가시키는 것이다.
ㄷ. 불순물 반도체에는 n형 반도체와 p형 반도체가 있다.

05 | 초전도체는 온도가 내려감에 따라 저항이 감소하다가 임계 온도보다 낮으면 저항이 0이 되는 물질이다. 초전도체의 성질 중 반자성체의 성질을 이용하면 자기 부상 열차를 만들 수 있다.

06 | 컴퓨터 하드 디스크에서 정보를 기록하는 원리는 회로를 켜고(on) 끄는(off) 식의 2진법이 사용된다.

07 | ㄱ. (가)는 그래핀이며 전기가 잘 통한다.
ㄴ. (나)는 탄소 나노 튜브로 그래핀을 튜브로 만든 구조로 다이아몬드만큼 단단하다.
ㄷ. (가)와 (나)에서 탄소 사이의 결합은 공유 결합이다.

핵심 개념 확/ 인/ 하/ 기/ 89쪽

❶ 양공	❷ n	❸ p, n	❹ 유기 발광
❺ 자화, 자기장	❻ 풀러렌	❼ 그래핀	

단원 종합문제 90~91쪽

01 ⑤	02 ②	03 ④	04 ①	05 ④
06 ④	07 ⑤	08 ①	09 ③	10 ⑤
11 ④				

01 | ① 산소는 2중 결합을 가진다.

② 헬륨(He)은 1원자 분자로 무극성 분자이다.

③ 물 분자(H_2O)는 수소 결합을 할 수 있어서 분자 간 인력이 커서 끓는점이 높다.

④ 수소(H_2)는 무극성 분자로 분자 간 인력이 약해 끓는점이 낮아 상온에서 기체이다.

⑤ 이산화 탄소(CO_2)는 2개의 C=O 결합인 극성 공유 결합으로 이루어져 있으나, 세 원자가 직선상에 놓여 있는 대칭 구조이므로 극성이 상쇄되어 무극성 분자이다.

02 | 같은 원자로 구성된 H_2와 N_2는 무극성 공유 결합을 하는 무극성 분자이다. 서로 다른 원자들로 구성된 NO, CO_2, H_2O는 극성 공유 결합을 가지고 있으며, 그 중 극성이 상쇄되는 CO_2는 무극성 분자이고 NO와 H_2O는 극성 분자이다.

03 | ㄱ. 핵산에는 DNA와 RNA가 있으며, DNA는 유전 정보를 기록하고, RNA는 DNA의 유전 정보에 따라 단백질을 합성하는 데 관여한다.

ㄴ. 핵산의 단량체는 뉴클레오타이드(nucleotide)이다. DNA에 사용되는 뉴클레오타이드는 중심의 데옥시리보스라는 5탄당(탄수화물)에 한쪽으로는 염기가, 다른 쪽에는 인산이 연결된 구조이다.

ㄷ. RNA는 당으로 리보스를 가지며, 염기로 아데닌(A), 유라실(U), 구아닌(G), 사이토신(C)의 4종류를 갖는다. 폴리뉴클레오타이드가 한 가닥으로 구성된 단일 나선 구조이다.

ㄹ. 핵산의 폴리뉴클레오타이드는 뉴클레오타이드 간의 인산과 당 사이에 탈수가 되면서 공유 결합을 한 고분자이다. 수소 결합은 DNA 이중 나선을 이루는 두 사슬 사이의 염기와 염기 사이의 결합이다.

04 | ㄱ. (가)와 (나)에 공통으로 존재하는 원소 A는 산소임을 알 수 있다. (가)는 대기권으로 질소(B)가 78 %, 산소(A)가 21 %를 차지한다. (나)는 지구 표면의 지각으로 산소(A)가 46 %, 규소(C)가 28 %를 차지한다.

ㄴ. A(산소)와 B(질소)는 각각 16족, 15족이며 같은 2주기 원소이다.

ㄷ. B(질소)는 2주기 원소이고, C(규소)는 3주기 원소이다.

05 | 전기음성도가 같거나 거의 차이가 없는 두 원자 사이에서는 전자 치우침이 없다. 그러나 전기음성도 차이가 큰 원자 사이에서는 전기음성도가 더 큰 원소 쪽으로 전자 치우침이 일어난다.

06 | 기본 구조의 R_n에 의해 아미노산의 종류가 결정되며, 아미노산은 물에 녹는다. 아미노산은 중심에 탄소가 있고, 아미노기($-NH_2$)와 카복실기($-COOH$)를 갖는다.

07 | ㄱ. 탄소의 원자가 전자는 4개이므로 결합수가 4이다.

ㄴ. 탄소는 최대 4개의 다른 원자와 결합할 수 있어 다양한 화합물의 합성이 가능하므로 그 종류가 많다.

ㄷ. 뉴클레오타이드를 구성하는 당과 염기에서도 탄소가 기본 골격을 이룬다.

08 | 유전 물질로 작용하는 DNA는 두 가닥의 폴리뉴클레오타이드가 꼬여 있는 이중 나선 구조를 이루고 있으며, 기본 단위는 뉴클레오타이드로 인산 : 당 : 염기가 1 : 1 : 1로 구성되어 있다. 폴리뉴클레오타이드를 형성하기 위해서는 당과 인산 사이에 공유 결합이 이루어져야 한다.

09 | 유기 발광 다이오드(OLED)는 유기 화합물에 전류가 흐를 때 빛이 발생하는 장치이다. 따라서 전원이 필요하다.

10 | 순수 반도체에 불순물을 첨가하면 p형 반도체와 n형 반도체를 만들 수 있다.

ㄱ, ㄴ. p형 반도체는 13족 원소와 같이 최외각 전자가 3개인 원소를 불순물로 첨가하기 때문에 규소와 공유 결합을 하기에는 전자 1개가 부족하다. 이 경우 남은 자리(양공)가 전하 운반자 역할을 하는데, 전자와 반

대로 이동하므로 양의 운반자 역할을 하게 된다.

ㄷ. 14족 원소인 규소에 15족인 인(P), 비소(As), 안티모니(Sb) 등을 첨가하면 4개의 전자를 공유 결합에 제공하고 1개의 전자가 남게 된다. 이렇게 남은 전자들은 금속에서 자유 전자들이 전기를 통하듯이 규소 결정 사이를 돌아다니며 전기를 통해서 전기 전도도가 상당히 증가한다. 이렇게 만들어진 반도체는 음전하를 가진 전자들이 전류를 통하기 때문에 n형 반도체라고 한다.

11 | (가)는 그래핀, (나)는 탄소 나노 튜브, (다)는 풀러렌이다.

ㄱ. (가)는 탄소 원자 1개가 서로 다른 탄소 원자 3개와 결합한다.

ㄴ. 탄소 나노 튜브는 탄소 원자가 육각형으로 연결된 평면이 둥글게 말려서 빨대 모양으로 되어 있는 것으로, 다이아몬드 수준으로 단단하고, 구리의 1000배 정도로 전기 전도도가 크다.

ㄷ. (다)는 내부가 비어 있는 축구공 모양의 구조이다.

III 시스템과 상호 작용

1. 역학적 시스템

연습문제 99쪽

01 ④	02 ③	03 ①	04 ①	05 ②
06 ③	07 ⑤			

01 | 역학적 시스템은 화학 변화가 일어나는 화학적 시스템과 달리 물리적 시스템이다. 수소 원자가 수소 분자로 바뀌는 것은 화학 변화이다.

02 | 갈릴레이는 마찰이 작은 판을 기울이고, 그 위로 구슬같이 둥근 물체를 굴리면서 시간과 굴러간 거리를 측정해서 가속도를 구했다고 한다.

03 | 지구와 돌 사이 만유인력의 크기는 지구의 질량과 돌의 질량의 곱에 비례한다. 지구의 질량은 일정하므로 무거운 돌이 더 큰 힘을 받는다. 그런데 힘은 질량과 가속도의 곱($F = ma$)이다. 따라서 가벼운 돌이나 무거운 돌이나 가속도는 같고, 가속도가 같으면 속도도 같다. 그리고 속도가 같으면 같은 거리를 운동하는 데 걸리는 시간도 같다. 속도가 같은 경우에 운동량이나 충격량은 질량에 비례한다. 그래서 무거운 돌에 맞으면 더 아프다.

04 | 공전 궤도의 접선 방향으로 관성이 작용한다는 것은 접선 방향으로 속도를 변화시키는 힘이 없다는 뜻이다. 빈 공간의 마찰력은 0에 가깝기 때문이다.

05 | 뉴턴의 운동 제2법칙은 가속도 법칙으로 핵심은 $F = ma$이다. 가벼운 공은 같은 세기의 힘을 가해도 속도 변화가 커서 쉽게 멈출 수 있다. 물체의 가속도의 크기는 작용하는 힘에 비례한다.

06 | 운동량은 (질량 × 속도), 속도는 (거리 ÷ 시간), 따라서 운동량은 (질량 × 거리 ÷ 시간)이다.

07 | 운동량이 일정할 때 충격이 서서히 가해지면 충격이 흡수될 시간이 길어지므로 가해지는 충격은 작아진다.

핵심 개념 확/ 인/ 하/ 기/ 99쪽

❶ 중력 ❷ 관성, 가속도 ❸ 속도 ❹ 충격량
❺ 길

2. 지구 시스템

연습문제 111쪽

01 ③	02 ④	03 ②	04 ④	05 ⑤
06 ②				

01 | 베게너는 대륙의 이동, 허블은 우주의 팽창, 매슈스는 지자기의 역전, 킬링은 이산화 탄소의 증가와 관련이 있다.

02 | 화산에서 분출되는 기체의 60 % 정도는 수증기이고 나머지의 대부분은 이산화 탄소이다. 화산 폭발 장면에서 구름같이 피어오르는 것은 수증기가 식은 구름이다.

03 | ㄱ. 수증기의 O-H 단일 결합이 자외선 에너지에 의해 쉽게 깨어지는 것은 당연하다.
ㄷ. 산소의 O=O 2중 결합은 O-H 단일 결합보다 약간 더 강할 정도라서 자외선에 의해 깨어진다. 그렇지 않다면 오존층이 생기지 않아 지상에 자외선이 도달하는 것을 막아주지 못했을 것이다.

04 | 육지에서는 바다로부터 공급된 수증기에 의해 강수량이 증발량보다 많고, 강수량의 일부는 흐르는 물에 의해 바다로 유입된다.

05 | 남극, 북극의 얼음과 고산 지대의 빙하에는 많은 담수가 저장되어 있다. 물이 얼 때는 염분 등이 빠져나가고 물 분자들만이 순수한 얼음 결정을 만든다. 그리고 얼음이 녹으면 담수가 된다.

06 | ㄱ. 이산화 탄소의 용해는 기권 → 수권으로의 상호 작용이다.
ㄴ. 화산 활동에 의한 화산재의 분출은 지권 → 기권으로의 상호 작용이다.
ㄷ. 석회암의 생성은 수권 → 지권으로의 상호 작용이다.

핵심 개념 확/ 인/ 하/ 기/ 111쪽

❶ 판 구조론, 맨틀 대류 ❷ 지권 ❸ 질소, 산소
❹ 발산형 ❺ 이산화 탄소, 이산화 탄소, 이산화 탄소

3. 생명 시스템

연습문제 127쪽

01 ①	02 ②	03 ㄴ	04 ②	05 ②
06 ①	07 ④	08 ④		

01 | 훅은 초기의 현미경으로 세포를 관찰하고 세포(cell)라고 이름 지었다.

02 | 인지질에서 지질은 물과 섞이지 않는 탄화수소 부분이고 인이 포함된 인산 부분은 음전하를 띠어서 물과 잘 섞인다. 그래서 인지질은 2중층 구조를 가진 세포막을 만든다.

03 | 아밀레이스는 녹말을, 펩신은 단백질을 분해하는 효소이다. 광합성은 탄소 동화 작용이라고도 한다.

04 | 그림은 인지질 2중층 구조로 된 세포막이다. A는 인지질의 인산 부위이고, B는 지방산 부위이며, (가)와 (나)는 한 쪽은 세포의 내부이고 한쪽은 세포의 바깥쪽이다.

05 | 엽은 나뭇잎을, 록은 녹색을 뜻한다. 엽록체에서 햇빛을 받아들이는 물질은 엽록소이다. 엽록소가 햇빛 중에서 빨간색과 푸른색을 주로 흡수하기 때문에 나뭇잎이 녹색을 나타내는 것이다.

06 | 리보솜은 단백질 합성이 일어나는 중요한 세포 소기관이다. 모든 세포 활동은 리보솜에서 만들어진 효소 단백질을 촉매로 하여 일어난다.

07 | 유전 암호에서 3개의 염기는 1개의 아미노산에 대응한다. 인간의 체세포에는 23쌍의 염색체가 들어 있다. 인간의 DNA에는 약 25000개의 유전자가 들어 있다. 인간의 세

포 1개에 들어 있는 23개 염색체의 전체 염기쌍 수는 약 30억 개이다. 인체에는 약 60조 개의 세포가 들어 있다.

08 | A는 DNA 복제 과정이고, B는 mRNA의 전사 과정으로 A, B는 핵 속에서 일어나며, C는 유전 암호를 번역하는 과정으로 세포질(리보솜)에서 일어난다.

핵심 개념 확/ 인/ 하/ 기/ 127쪽

❶ 항상성	❷ 독립 영양 생물	❸ 동화, 흡열
❹ 핵	❺ 미토콘드리아	❻ 유전자
❼ 번역		

단원 종합문제 128~129쪽

01 ②	02 ⑤	03 14 kg · m/s		04 ⑤
05 ⑤	06 ④	07 ④	08 ⑤	09 ①
10 ④	11 ⑤	12 ④	13 ⑤	14 ⑤

01 | 일반적으로 원운동에서 중심으로 끌리는 힘을 구심력이라 하는데, 원에 가까운 지구의 타원 궤도에서 태양의 중력이 구심력으로 작용한다. 어느 순간에 지구가 접선 방향으로 받는 힘은 지구가 태어날 때 받은 충격에 의한 힘이다. 이 힘은 마찰에 의해 감소하지 않고 관성에 의해 크기가 그대로 유지된다.

02 | 질량이 같아도 지구 중심으로부터의 거리가 약간 다르면 중력의 크기도 약간 다르다. 높은 데서 떨어뜨리면 오랫동안 가속도가 가해지기 때문에 지구 표면에 떨어질 때 속도가 크다. 질량이 같아도 속도가 크면 운동량과 충격량이 크다. 속도에 상관없이 질량이 같으면 같은 위치에서는 같은 크기의 중력을 받는다.

03 | $p = mv = (7\text{ kg})(2\text{ m/s}) = 14\text{ kg}\cdot\text{m/s}$

04 | 운동량은 '질량 × 속도'이므로 속도가 같다고 하였으므로 운동량은 같다. 그리고 두 경우 모두 공이 멈출 때까지 운동량의 변화량이 같으므로 손이 받는 충격량은 같다. 이때 손을 뒤로 빼면서 공을 받으면 힘이 작용하는 시간이 길어지므로 충격이 적다.

05 | 모두 충돌 시간을 길게 하여 물체가 받는 충격을 줄이는 예이다.

06 | 금성과 화성 대기의 주성분은 이산화 탄소와 질소이다. 지구에는 질소와 산소가, 목성에는 수소와 헬륨이 풍부하다.

07 | 처음에 바다가 생겼을 때는 대기에 풍부했던 이산화 탄소가 녹아들어가서 약한 산성을 나타냈지만, 점차 지각의 금속 물질이 녹아서 염기성으로 바뀌었다.

08 | ㄱ. 대륙 이동의 원인은 맨틀 대류이다.
ㄴ. 판의 경계에서는 지판들끼리 충돌하거나 하나의 지판이 다른 지판의 밑으로 밀고 들어가면서 화산 활동과 지진이 일어난다.
ㄷ. 수렴형 경계는 맨틀 대류의 하강부에 형성된다.

09 | ㄱ. 식물의 광합성은 대기권에서 생물권으로 이동하므로 A의 반대 과정이다.
ㄷ. 화석 연료의 사용량이 증가하더라도 탄소가 단지 이동을 한 것이므로 지구 전체의 탄소량은 일정하다.

10 | 물질대사에는 에너지가 흡수되는 동화 작용(광합성, 단백질 합성 등)과 에너지가 방출되는 이화 작용(호흡, 소화 등)이 있다. 단백질이 아미노산으로 분해되는 것이나 아밀레이스가 녹말을 포도당으로 분해하는 것은 모두 이화 작용이다.

11 | 유전 암호는 단백질을 구성하는 아미노산의 배열을 결정하며, DNA의 염기는 3개가 한 조가 되어 하나의 아미노산을 암호화한다. 모든 생명체는 같은 유전 암호를 사용하는데, 이 사실은 모든 생명체는 연결되어 있다는 것을 보여 준다. 생명체의 복잡성에 따라 유전자 수는 다르지만, 유전의 기본 원리는 같다.

12 | ㄱ, ㄴ. 지구 표면의 물 전체 중 해수가 97.5 %를 차지하고 있다. 담수의 70 % 정도는 극지나 고산 지대의 얼음과 눈에 붙잡혀 있고, 나머지 30 % 정도는 지하수

이다. 그리고 우리 주위에서 비교적 쉽게 얻을 수 있는 호수와 강의 물은 전체 담수의 0.3 %에 불과하다.

ㄷ. 바다에 녹은 이산화 탄소는 칼슘과 반응하여 탄산 칼슘 염을 만든다.

13 | 유전자는 특정 단백질을 합성하기 위한 정보를 제공할 뿐이므로 유전 정보를 전달할 중간 전달자인 mRNA가 필요하다. mRNA에 있는 염기 서열의 유전 정보에 따라 다양한 종류의 아미노산이 결합하면서 다른 종류의 단백질이 세포질에서 합성된다.

ㄱ, ㄴ. 유전자는 DNA 사슬에 존재하는 특정한 염기 서열로 하나의 DNA 사슬에는 여러 개의 유전자가 존재한다.

ㄷ. 유전자 ㉠과 ㉡은 위치와 크기에서 차이가 나므로 다른 종류의 단백질을 합성한다.

14 | ㄴ. DNA의 유전 정보는 특정 단백질을 합성하기 위한 정보를 제공할 뿐이므로 직접 단백질을 합성하지는 않는다.

ㄹ. 단백질은 중간 전달자인 mRNA의 유전 암호에 따라 합성된다.

Ⅳ 변화와 다양성

1. 화학 변화

연습문제 145쪽

01 ①	02 ①	03 ③	04 ⑤	05 ⑤
06 ③	07 ③	08 ④		

01 | 같은 수소 원자끼리 반응하면 전자의 이동이 없으므로 산화 환원 반응이 아니다. 대부분의 반응은 다른 원소들 사이의 반응이기 때문에 산화 환원 반응이다.

02 | 원자핵의 전하가 낮은 수소는 전자를 끌어당기는 경향이 상대적으로 약하다.

03 | 일산화 탄소의 탄소는 이미 산화되어 있지만 산화 철의 산소를 떼어내면서 다시 한 번 산화된다. 결과적으로 산화 철의 철은 환원된다.

04 | 칼륨은 수소보다 전자를 잘 내어주기 때문에 산소는 칼륨으로부터 전자를 끌어간다.

05 | ㄱ. 염소는 수소와 결합하므로 환원된다.

ㄴ. 염화 수소는 수용액에서 H^+을 낸다.

ㄷ. 염소의 전기음성도가 수소보다 크므로 공유 전자쌍은 염소 원자 쪽으로 치우친다.

06 | 암모니아는 염기성을 나타낸다. 염소와 질소는 전기음성도가 비슷하지만 암모니아에서는 질소가 3개의 수소로부터 전자를 끌어당기기 때문에 각각 수소의 양전하는 아주 작다. 따라서 암모니아는 산으로 작용하지 않는다. 대신 질소의 비공유 전자쌍이 수소 이온을 받아들여서 염기로 작용한다.

07 | NaOH은 물에 녹으면 OH^-을 내놓아서 염기로 작용한다. 나머지는 모두 염기와 산이 반응해서 만들어진 염이다.

08 | ㄱ. 중화 반응에서 반응에 참여하지 않는 산의 음이온인 Cl^-과 염기의 양이온인 Ca^{2+}은 구경꾼 이온이다.

ㄴ. H^+과 OH^-은 1 : 1로 반응한다.

핵심 개념 확/ 인/ 하/ 기/ 145쪽

❶ 일산화 탄소 ❷ 산화 ❸ 환원, 산화 ❹ 환원, 산화
❺ 수소 이온, 수산화 이온 ❻ 중화 반응

2. 생물의 다양성

연습문제 161쪽

01 ㄱ	02 ㄴ	03 ㄱ	04 ㄹ	05 ㄱ
06 ㄱ	07 ③	08 ④	09 ①	10 ③

01 | 과거로 갈수록 지질 시대의 기간이 길어진다.

02 | 중생대에는 이미 나무가 울창한 것으로 보아 식물이 육상으로 진출한 것은 고생대인 것을 알 수 있다.

03 | 선캄브리아대에 바다 속에서 광합성이 시작되어 산소가 발생하고 철이 산화되어 침전하였다.

04 | 산화 철이 침전하고 약 20억 년 후, 지금부터 약 3천 년 전에 인간이 철을 생산하고 철기 문명을 일으켰다.

05 | 선캄브리아대에 생명체는 원핵생물, 진핵생물, 다세포 생물 순서로 진화하였다.

06 | 약 20억 년 전, 선캄브리아대에 바다에서 광합성으로 발생한 산소는 서서히 대기로 올라왔다.

07 | 매머드 화석은 지구 표면 가까이에서 많이 발굴된다.

08 | 생명의 역사에서 유전 암호는 변하지 않았다. DNA 염기서열에 변화가 일어나면 단백질의 아미노산 서열이 바뀐다. 환경이 변화할 때 변화된 단백질이 생존에 유리하게 작용하면 종의 진화가 일어난다.

09 | ㄱ. 원시 지구의 바다에는 유기물이 풍부하고 산소가 매우 적었으므로 지구상에 최초로 나타난 원핵생물은 무산소 호흡을 하는 종속 영양 생물이었다.

ㄴ. 대기 중 산소 농도가 증가한 것은 광합성 생물이 물을 분해하여 산소를 방출했기 때문으로 Ⅱ 시기 이전에 광합성 생물이 출현하였음을 알 수 있다.

ㄷ. 세균과 같은 원핵세포도 단백질을 합성하는 리보솜과 같은 세포 소기관을 갖고 있었다. 따라서 세포 소기관이 최초로 나타나는 시기는 지구상에 초기 생명체가 나타난 시기이다.

10 | 광합성 세균은 자신에게 필요한 유기물을 스스로 합성하는 독립 영양 생물이다. 원시 생명체의 무산소 호흡으로 인해 바닷물 속의 유기물 양이 점차 감소하여 부족해지므로 유기물 합성이 필요해졌다(ㄷ). 한편으로는 화산 활동으로 대기 중에 이산화 탄소의 농도가 증가하고(ㄱ), 다른 한편으로는 태양의 핵융합이 활발해져서 햇빛이 강해지면서(ㄴ) 광합성이 가능해졌다.

핵심 개념 확/ 인/ 하/ 기/ 161쪽

❶ 고생대 ❷ 선캄브리아대 ❸ 선캄브리아대
❹ 고생대 ❺ 암모나이트 ❻ 유전적

단원 종합문제 162~163쪽

01 ④	02 ⑤	03 ②	04 ⑤	05 ①
06 ②	07 ④	08 ④	09 ④	10 ⑤
11 ②	12 ④			

01 | ㄱ. 철은 반응성이 큰 금속이므로 자연 상태에서 순물질 상태로 존재하지 않고 산소와 결합한 형태인 산화 철과 같은 산화물 상태로 얻어진다.

ㄴ. 철은 강도가 높아서 구리보다 늦게 사용되기 시작했으나 더 널리 쓰이는 금속이다.

ㄷ. 용광로에 철광석을 코크스와 함께 넣고 가열하면 철을 분리시킬 수 있다.

02 | ① 수소는 질소보다 전기음성도가 작아 NH_3가 되면서 부분 양전하를 띠게 되므로 산화되고, 질소는 부분 음전하를 띠게 되므로 환원된다.

② CH_4의 C는 수소와의 결합을 끊고 산소와 결합하므로 산화되고, 산소는 탄소 및 수소와 결합하여 CO_2와 H_2O이 되므로 환원된다.

③ Cu는 전자를 잃어 산화되고, Ag^+은 전자를 얻어 환원된다.

④ 철의 제련 반응으로, Fe_2O_3은 산소를 잃어 환원되며, CO는 산소를 얻어 산화된다.

⑤ $HCl + NaOH \longrightarrow NaCl + H_2O$의 반응은 산과 염기의 중화 반응으로, 반응 과정에서 전하가 변하지 않으며, 전자를 잃거나 얻지 않으므로 산화 환원 반응이 아니다.

03 | ㄱ. 아연판을 질산 은 수용액에 넣으면 금속 아연은 Ag^+과 다음과 같이 반응하면서 아연 이온으로 산화되고, 은 이온은 은으로 환원되므로 은 이온의 수는 감소한다.

$$Zn + 2Ag^+ \longrightarrow Zn^{2+} + 2Ag$$

ㄴ. 아연은 염산의 H^+과 다음과 같이 반응하여 아연 이온으로 산화되면서 수소 기체를 발생시킨다.

$$Zn + 2H^+ \longrightarrow Zn^{2+} + H_2$$

따라서 수용액 속의 H^+이 감소하므로 수용액의 pH는 증가한다.

ㄷ. (가)와 (나)에서 아연은 아연 이온으로 산화된다.

04 | BTB 수용액을 푸르게 변화시킨 것으로 보아 염기이며, 이산화 탄소를 흡수하여 물에 녹지 않는 앙금이 되는 물질은 $Ca(OH)_2$이다.

$$Ca(OH)_2 + CO_2 \longrightarrow CaCO_3\downarrow + H_2O$$

수산화 칼슘 수용액은 이산화 탄소의 검출에 이용된다.

05 | 전자를 잃는 물질은 산화되는 것이고 수소를 얻는 반응은 환원, 수소를 잃는 반응은 산화이다. 어떤 원소가 자신보다 전기음성도가 높은 원소와 결합해서 전자를 내주는 경우를 산화라고 한다.

06 | ① 속이 쓰릴 때 제산제를 복용하면 위산(염산)이 염기인 제산제에 의하여 중화된다.

② 염소를 물에 녹이면 HCl와 HClO이 생성되는데, 이 반응은 산화 환원 반응이다.

$$Cl_2 + H_2O \longrightarrow HCl + HClO$$

07 | 암모나이트는 중생대에 번성하였다. 중생대는 공룡과 암모나이트 및 시조새가 번성한 시대이며, 파충류와 겉씨식물이 번성하였다. 어류는 고생대에, 속씨식물은 신생대에 번성하였다.

08 | ㄱ. 마그네슘은 마그네슘 이온으로 산화된다.

ㄴ. 반응식은 $Mg(s) + 2H^+(aq) \longrightarrow Mg^{2+}(aq) + H_2(g)$이다. Mg이 산화되어 이온으로 녹으므로 마그네슘의 질량은 감소한다.

ㄷ. 묽은 염산의 H^+은 전자를 받아 환원되어 H_2 기체로 빠져 나가므로 용액 중의 H^+의 수는 감소한다.

09 | 지질 시대의 구분 기준은 큰 지각 변동과 생물계의 변천, 기후 변화 등이다. 대륙의 이동은 매우 서서히 일어나므로 경계가 모호하여 이를 가지고 지질 시대를 구분하기에는 적합하지 않다.

10 | ㄱ, ㄷ. 물은 태양 에너지를 사용해서 수소와 산소로 분해된다. 물이 분해되면 수소는 산소와 분리되므로 환원된다.

ㄴ. 이산화 탄소에서 탄소는 산소를 잃고 환원된다.

11 | ㄱ. (가) 용액에는 OH^-이 있으므로 염기성 용액이다.

ㄴ. 염기 수용액에 산 수용액을 가할 때 중화 반응하는 양에 비례하여 온도가 높아지며, (다)에서 남아 있는 H^+과 OH^-이 없이 완전히 반응하므로 온도가 가장 높다. 중화 반응이 끝난 후에 용액이 추가되면 전체 용액의 온도가 내려간다.

ㄷ. (라) 용액에는 H^+이 있으므로 페놀프탈레인 용액을 떨어뜨려도 색 변화가 없다. 페놀프탈레인 용액은 염기성 용액에서 붉은색으로 변한다.

12 | 갈라파고스 군도의 각 섬에 살던 핀치새는 지리적으로 격리되어 서로 간에 교배가 이루어지지 않고 각 섬에서 독립적으로 진화하였다. 따라서 부리의 모양이 다르고 그에 따라 먹이의 종류가 다르다. 같은 조상으로부터 유래한 종이라도 생활 환경에 따라 형태가 변할 수 있다.

V 환경과 에너지

1. 생태계와 환경

연습문제 177쪽

01 ⑤	02 ④	03 ⑤	04 ④	05 ④
06 ②	07 ④			

01 | 광합성 작용으로 산소가 발생하는 데는 시간이 걸린다. 프리스틀리는 식물을 넣고 며칠 후에 산소가 발생한 것을 확인하였다.

02 | 메테인, 수증기도 온실 기체이지만 인간 활동에 의해 증가된 것은 이산화 탄소이다.

03 | 지구 온난화가 나타나면 지표면 중에 반사율이 높은 빙하가 녹아 지구 전체의 반사율이 낮아진다.

04 | 적도 부근에서 동에서 서로 부는 무역풍에 이상이 생기면 엘니뇨, 라니냐 같은 현상이 나타난다.

05 | 엘니뇨는 남동 무역풍이 약해져서 남적도 해류를 따라 서쪽으로 이동하던 적도상의 따뜻한 해수가 반대로 동쪽으로 이동하면서 생긴다. 엘니뇨가 발생하면 동태평양의 수온 상승으로 상승 기류가 발달하여 구름이 잘 발생하고 홍수가 나타나기도 한다. 서태평양은 이와 반대로 가뭄이 잘 나타난다.

06 | 열을 모두 일로 바꾸는 실험은 불가능하다. 열은 주위로 빠져나가기 때문이다.

07 | ㄱ. 내연기관도 빠져 나가는 열이 있으므로 열효율은 100 %가 될 수 없다.
ㄴ. 기관의 내부에서 연료를 연소시키는 디젤 기관이나 가솔린 기관은 내연기관이다.
ㄷ. 증기 기관은 화석 연료를 태워서 나오는 열로 증기를 만들고, 이를 동력원으로 사용한다.

핵심 개념 확/ 인/ 하/ 기/ 177쪽

❶ 생태계 ❷ 먹이 사슬 ❸ 온실 효과 ❹ 이산화 탄소
❺ 편서풍 ❻ 해들리 ❼ 엘니뇨

2. 발전과 송전

연습문제 183쪽

01 ⑤	02 ②	03 ④	04 ④	05 ③
06 5280 W	07 ⑤			

01 | 가스레인지에서는 천연가스인 메테인을 태워 열에너지를 얻는다.

02 | 외르스테드는 전류가 자기장의 변화를 유도하는 것을, 패러데이는 자기장의 변화가 전류를 유도하는 것을 발견하였다. 전류를 생산하는 발전에서는 패러데이의 발견이 더 중요하다.

03 | ① 송전선이 굵을수록 저항은 작다.
② 송전선에는 구리가 사용된다.
③ 발전소에서 멀어져도 전류는 일정하다.
⑤ 전력의 단위는 J/s 또는 W이다.

04 | 열 손실은 I^2R로 나타낼 수 있다. 송전선의 저항을 줄이고, 전압을 높여서 전류를 줄이는 것이 유리하다. 송전선을 가늘게 하면 저항이 커진다.

05 | $P = VI = (IR)(I) = I^2R$

06 | 전력 = 전류 × 전압이므로
전력 = 24 A × 220 V = 5280 W이다.

07 | 코일 내부의 자기장이 변하면 코일에 전류가 흐른다. 코일의 감은 수가 많을수록, 자석을 빠르게 움직일수록, 더 강한 자석을 사용할수록 더 센 전류가 흐른다.

핵심 개념 확/ 인/ 하/ 기/ 183쪽

❶ 전기 ❷ 전기 저항 ❸ 전력 ❹ 전자기 유도
❺ 전류 ❻ 1/4

3. 신재생 에너지

연습문제 193쪽

01 ⑤	02 ⑤	03 ⑤	04 ③, ⑤	05 ②
06 ②	07 ③	08 ⑤		

01 | 핵 발전에 사용되는 방사능 물질은 태양계가 태어나기 전에 어느 초신성에서 만들어졌다.

02 | 수소 연료 전지를 사용하는 자동차는 생산 단계에 들어갔다.

03 | ④ 연료 전지는 연료의 화학 에너지를 태우지 않고 직접 전기 에너지로 바꿀 수 있으므로 열이나 빛, 소리에 의한 에너지 손실이 적어 효율이 매우 높다.

⑤ 수소가 전지의 (−)극에 공급되면, 수소 이온과 전자로 분해되고, 이 수소 이온은 전해질 속에 존재하는 수산화 이온과 반응하여 물을 생성한다. 즉 수소는 산화될 때 에너지가 발생한다.

04 | ①, ③ 핵융합에는 중성자가 필요하기 때문에 중성자가 들어 있는 중수소나 3중 수소가 필요한데, 전체 수소 중에서 이들 동위 원소의 비율은 낮지만 바닷물이 많기 때문에 핵융합 발전의 원료는 거의 무한정이라 볼 수 있다.

②, ④ 핵분열 발전이나 폭탄에서는 우라늄이나 플루토늄 같은 무거운 방사성 동위 원소가 둘로 갈라지면서 에너지가 나온다.

⑤ 핵융합 발전에서는 수소가 헬륨으로 융합하면서 질량의 일부가 에너지로 바뀌는 원리가 사용되는데 아직 실용화되지 못했다.

05 | 금속에 빛을 쪼이면 전자가 튀어나오는 현상이 광전 효과이다. 태양 전지에서는 광전 효과를 이용해서 햇빛으로부터 전기를 생산한다.

06 | 조력 에너지의 근원인 밀물과 썰물은 주로 달이 바닷물에 중력 작용을 나타내서 일어난다.

06 | 풍력 발전은 바람이 가진 에너지를 전기 에너지로 전환하는 것이며 바람의 근원은 태양 에너지이다. 그러나 바람의 세기나 방향이 일정하지 않아 일정한 전기 에너지를 생산하기 힘들어 사용에 한계가 있다.

08 | 수소, 메테인, 에탄올은 바이오매스에 포함된 연료이다.

핵심 개념 확/ 인/ 하/ 기/ 193쪽

❶ 태양 ❷ 태양 전지 ❸ 물 ❹ 핵융합 에너지

단원 종합문제 194~195쪽

01 ①	02 ②	03 ④	04 ③	05 ②
06 ⑤	07 ⑤	08 ④	09 ②	
10 ㄱ, ㄷ, ㅁ, ㅂ		11 ④	12 ③	

01 | 생산자는 태양의 빛에너지를 포도당에 화학 에너지 상태로 저장하여 생태계의 생물이 이용할 수 있도록 한다.

02 | ㄱ. 적도 부근은 상승 기류로 인한 저기압대이므로 날씨가 흐리다.

ㄴ. 남북 간의 기온 차가 가장 크게 나타나는 곳은 60° 부근으로 온대 저기압이나 편서풍 파동이 발생하는 곳이다.

ㄷ. 대기 대순환에는 직접적인 열의 대류 순환인 해들리 순환(A)과 극 순환(C), 그리고 이들에 의해서 형성되는 간접 순환인 페렐 순환(B)이 있다.

03 | 공급받은 고온의 열 중에서 외부에 한 일의 양을 비율로 나타낸 것을 열효율이라고 한다.

$$\frac{20\ \mathrm{W}}{100\ \mathrm{W}} \times 100 = 20(\%)$$

04 | 열기관은 연료를 연소시켜 발생하는 열에너지를 이용하는 것으로, 증기 기관, 가솔린 기관, 디젤 기관, 제트 엔진 등이 있다. 발전기는 운동 에너지를 전기 에너지의 형태로 전환시키는 장치이다.

05 | ㄱ. (가)는 엘니뇨, (나)는 라니냐가 발생할 때이다.

ㄴ. (가)에서 인도네시아 연안은 따뜻한 해수가 동태평양으로 이동하여 해수면이 낮아진다.

ㄷ. (나)에서 페루 연안은 용승 현상이 강하게 일어나 좋은 어장이 형성된다.

06 | ㄱ, ㄷ. 핵융합 반응의 원료인 수소의 동위 원소는 바닷물을 전기 분해하여 얻는데, 소량의 수소를 핵융합시켜도 많은 에너지가 방출되므로 수소의 고갈을 염려할 필요가 없다.

ㄴ. 핵융합 반응을 할 때 막대한 에너지가 방출되지만 핵분열에서와 같은 방사선이 방출되지 않아 방사성 폐기물이 만들어지지 않고, 사고의 위험성도 적어 안전하다.

07 | 수력 발전은 수증기를 사용하지 않고 물의 낙차를 이용해서 직접 터빈을 돌린다.

08 | ㄱ. 수소 기체는 전자를 잃으므로 산화되고, 산소 기체는 전자를 얻으므로 환원된다.

ㄴ, ㄷ. (−)극에서는 수소가 공급되면서 산화 반응이 일어나고, (+)극에서는 산소가 공급되면서 환원 반응이 일어난다. 즉, 전체 반응의 결과 생성물은 H_2O뿐이므로 공해 물질을 배출하지 않는다.

09 | 온실 기체인 대기 중 이산화 탄소의 농도가 증가하여 온실 효과가 증대되고, 이로 인해 지구 온난화가 일어나므로 대기 중 이산화 탄소의 농도 변화와 지구의 평균 기온의 변화는 비례 관계이다.

10 | 석탄과 천연가스는 화석 연료이다.

11 | 우라늄의 핵에너지는 지구가 탄생할 때부터 지구에 있던 물질이므로 그 근원이 태양 에너지가 아니다.

12 | 에너지가 전환되는 과정에서 대부분의 에너지는 사용할 수 없는 형태의 열에너지로 전환이 된다.

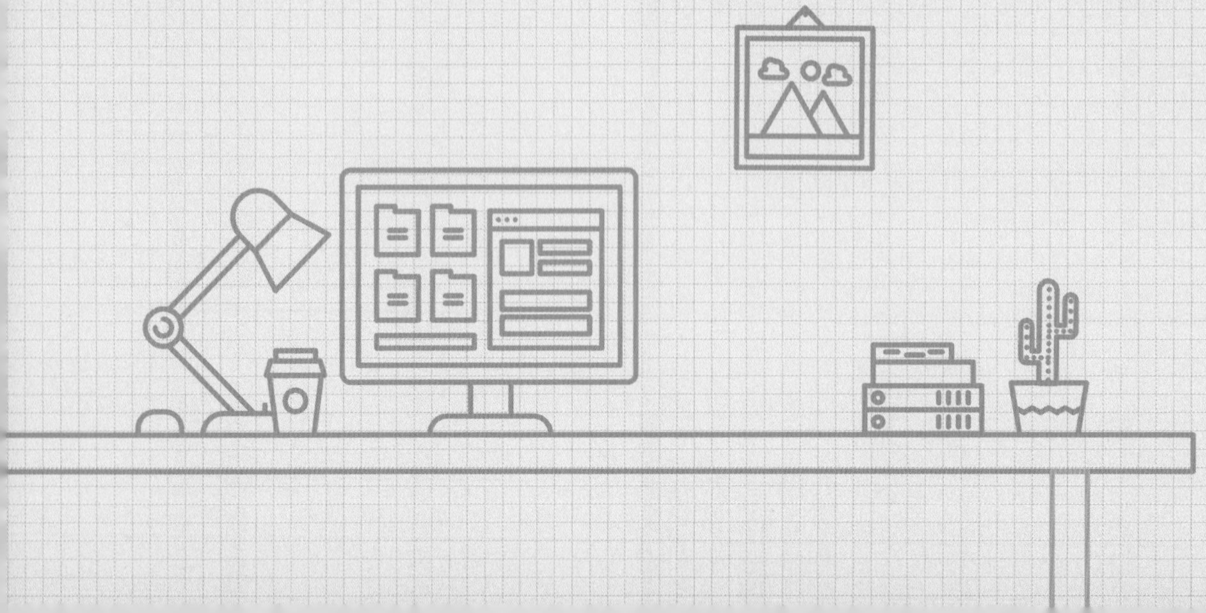

부록

용어정리

- **ATP(adenosine triphosphate, 아데노신 삼인산)** 아데노신에 인산기가 3개 결합한 화합물이다. 인산기는 산 해리해서 음전하를 띠는데 이러한 인산기가 한 분자 내에 3개나 들어 있으면 음전하 사이의 반발 때문에 높은 에너지 상태가 된다. ATP 한 분자가 가수 분해를 통해 ADP(adenosine diphosphate, 아데노신 이인산)로 바뀌면서 인산기를 내놓으면 반발이 줄어들어서 ATP보다 안정해지고 이때 많은 에너지를 내놓는다. 그래서 ATP는 모든 생명체의 세포에서 에너지의 화폐 역할을 한다.

- **DNA(deoxyribonucleic acid)** 리보핵산(RNA)과 함께 생명체가 사용하는 2종류의 핵산 중 하나이다. 데옥시리보스를 가지고 있는 데옥시리보핵산이다. 세포 내에서 생물의 유전 정보를 보관하는 유전 물질로, 염기에 의해 구분되는 네 종류의 뉴클레오타이드가 중합되어 이중 나선 구조를 이룬다.

- **WMAP(Wilkinson Microwave Anisotropy Probe, 윌킨슨 마이크로파 비등방성 탐사선)** 2001년 6월 30일 우주 배경 복사의 미세한 차이를 측정하기 위해 발사한 위성이다. RELIKT-1, COBE에 이은 세 번째 우주 배경 복사 관측 위성이다.

- **2중 결합(double bond)** 분자 내 원자 간의 화학 결합에서 원자 사이에 2개의 공유 결합이 이루어지는 결합이다.

- **감람석(olivine)** 암석을 구성하는 주요 조암 광물 중 하나로, 마그네슘과 철을 함유하는 규산염 광물이다. 화학식은 $(Mg,Fe)_2SiO_4$이다.

- **강한 상호 작용(strong nuclear force)** 자연의 네 가지 기본적인 힘 가운데 하나로, 가장 큰 힘으로 작용하며 매우 짧은 거리에서만 작용한다.

- **겉보기 밝기(apparent luminosity)** 별이 얼마나 빛을 내는가를 뜻하는 절대 밝기와 달리 관찰되는 별의 밝기이다.

- **경입자(lepton)** 쿼크와 달리 원자핵 바깥에 있는 가벼운 기본 입자이다. 전자와 뉴트리노가 대표적인 경입자이다.

- **공유 결합(covalent bond)** 두 원자가 각각 전자를 내놓고 이 전자쌍을 공유함으로써 결합을 만드는 화학 결합이다.

- **광속(speed of light)** 빛이 진공에서 진행하는 속도로, 진동수에 관계없이 초속 30만 km로 일정하다.

- **광자(photon)** 빛 입자이다. 광자 1개의 에너지는 플랑크 상수(h)에 빛의 진동수(ν)를 곱한 값, 즉 $h\nu$이다.

- **구아닌(guanine)** DNA에서 사이토신과 쌍을 이루는 염기로, 구아노(guano)에서 유래하였다.

- **글라이신(glycine)** 가장 간단한 아미노산이다. 젤라틴을 가수 분해해서 처음 발견되었으며, 동물 단백질에 풍부하다. 화학식은 $HO_2CCH_2NH_2$이다.

- **극 순환(Polar cell)** 극지방에서 지표면을 따라 저위도 방향으로 이동하던 극동풍이 위도 60° 부근에서 상승하고, 그중 일부가 다시 극지방으로 되돌아가는 순환이다.

- **남세균(cyanobacteria)** 엽록소를 이용하여 광합성을 하는 세균류이다. 이전에는 '남조류(blue-green algae)'라고 부르고 진핵생물로 분류했으나, 지금은 원핵생물로 분류한다.

- **뉴클레오타이드(nucleotide)** 당, 인산, 염기가 1:1:1의 비율로 결합되어 있는 화합물로, 핵산의 기본 단위이다.

- **단백질(protein)** 아미노산들이 일직선으로 결합한 생체 고분자로, 효소 단백질, 운송 단백질, 저장 단백질, 신호 전달 단백질 등이 있다.

- **대륙 이동설(theory of continental drift)** 독일의 기상학자인 베게너가 제창한 학설로, 원래 하나의 대륙이었던 판게아가 점차 갈라져 이동하면서 현재와 같은 대륙들이 만들어졌다는 이론이다.

- **대사(metabolism)** 한 생명체가 물질과 에너지를 받아들여 살아가고 부산물을 내보내는 과정이다.

- **도플러 효과(Doppler effect)** 어떤 파동의 파동원과 관찰자의 상대 속도에 따라 진동수와 파장이 바뀌는 현상이다. 예를 들면 자동차가 가까이 다가올 때는 경적 소리가 음이 높아진 것처럼 들리고, 멀어져 갈 때는 음이 낮아진 것처럼 들린다. 파장의 변화를 알면 움직이는 물체의 속도를 알 수 있다.

- **도핑(doping)** 고유 반도체에 불순물을 첨가하여 반도체 원자 중 일부가 불순물 원자로 바뀌는 것을 말한다.

- **동화 작용(anabolism)** 생물이 외부로부터 받아들인 저분자 유기물이나 무기물을 이용해서 자신에게 필요한 고분자 화합물을 합성하는 작용이다.

- **데옥시리보스(deoxyribose)** 리보스의 OH 기 1개에서 산소가 떨어져나간 5탄당이다. 유전 물질인 데옥시리보핵산(DNA)의 구성 성분이다.

- **라이소자임(lysozyme)** 리소좀(lysosome)에서 분비되는 효소로서 세균의 세포벽을 분해하는 작용을 한다. 눈물 같은 포유류의 조직 분비물, 계란 흰자 또는 미생물에서 발견된다.

- **마이크로파(microwave)** 보통 진동수가 1~300 GHz까지이고 파장이 1 mm에서 30 cm까지인 전자기파이다. 휴대전화 등 통신에 많이 사용된다.

- **마젤란 성운(Magellanic cloud)** 우리 은하의 위성 은하로, 우리 은하로부터 약 16만 광년 거리에 있는 대마젤란 성운과 20만 광년 거리에 있는 소마젤란 성운이 있다. 마젤란이 세계 일주를 할 때 남반구에서 항해에 사용

했다고 해서 마젤란 성운으로 불린다.

• **먹이 사슬(food chain)** 생태계 내에서 생물들의 먹고 먹히는 관계이다.

• **목성형 행성(Jovian planet)** 목성, 토성, 천왕성, 해왕성 등 태양계 바깥쪽의 행성을 말한다. 주성분은 수소와 헬륨으로 거대 행성이라고도 불린다.

• **물질(matter)** 질량을 갖는 모든 것으로, 물체를 이루며 일정한 공간을 차지한다.

• **바닥 상태(ground state)** 어떤 원자의 전자 배치가 가장 낮은 에너지 상태일 때를 말한다.

• **바이오매스(biomass)** 식물이나 미생물을 에너지원으로 하는 것으로 생물체 구성 물질로부터 만들어지는 고갈되지 않는 산업 자원을 말한다.

• **반물질(antimatter)** 질량과 같은 모든 성질은 물질과 같지만 전하는 물질과 반대인 입자인다.

• **방사성 동위 원소(radioisotope)** 종류가 같은 원소이지만 질량수가 서로 다른 동위 원소 중에서 방사성을 지닌 원소이다. 천연 방사성 동위 원소와 인공 방사성 동위 원소가 있다.

• **방출 스펙트럼(emission spectrum)** 원자 내의 전자가 높은 에너지 준위로부터 낮은 에너지 준위로 전이할 때 방출하는 전자기파 스펙트럼이다. 흡수 스펙트럼과 달리 어두운 배경에 특정한 몇 개의 파장에서 빛이 선으로 나타난다.

• **백색 왜성(white dwarf)** 태양 질량 이하의 질량을 지닌 항성이 더 이상 핵융합을 하지 못하며 식어가는 청백색의 별이다. 중심핵은 탄소 핵융합을 일으킬 만큼 충분한 온도에 도달하지 못한다.

- **번역(translation)** mRNA로부터 단백질을 합성하는 과정을 말한다.

- **변광성(variable star)** 시간에 따라서 주기적으로 밝기가 변하는 별로, 주기는 별의 질량에 따라 다른데, 1일에서 50일 정도에 달한다.

- **보통 물질(ordinary matter)** 암흑 물질과 달리 빛과 상호 작용하는 물질이다. 원자와 분자로 이루어진 지구상의 물질, 별과 은하 모두 보통 물질로 이루어졌다.

- **복제(replication)** 유전 물질인 원본 DNA를 가지고 똑같은 2개의 DNA를 만드는 과정이다.

- **불확정성 원리(uncertainty principle)** 운동량, 시간과 에너지와 같이 서로 짝을 이루는 한 쌍의 물리량을 동시에 정확하게 알 수 없다는 원리이다.

- **블랙홀(black hole)** 아주 무거운 별의 마지막 단계이다. 아인슈타인의 일반 상대성 이론에 따르면 물질이 극단적인 수축을 일으키면 중력이 매우 커져서 탈출 속도가 광속을 초과하게 된다. 결과적으로 물질은 물론 빛도 블랙홀을 탈출하지 못한다.

- **빅뱅 우주론(big bang cosmology)** 우주가 138억 년 전에 한 점으로부터 대폭발로 출발해서 계속 팽창하면서 현재에 이르렀다는 우주론이다. 팽창 우주론이라고도 한다.

- **사이토신(cytosine)** DNA나 RNA에 존재하는 단일 고리로 이루어진 질소를 함유한 염기로, DNA의 이중 나선에서 구아닌과 수소 결합해서 염기쌍을 구성한다.

- **산화(oxidation)** 물질이 산소와 결합하는 것이나, 수소나 전자를 잃는 반응을 산화라고 한다.

- **상보적(complementary)** '상호 보완적'의 줄임말로, 네 가지의 염기인 아

데닌(A), 구아닌(G), 사이토신(C), 타이민(T)의 배열이 서로 염기쌍을 형성할 수 있는 배열일 때, 한 쪽 DNA 가닥에 대해 다른 쪽 가닥을 상보적이라고 한다.

- **선 스펙트럼(line spectrum)** 분광기나 프리즘을 통해서 볼 때 몇 개의 특정한 파장에서 선을 나타내는 스펙트럼이다.

- **성운(nebula)** 빛을 내기 때문에 관찰이 가능하지만 별과 날리 구름처럼 보이는 천체이다.

- **세페이드 변광성(Cepheid variable)** 밝기가 주기적으로 변하는 별로, 세페우스 자리에서 처음 발견되었다고 해서 세페이드 변광성이라고 불린다.

- **수소 결합(hydrogen bond)** 질소, 산소, 플루오린 등 전기음성도가 큰 원자와 결합해서 전자를 내어 주고 부분 양전하를 가지는 수소가 이웃한 분자의 질소, 산소, 플루오린 원자의 음전하에 끌려 생기는 분자 사이의 인력을 말한다.

- **아데닌(adenine)** DNA에서 타이민과 염기쌍을 이루는 화합물이다. ATP에서 볼 수 있듯이 아데닌의 유도체는 생물의 여러 대사에 관여하고 DNA 및 RNA를 만드는 데도 사용된다.

- **아래 쿼크(down quark)** 6종류의 쿼크 중 하나로, 두 번째로 가볍다. 위 쿼크와 함께 양성자와 중성자를 이루는 입자이다.

- **아레시보 메시지(Arecibo message)** SETI 프로젝트의 능동적 외계 지능 찾기의 일환으로 1974년 11월에 아레시보 천문대를 통해 보내진 메시지이다.

- **아미노산(amino acid)** 암모니아에서 수소 원자가 1개 떨어져 나간 형태의 염기성 작용기인 아미노기와 산성 작용기인 카복실기를 동시에 가진 비교적 간단한 유기 화합물이다.

- **안드로메다 은하(Andromeda galaxy)** 우리 은하인 은하수에서 가장 가까운, 250만 광년 거리에 있는 이웃 은하이다.

- **약한 상호 작용(weak nuclear force)** 약한 상호 작용은 중성자가 양성자로 될 때, 또는 반대로 양성자가 중성자로 바뀔 때 작용하는 힘이며, 자연에서 중력 다음으로 약하다.

- **양성자(proton)** 전기적으로 (+)전하를 가져서 양의 성질을 나타내는 입자이다. 모든 원자의 핵에 들어 있으며, 양성자 수가 원소를 결정한다.

- **양자(quantum)** 어떤 물리량이 연속적인 값을 취하지 않고 어떤 단위의 정수배로 나타나는 불연속적인 값을 취할 경우, 그 단위량을 말한다.

- **양자화(quantization)** 어떤 물리적 양이 연속적으로 변하지 않고 어떤 고정된 값의 정수배만을 가지는 것을 '그 양이 양자화되었다.'라고 한다. 에너지의 양자화와 빛의 양자화가 대표적이다.

- **위 쿼크(up quark)** 소립자의 한 종류로 아래 쿼크와 함께 양성자와 중성자를 이루는 핵심 구성 성분이다. 모든 쿼크 중에서 가장 가볍다.

- **연료 전지(fuel cell)** 연료를 태우지 않고 연료의 화학 에너지를 직접 전기 에너지로 변환하는 전지이다.

- **연속 스펙트럼(continuous spectrum)** 어느 파장 범위에 걸쳐 연속적으로 나타나는 스펙트럼이다. 태양이나 텅스텐 전구의 빛은 전형적인 연속 스펙트럼이다.

- **연주 시차(annual parallax)** 지구에서 가까운 별까지의 거리를 구하는 방법으로, 지구가 태양을 중심으로 공전함에 따라 천체를 바라보았을 때 생기는 시차이다.

- **옥텟 규칙(octet rule)** 분자를 이루는 각각의 원자는 가장 바깥 전자 껍질

에 8개가 들어갔을 때 가장 안정된 상태라고 하는 화학 이론이다. 원자들은 이 규칙에 따라 가장 바깥 전자 껍질에 8개의 전자를 가지도록 반응하는 경향을 나타낸다.

- **우주 배경 복사(cosmic background radiation)** 우주 공간의 어느 곳으로부터도 2.7 K에 해당하는 같은 강도로 들어오는 마이크로파 복사이다. 우리가 관측할 수 있는 가장 오래된 빛이라는 점에서 '태초의 빛'이라고 볼 수 있으며, 우주 흑체 복사 또는 3 K 복사라고도 한다.

- **운동량(momentum)** 물체의 질량과 속도의 곱으로, 벡터 양이다.

- **운석(meteorite)** 땅에 떨어진 별똥으로, 유성체가 대기 중에서 완전히 소멸되지 않고 지구상에 떨어진 광물을 통틀어 이르는 말이다.

- **원자 번호(atomic number)** 원자핵에 들어 있는 양성자 수로, 원자 번호는 각 원소를 지정한다.

- **원자(atom)** 물질의 구성 단위로, 핵과 이를 둘러싼 전자로 구성되어 있다. 더 나눌 수 없다는 의미에서 a-tom이라고 불리었지만 이제는 tom이라고 불려야 마땅하다.

- **원자핵(atomic nucleus)** 양전하를 띠고 원자의 중심에 위치하고 있는 작고 단단한 입자이다. 양성자와 중성자로 이루어져 있으며 원자 질량의 대부분을 차지한다.

- **위치 에너지(potential energy)** 물체가 그 위치에서 잠재적으로 지니는 에너지를 말한다. 위치 에너지는 상대적인 양이기 때문에 실제로 물리적 의미를 갖는 것은 위치 에너지 간의 차이이며, 기준점을 정해서 사용한다.

- **유기 발광 다이오드(organic light-emitting diode, OLED)** 빛을 내는 층이 유기 화합물로 되어 있는 소재로, 전류를 통하면 스스로 빛을 낼 수 있어 전력 소모가 적다.

- **유전(heredity)** 한 생명체의 형질을 대물림하는 과정을 말한다.

- **유전 물질(genetic material)** 유전을 일으키는 물질로, 대부분 생명체의 유전 물질은 DNA이지만, 독감 바이러스 등 RNA를 유전 물질로 사용하는 경우도 있다.

- **유전자(gene)** 유전의 단위로, DNA 염기 서열의 한 부분에 해당한다.

- **유전체(genome)** 한 개체의 DNA에 들어 있는 염기 서열의 총체이다.

- **이화 작용(catabolism)** 생물이 체내에서 고분자 유기물을 좀 더 간단한 저분자 유기물이나 무기물로 분해하는 과정이다.

- **적색 편이(red shift)** 파장이 길어져 별의 스펙트럼 선이 원래의 파장에서 적색 쪽으로 치우쳐 나타나는 현상이다.

- **적색 거성(red giant star)** 주계열성의 다음 단계로, 크고 온도가 낮아 붉게 보이는 별이다. 지름이 태양의 수십 배에서 수천 배에 달한다.

- **전기음성도(electronegativity)** 공유 결합을 한 원자가 공유한 전자를 끌어당겨서 전기적으로 음성이 되려는 정도이다.

- **전사(transcription)** DNA의 염기 서열이 mRNA의 염기 서열로 바뀌는 과정이다.

- **전자(electron)** (−)전하를 가진 기본 입자이다. 원자에서는 원자핵 바깥쪽에 위치하면서 화학 결합, 물질의 성질 등을 결정한다.

- **전자 껍질(electron shell)** 원자핵을 중심으로 전자들이 이루는 여러 층의 껍질로, 전자들의 에너지 상태를 간단히 구별하기 위해서 편의상 사용되는 개념이다.

- **절대 밝기(absolute luminosity)** 별이 내는 빛의 양에 따른 실제 밝기이다.

- **정상 우주론(steady state cosmology)** 우주가 시작도 끝도 없이 영원히 존재하며 그 안에서 새로운 물질을 꾸준히 만들어 내고 일정 부분 팽창한다는 가설이다. 빅뱅 우주론에 반대되는 이론으로서 우주 배경 복사의 관측과 함께 사장되었다.

- **주계열성(main sequence star)** 수소를 헬륨으로 융합하면서 에너지를 안정적으로 내는 별이다. 크기와 질량이 중간 정도인 대부분의 항성의 일생에서 가장 긴 시간을 차지하는 진화 단계이다.

- **중성 원자(neutral atom)** 전자 수와 양성자 수가 같아 전체적으로 전하가 0인 원자이다.

- **중성자(neutron)** 원자핵을 구성하는 입자 중 전하를 띠지 않고 양성자보다 약간 무거운 입자이다. 1개의 위 쿼크와 2개의 아래 쿼크로 이루어져 있다.

- **중수소(deuterium)** 양성자 1개와 중성자 1개로 이루어진 수소의 동위 원소로, 3중 수소와 구별하기 위해 2중 수소라고 부르기도 한다.

- **지구형 행성(terrestrial planet)** 지구와 평균 밀도, 질량, 크기 등이 비슷한 수성, 금성, 화성, 지구를 통틀어 부르는 말이다.

- **청색 편이(blue shift)** 빛을 내는 천체가 관찰자에게 접근할 때 파장이 짧은 청색으로 이동하는 효과이다. 안드로메다 은하는 우리 은하에 접근하기 때문에 청색 편이를 나타낸다.

- **초신성(supernova)** 항성 진화의 마지막 단계에서 엄청난 에너지를 순간적으로 방출하면서 폭발하는 별이다. 밝기가 평소의 수억 배에 이르렀다가 서서히 낮아진다. 무거운 별의 일생에서 갑작스런 죽음의 단계에 해당한다. 보통 신성이라고 하는 새로 생긴 별에 비해 훨씬 더 밝기 때문에 초신성이라고 한다.

- **초전도체(superconductor)** 극저온(0 K 부근)에서 도체의 전기 저항이 0이 되는 물체이다.

- **최외각 전자(valence electron)** 어떤 원자의 가장 바깥 전자 껍질에 있는 전자이며, 반응에 참여할 수 있는 가능성을 가진 전자이다. 원자가 전자라고도 한다.

- **충격량(impulse)** 물체가 받은 충격의 정도를 나타내는 물리량으로 운동량의 변화량에 해당하며, 물체에 작용한 힘과 힘을 작용한 시간의 곱으로 나타낼 수 있다.

- **카복실기(carboxyl group)** 탄소, 산소, 수소로 이루어진 작용기의 하나로, $-COOH$로 표시한다. 카복실기는 아미노산이나 카복실산에서 산성을 나타낸다.

- **쿼크(quark)** 현재까지 알려진 물질의 최종적인 구성 입자로, 경입자인 전자와 함께 원자를 만든다.

- **탄소 동화 작용(carbon dioxide assimilation)** 녹색 식물이나 어떤 세균류가 이산화 탄소와 물로 탄수화물을 만드는 작용이다.

- **타이민(thymine)** DNA의 이중 나선에서 아데닌과 염기쌍을 이루는 염기성 화합물이다.

- **판 구조론(plate tectonics)** 지구 표면을 약 10개의 부분으로 나누어 각각의 판이 변형 내지는 서로 수평 운동을 하고 있다는 생각에 바탕을 둔 이론이다. 지진이나 화산 활동 등의 지질 현상을 이들 판과 판의 상호 작용으로 설명한다.

- **페렐 순환(Ferrel cell)** 위도 30° 부근에서 지표면을 따라 고위도 방향으로 이동하던 편서풍이 위도 60° 부근에서 상승하고, 그중 일부가 다시 위도 30°로 되돌아가는 순환이다.

- **펩타이드 결합(peptide bond)** 한 아미노산의 카복실기와 이웃한 아미노산의 아미노기 사이에서 물 분자가 떨어져 나오면서 이루어지는 결합이다.

- **해들리 순환(Hadley cell)** 적도에서부터 북위 30° 사이에 형성되는 대기의 순환을 말한다.

- **핵반응(nuclear reaction)** 원자핵이 다른 원소의 원자핵으로 변환되는 과정이다. 불안정한 원자핵이 스스로 붕괴하면서 일어나는 핵반응도 있고, 충돌에 의한 핵반응도 있다. 핵분열과 핵융합도 핵반응의 일종이다.

- **핵합성(nucleosynthesis)** 핵융합을 통해 새로운 원자핵을 만들어 내는 과정이다. 빅뱅 우주에서 수소로부터 헬륨이 만들어지는 핵합성과 별에서 무거운 원소들이 만들어지는 핵합성으로 나눌 수 있다.

- **행성(planet)** 태양 주위를 일정한 궤도에 따라 공전하고 있는 천체 중 비교적 큰 것으로, 스스로 빛을 내는 것이 아니라 햇빛을 반사해서 밝게 보인다. 지구, 수성, 금성, 화성, 목성, 토성, 천왕성, 해왕성이 있다. 항성들을 배경으로 왔다 갔다 하는 것으로 보이기 때문에 방랑자라는 뜻의 행성으로 불린다.

- **행성상 성운(planetary nebula)** 적색 거성의 마지막 단계에서 별이 팽창하면서 바깥쪽이 부풀어 올라 고리 모양을 이룬 천체이다. 중심에서 방출된 자외선에 의해 바깥쪽의 기체가 이온화되고 빛을 낸다. 천왕성을 발견한 허셜이 처음 발견했는데, 천왕성과 비슷하게 보여서 행성상 성운으로 불리게 되었다.

- **허블 법칙(Hubble's law)** 1929년에 미국의 천문학자 허블이 발견한 법칙이다. 외부 은하의 스펙트럼에서 나타나는 적색 편이가 그 은하의 거리에 비례한다는 법칙으로, 멀리 떨어진 은하일수록 우리에게서 빨리 멀어져 간다는 것을 의미한다. 이로부터 우주의 팽창이 알려졌다.

- **허블 상수(Hubble's constant)** 은하의 후퇴 속도와 거리의 관계를 나타내는 비례 상수로, 허블 상수의 역수는 우주의 나이가 된다.

- **환원(reduction)** 물질이 산소를 잃는 것이나, 수소나 전자를 얻는 것을 환원이라고 한다.

- **흑체 복사(blackbody radiation)** 흑체는 자신에게 입사되는 모든 전자기파를 100 % 흡수하는, 반사율이 0인 가상의 물체이다. 특정한 온도에서 흑체가 전자기파를 내보내는 것을 흑체 복사라고 한다. 흑체 복사는 온도에 따라 특정한 스펙트럼을 나타낸다.

- **흡수 스펙트럼(absorption spectrum)** 햇빛 같은 백색광이 어떤 물질을 통과할 때 특정한 파장 영역이 흡수되어 어두운 선이나 띠로 보이는 스펙트럼이다.

Memo

Memo

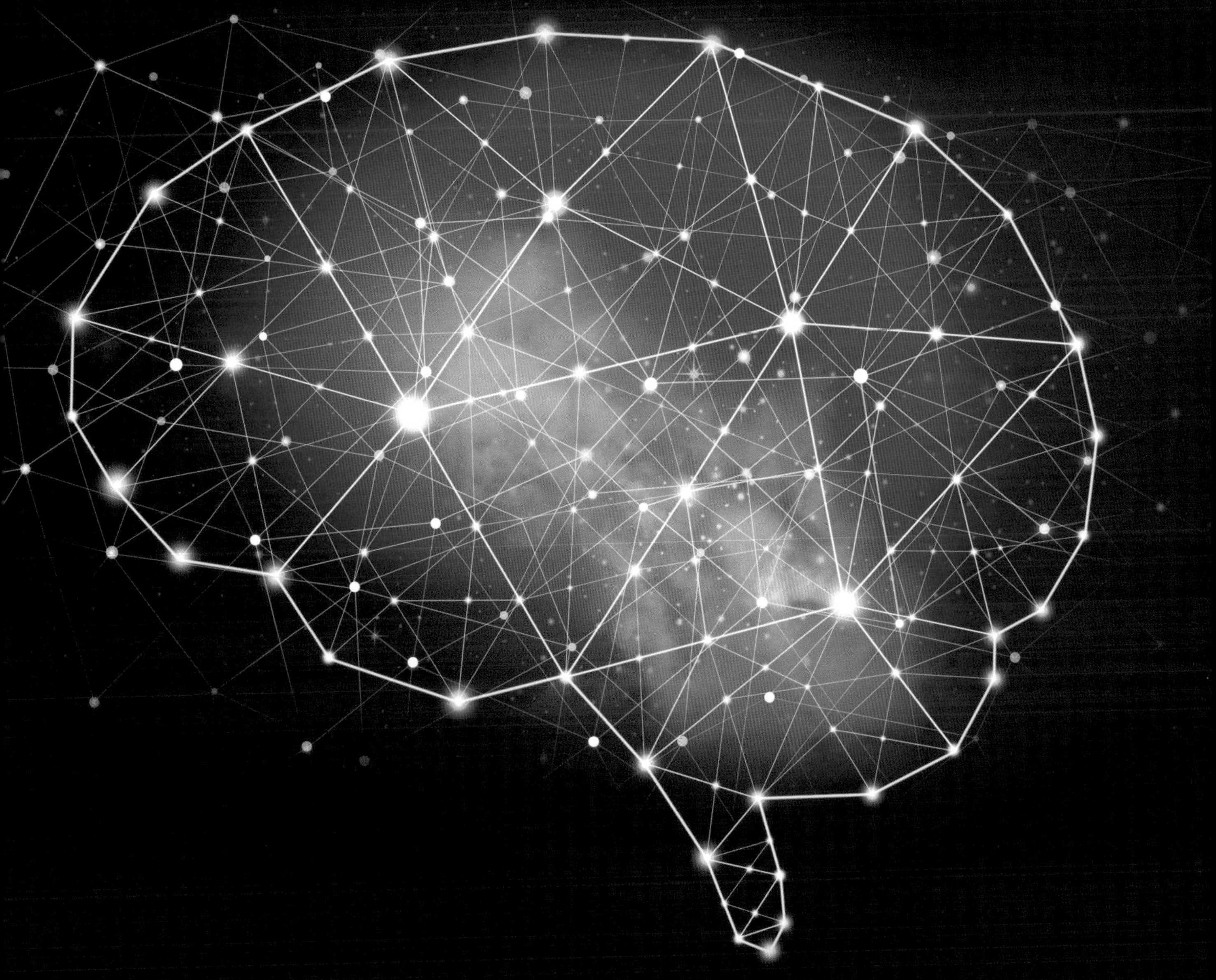

학생들이여,

자유롭게 상상하라!